高等学校"十四五"农林规划新形态教材

●国家级一流本科课程配套教材●

U0736442

动物组织学及胚胎学实验

（第2版）

彭克美　主编

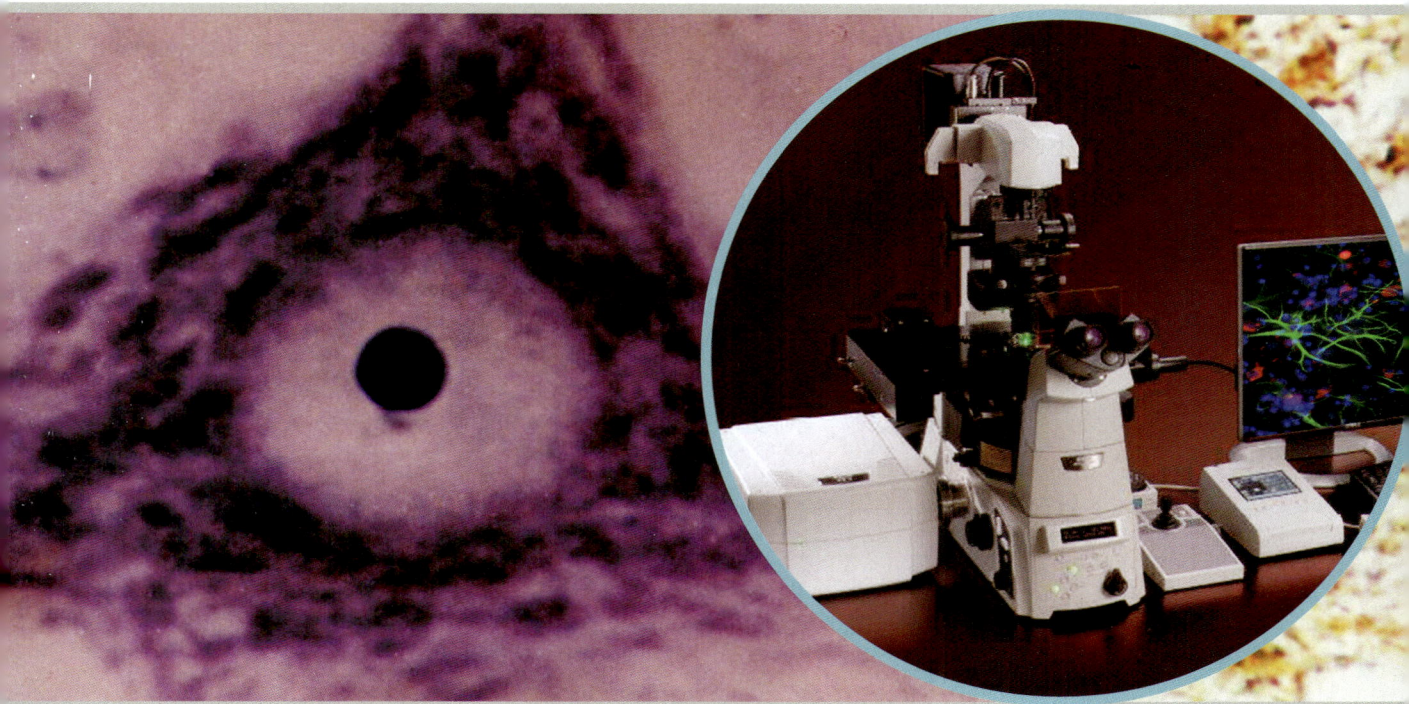

中国教育出版传媒集团

高等教育出版社·北京

内容提要

　　本书是彭克美教授主编的《动物组织学及胚胎学》(第3版)的配套实验教材,内容按照主教材的逻辑顺序编排,包括导言、组织切片常用的制作方法、细胞的形态结构与细胞分裂、基本组织、器官系统和胚胎发育等,既突出了教学改革的成果,又保持了系统性和完整性。本书收录有500余幅彩图,其中绝大部分是组织结构的显微照片,其内容循序渐进、深入浅出、通俗易懂,彩色图片结构典型、高度清晰、色彩亮丽。教师可根据不同专业和不同侧重点以及学时数,自主地选择其中的部分或全部教学内容,也可将多个实验项目合并授课。

　　本书主要面向高等农业院校的动物医学、动物科学、野生动物资源保护和生物科学等专业的学生,也可作为综合性大学和师范院校相关专业的教学用书以及畜牧兽医科技人员的参考书。

图书在版编目(CIP)数据

动物组织学及胚胎学实验 / 彭克美主编 . --2 版 .
-- 北京:高等教育出版社,2023.9
　ISBN 978-7-04-060929-5

Ⅰ. ①动… Ⅱ. ①彭… Ⅲ. ①动物组织学 - 实验 - 高等学校 - 教学参考资料②动物胚胎学 - 实验 - 高等学校 - 教学参考资料 Ⅳ. ① Q95-33

中国国家版本馆 CIP 数据核字(2023)第 143798 号

读者意见反馈

为收集对教材的意见建议,进一步完善教材编写并做好服务工作,读者可将对本教材的意见建议通过如下渠道反馈到我社。

咨询电话　400-810-0598
反馈邮箱　gjdzfwb@pub.hep.cn
通信地址　北京市朝阳区惠新东街4号富盛大厦1座
　　　　　高等教育出版社总编辑办公室
邮政编码　100029

防伪查询说明

用户购书后刮开封底防伪涂层,使用手机微信等软件扫描二维码,会跳转至防伪查询网页,获得所购图书详细信息。

防伪客服电话　(010)58582300

Dongwu Zuzhixue ji Peitaixue Shiyan

策划编辑　张磊　　　责任编辑　张磊　　　封面设计　姜磊　　　责任校对　胡美萍
责任印制　刘思涵

出版发行	高等教育出版社	网　址	http://www.hep.edu.cn	
社　址	北京市西城区德外大街4号		http://www.hep.com.cn	
邮政编码	100120	网上订购	http://www.hepmall.com.cn	
印　刷	高教社(天津)印务有限公司		http://www.hepmall.com	
开　本	850mm×1168mm　1/16		http://www.hepmall.cn	
印　张	20	版　次	2016 年 9 月第 1 版	
字　数	510 千字		2023 年 9 月第 2 版	
购书热线	010-58581118	印　次	2023 年 9 月第 1 次印刷	
咨询电话	400-810-0598	定　价	69.00元	

本书如有缺页、倒页、脱页等质量问题,请到所购图书销售部门联系调换
版权所有　侵权必究
物　料　号　60929-00

本书编审组成员

主　编　彭克美

主　审　陈焕春

副主编　宋　卉　刘华珍　李升和　王家乡　曹贵方　岳占碰　方富贵

编　委（以姓氏拼音排序）

拜占春（西藏大学）　　　　　　　曹贵方（内蒙古农业大学）

陈　芳（佛山科学技术学院）　　　陈　敏（信阳农林学院）

崔亚利（河北农业大学）　　　　　方富贵（安徽农业大学）

赫晓燕（山西农业大学）　　　　　郇延军（青岛农业大学）

黄丽波（山东农业大学）　　　　　靳二辉（安徽科技学院）

柯妍妍（厦门医学院）　　　　　　李升和（安徽科技学院）

李　勇（江西农业大学）　　　　　李玉谷（华南农业大学）

刘建钗（河北工程大学）　　　　　刘华珍（华中农业大学）

刘晓丽（华中农业大学）　　　　　刘忠虎（河南农业大学）

彭克美（华中农业大学）　　　　　卿素珠（西北农林科技大学）

宋　卉（华中农业大学）　　　　　王家乡（长江大学）

王金花（海南大学）　　　　　　　王水莲（湖南农业大学）

王子旭（中国农业大学）　　　　　位　兰（河南科技大学）

肖　珂（华中农业大学）　　　　　杨　隽（黑龙江八一农垦大学）

杨　平（南京农业大学）　　　　　殷　俊（扬州大学）

岳占碰（吉林大学）　　　　　　　周佳勃（东北农业大学）

数字课程（基础版）

动物组织学及胚胎学实验

（第2版）

主编　彭克美

新形态教材网
Abooks

关于我们 ｜ 联系我们　　登录/注册

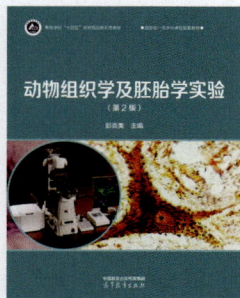

动物组织学及胚胎学实验（第2版）

彭克美

动物组织学及胚胎学实验
（第2版）

彭克美 主编

中国农业大学出版社
高等教育出版社

开始学习　　收藏

本数字课程与《动物组织学及胚胎学》（第3版）和《动物组织学及胚胎学实验》（第2版）纸质教材的内容一体化设计，紧密配合。数字资源包括教学课件、自测题等内容，充分运用多种形式的媒体资源，为师生提供教学参考。

http://abooks.hep.com.cn/60929

扫描二维码，打开小程序

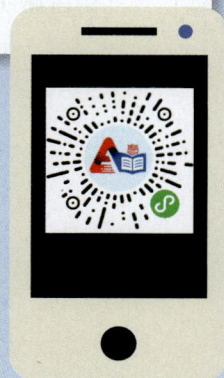

序

习近平总书记强调，要紧紧围绕立德树人根本任务，坚持正确政治方向，弘扬优良传统，推进改革创新，用心打造铸根铸魂、启智增慧的精品教材，为培养德智体美劳全面发展的社会主义建设者和接班人、建设教育强国作出新的更大贡献。

当前，我国的畜牧兽医事业正在迅猛地发展，已经成为农业支柱产业和整个国民经济的重要组成部分。基础研究是科技发展的内在动力，深刻影响着国家基础性的创新能力。随着"健康动物—健康食品—健康人类"新观念的提出和生命科学研究领域的拓宽和研究技术的发展，畜牧兽医事业正在不断地扩大和延伸，在国民经济和社会稳定中发挥着越来越重要的作用。

教材是学校教育教学的基本依据，是解决培养什么样的人、如何培养人以及为谁培养人这一根本问题的重要载体，直接关系到党的教育方针的有效落实和教育目标的全面实现。教材建设是事关未来的战略工程、基础工程，教材体现着国家意志。要培养高素质的畜牧兽医专业优秀人才，必须出版高质量、高水平的精品教材。组织学是生理学、生物化学和病理学等学科的基础，只有认识细胞、组织的正常结构，才能更好地掌握其生理功能、代谢规律和识别病理情况下的异常形态表现。实践证明，组织学与胚胎学教材及课程在动物医学、动物科学及人类医学等领域发挥了重要作用。一直以来，教育部和各高等学校都高度重视教材的编写工作，要求以教材建设为抓手，大力推动专业课程和教学方法改革。

彭克美教授等专家学者以严谨治学的科学态度和无私奉献的敬业精神，紧密结合动物科学、动物医学等相关专业的培养目标，高等教育教学改革的需要和畜牧兽医专业人才的需求，借鉴国内外的经验和成果，不断创新编写思路和编写模式，完善呈现形式和内容，提升编写水平和教材质量，构建国家精品教材，使其更加成熟、更加完善和更加科学。其主编的"十一五"国家级规划教材《畜禽解剖学》和《动物组织学及胚胎学》，分别出版了3版和2版，同时主编了相关配套教材《动物组织学及胚胎学实验》，这些教材被全国诸多院校采用，并被一些国际同行专家作为参考书。在荣获了首批国家精品课程、国家精品资源共享课程和2项国家级精品教材奖之后，又进行本次修订。该系列教材在编写宗旨上，不忘畜牧兽医教育人才培养的初心，坚持质量第一，立德树人；在编写内容上，牢牢把握畜牧兽医教育改革发展新形势和新要求，配合全国执业兽医师考试和国际接轨，坚持与时俱进、力求创新；在编写形式上，聚力"互联网＋"畜牧兽医教育的数字化创新发展，在纸质教材的基础上，融合实操性更强的数字资源，构建立体化教材和新形态教材，推动传统课堂教学进入线上教学与移动学习的新时代。整套教材内容丰富，图文并茂，影像清晰，结构典型，色彩明快，具有很好的科学价值和实践指导意义。

　　我坚信，该系列教材的修订，必将促进全国各高校不断深化畜牧兽医教育改革，进一步推动教学－企业－科研协同，为培养高质量畜牧兽医优秀人才，服务广大群众对肉、蛋、奶的物质生活需求乃至推动健康中国建设发挥重大作用。

中国工程院院士
华中农业大学教授　　陈焕春

前　言

　　教材建设是一项战略工程、基础工程、系统工程，要持之以恒，久久为功，落在保障层面。新形态教材建设对提高教学质量、推动和深化教学改革、全面提升素质教育、培养适应社会主义建设需要的合格并具有创新性的人才，具有重大意义。

　　实验教学历来备受教育部和各高等学校的重视。它是加深学生对基本理论的认识和理解，加强学生实验操作技能训练，培养学生科学精神、科学态度、科学作风及分析问题、解决问题能力的主要途径；是高等教育教学过程中实践性教学环节的重要组成部分；是创新、创业、创造型人才培养的重要环节。科学地开展实验教学对保证人才培养质量具有基础性作用。实验教材是组织实施实验教学、稳定实验教学秩序、实现实验教学目的、促进高素质创新人才培养的重要保证，也是进行科学研究活动的重要参考，其水平和质量直接影响学生创新思维、创新能力的培养和科学研究的结果。

　　由高等教育出版社 2016 年出版发行的《动物组织学及胚胎学实验》是"十一五"国家级规划教材《动物组织学及胚胎学》的配套实验指导书。该书自出版以来，被 50 多所院校采用，已经使用了 6 年 12 轮，深受国内外同行专家和广大使用者的欢迎，并荣获了 2018 年湖北省优秀教学成果奖。为了配合教学改革的需要，保持本教材的准确性、严谨性、科学性、先进性、权威性和生命力，经与高等教育出版社和各参编院校同行专家商议，决定修订。本次修订具有以下特点：

　　1. 与新版理论教材同步，将"家禽组织结构特征"分离出来，建立"实验 21"，其风格同其他实验保持平行，使全书的框架结构和整体内容更加协调、合理、科学、实用。

　　2. 增加了器官、组织的实物高清显微彩色图片，全书图片达 500 余张；提升了图片的质量，更加突出了形态学特点。所有显微图片中都加入了标尺，图片中的重要结构都直接标注名称，这些使得全书图片更真实、更科学、更规范、更美观，从而为学生学习后续其他课程打下牢固的形态学基础。

　　3. 书后补充了与动物组织胚胎学有关的教材、参考书目以及国家精品课程、国家精品资源共享课程和 MOOC 课程的网站。

　　4. 与理论教材紧密配合，一体化设计数字资源内容，为学生提供多元化的学习资源，实现精准化教学和个性化学习。

　　5. 新版编写团队加入了一批奋战在教学科研第一线、年富力强的教师，为本实验教材的传承增加了新生力量。

　　特别感谢中国工程院院士、华中农业大学陈焕春教授在百忙之中担任本系列教材的主审专家，保证了本书的高质量和权威性。衷心地感谢高等教育出版社、华中农业大学教务处、华中农业大学动物科技学院 - 动物医学院对本书出版的支持。

随着生命科学研究领域的拓展和研究技术的更新，动物组织胚胎学科在高等教育教学改革的大潮中不断地成长进步。衷心地希望各位同行和广大读者对本书中的不当之处给予批评指正，以便使本书更加完善。

2022 年 11 月

目　录

导　言

1 组织胚胎学实验课的目的与意义

动物组织学与胚胎学实验课是理论课的继续和深化，在教学中处于重要地位。通过实验课的学习，要达到以下目的：

（1）验证课堂理论知识，加深对基本理论的理解和记忆。

（2）掌握正确使用显微镜的方法。

（3）学习和掌握制作组织切片的基本原理和技术。

（4）通过应用基本理论知识和技能，掌握正确的观察方法，同时能利用科学的逻辑思维方法，对所观察的组织切片进行分析、综合，从而提高空间想象力以及分析问题、解决问题的能力。

（5）通过绘图作业，既要学会科学记录的方法，掌握组织学绘图要领，树立严谨的科学态度，同时又要提高分析问题、解决问题的能力，还要在自身素质、美学等方面得到提高。

2 切片机和组织学切片标本概述

为了正确、清晰地显示动物器官、组织和细胞的微细结构，必须制备适合显微镜下观察的切片样本。取新鲜组织，先用固定剂固定，使组织中的蛋白质迅速凝固，保持其原有的组织结构。然后采用石蜡、火棉胶或树胶等包埋，使用专门的切片机（图0-1至图0-7）切成薄片。

因为研究目的不同或器官、组织材料的差异，切片标本的制作方法也有区别。若想保存细胞内酶的活性或快速制片，可选用冰冻切片法，将组织在低温条件下快速冷冻，直接制成冰冻切片；血液、骨髓等液体组织可直接涂抹于载玻片上制成涂片；无定形的疏松结缔组织和肠系膜等软组织，可铺于载玻片上制成铺片；骨等坚硬的组织可制成磨片。通常情况下，用切片机

图 0-1　轮式切片机

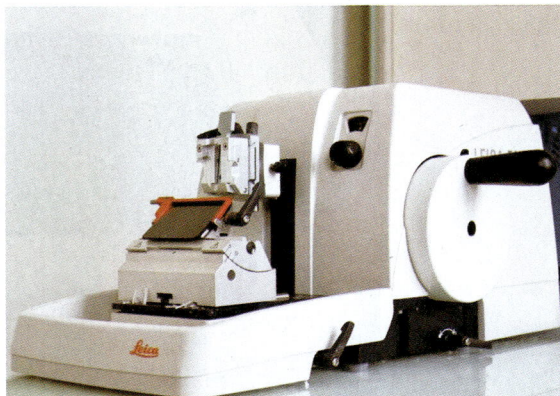

图 0-2　封闭式切片机

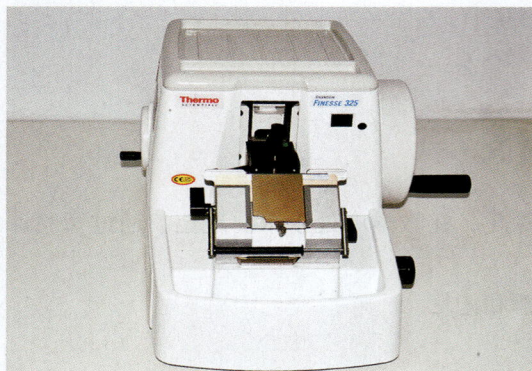

图 0-3　封闭式切片机正面

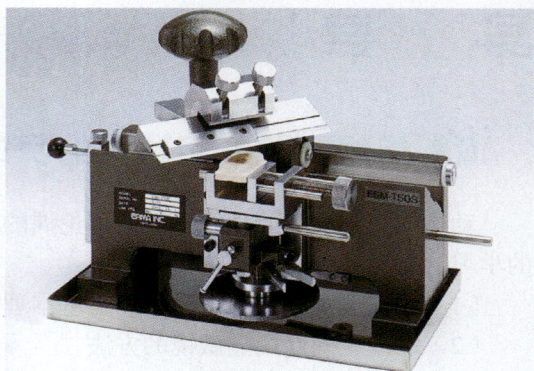

图 0-4　滑走切片机

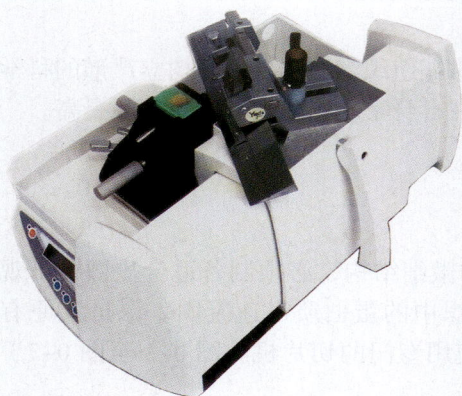

图 0-5　振动切片机

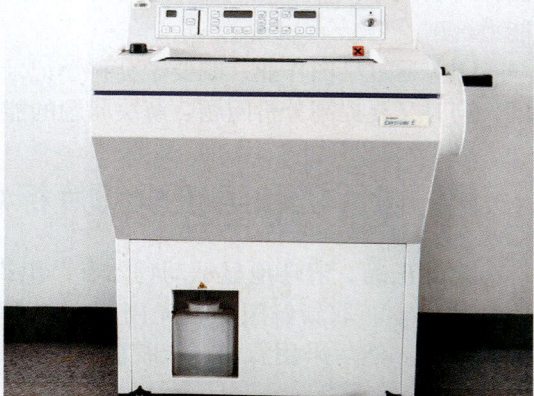

图 0-6　冰冻切片机

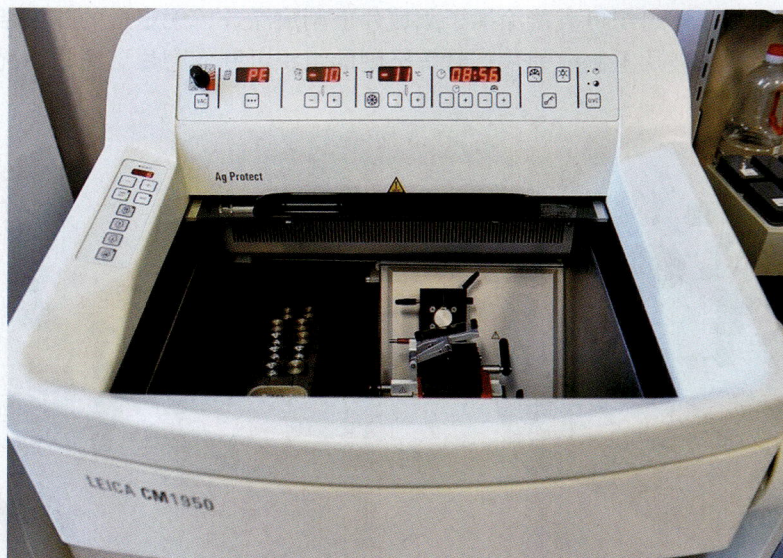

图 0-7　冰冻切片机内部构造

制作的切片比较薄，而手工制作的涂片、铺片或磨片都比较厚。

3 组织胚胎学实验的设备

组织胚胎学是以微细结构的形态描述为基本内容，主要利用显微镜进行观察研究。光学显微镜（简称光镜，light microscope，LM）下所见的结构称光镜结构，其分辨率约为 0.2 μm，可将物体放大约 1 500 倍。电子显微镜（简称电镜，electron microscope，EM）下所见的结构称超微结构（ultrastructure），其分辨率可达 0.2 nm，可将物体放大 100 万倍。在光镜和电镜下常用的计量单位和换算关系如下：

1 nm（纳米，nanometre）= 10^{-3} μm（微米，micrometre）= 10^{-6} mm（毫米，millimetre）

随着生物科学技术的飞速发展，现代组织胚胎学的研究手段在不断更新，涉及面也越来越广。下面简要介绍几种常用的研究技术设备。

3.1 光学显微镜

光学显微镜是观察组织切片标本的基本技术设备。显微镜有多种型号，但基本构造大致相同，包括机械部分和光学部分（图 0-8）。

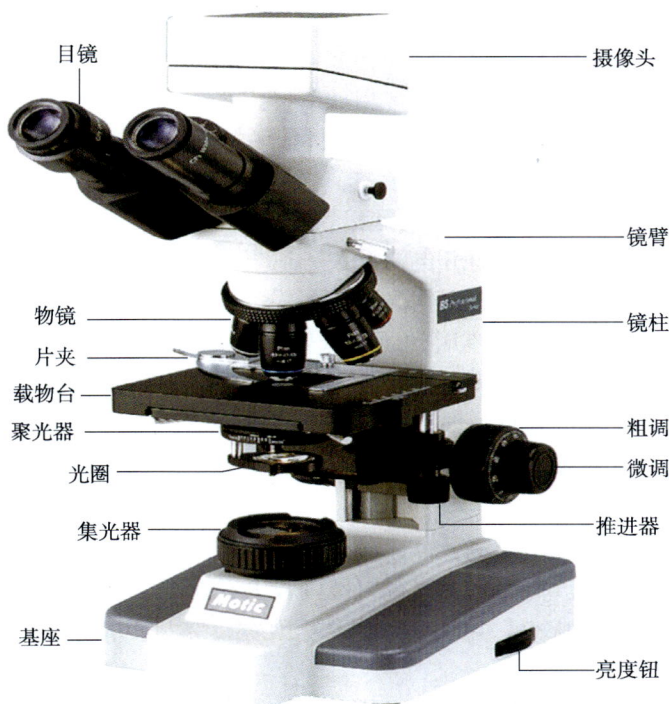

图 0-8 光学显微镜

3.1.1　显微镜的结构

（1）机械部分　镜座和镜柱：支持和稳定整个镜体的主要部件，通常由铸铁制成。镜臂：连在镜柱上端的转折部分。载物台：放置切片标本的平台，其中央有圆孔，可透过光源。载物台上面有切片夹，下面有前后左右移动的推进器。镜筒：是成像光柱的通道，镜筒上端装接目镜，下端装物镜转换器。物镜转换器上有 4 个物镜孔分别连接不同放大倍数的物镜。物镜的螺纹和口径按国际标准统一设计，因此物镜可以互换。调焦旋钮：分粗调和微调，以调节焦距使物像清晰。粗调的幅度大，每转一周可使载物台升降约 10 mm；微调的幅度小，每转一周，载物台仅升降 0.1 ~ 0.2 mm。

（2）光学部分　物镜：装于物镜转换器上，常有 4 倍、10 倍、40 倍及 100 倍（油镜）等数种。物镜的外壁上标有焦距和数值孔径（NA）等数值。NA 值越大，分辨力越高。物镜的作用是分辨标本的细节，形成有效的初级图像。因此，物镜的质量决定图像的优劣。目镜：常用的有 10 倍和 15 倍两种。目镜装在镜筒上端，外壁标有放大倍数和表示透镜光学校正程度的符号，如 P 或 Plan 表示平场，即视野弯曲已被校正。

$$图像的放大倍数 = 目镜放大倍数 \times 物镜放大倍数$$

聚光器：位于载物台下方，可聚集光源并通过载物台的中央孔透过标本。聚光器也有调节旋钮，可使其在一定范围内升降，从而调节光线进入物镜的聚散程度。聚光器上常配有光圈，可开大或缩小以调节进入聚光器的光束。聚光器下还配有滤光片框，并可向内外移动，便于更换滤光片。基座：内有变压器，使 220 V 交流电变为 6 ~ 12 V 的直流电光源。亮度钮可连续调节光源强度。

3.1.2　显微镜的使用及注意事项

（1）转移和安放　搬运显微镜时，一手握镜臂，另一手托基座，保持镜体直立。安放时，显微镜靠近身体胸前略偏左，以便右手记录。

（2）调节照明　转动物镜转换器，使低倍镜对准聚光器，两眼睁开，注视目镜。打开光圈，先将亮度钮调节至最小，然后打开电源开关，适当调节亮度。上升聚光器，使光线进入物镜。要求视野全部照明，亮度均匀。根据光源的强弱、标本的情况和物镜的倍数，灵活运用聚光器和光圈。如观察染色较浅的标本时，要降低聚光器并缩小光圈，以增加标本的明暗对比；用高倍镜和油镜观察时，要升高聚光器并开大光圈，使视野明亮。

（3）放置标本　将标本的盖玻片向上，放置于载物台上，用片夹固定。应注意盖玻片过厚时，高倍镜无法对被检标本聚焦；放反的标本也无法聚焦。粗心大意时常常看不清物像，甚至压碎切片或损坏镜头。

（4）调焦观察　将标本移至物镜下方，一边从目镜中观察，一边转动粗调旋钮，直至找到观察目标并将物像调至清晰。低倍镜观察视野范围较大，有利于了解标本的整体情况。要想观察细节，可将局部移至视野中央，再换中、高倍镜观察。如果低倍镜的焦距已经调好，换中、高倍镜后只需用微调稍作调节即可。

（5）油镜的使用　用油镜观察标本，必须先在低倍镜、高倍镜看清要观察的物像，并将其移至视野中央。移开高倍镜头，在标本的观察部位滴一小滴香柏油，转换油镜，并使镜头浸入油内紧贴玻片，缓慢调节微调旋钮，直至物像清晰。用油镜观察时，必须升高聚光器并开大光圈，使视野明亮。观察完毕，移开镜头，用蘸有乙醚 – 乙醇（体积比 1∶1）混合液的擦镜纸清洁镜头和标本。

（6）保养和收藏　显微镜是精密仪器，使用后必须保养。不得随意拆卸显微镜的部件。显微镜光学部分有污垢时，要用擦镜纸或绸布轻轻擦拭，勿用其他物品擦拭，以免损坏镜面。显微镜的机械部分可用纱布擦拭。使用完毕，应降下载物台，将物镜转成八字形垂于镜筒下。收藏显微镜应避免潮湿和灰尘，禁止与化学试剂或药品接触，保持干燥，以防显微镜的光学部件长霉和金属部件生锈。

3.1.3　几种特殊显微镜

（1）荧光显微镜　荧光显微镜（fluorescence microscope，FM）用于观察标本中的自发荧光物质或以荧光素染色的细胞和结构（图0-9，图0-10）。组织中的自发性荧光物质如神经元和心肌细胞内的脂褐素是棕黄色荧光，肝贮脂细胞和视网膜色素上皮细胞内的维生素 A 呈绿色荧光，某些神经内分泌细胞和神经纤维内的单胺类物质在甲醛作用下呈不同颜色的荧光，组织内含有的奎宁、四环素等药物也呈现一定的荧光。细胞内的某些成分可与荧光素结合而显荧光，如溴化乙锭与吖啶橙可与 DNA 结合，进行细胞内 DNA 含量测定。荧光显微镜被广泛用于免疫细胞化学研究，即以荧光素标记抗体，以检测相应抗原的存在与分布。

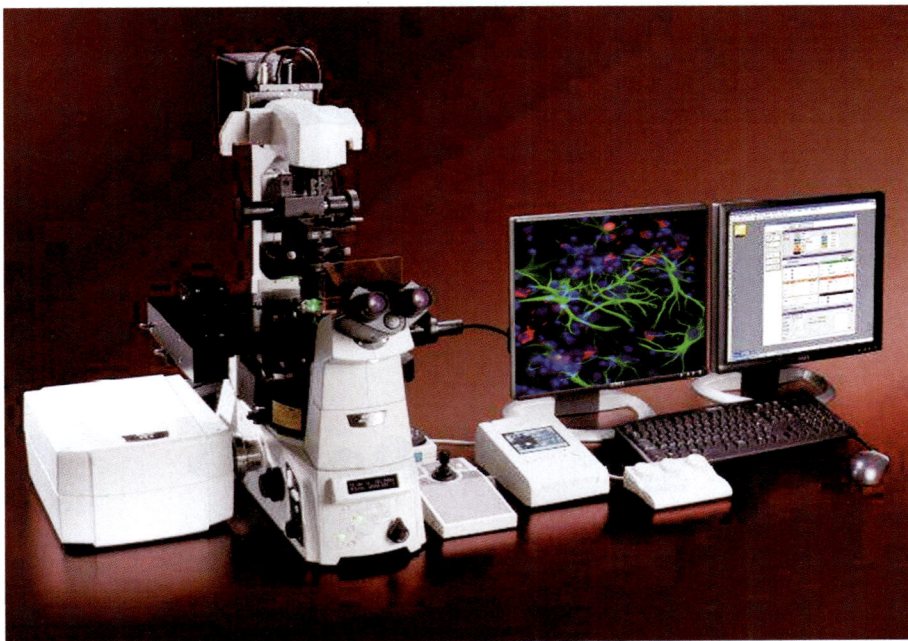

图0-9　荧光显微镜

（2）相差显微镜　相差显微镜（phase contrast microscope，PCM）用于观察组织培养中活细胞的形态结构（图0-11，图0-12）。活细胞无色透明，一般光镜下不易分辨细胞轮廓及其结构。相差显微镜能将活细胞不同厚度及细胞内各种结构对光产生的不同折射作用，转换为光密度差异即明暗差而得到辨认。

组织培养研究常用倒置相差显微镜，它是倒置显微镜和相差显微镜的结合，它的光源和聚光器在载物台的上方，物镜在载物台的下方，便于观察贴附在培养皿底壁上的活细胞（图0-11，图0-13）。

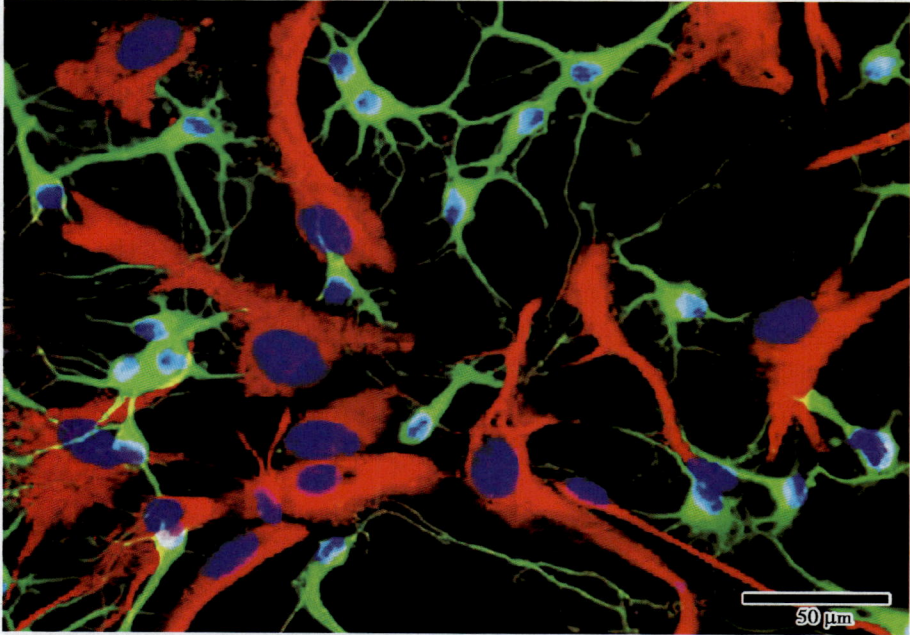

图 0-10　荧光显微镜拍摄的照片

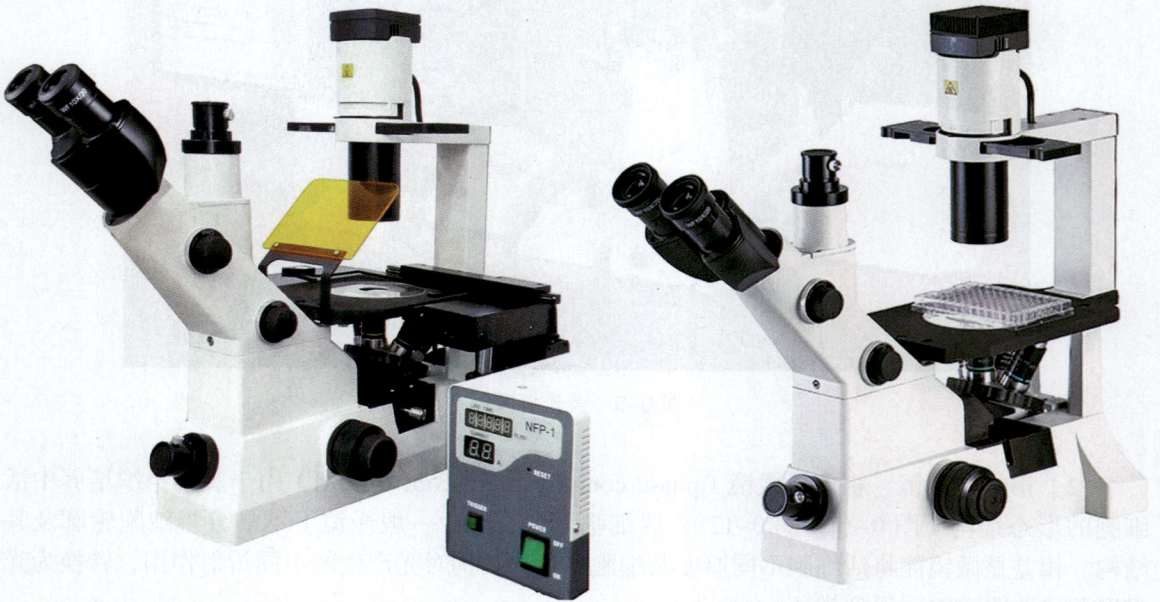

图 0-11　相差显微镜（左）和倒置显微镜（倒置相差，右）

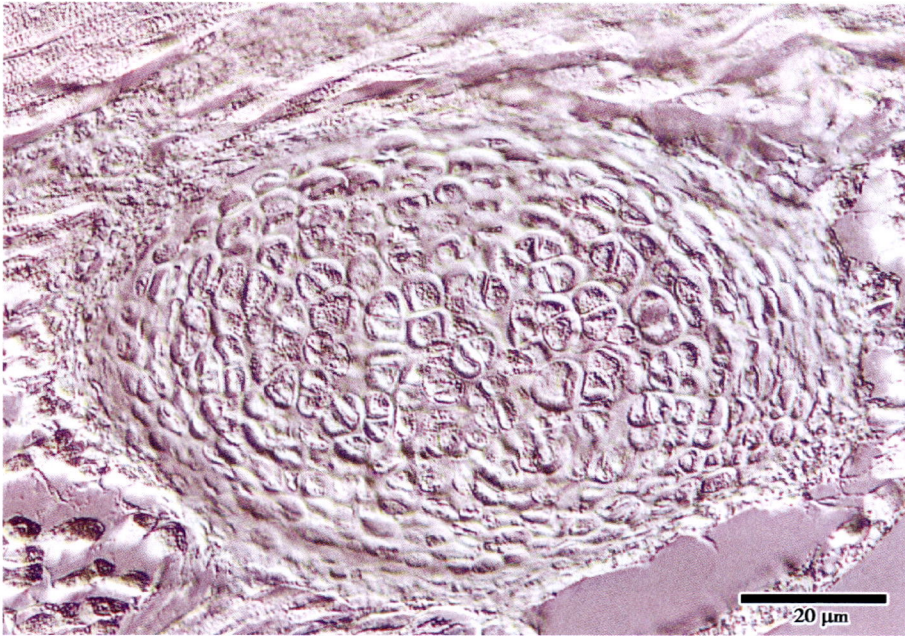

图 0-12 相差显微镜拍摄的照片

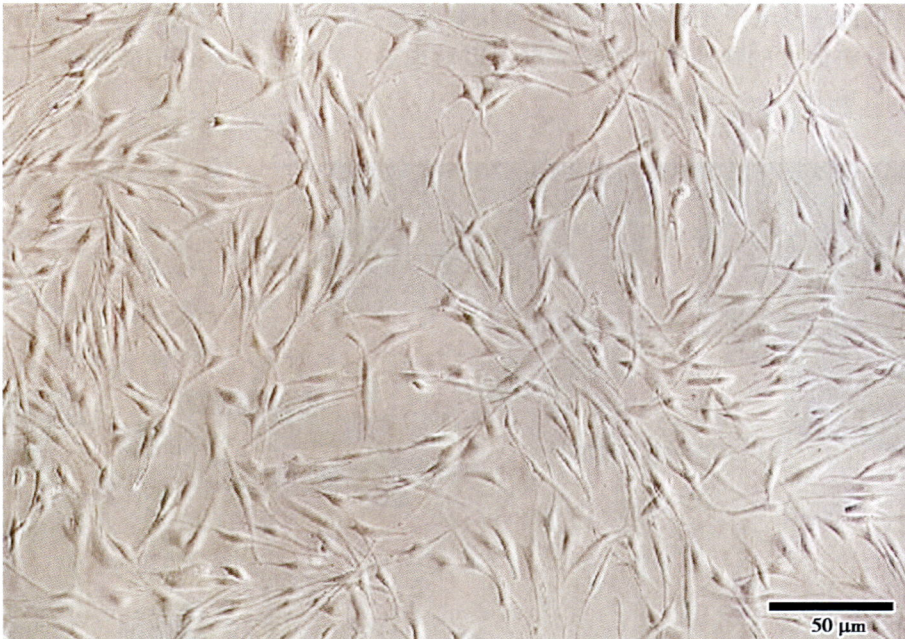

图 0-13 倒置显微镜（倒置相差）拍摄的照片

（3）共聚焦激光扫描显微镜　共聚焦激光扫描显微镜（confocal laser scanning microscope，CLSM）以激光为光源，采用共聚焦成像系统和电子光学系统，经过微机图像分析系统对组织或细胞进行二维和三维分析处理（图 0-14）。CLSM 可用于细胞内各种荧光标记物的微量分析，细胞的受体移动和膜电位变化，酶活性和物质转运的测定，DNA 精确分析等，因此，CLSM 可更准确、快速地对细胞内的微细结构进行定性和定量测定。

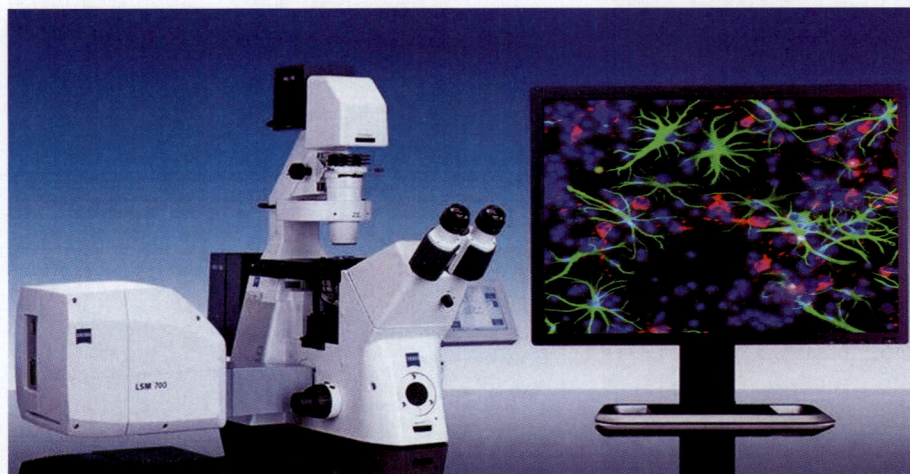

图 0-14　共聚焦激光扫描显微镜

3.2　电子显微镜

电子显微镜是以电子发射器（电子枪）代替光源，以电子束代替光线，以电磁透镜代替光学透镜，最后将放大的物像投射到荧光屏上以便观察。常用的电镜有扫描电镜（图 0-15）和透射电镜（图 0-16）。

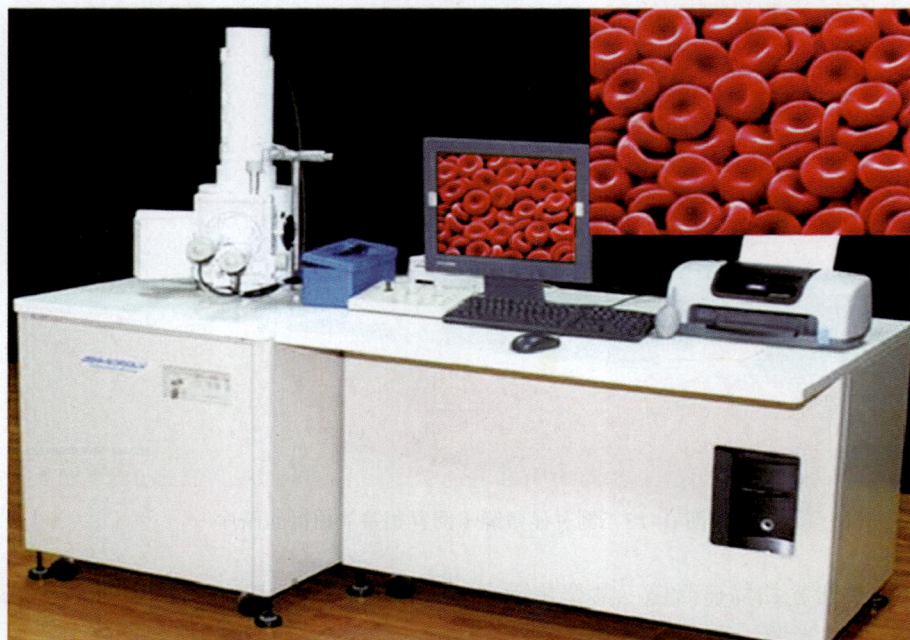

图 0-15　扫描电镜

3.2.1 **扫描电镜** 扫描电镜（scanning electron microscope，SEM）用于观察组织、细胞表面的超微立体结构。扫描电镜标本不需要制成超薄切片，组织经固定、脱水、干燥后，在其表面喷涂金属膜即可上镜观察。扫描电镜的视场大、景深长、图像的立体感强，但分辨率较低。常用于观察细胞表面的突起、微绒毛、纤毛等。

3.2.2 **透射电镜** 透射电镜（transmission electron microscope，TEM）用于观察细胞内部的超微结构。一般采用戊二醛或锇酸作固定剂，合成树脂包埋，在超薄切片机上制成超薄切片（厚度为 50～100 nm），经铅或铀等重金属盐电子染色，然后置电镜下观察。标本在荧光屏上呈黑白反差的结构图像。被重金属盐深染的结构电子密度高，被浅染的结构电子密度低，这种染色称正染色（positive staining）；若被染结构着色浅，其周围部分着色深，则称负染色（negative staining）。

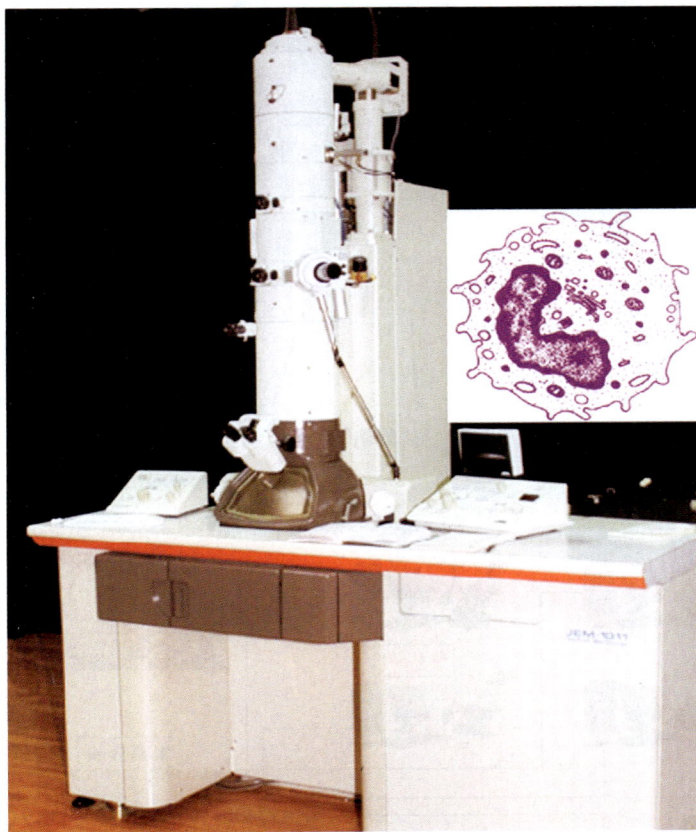

图 0-16　透射电镜

3.3　显微图像数码互动教学系统

显微图像数码互动教学系统是集数码显微镜、语言交流、视频交流和应用软件为一体的现代化教学手段，已广泛应用于生物学、医学等多学科的实验教学中（图 0-17）。该系统是由数码显微镜、显微图像分析软件组成的网络教学系统，用于显微形态学的教学中，能将学生显微镜下的图像传送到教师的计算机，有效地进行互动教学，方便各种多媒体课件的使用，具有开放性和可扩展性，使显微形态学科的实验教学手段提高了档次，是形态学教学的发展方向。该系统采用高品质专用数码显微镜，使图像、语音、文件全面互动交流。功能强大的网络操作平台，图像分析处理软件，多通道画面显示与监控，通过灵活的声像教学模式和显微图像数据共享，实现了在同一时间、同一界面师生的高效沟通（图0-18）。

通过软件的图像无限放大功能，师生可调取图片库中的任意一张组织图片，在低倍的大视野中，快速浏览整个切片，找到其中的典型结构，无限地任意放大或缩小，进行快速观察和显微摄影。

图 0-17 显微图像数码互动实验室

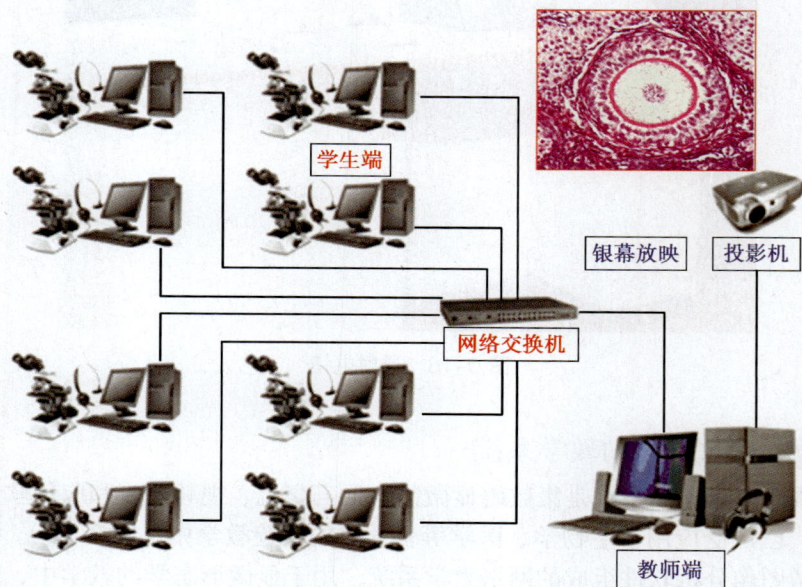

图 0-18 显微图像数码互动系统原理示意图

3.3.1 数码显微镜 采用独特的数字光学系统，灵敏捕捉细微结构图像。内置高分辨率感光芯片，通过数码摄像机将光学影像数据转换成数字影像数据，并在显示器上显示采集的图像和分析结果，动态观察，即看即拍，实现数据存储、分析、打印等功能。除作为普通显微镜使用外，其主要特点是：（1）将观察者的眼睛从光学镜头上解放出来。微观世界清晰尽显，使人一目了然。（2）将显微观察结果进行数据分析、比较的结果打印出来——为显微图像的教学科研、测量分析提供方便，加快检测的进程。（3）将显微观察结果进行存储及信息交换——让师生们通过网络交流观察数据，实时网络学习，特别是偏远地区可实现远程教学。

3.3.2 显微图像互动教学系统 是在显微图像分析的基础上，在学生使用的显微镜上安装摄像机，使学生显微镜下采集的图像传送到教师的计算机屏幕上。学生显微镜下图像的浏览是通过计算机的串口进行选择的，教师可选择某一个学生显微镜的图像，也可一次查看多个学生的图像。由于所有的图像信号先以视频信号的方式传送到教师的图像分析仪上，所以在计算机屏幕上看到的图像是实时动态的。学生通过显微镜下的光标指针对图像中某一具体的细胞或组织进行标记供教师识别，通过语音系统对教师进行提问。教师通过语音系统对单个学生和部分学生进行指导和讲解，这样教师不用走动就能指导学生，十分方便地进行相互交流（图0-19）。

教师端的主显微镜和主计算机同时连接到几十台学生端显微镜和计算机。教师端和学生端显微镜下图像均可经图像处理系统实时传输到各自的显示器上，达到与计算机同步切换的效果，因而教师可以在主显示器上有选择地显示学生端的任何一台显微镜下拍摄到的组织切片显微图像，使学生能实时动态观察典型的组织形态结构，有利于教师向全体学生讲授。学生端计算机也具有图像采集功能，可将需要的图像拍摄并保存在计算机内以备复习时再用。教师采用该系统的浏览和监控功能，通过数码互动系统的学生通道进行指导，随时观察到每个学生显微镜下的组织结构，掌握学生的学习情况，及时发现实验中存在的问题并予以纠正，提高教学效率和效果。学生则可随时通过"电子举手"按钮向老师提问。老师可以选择"师生对讲模式"对其进行单个辅导。如果同一问题的提问人数较多，具有代表性，老师则可以选择"全通话模式"，对全体同学进行重点难点示教讲解。利用"学生示教模式"功能，教师便可以有效进行课堂提问和小测验，此时教师与一位学生对话时，所有学生可以收听但不能发言。而"分组讨论模式"组内学生可互相通话，教师可随时加入。主要用于复习和小测验，促进学生自学，培养学生互相学习、团结协作的精神（图0-20，图0-21）。

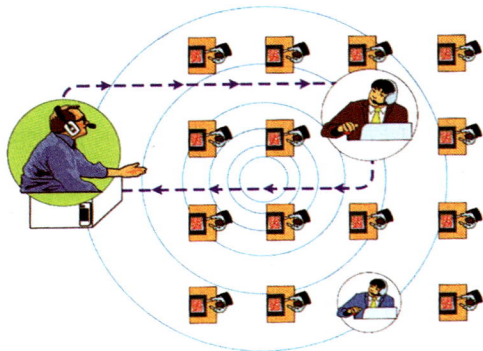

图0-19 师生互动模式图

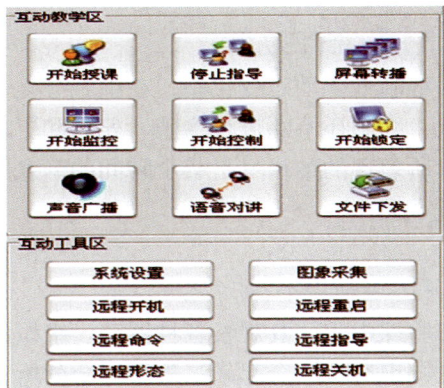

图0-20 显微数码互动系统教师操作区

图 0-21　显微数码互动系统学生操作区

由于组织切片的多样性和切片制作条件等原因，每个学生所观察的同一器官切片的组织结构色彩不尽相同。数码显微互动教学系统可将该学生所观察到的镜下典型结构图像投影到大屏幕上，让全体学生随着教师的讲解进行观察。通过这种即时动态示教，激发学生的积极性，实现资源共享，切实提高教学质量。

4　组织胚胎学实验的学习方法

4.1　平面与立体

组织切片标本或图片只是器官或细胞某个局部的二维平面图像，而任何细胞、组织和器官都是三维的立体结构。同一器官的不同切面可呈现出不同的形态结构。因此在观察学习时，应将平面图像与立体结构相结合，发挥想象力，建立起立体和整体概念；勤于思考，把所看到的图像进行综合分析，掌握平面与立体、局部与整体的关系。

4.2　结构与功能

各种细胞、组织或器官都具有一定的形态结构，特定的结构是行使其功能活动的基础，如：浆细胞的胞质内含有丰富的粗面内质网和发达的高尔基复合体，具有合成与分泌功能；肠绒毛内含有肌纤维可使其舒缩，促进营养物质的转运。因此，形态结构与生理功能紧密相关。

4.3　静态与动态

活细胞处于动态变化中，在细胞分化、新陈代谢和行使功能的过程中，其结构也随之而发生变化，细胞还不断进行增殖、死亡和更新，在胚胎发育过程其变化更为显著和复杂；而切片或图片所表现的结构只是某个瞬间的静息图像。因此，应善于从动态变化来理解静态时相，才能真正掌握。

4.4　理论与实际

实验课中应认真观察各种器官、组织的低、中、高倍的光镜图像和电镜图像，把感性认识与理论知识有机结合起来，进行综合分析，加深理解生物机体微观结构的奥秘。

5 组织胚胎学实验的内容与要求

（1）实验前要认真复习理论课讲授内容，预习实验指导书，明确本次实验课的目的、要求、主要内容及实验方法，有准备地上好实验课。

（2）显微镜是动物组织胚胎学实验课的主要仪器，掌握显微镜的使用方法是培养基本技能的重要手段，因此必须熟练掌握显微镜的使用方法。同时，显微镜是贵重的光学仪器，取放和使用时必须严格按照操作规程进行。

（3）通过使用显微镜掌握正确的观察方法，即按肉眼—低倍镜—中倍镜—高倍镜的顺序进行观察，肉眼和低倍镜下先观察整体结构，然后转换中、高倍镜观察局部微细结构。观察实验内容时要注意思考切面与整体、结构与功能的关系。

（4）按时完成绘图作业。生物绘图作业是科学记录的方法之一，也是组织胚胎学实验的基本技能训练之一，它是通过显微镜对组织切片观察后的形象记录。一幅好的生物图常常胜过文字描述，能增强对组织结构的理解和记忆。但必须在全面观察并掌握主要结构、弄清主要结构和次要结构关系的基础上，选择器官或组织中比较典型的部分进行绘图，切忌盲目临摹现成的插图。

（5）绘制组织胚胎学作业图要用彩色铅笔和图画本。用线条表示细胞膜、核膜和纤维等连续性结构，用点表示细胞质。线条要粗细均匀；点要大小一致，圆、细、密而不重叠。所绘的图要具备知识的正确性、结构的真实性和整体的美观性，真实地反映显微镜下组织的结构和比例。绘图完毕拉出横线并标注所指的结构。通常在图画本的左侧绘图，右侧注字，并在下方注明本图名称、组织来源、染色方法和放大倍数等。要求字体端正、字迹清楚（图0-22）。

实验三　结缔组织

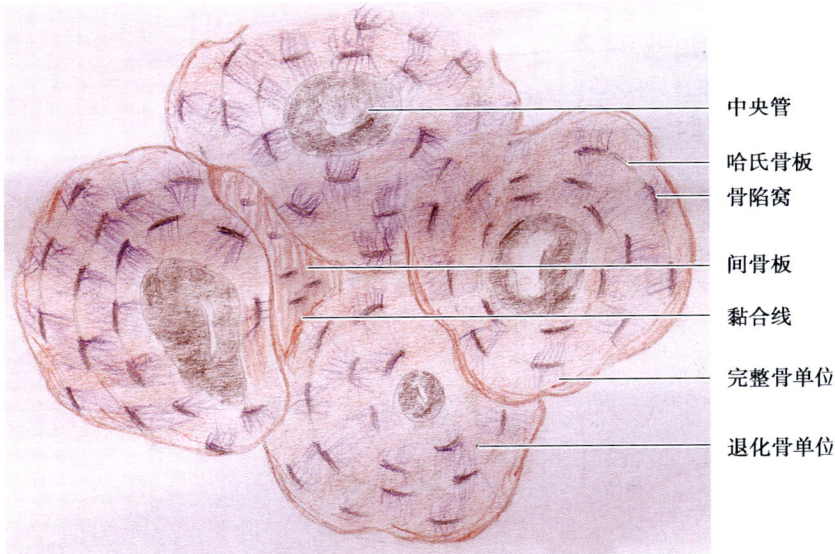

中央管

哈氏骨板

骨陷窝

间骨板

黏合线

完整骨单位

退化骨单位

切片编号：30号　　　　组织名称：长骨磨片

放大倍数：10×16　　　染色方法：硫堇染色

图 0-22 组织胚胎学实验课绘图作业示例

（6）学习过程中要充分利用实验指导书中的附图，以及模型、标本、挂图、电镜图片、多媒体教学课件、视频等，反复比较和认真思考，以便能够真正地理解和掌握所学知识。

（7）将组织切片（主要是石蜡切片）实验穿插于平时进行，掌握制作组织切片的基本技术，增强动手能力和创造能力。

（8）通过课前提问、课堂总结和小测验（辨别切片组织）等，巩固所学知识。

6 显微镜室规则

（1）按学号顺序对号入座，即人员、座位、计算机、显微镜、切片盒统一编号，以便管理。

（2）不得擅自使用他人的计算机、显微镜或切片，不得擅自拆卸和更换显微镜等设备部件。

（3）爱护显微镜室的仪器设备和一切公共财物，发现仪器设备有损坏情况，应立即报告。

（4）保持实验室安静和整洁，不得在实验室内喧哗、打闹。禁止随地吐痰、乱扔纸屑杂物，禁止在实验台、显微镜及切片盒等处乱写乱画。

（5）注意着装仪表，进入实验室必须穿戴整洁，不得穿拖鞋、背心进入实验室。

（6）为了大家的健康和实验室卫生，禁止在实验室吸烟、饮食。

（7）严禁向水池内倒垃圾和杂物，所有废弃物应放入垃圾桶中，以便统一处理。

（8）损坏或丢失显微镜、切片等设备或财物时，应及时向老师报告，以便酌情处理。

（9）实验完毕，务必将切片如数上交给任课老师，并整理好实验台和显微镜。

（10）下课后值日生负责打扫实验室卫生，关好水、电、门和窗。

实验 1 组织切片常用的制作方法

1 实验目的

1.1 掌握石蜡切片的基本制作程序。
1.2 掌握苏木精 – 伊红（HE）染色方法。
1.3 了解组织胚胎切片中的人为现象。

2 实验内容

2.1 石蜡切片

动物细胞的直径一般为 10 μm 左右，为了更好地显示其微细结构，以免细胞的重叠而影响观察效果，切片的厚度一般在 3 ~ 6 μm。为使组织保持一定的硬度以利切片，必须在切片之前使组织内渗入某种支持物。根据所用支持物的不同，可分为石蜡切片、火棉胶切片、冰冻切片、振动切片、半薄切片和超薄切片等。其中最常用的为石蜡切片和冰冻切片。

未经染色的切片标本是无色透明的。因细胞各部分结构的折光率很低而难以分辨，需要通过染色才能使微细结构变得清晰。染色方法有多种多样，其中最常用染色方法的是苏木素 – 伊红染色法（hematoxylin-eosin staining），简称 HE 染色。这种染色方法可将细胞核等嗜碱性成分染成蓝紫色，而细胞质等嗜酸性成分染成红色，形成明显不同的色泽。苏木精为碱性染料，能被其染色的结构具有嗜碱性（basophilia）；伊红为酸性染料，能被其染色的结构，则具有嗜酸性（acidophilia）；对碱性和酸性染料的亲和力均不强者，称中性（neutrophilia）。组织内有些结构经硝酸银染色后，可使硝酸银还原成棕黑色的银微粒附着在组织结构上，这种特性称亲银性（argentaffin）；有的结构本身不能使硝酸银还原，须加还原剂才能使其还原，这种特性称嗜银性（argyrophilia）。有的细胞或组织，用某些碱性染料染色时，其染色结果与染料的原有颜色不同，这种颜色的变异性称异染性（metachromasia），如用甲苯胺蓝染肥大细胞时，胞质内的颗粒被染成紫红色而不是蓝色。

组织学标本的制作程序十分复杂，以石蜡切片 HE 染色为例，归纳起来需要经过取材、固定、冲洗、脱水、透明、浸蜡、包埋、切片、贴片、烘片、复水、染色、脱水、透明、封片等一系列重要的步骤（图 1–1）。

组织切片标本制作是一项很专业的技术工作，要想了解和掌握其中的各个环节，可到组织切片室参观学习，或观看制作组织切片标本的视频资料，查阅组织切片标本制作技术的有关论著。

石蜡切片技术是组织学、胚胎学和病理学等学科最常用的基本研究手段。方法是从动物机体取下小块组织，经固定、脱水、透明、浸蜡、包埋和切片等处理，把要观察的组织或器官切成薄片，再经不同的染色方法，以显示组织的不同成分和细胞的形态，达到既易于观察、鉴别，又便于保存的目的。

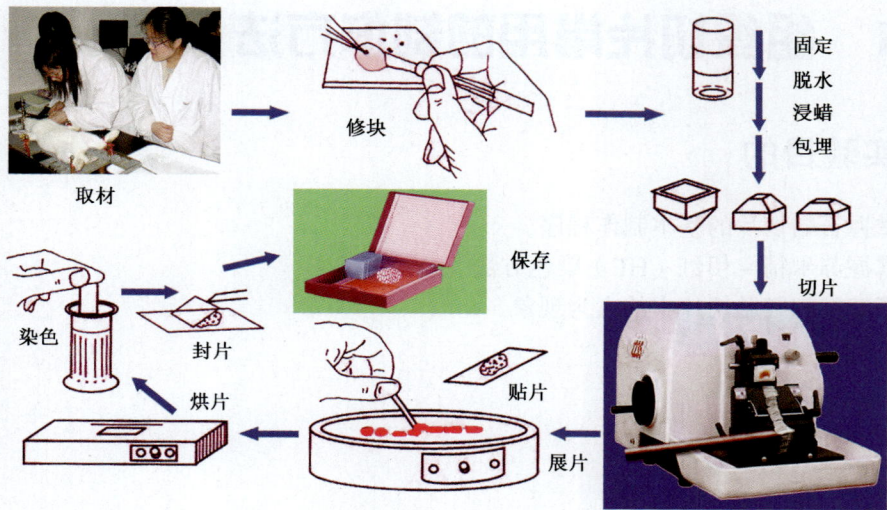

图 1-1　组织切片的制作程序

2.1.1　取材

2.1.1.1　动物致死法

（1）麻醉法

① 用乙醚或氯仿棉球同小动物一起密封于玻璃瓶内麻醉；

② 4% 戊巴比妥静脉注射，按 1 mL/kg 体重计量；

③ 10% 乌拉坦静脉注射，按 1 g/kg 体重计量。

（2）空气栓塞法：用注射器将空气由静脉注入，快速致死。

（3）电击法：220 V 电流，"+""-"两极连接动物身体。

（4）针刺法：用钢针从枕骨大孔刺入延髓。

（5）放血法：从颈动脉或股动脉放血。无论何种方法，要求动作迅速，因为死后组织与细胞即开始自溶。

2.1.1.2　取材注意事项

（1）材料新鲜：要取健康动物最新鲜的组织材料。取材后立即投入固定液内。由于上皮组织等极易溶解变质，所以要求取材必须迅速，应在死后半小时内完成。

（2）组织块力求小：5 mm × 5 mm 为宜，2~3 mm 厚，便于固定液快速渗入组织内。

（3）防止组织受压变形：刀要锋利，切时不要来回挫动；夹组织时，不要过猛。薄片时用刺猬针钉住四角，或用针线缝在泡沫块上展平，尽量保持原形。神经可结扎。

（4）熟悉取材部位，按解剖部位取：如胰岛多分布在胰尾，脊髓要取两个膨大部，看肥大细胞应取肠系膜或大网膜，看运动终板取肋间肌。

（5）选好组织块的切面：根据器官确定横切或纵切，管状器官多为横切。

（6）保持组织清洁：用生理盐水清洗掉血液、污物、黏液、食物、粪便等。

（7）切除不需要的部分：尤其是脂肪，以免给固定、脱水、浸蜡、切片带来麻烦。

2.1.2　固定

固定的意义：阻止细胞死后变化，防止自溶与腐败，尽量保持生前状态与结构；使细胞内蛋白质、脂肪、糖类、酶类变为不溶性物质，保持原有状态；使细胞内各种物质产生不同的折光率，以便染色后易观察；使不同成分对染料有不同的亲和力，经染色后易于观察；使组织硬化，便于切成薄片。

2.1.2.1　小块固定：取材后立即投入固定液中，此法最常用。

2.1.2.2　局部固定：如肺、肝、肾、四肢，可经动脉灌流固定。

2.1.2.3　全身灌注：采用输液的方式，固定液能快速进入组织，这种情况下可不必即刻取材。

固定液：

（1）单纯固定液：只有一种试剂。

① 乙醇：C_2H_5OH，以体积分数 80%、90% 为宜，兼有固定、硬化、脱水等多种作用，但渗透力较弱，能沉淀蛋白质，可使细胞核着色不良；组织易于变硬，收缩大。多用于组织化学中糖原的固定。

② 甲醛：HCHO，是一种还原剂，为无色气体，极其易挥发，有强刺激味。在水中饱和质量分数为 36% ~ 40%。常用的福尔马林为体积分数 10% 的甲醛饱和液（10 mL 甲醛饱和液 + 90 mL 水配成），实际甲醛质量分数仅 3.6% ~ 4%。渗透力强，固定均匀，组织收缩少，多用于大块组织固定，长期固定后，要冲洗 24 ~ 48 h，否则影响染色效果。

生理盐水甲醛固定液：

甲醛	100 mL
NaCl	8.5 g
水	900 mL

中性甲醛固定液：

甲醛	100 mL
水	900 mL

碳酸钙或碳酸镁适量

磷酸二氢钠 磷酸二氢钾	4 g（任选一种）
磷酸氢二钠	6.5 g

（2）混合固定液：两种以上试剂。

① 乙醇 – 甲醛固定液（AF 液）

95% 乙醇或无水乙醇	90 mL
甲醛（饱和）	10 mL

该液兼有固定和脱水作用，可用 95% 乙醇继续脱水。

② Bouin 液

饱和苦味酸水溶液	75 mL
甲醛（饱和）	25 mL
冰乙酸	5 mL

该液对大多数器官与组织固定良好，时间为 12 ~ 24 h 为宜。固定后以 70% ~ 80% 乙醇洗涤，洗去苦味酸。

2.1.3　冲洗

冲洗的目的在于把组织内的固定液除去，否则残留的固定液会妨碍染色，或产生沉淀，影响观察。甲醛固定的材料，常用自来水冲洗，若同时冲洗多种组织块，则可分别包于纱布内，同时标记清楚，以免混淆。Bouin 液固定的材料，用 70% 乙醇冲洗。可在乙醇中加入几滴氨水或碳酸锂饱和水溶液，以除去苦味酸的黄色。

2.1.4 修块

新鲜组织柔软，不易切成规整的块状。组织固定后因蛋白质凝固产生一定硬度，即可用单面刀片把组织块修整成所需要的大小和形状。

2.1.5 脱水

脱水的目的在于用乙醇（脱水剂）完全除去组织内水分。实验室常从 70% 乙醇开始脱水，80%、90%、95% 至无水乙醇逐级更换，最后完全把组织中水分置换出来。脱水必须在有盖瓶内进行，高浓度乙醇很容易吸收空气中的水分，应定期更换。每级乙醇脱水时间约 3 h，但高浓度乙醇，尤其是无水乙醇易使组织变脆，故应控制在 2 h 以内。

常用的脱水剂还有丙酮，但丙酮价格较高。

$$70\% \text{乙醇} \xrightarrow{\text{可长期保存}} 80\% \text{乙醇} \xrightarrow{60 \text{ min}} 85\% \text{乙醇} \xrightarrow{60 \text{ min}}$$

$$90\% \text{乙醇} \xrightarrow{50\sim60 \text{ min}} 95\% \text{乙醇} \xrightarrow{50\sim60 \text{ min}} 100\% \text{乙醇 I} \xrightarrow{\text{不得超过} 60 \text{ min}} 100\% \text{乙醇 II}$$

2.1.6 透明

组织脱水后，石蜡仍不能渗入组织内并包埋成供切片用的蜡块，还需要一种过渡的溶剂，既能溶于脱水剂又能溶于包埋剂（石蜡），这种过渡溶剂有二甲苯、苯、香柏油。它们能置换出脱水剂并使组织呈半透明状态，便于浸蜡和包埋。这一过程称为透明。

二甲苯最常用，易挥发，折光系数大（1.497），透明能力强，但易使组织收缩，变脆，并有毒，长期接触，对黏膜有刺激作用。如组织块不能透明，呈白色混浊时，为脱水不够，需再回脱水剂中，等彻底脱水后才能透明。为使组织尽量少收缩，往往在无水乙醇脱水后，先经乙醇与二甲苯混合液，再入纯二甲苯。

$$100\% \text{乙醇 II} \xrightarrow{\text{不得超过} 60 \text{ min}} \text{乙醇：二甲苯混合液} \xrightarrow{30 \text{ min}} \text{纯二甲苯 I} \xrightarrow{10 \text{ min}} \text{纯二甲苯 II} \xrightarrow{10 \text{ min}}$$

2.1.7 浸蜡

浸蜡的目的在于除去组织中的二甲苯而代以石蜡。石蜡作为一种支持剂浸入组织内部，凝固后使组织变硬，便于切成薄片。浸蜡需在恒温箱内进行，先将市售石蜡（熔点 56 ~ 58 ℃）放入 60 ℃ 恒温箱内熔化，再把透明好的组织块投入熔化的石蜡中，总浸蜡时间为 2 ~ 3 h，完全置换出组织内的二甲苯。注意浸蜡时间不宜过长，否则会使组织变脆，难以切成完整的组织薄片。

由于石蜡凝固后脆性较大，故必须加入 1/10 的蜂蜡增加韧性。组织透明后，放入熔化的石蜡内浸蜡，在恒温箱内操作。浸蜡时间为 2 ~ 3 h。

$$\text{纯二甲苯 II} \xrightarrow{30 \text{ min}} \text{二甲苯：石蜡混合液（1：1）} \xrightarrow{30 \text{ min}} \text{石蜡 I} \xrightarrow{30 \text{ min}} \text{石蜡 II} \xrightarrow{60 \text{ min}} \text{石蜡 III} \xrightarrow{60 \text{ min}}$$

2.1.8 包埋

组织不同，其成分与性质也不同，很难切成几微米的薄片，要有一定的"支持物"，使它有足够的硬度，才能切成薄片。石蜡包埋就是将石蜡液体浸入组织内，用其固体变液体、液体变固体的理化特性，将组织加以包埋，凝固成均匀的固态，即可在切片机上切成极薄的切片。

用第三杯蜡液包埋。用包埋专用金属框按组织块的多少确定需要的数量，取一块厚玻璃砖当底板，浇少量蜡液铺底，按需要的方向排好组织块，再浇注第三杯中的蜡液（先熔化开，过滤好）。

2.1.9　修蜡块

把包有组织的固体蜡块，用单面刀片切割成以组织块为中心的正方形或长方形的小块，然后在蜡块底面修成以组织块为中心，组织块边距为 3 mm，高 3 ~ 5 mm 的正方形或长方形蜡块。蜡块相对的两个长边必须平行，以利于保持切片蜡带较长并且规整。

2.1.10　切片

切片方法有石蜡切片、火棉胶切片和冰冻切片。

石蜡切片采用轮转式切片机或滑走切片机操作，火棉胶采用滑走切片机操作，冰冻切片采用专门的冰冻切片机操作。石蜡切片用蛋白质 – 甘油混合液贴附于玻片上，火棉胶切片，则可直接染色，染色后，封藏于玻片上。

用金属加热将蜡块粘接在台木块上，然后固定在切片机上或者将蜡块按需求方向直接固定在切片机上，装上切片刀，调整好角度，即可切片。单张切片的厚度多为 3 ~ 5 μm，胚胎材料可切 8 μm。

2.1.11　展片

将切好的蜡片亮面朝下移到漂烘仪的水面上，水温 50 ℃左右，待蜡片展平后，用擦好的载玻片捞起蜡片，倒掉水分，把切片斜放在烤片架上，或在恒温箱内烤 24 h，待染色。

2.1.12　染色

染色的目的是使细胞中的构造清楚，易于观察。染料的种类繁多，其性质也不同，有酸性、中性、碱性。染色方法有单一法、双重法、三重法。其中双重法以 HE 染色法最常用（图 1-2）。

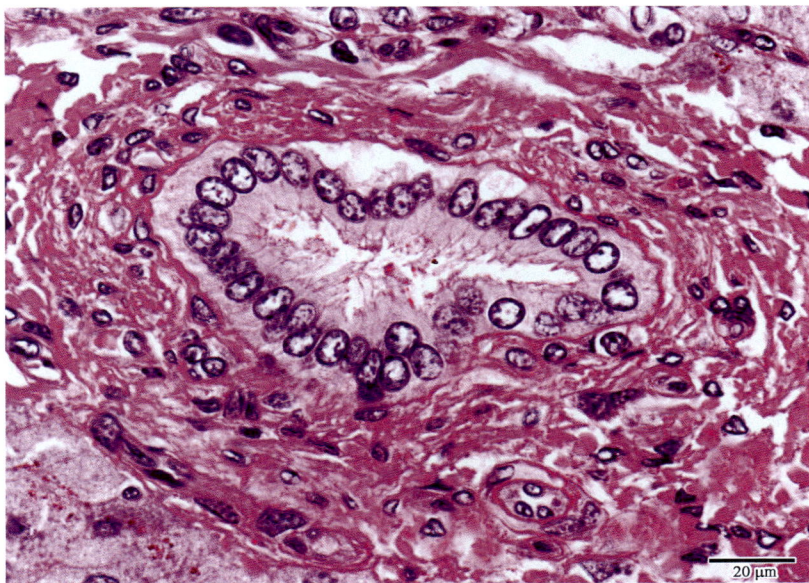

图 1-2　HE 染色的正常效果

下面各步骤在染色缸内操作

（1）脱蜡：二甲苯Ⅰ　　　　　　　　　　　　　　15 min
　　　　　 二甲苯Ⅱ　　　　　　　　　　　　　　15 min（透亮即可）
（2）脱苯：100％乙醇Ⅰ　　　　　　　　　　　　1 min
　（下行）100％乙醇Ⅱ　　　　　　　　　　　　1 min
　　　　　 95％乙醇　　　　　　　　　　　　　1 min
　　　　　 90％乙醇　　　　　　　　　　　　　1 min
　　　　　 80％乙醇　　　　　　　　　　　　　1 min
　　　　　 70％乙醇　　　　　　　　　　　　　1 min
（3）水洗：蒸馏水　　　　　　　　　　　　　　 1 min
（4）染苏木精　　　　　　　　　　　　　　　　 5～10 min
（5）自来水冲洗两次　　　　　　　　　　　　　 2～3 min
（6）分化：1％（体积分数）盐酸－乙醇溶液　　30 s
（7）促蓝：浸入常水　　　　　　　　　　　　　 1～2 min
（8）染伊红：1％（质量分数）伊红　　　　　　 2～3 min
（9）水洗：蒸馏水快洗　　　　　　　　　　　　 3～5 s

　　染色过程中有多处需要水洗，但其洗涤程度及意义均有所不同。苏木精染色前的水洗为蒸馏水浸洗；切忌自来水替代蒸馏水浸洗，否则苏木精染液由弱酸性的棕红色转变为弱碱性的蓝色，导致有色沉淀物的出现与积累，致使染色结果变为黑蓝色。

　　苏木精染色后的水洗为自来水洗，伊红染色后的水洗为蒸馏水快洗，作用是洗去没有与组织相结合的染料成分，即洗去浮色。伊红染液为水溶性溶液，浸洗时间长会使组织的伊红颜色减退。

　　分色后的水洗为自来水快洗，目的是终止分色液对组织细胞的分色作用。过度分色将致使染色强度减弱，影响苏木精与伊红颜色的搭配效果。蓝化后的水洗为自来水冲洗，洗掉组织中多余的碱性成分，为伊红染色提供适宜的染色环境。

（10）脱水：50％乙醇　　　　　　　　　　　　 1 min
　（上行）70％乙醇　　　　　　　　　　　　　1 min
　　　　　 80％乙醇　　　　　　　　　　　　　1 min
　　　　　 90％乙醇　　　　　　　　　　　　　1 min
　　　　　 95％乙醇　　　　　　　　　　　　　1 min
　　　　 100％乙醇Ⅰ　　　　　　　　　　　　1 min
　　　　 100％乙醇Ⅱ　　　　　　　　　　　　1 min
（11）透明：二甲苯Ⅰ　　　　　　　　　　　　 1～3 min
　　　　　 二甲苯Ⅱ　　　　　　　　　　　　　1～20 min

　　此处透明的意义在于增强标本的折光率，达到光镜下清晰观察染色结果。若标本内含水分会降低其折光率，导致光镜观察细微结构不清楚的结果。此外二甲苯透明后有利于组织和细胞的长期保存。

2.1.13　封片

　　从二甲苯中分别逐个取出载玻片，将有组织的一面朝上，用纱布迅速擦去组织切片周围和底面的二甲苯，然后向着色的组织切片上滴加1～2滴中性树胶封片剂。用镊子夹取一片擦拭干净的盖玻片，倾斜地盖在树胶封片剂上，注意防止气泡浸入组织内。然后平放于摊片盘或切片盒内，烘干或自然干燥收藏。

2.2 冰冻切片

2.2.1 切片前准备

将冰冻切片机及其配套的设备和实验台清理干净；接通电源，开启冰冻切片机并将冰冻切片机预降至所需温度，通常设置在 –20 ~ –15℃；准备处理好的载玻片、刀片、胶水以及所需试剂。

2.2.2 取材

解剖动物迅速取出所需的新鲜器官组织，用滤纸擦干血液和污物，不需固定直接取材，组织块的大小一般为长 × 宽 × 厚 = 25 mm × 25 mm × 2 mm，以防形成冰晶造成切片中出现空泡，使细胞内结构移位。取材时应去除脂肪和其他多余的组织，取材厚度最好不要超过 3 mm，太厚则冰冻费时，太大则不易切完整。

2.2.3 切片

2.2.3.1　速冻组织　取出组织支承器，放平后摆好组织，周围滴上包埋剂，速放于冷冻台上冰冻，用吸热器轻轻压住组织，大约 3 min，观察到包埋剂与组织冷冻成白色冰体即可切片。

2.2.3.2　调整组织块　将冷冻好的组织块，夹紧于切片机持承器上，开启粗进键，转动旋钮，将组织修平。

2.2.3.3　设定切片厚度　根据不同的组织设定所需切片的厚度，原则上是细胞密集的切薄些，纤维多细胞稀的可稍厚些，通常在 5 ~ 10 μm 之间。

2.2.3.4　调整防卷板　制作冰冻切片，关键在于防卷板的调节上，这就要求操作者要细心，准确地将其调整好，调校至适当的位置。切片时，以切出完整、平滑的切片为准。切好的组织在干净的玻片上黏附时顺着一个方向稍微用力轻轻一带，避免组织摊片过程中起褶，保证组织结构的完整。

2.2.3.5　冰冻切片的注意事项

（1）采用合适的包埋剂：包埋剂是影响冰冻切片质量的重要因素，包埋剂用量要适宜，过多或过少都会影响标本冷冻质量。常用的有 3 种包埋剂：OCT 剂、B 超耦合剂和普通胶水。B 超耦合剂适用于细胞丰富质地较嫩的组织，普通胶水或 OCT 剂适用于纤维丰富质地偏硬组织。OCT 包埋剂骤冷时固化，其冷冻速度和软硬韧度与组织相近，其还具有水溶性，不影响染色等优点。

（2）组织块过小的处理：预先将少量胶涂在托架上放在冰冻机中冷冻，30 s 左右待胶凝固时将小组织块放上，组织周围再加一些胶，再放到冷冻切片机中冷冻，这样组织被垫高，就能快速切出高质量的切片。

（3）冷冻箱及冷冻头的温度：要根据不同的组织而确定。温度过低会导致组织块过硬，切片易碎，或出现薄厚不均或空洞；反之，温度过高，组织块硬度不够，切片不易成形或出现皱褶。

（4）冰冻过度的处理：当切片时，如果发现冰冻过度时，可将冰冻的组织连同支承器取出来，在室温中停留片刻再切片，或者用大拇指按压组织块片刻，即软化组织后再切片。此外，还可调高冰冻点。

（5）载玻片的处理：冰冻切片时所采用的载玻片，不能存放在冷冻处，室温条件下存放即可。由于贴附切片时，从室温中取出的载玻片与冷冻箱中的切片有温差，当温度较高的载玻片贴附上温度较低的切片时，因温度具有差别的两种物质相遇时，分子彼此间发生转移而产生了一种吸附力，使切片与载玻片牢固地贴附在一起。如果使用冷藏的载玻片来附贴切片，由于温度相同，不会发生上述的现象，组织容易脱落。

2.2.4　常用冰冻切片苏木精 – 伊红染色

染色步骤：

（1）冰冻切片用 10% 甲醛固定 1 ~ 5 min，流水冲洗 2 min，蒸馏水浸洗 3 min。

（2）苏木精液染色 1 ~ 2 min，自来水快洗。

（3）0.5% 盐酸 – 乙醇溶液分色 1 ~ 2 s。蒸馏水冲洗。

（4）0.25% ~ 0.5% 氨水蓝化数秒，至组织变蓝，自来水洗 30 ~ 60 s。光镜下检查细胞核分色程度。

（5）1% 伊红液染色 1 min。蒸馏水冲洗。

（6）80%、90%、95% 乙醇速洗，每级数秒到十几秒。光镜下监控细胞核和细胞质的颜色对比。

（7）100% 乙醇 2 次，每次 1 ~ 2 min。

（8）二甲苯 2 次，每次 1 ~ 2 min。中性树胶封固。

2.2.5　冰冻切片的快速染色法

（1）切片固定 30 ~ 60 s。

（2）水洗 10 s。

（3）染苏木精 3 ~ 5 min，自来水冲洗片刻。

（4）1% 盐酸 – 乙醇溶液分化。

（5）氨水中返蓝 20 s。

（6）伊红染色 10 ~ 20 s。

（7）脱水，透明，中性树胶封固。

2.2.6　切片后清扫

冰冻切片机使用结束后关闭电源，清洁切片机腔体和擦干水汽，做好使用记录。为让水汽蒸发，不要马上关闭切片机的上盖移动舱门，需等到切片机腔体的水汽蒸发后再关闭。

2.2.7　石蜡切片和冰冻切片的比较

石蜡切片的优点是可以室温保存，而冰冻切片需要保存在 –80° 的低温冰箱内，尤其是用来做原位杂交的切片，为了防止 RNA 降解，保存方式非常重要。冰冻切片的优点是可以快速看结果，能够较好地保存组织的抗原免疫活性，做免疫组化时不需抗原修复这一步。缺点是切片厚度较石蜡切片的厚，不能观察很微小的细节。

冰冻切片由于抗原性保存好，所以容易出阳性结果，但是组织结构形态的保存不如石蜡切片的好，而且抗原容易弥散，不易观察抗原分布情况。石蜡切片由于处理的原因，抗原常被封闭甚至破坏，需要抗原修复步骤，而且不一定能成功修复。

2.3　血液涂片

2.3.1　准备

玻片在肥皂或洗衣粉水中洗净，后用自来水反复冲洗，置于 95% 乙醇中浸泡 1 h，擦干或烘干备用。配制瑞特染液、磷酸缓冲液和蒸馏水。

2.3.2　采血

大动物颈静脉采血，小动物心脏采血。先在干净的试管内加入 3.8% 枸橼酸钠溶液 2 mL

后采血样 18 mL，摇匀待用。亦可用针刺滴血采血。

2.3.3 推片

取血 1 滴于玻片右侧，另取一空白玻片的一端，放在血滴前方，并逐渐后移接触血滴，血液立即沿推片散开，然后将推片与载片保持 30°~45° 夹角，平稳地向前推动，至玻片另一端，载玻片上便留下一层血膜。

2.3.4 染色

常用瑞特染色法。待血涂片干燥后方可染色，染色步骤如下：

（1）染色：在血膜上滴加几滴瑞特染色液，左右晃动，使染液完全覆盖血膜。

（2）水洗：1~2 min 后，滴加等量磷酸盐缓冲液或蒸馏水，2~3 min 后可见表面有金属光泽，即可用清水轻轻洗去染液，待血片自然干燥或用滤纸吸干。在正常的情况下，血膜外观染成粉红色。

（3）镜检：先在低倍镜下检查血片的染色是否合格、血细胞分布是否均匀等，然后换高倍镜或油镜逐步进行观察。

（4）染色结果：在显微镜下红细胞呈粉红色；白细胞的细胞质能显示出各种细胞特有的色彩和结构；细胞核呈蓝紫色，染色质清楚，粗细可辨。

3 组织胚胎切片中的人为现象

在制作组织切片的过程中，可能某个细节被疏忽而导致切片成品中出现了一些人为现象，必须引起注意，以免误判。

3.1 裂纹

在切片制作过程中，乙醇等脱水剂的浓度梯度相差太大，或脱水速度过快，导致组织内出现了不应有的皱裂现象（图 1-3）。

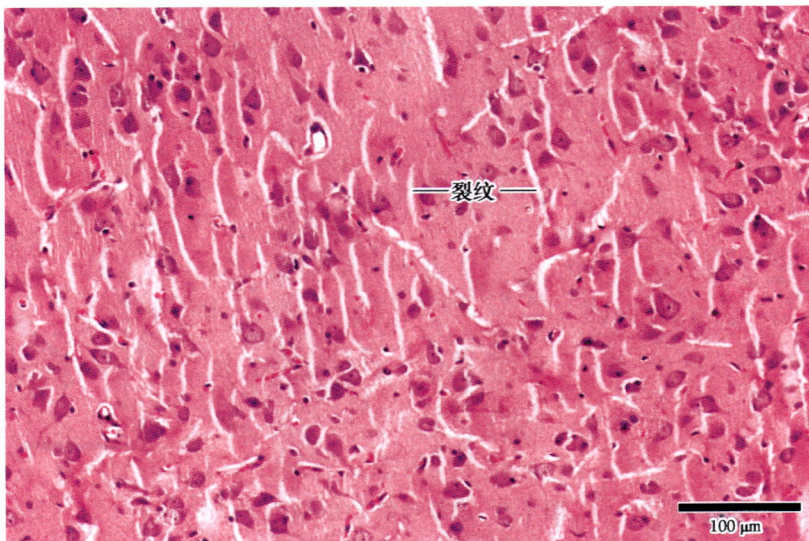

图 1-3　皱裂现象（HE 染色）

3.2　破损

　　在切片制作过程中，人为破坏了组织，或封片时挫动了盖玻片，因而导致组织内出现了裂开或破损现象（图 1–4，图 1–5）。

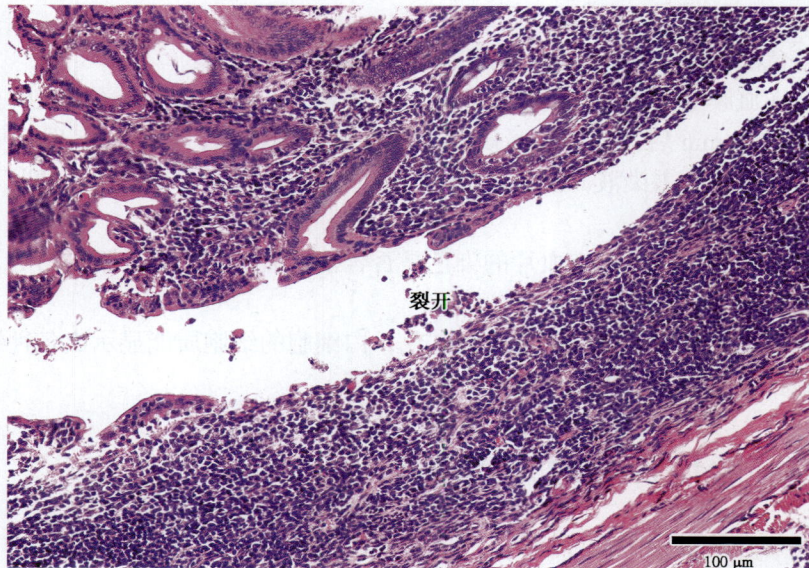

图 1–4　裂开现象（HE 染色）

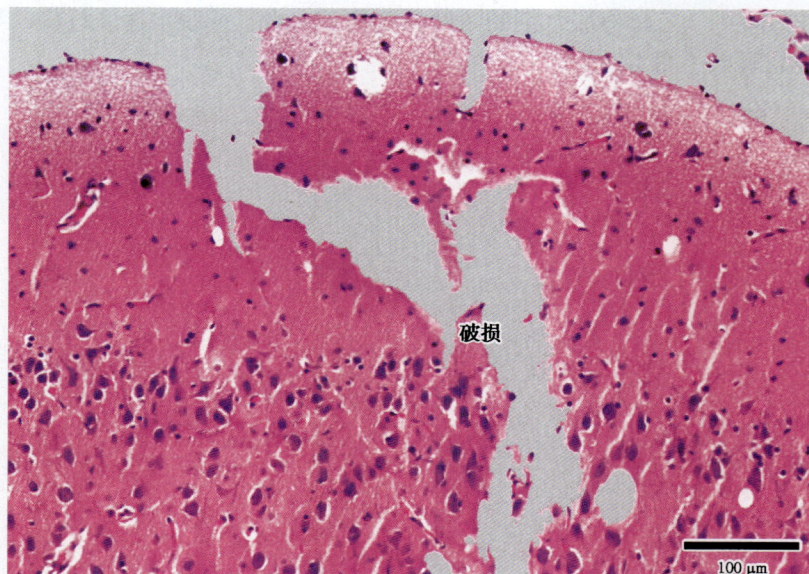

图 1–5　破损现象（HE 染色）

3.3 重叠

在切片时刀片与组织块之间的角度过大，出现了严重卷曲，或在展片过程中，因水温过低而没有展平，导致蜡带 – 组织薄片出现了折叠现象（图 1-6）。

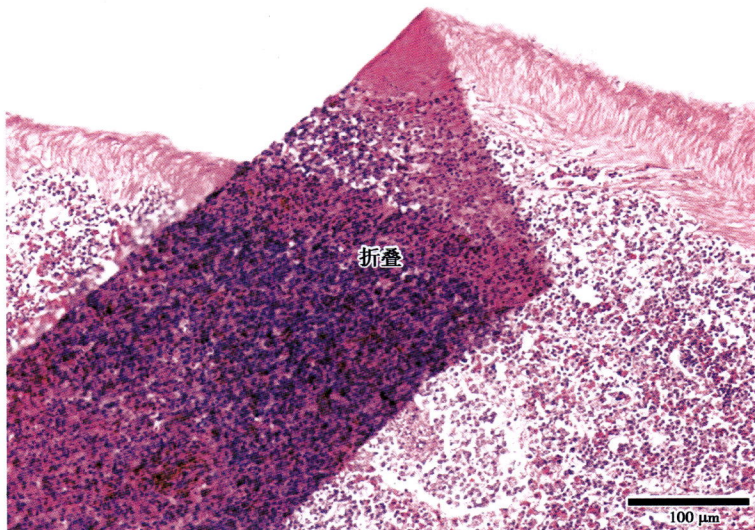

图 1-6　折叠现象（HE 染色）

3.4 杂质

在切片制作过程中，流水冲洗不够，多余的染料没有冲洗干净，导致切片中有残留的染料（图 1-7）；或封片时异物落入切片中，致使组织内出现了杂质（图 1-8）。

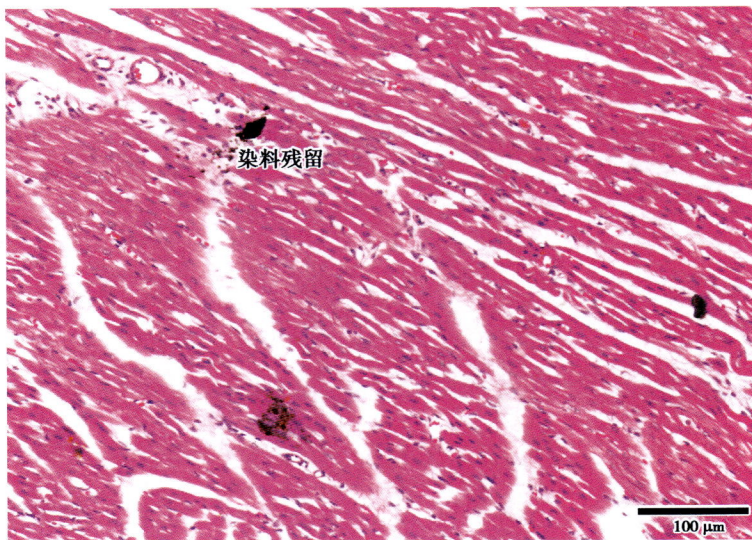

图 1-7　染料残留（HE 染色）

3.5 气泡

在封片时中性树胶内的气体没有排尽，或配制封片树胶时的浓度过低即太稀，而二甲苯挥发极快，致使组织内进入了大小不等的气泡（图 1-9）。

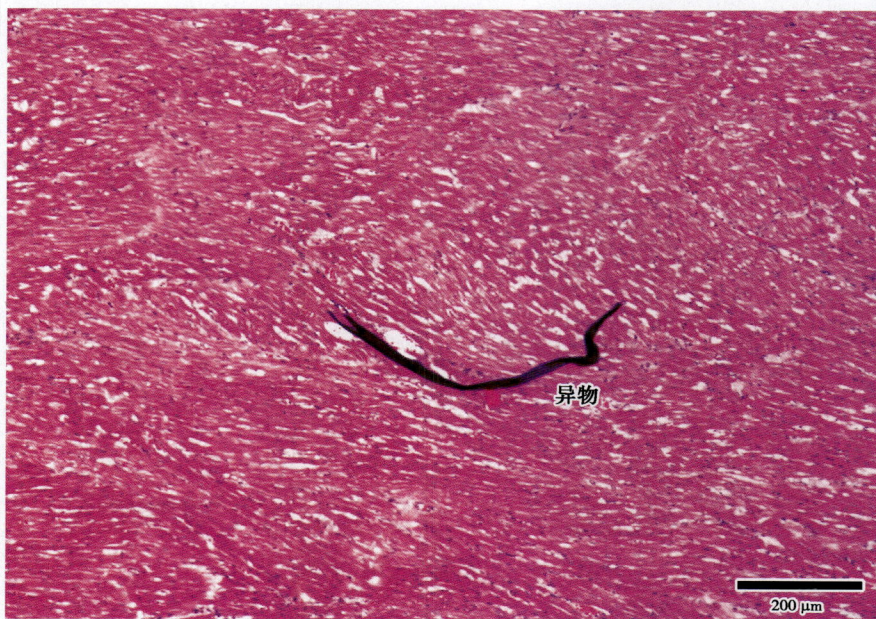

图 1-8 杂质（HE 染色）

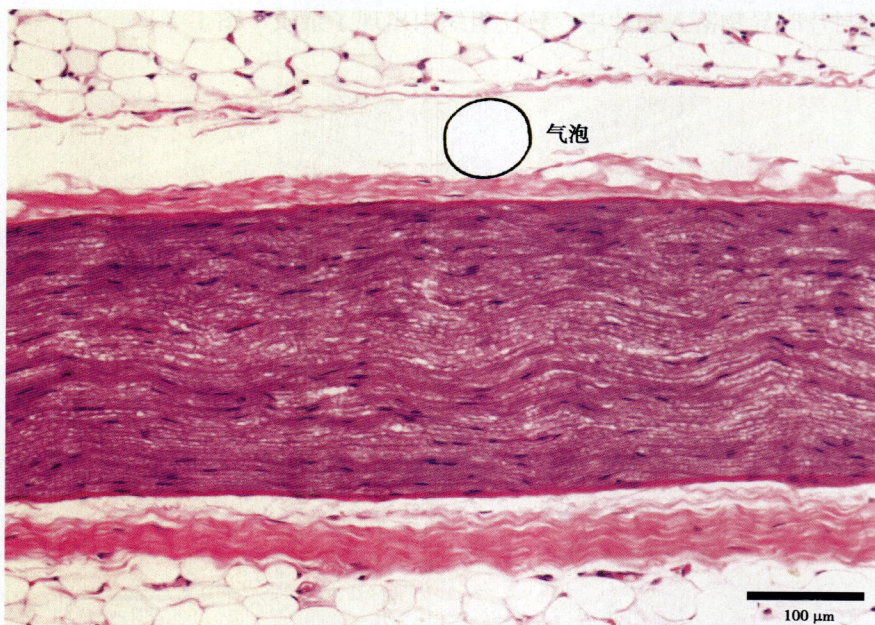

图 1-9 气泡（HE 染色）

3.6 刀痕

切片时所使用的刀片不快或有小口，或切片过程中碰到了微小的硬物例如砂砾，导致组织中出现了大小不等的划痕甚至裂口（图 1-10 至图 1-12）。

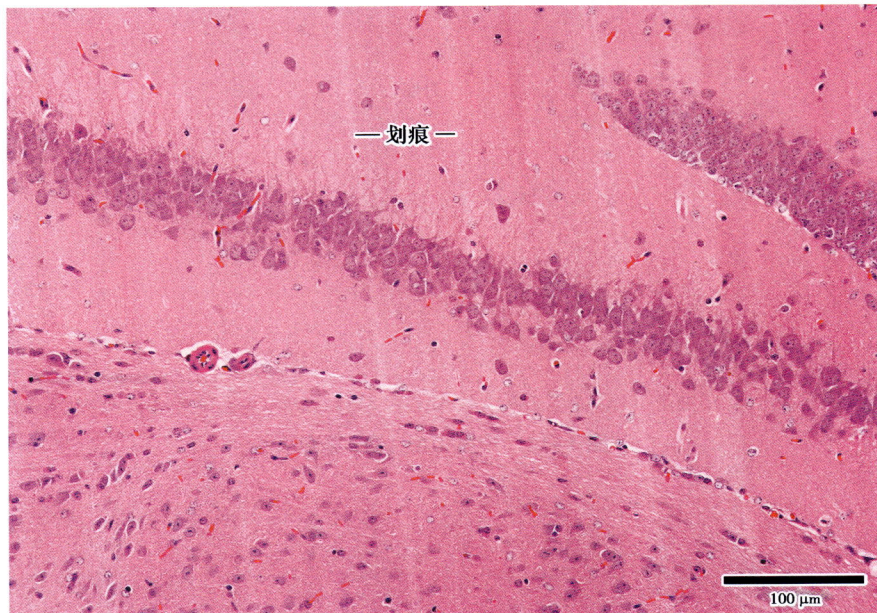

(a)

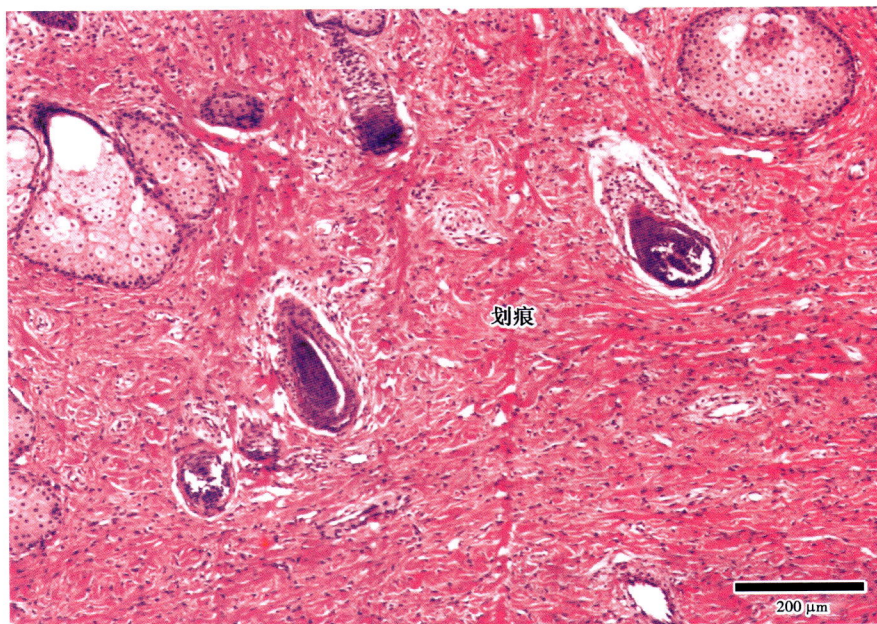

(b)

图 1-10 轻度划痕（HE 染色）

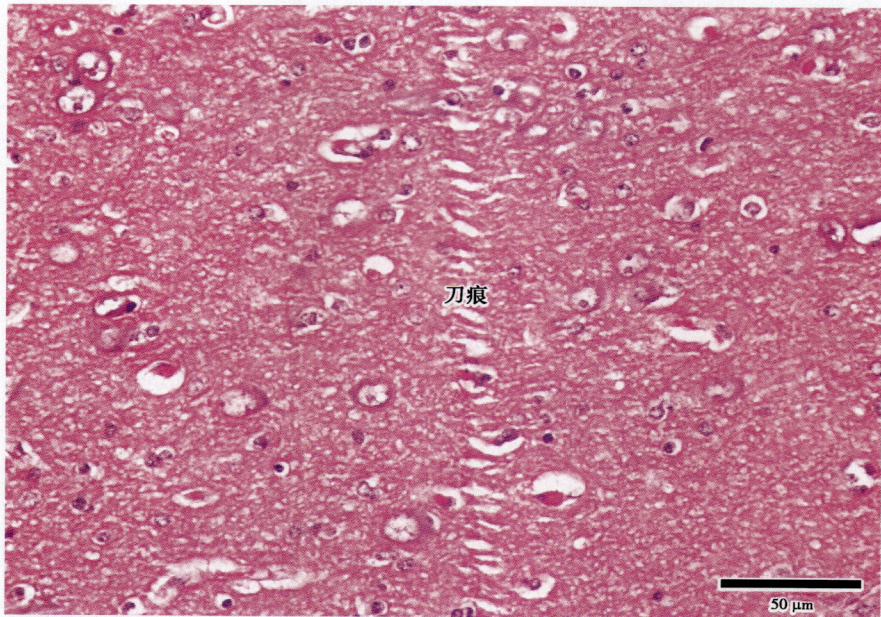

刀痕

50 μm

图 1-11 中度刀痕（HE 染色）

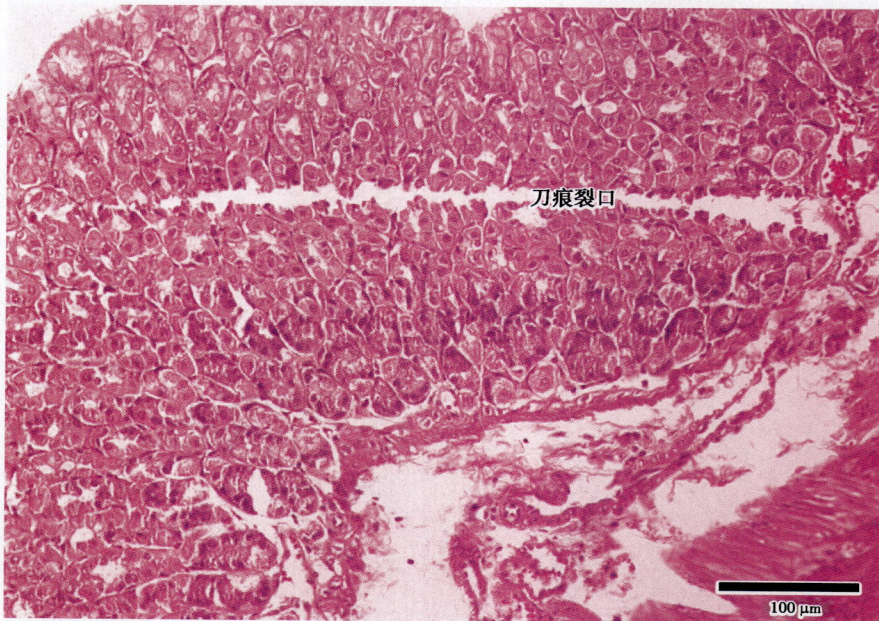

刀痕裂口

100 μm

图 1-12 刀痕裂口（HE 染色）

4 显微摄影中的人为现象

　　拍摄组织切片显微照片时，视野中曝光不匀、不足或过度等，都会影响显微照片的质量（图 1-13，图 1-14）。

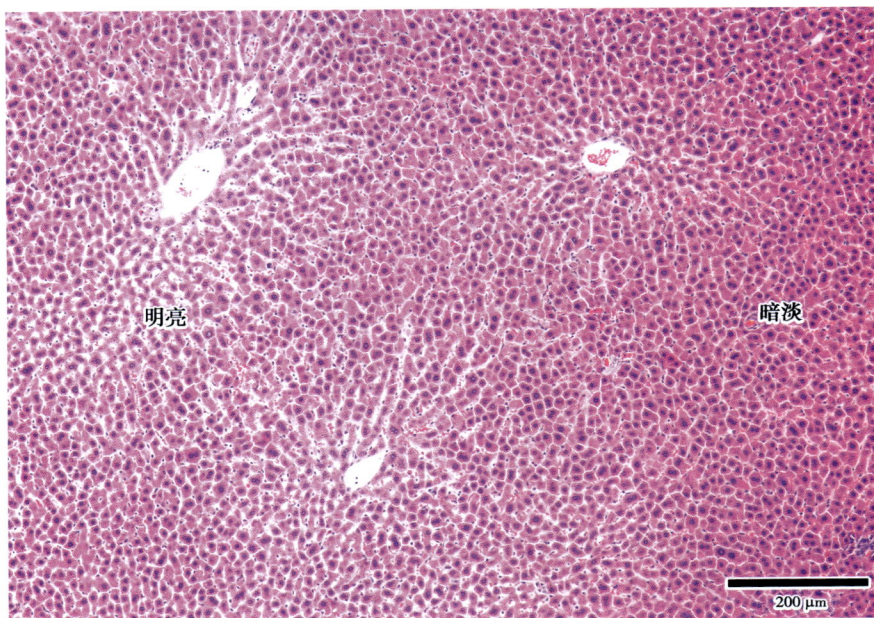

明亮

暗淡

200 μm

图 1–13 曝光不匀（HE 染色）

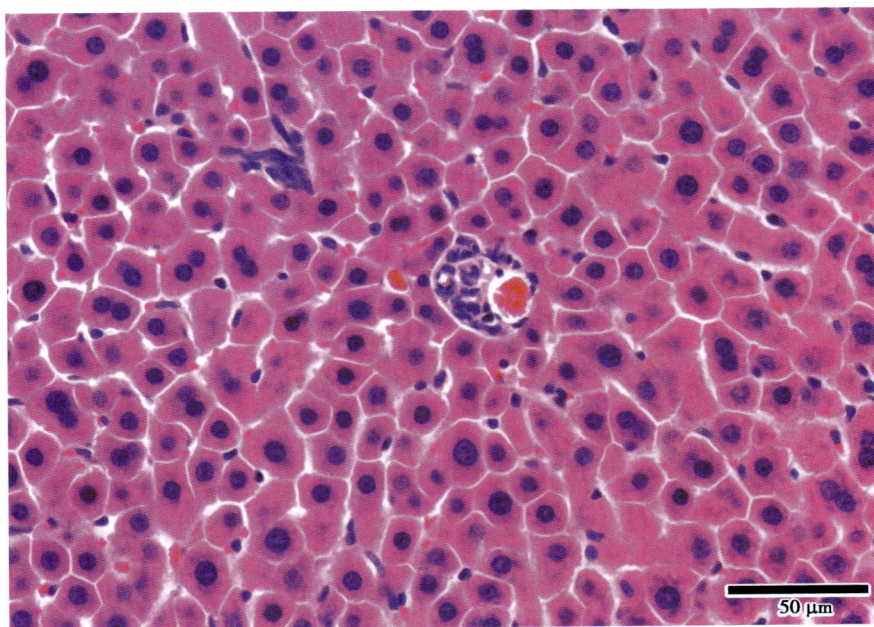

50 μm

图 1–14 曝光过度（HE 染色）

5 作业

5.1 熟记组织胚胎学标本的几种制作方法。

5.2 熟记苏木精 – 伊红（HE）染色方法。

5.3 熟记组织切片中可能出现的人为现象。

实验 2 细胞的形态结构与细胞分裂

1 实验目的

1.1 掌握细胞在光镜和电镜下的基本结构。

1.2 在光镜下识别不同大小、形态的细胞。

1.3 了解细胞的主要增殖方式——有丝分裂过程各期的形态特征。

2 实验内容

2.1 细胞的形态结构

2.1.1 细胞的一般形态结构（图 2-1 至图 2-5）

观察切片：脊神经节横切面，HE 染色或甲苯胺蓝染色。

肉眼观察：脊神经节横切面呈圆形，紫红色。

低倍镜观察：脊神经节的外部有致密结缔组织被膜，内部可见许多圆形、椭圆形或其他形状、大小不等的深紫红色结构，即为神经节细胞。选一圆形或椭圆形、较大、典型而清晰的细胞，换高倍镜观察。

高倍镜观察：镜下脊神经节细胞大多呈圆形或椭圆形，偶见胞体一侧有一淡红色的突起。细胞外周有一层较小、扁平的卫星细胞围绕整个胞体。脊神经节细胞中央有一个大而圆、嗜碱性、着色浅的结构，为细胞核。细胞核中可见大而圆、明显的核仁，核仁周围可见小块状、细

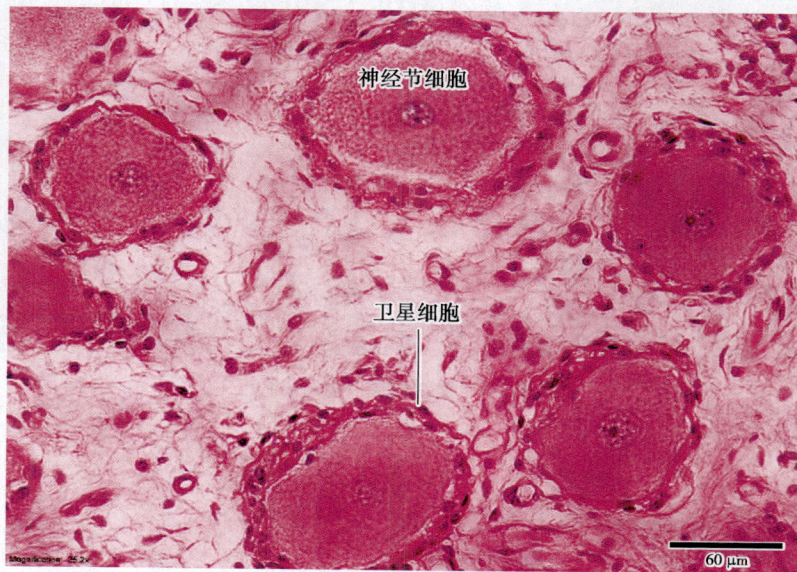

图 2-1 脊神经节细胞（HE 染色）

碎、着色浅的染色质。细胞中红色呈细颗粒状的嗜酸性物质即为细胞质，核膜在光镜下不能分辨。如果切面不经过细胞核或核仁，则镜下见不到细胞核或核仁，应再换一个具有完整 细胞结构的典型细胞进行观察。

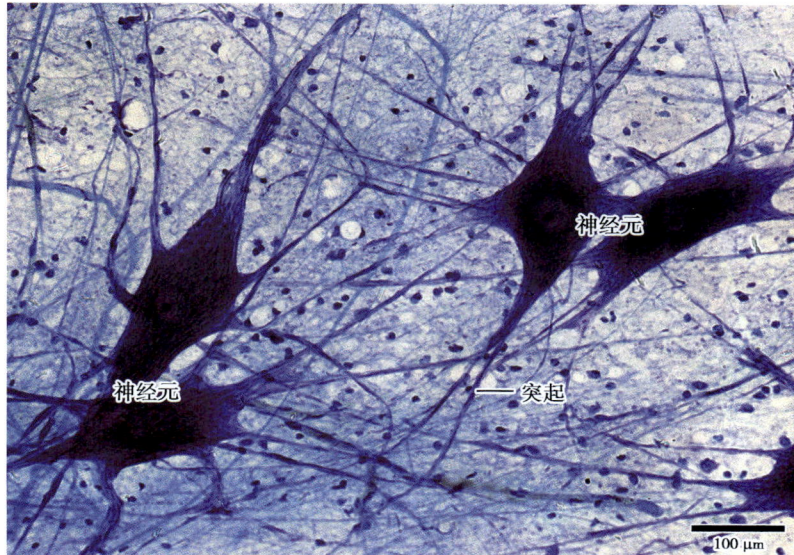

图 2-2　多极运动神经元（甲苯胺蓝染色）

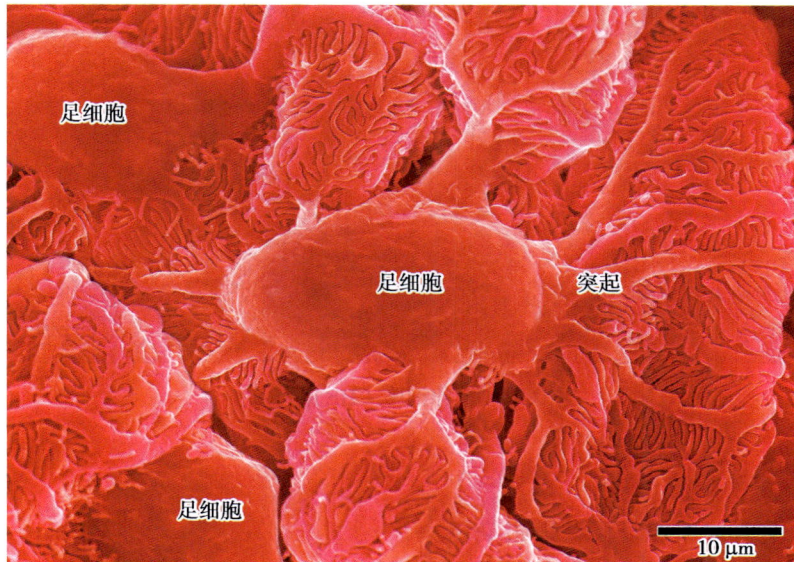

图 2-3　足细胞扫描电镜像（伪彩）

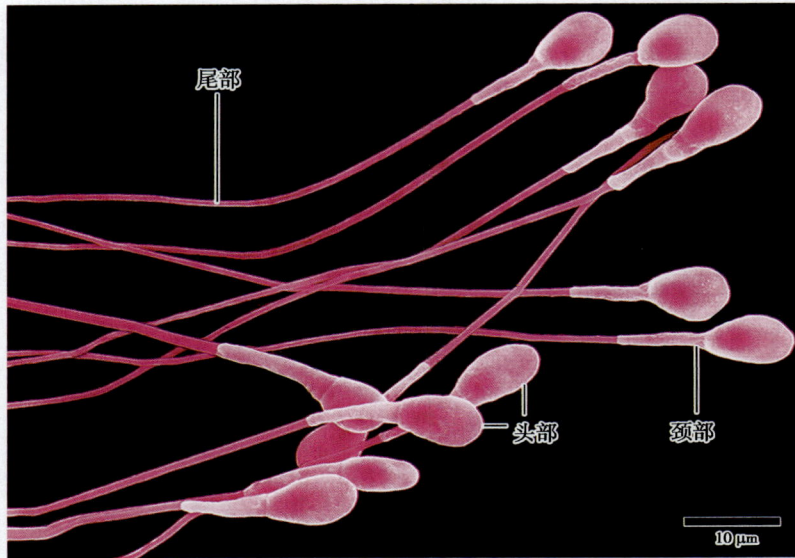

图 2-4　精子扫描电镜像（伪彩）

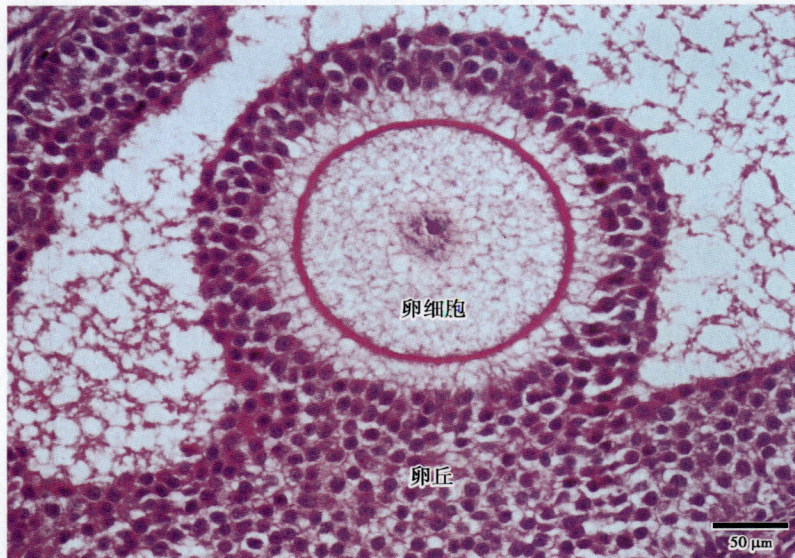

图 2-5　卵细胞（HE 染色）

2.1.2　高尔基复合体（图 2-6）

观察切片： 脊神经节纵切面，镀银染色。

肉眼观察： 脊神经节纵切面呈椭圆形，棕黄色。

低倍镜观察： 可见脊神经节主要由深黄或棕黄色的神经纤维及位于纤维束间的呈淡黄色或棕黄色的神经节细胞构成。脊神经节细胞成群分布，切面呈圆形或椭圆形。胞体大小不等，在细胞中央有一不着色的看似空泡状的细胞核。选择一个细胞质中有黑色网状物的脊神经节细胞，转换高倍镜观察。

　　高倍镜观察：细胞质呈淡黄色或棕黄色，胞质中散布着棕黑色的网状物即高尔基复合体。高尔基复合体有的呈网状，有的则被切断而呈粗颗粒状。在不同的细胞中，高尔基复合体数量不等，形态各异。

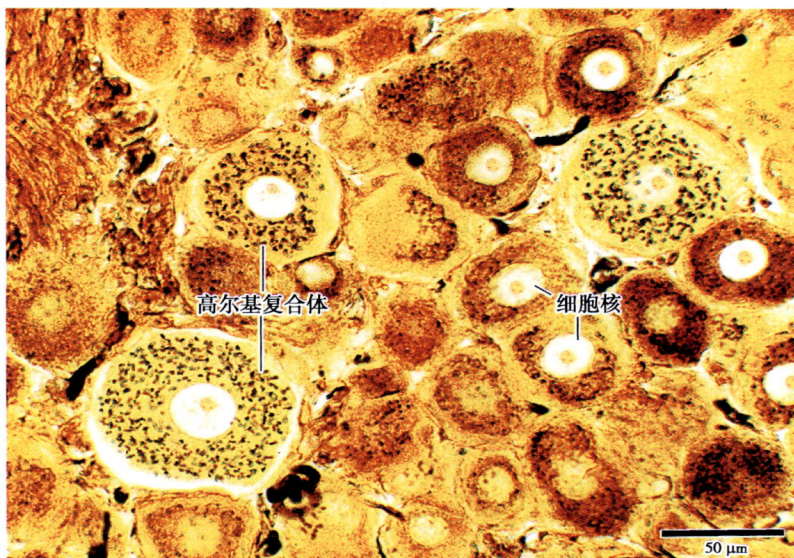

图 2-6　高尔基复合体（镀银染色）

2.2　动物细胞有丝分裂（图 2-7）

观察切片：马蛔虫子宫，铁苏木精染色 + 中性红复染。

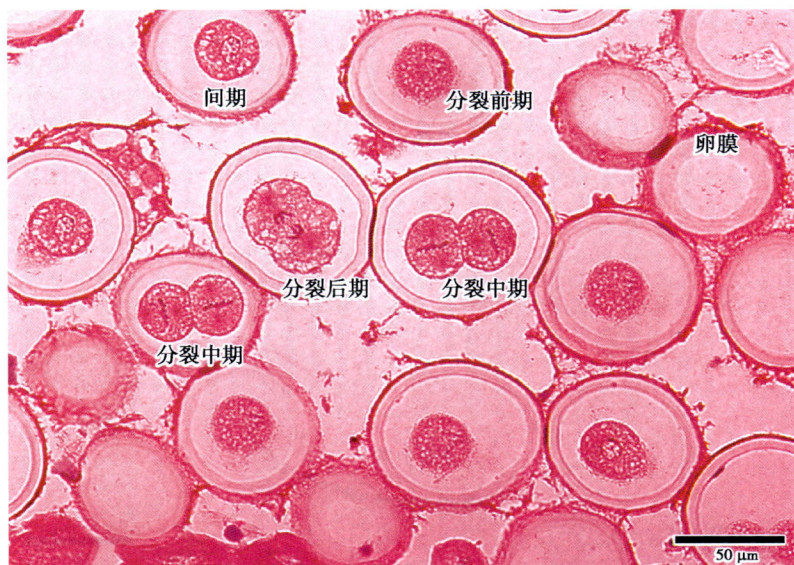

图 2-7　马蛔虫细胞分裂（铁苏木精 – 中性红染色）

肉眼观察：切片中有 4～6 个圆形结构为马蛔虫子宫横切面，或 1～2 个长条形结构为马蛔虫子宫纵切面。

低倍镜观察：可见子宫壁由高柱状细胞构成，子宫腔内有许多圆形或椭圆形的马蛔虫卵切面。每个虫卵外周都包有一层较厚的胶质膜，膜内是处于不同分裂阶段的卵细胞。卵细胞的细胞质被染成淡蓝色，染色体被染成浅蓝色。依据各分裂期的形态学特点，找出处于分裂前期、中期、后期和末期的卵细胞，依次转入高倍镜观察。

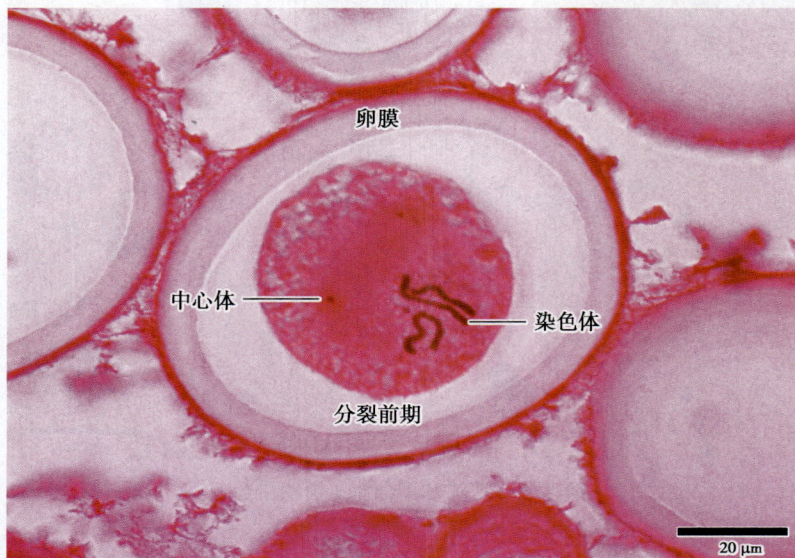

图 2-8　分裂前期（铁苏木精 – 中性红染色）

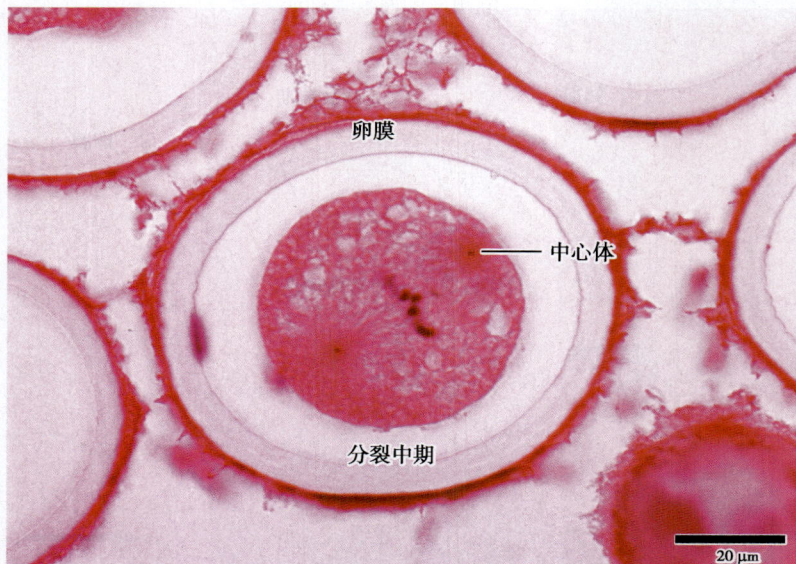

图 2-9　分裂中期（铁苏木精 – 中性红染色）

高倍镜观察：

（1）分裂前期虫卵的胶质膜内只有一个圆形的卵细胞。染色质已变成染色体，核膜、核仁消失，已复制的两个中心体移向细胞的两极，纺锤体明显（图 2–8）。

（2）分裂中期纺锤体移至细胞中部，染色体移至纺锤体中央，从侧面看，染色体整齐地排列于纺锤体的赤道面上，若从细胞的一极观察，则呈放射状排列（图 2–9）。

（3）分裂后期每个染色体分成两个染色单体，在纺锤体微管牵引下，向细胞两极的中心体

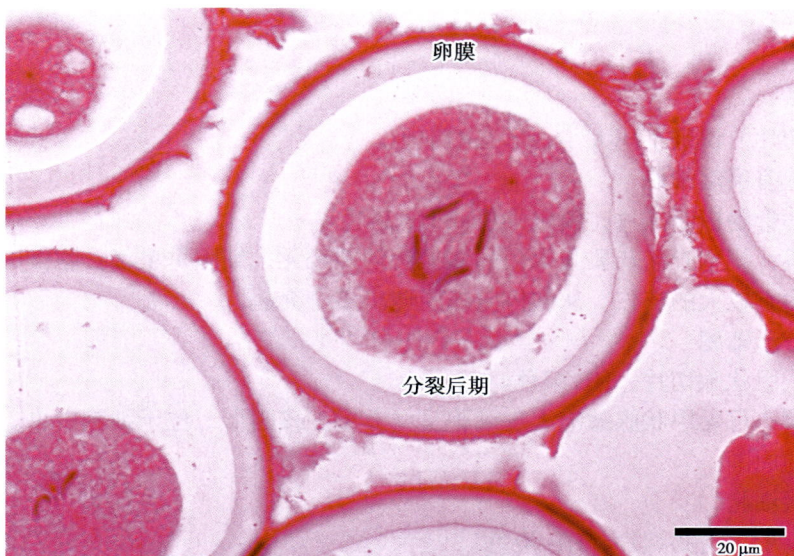

图 2–10　分裂后期（铁苏木精 – 中性红染色）

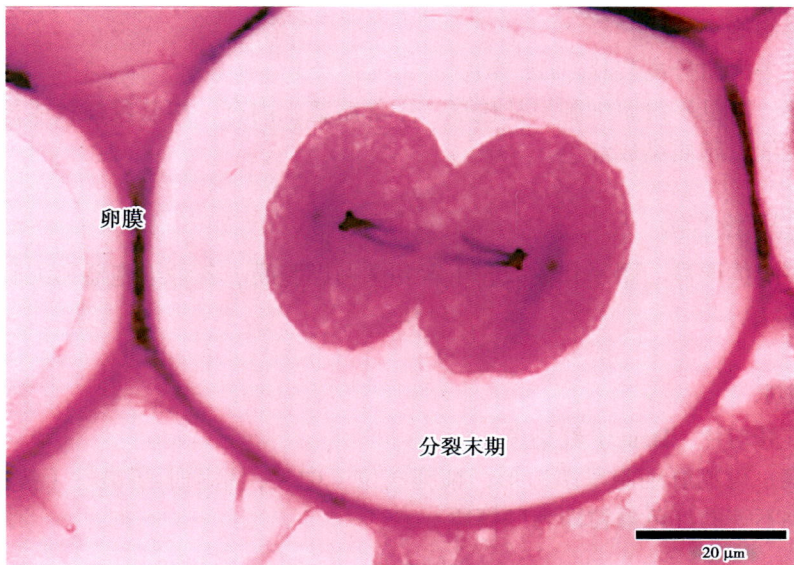

图 2–11　分裂末期（铁苏木精 – 中性红染色）

移动，中部的胞膜向内缩窄呈哑铃状（图 2-10）。

（4）分裂末期胶质膜内有两个已完全分开的子细胞，纺锤体消失，染色体解聚变成小块状的染色质，核仁、核膜相继出现（图 2-11）。

观察一个子宫切面不一定能同时见到各期的分裂相，可多观察几个子宫切面，直至见到各期分裂相。

3 示教切片

3.1 细胞

示教以下切片，识别不同大小、形态的细胞。

3.1.1 星状有突起细胞

观察切片：脊髓横断抹片，镀银染色或 HE 染色。

高倍镜观察：找到脊髓灰质腹侧角的多极运动神经元，细胞呈星状，胞体中央有一大而圆的细胞核，核内有较大的核仁。从胞体向外周伸出多个突起。

3.1.2 立方形细胞

观察切片：甲状腺切片，HE 染色。

高倍镜观察：可见甲状腺滤泡上皮细胞呈立方形，核圆形，位于细胞中央。细胞质弱嗜酸性，分布在核的周围。

3.1.3 柱状细胞

观察切片：十二指肠切片，HE 染色。

高倍镜观察：可见十二指肠绒毛表面整齐地排着一层柱状上皮，细胞呈高柱状，核椭圆形，位于细胞基部，细胞质弱嗜酸性。由于细胞排列紧密，而细胞膜极薄，细胞界线不清，但从核与核之间的距离可大体判断细胞的形态。

3.1.4 梭形细胞

观察切片：平滑肌分离装片，HE 染色。

高倍镜观察：可见平滑肌细胞呈长梭形，中部略宽，内有一深蓝色杆状或长椭圆形的细胞核。细胞两端尖细，胞质染成红色。

3.2 细胞超微结构

通过观看多媒体课件、图片和视频，了解和掌握细胞膜、各种细胞器和细胞核的超微结构（图 2-12 至图 2-18）。

3.3 肝糖原

观察切片：肝切片，Best 卡红染色。

高倍镜观察：可见肝细胞呈多边形，细胞核位于中央，呈圆形嗜碱性（蓝色）。核周围胞质中有许多大小不等的红色颗粒即为肝糖原。

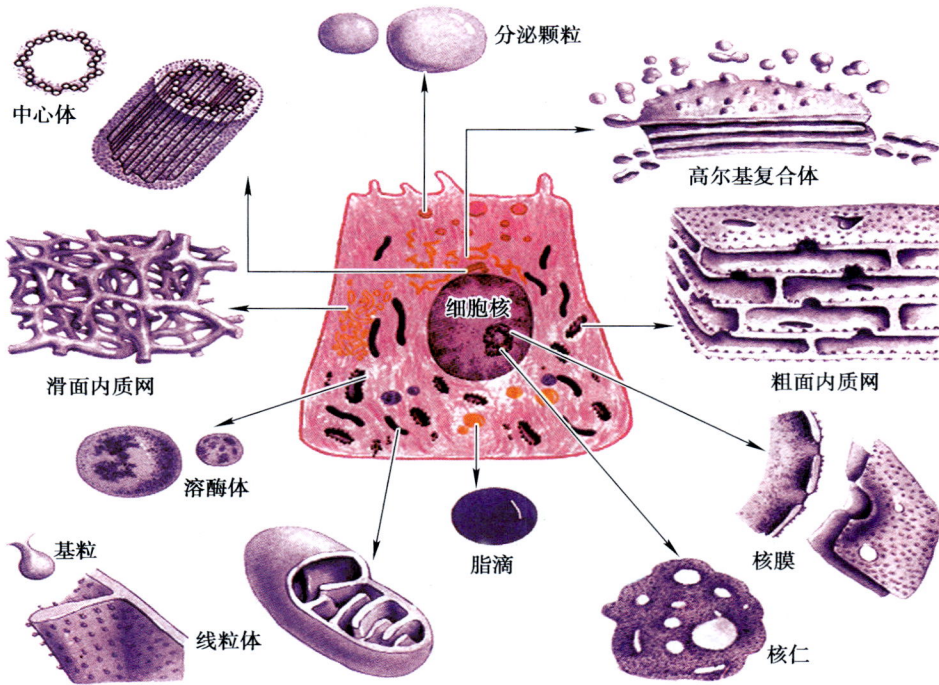

图 2-12　细胞超微结构模式图

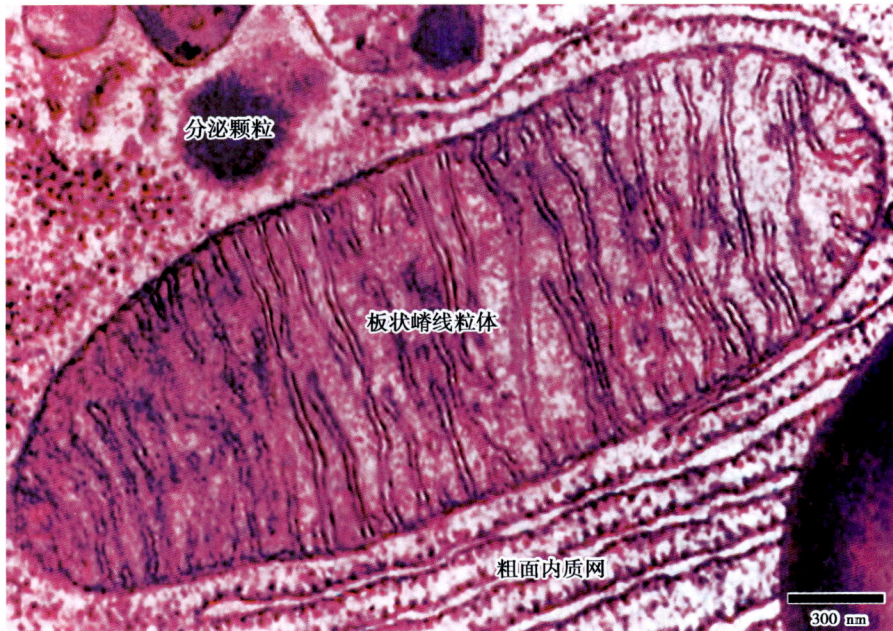

图 2-13　线粒体电镜像

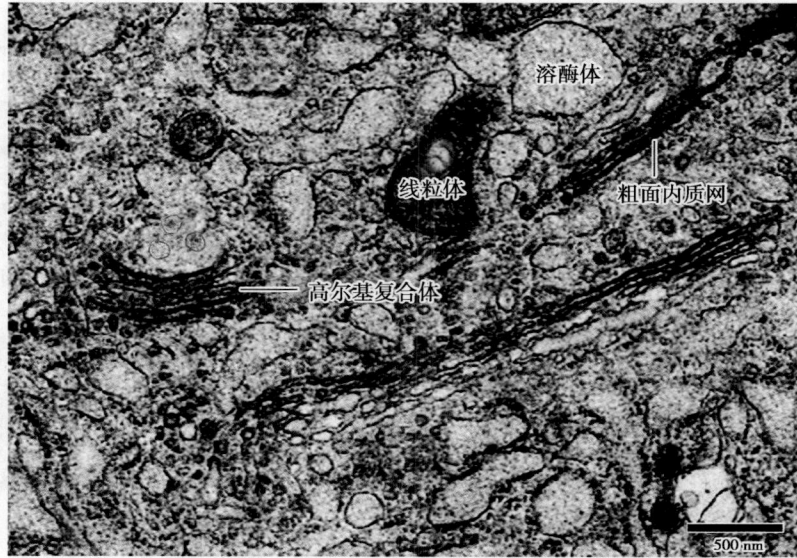

图 2-14　高尔基复合体电镜像

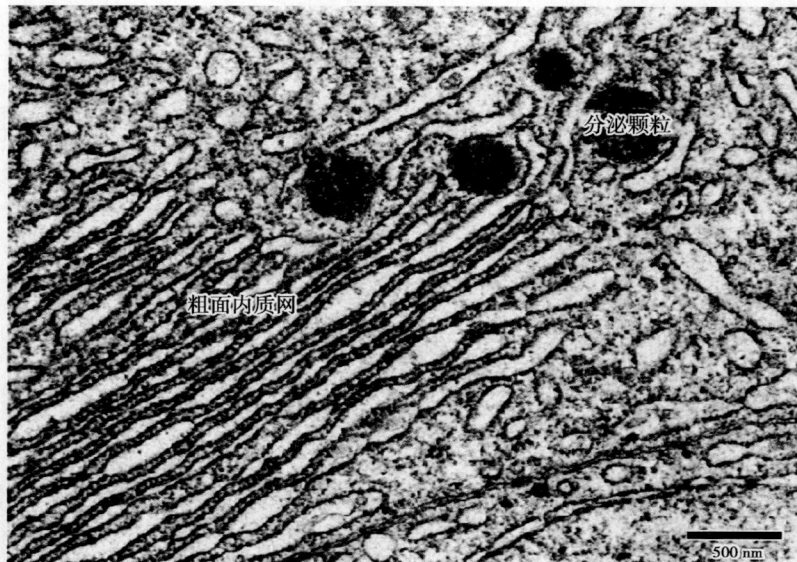

图 2-15　粗面内质网电镜像

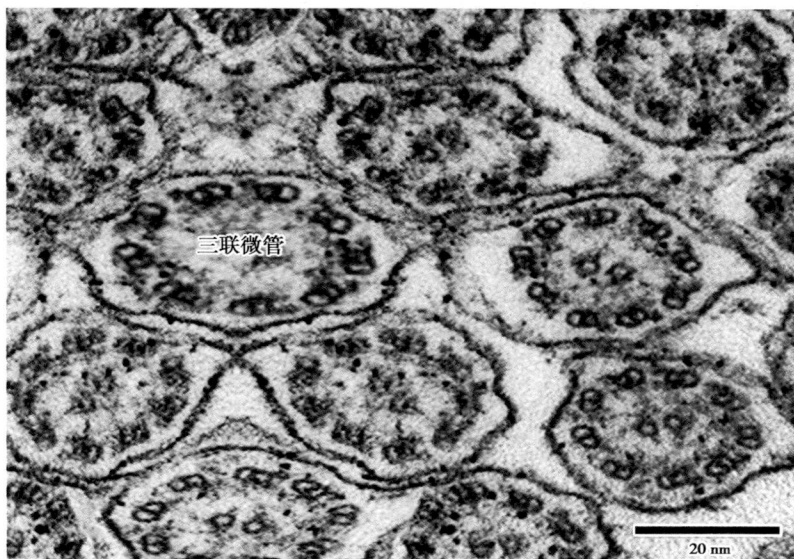

图 2-16　微管电镜像

图 2-17　分泌颗粒电镜像

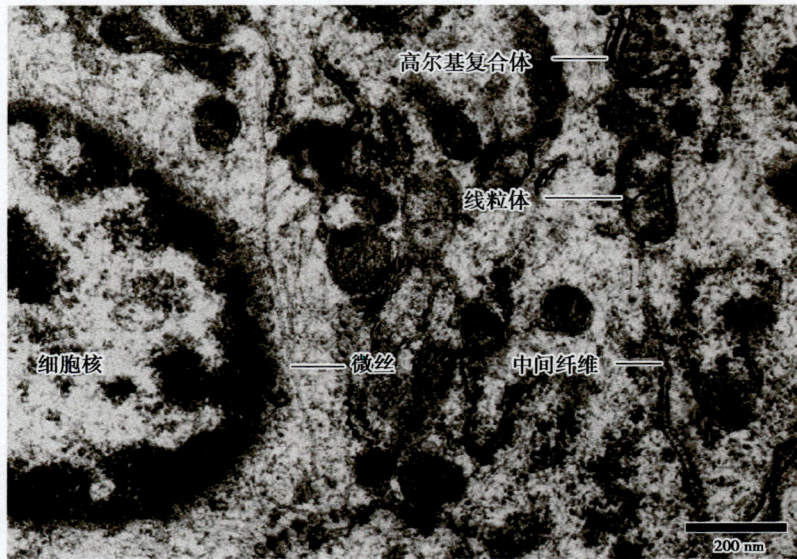

图 2-18　细胞骨架电镜像

4　绘图作业

4.1　绘制高倍镜观察的脊神经节切片（HE 染色）中神经节细胞结构图。

4.2　软件采集各种细胞形态的高倍电子图像。

实验 3　上皮组织

1　实验目的

1.1　巩固和加深对上皮组织分布和结构特征的认识。

1.2　掌握上皮组织的分类原则，掌握各类被覆上皮的结构特征并加以区别。

1.3　了解外分泌腺中腺上皮细胞的形态结构特点。

1.4　了解上皮细胞游离面、侧面及基底面的特化结构。

2 实验内容

2.1 单层扁平上皮

2.1.1 正面观（图 3-1）

观察切片：肠系膜铺片，镀银染色。

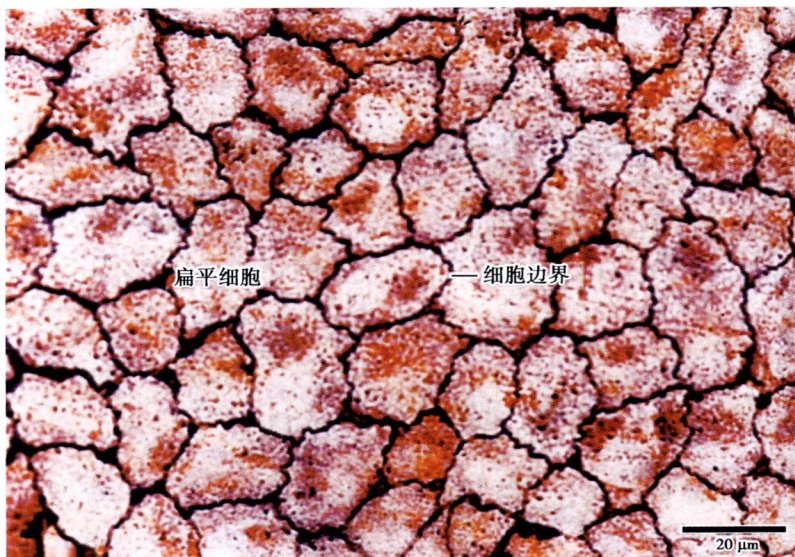

扁平细胞　　　细胞边界

20 μm

图 3-1 单层扁平上皮高倍像（正面观，镀银染色）

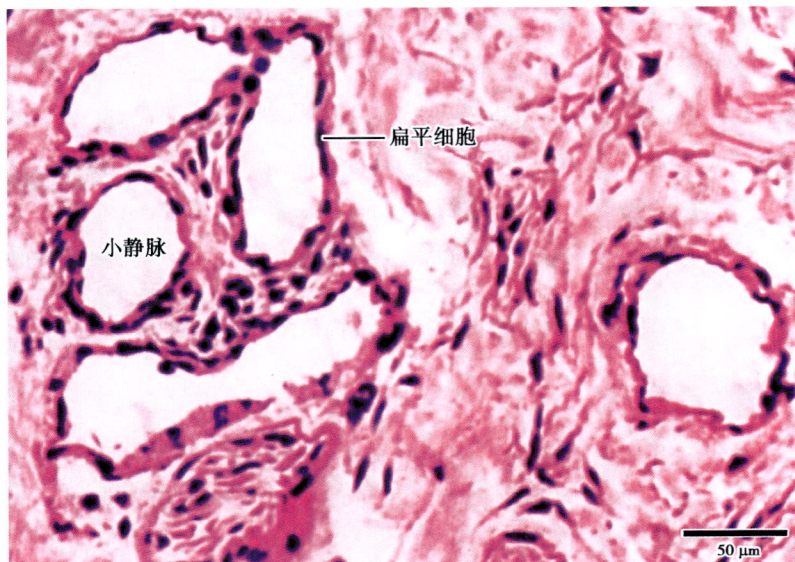

扁平细胞

小静脉

50 μm

图 3-2 单层扁平上皮高倍像（侧面观，HE 染色）

本片为铺片，厚度不一，所以观察时应选择标本最薄的部分，细胞间由于银染而呈黑色。高倍镜观察，由于细胞间存在少量嗜银性间质成分而被染成黑色，使细胞出现锯齿状的边缘，可清楚见到上皮细胞呈不规则的多边形，胞质呈淡黄色；核圆形或椭圆形，呈空泡样，位于细胞中央，不着色，如果用苏木精染料复染，则可显示出。

2.1.2　侧面观（图 3-2）

观察切片：血管内皮，HE 染色。

高倍镜观察，可见细胞位于血管内腔面，呈扁平梭形。胞质极少，位于细胞的两端，呈淡红色的线状。细胞核呈扁圆形，紫蓝色，位于细胞中央并向管腔突出。

2.2　单层立方上皮

观察切片：猪肾切片，HE 染色。

先用低倍镜观察，在髓质中找到一些管状结构，中间为管腔，管腔周围由一层细胞所包围。换高倍镜观察这一层细胞，可见细胞呈立方形。细胞核染成蓝紫色，位于细胞的中央，细胞质呈粉红色（图 3-3）。

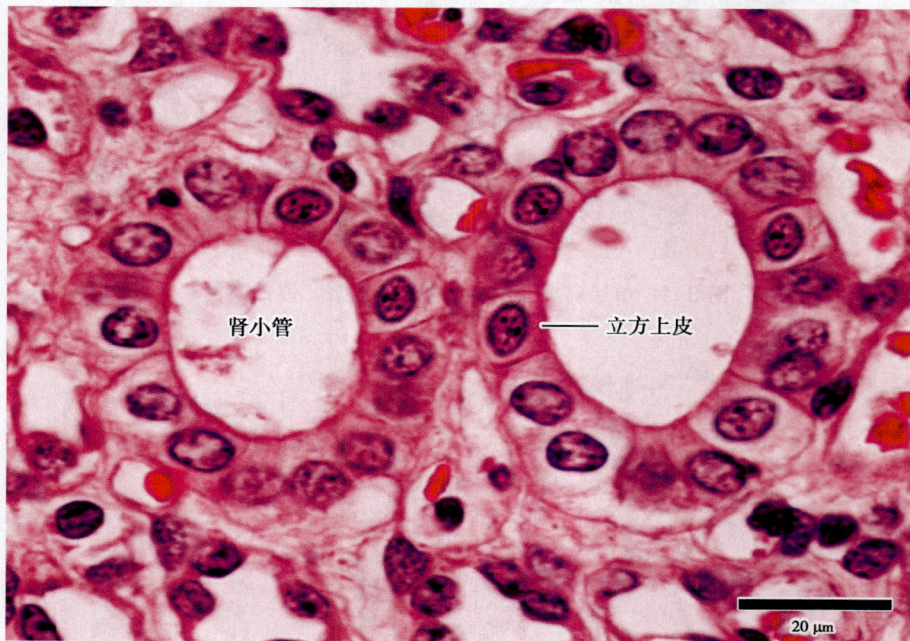

图 3-3　肾小管单层立方上皮高倍像（HE 染色）

观察切片：甲状腺切片，HE 染色。

先用低倍镜观察，寻找甲状腺腺泡，腺泡腔内可看到许多大小不一的红色块状物。腺泡腔的周围由一层细胞所包围，换高倍镜观察这一层细胞，可见细胞呈立方形。细胞核染成蓝紫色，位于细胞的中央，细胞质呈粉红色（图 3-4）。

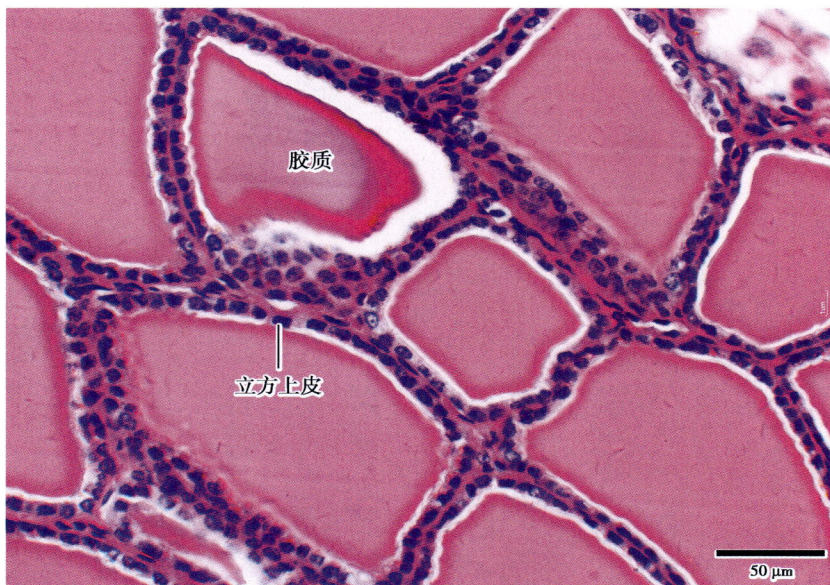

图 3-4　甲状腺单层立方上皮高倍像（HE 染色）

胶质

立方上皮

50 μm

2.3　单层柱状上皮

观察切片： 胃黏膜切片、十二指肠横切片或胆囊切片，HE 染色。

低—高倍镜观察： 可见肠壁腔面有许多高矮不一的指状突起，即小肠绒毛，其表面被覆着单层柱状上皮，选择一个结构清晰的小肠绒毛换高倍镜观察。

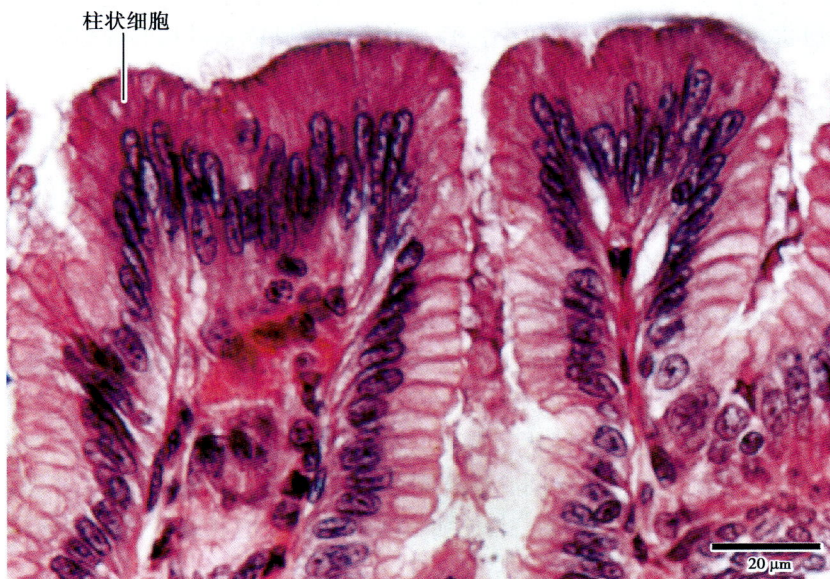

柱状细胞

20 μm

图 3-5　胃黏膜单层柱状上皮高倍像（HE 染色）

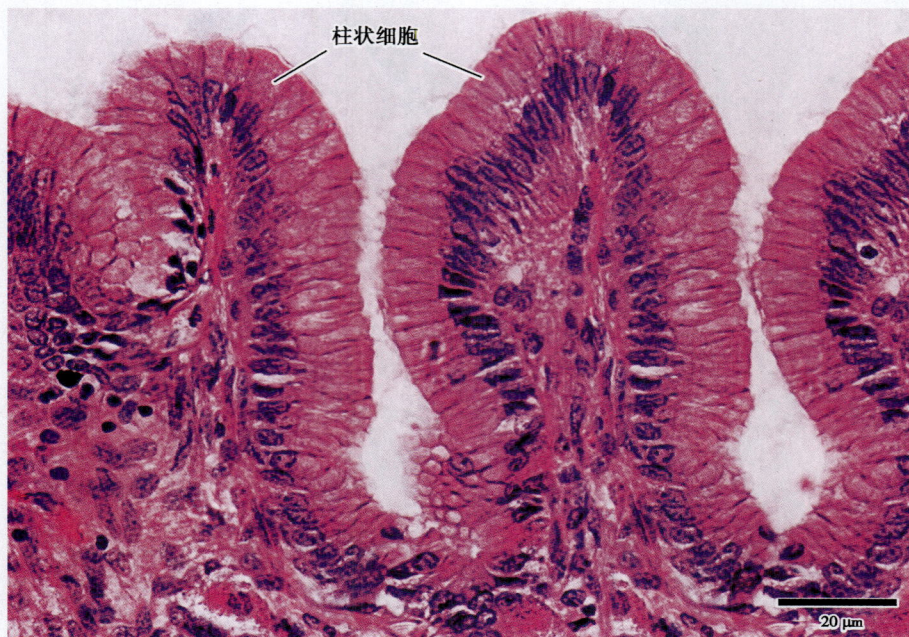

柱状细胞

20 μm

图 3-6　十二指肠单层柱状上皮高倍像（HE 染色）

　　高倍镜观察： 可见胃黏膜（图 3-5）和小肠绒毛（图 3-6）柱状上皮细胞排列整齐，胞质嗜酸性，呈红色，核椭圆形、呈嗜碱性且着色较深，位于细胞近基部。转动细调节螺旋，可见上皮细胞游离面有一条亮红色的粗线样结构即纹状缘，它由微绒毛密集而成。在上皮的基底面与结缔组织交界处有着色较深的基膜。在柱状上皮细胞之间夹有单个的呈空泡样的杯状细胞，属于单细胞腺，可分泌黏液。杯状细胞的顶部因含大量黏原颗粒而膨大成杯状，由于黏原颗粒不着色而呈空泡状，杯状细胞的基部较小，有一形态不规则或新月状的细胞核。

2.4　假复层纤毛柱状上皮

　　观察切片： 气管横切片，HE 染色。

　　肉眼观察： 气管横切面呈圆形，管腔较大而平整，管壁中有染成蓝紫色的 C 形透明软骨环。

　　低倍镜观察： 将气管腔面的黏膜上皮移到视野中央，可见气管的黏膜层较薄，被覆着假复层纤毛柱状上皮，选择其中较清晰的部分换高倍镜观察。

　　高倍镜观察： 可见上皮由一层高矮不等的柱状细胞、梭形细胞和锥形细胞组成，每个细胞的底部均附着于基膜。由于细胞高低不一，故上皮细胞核不在同一平面上，从侧面看很像复层，实际上为单层。柱状细胞呈高柱状，直达上皮的游离面，游离端有纤毛，核较大，呈卵圆形，着色较淡；梭形细胞位于上皮中间，核椭圆形，着色较深；锥形细胞位于基底部，细胞小而密集，核圆形或椭圆形、着色较深。上皮细胞之间夹有空泡状或淡蓝色泡沫样的杯状细胞，核呈扁平或三角形，染色深，位于细胞基部（图 3-7）。

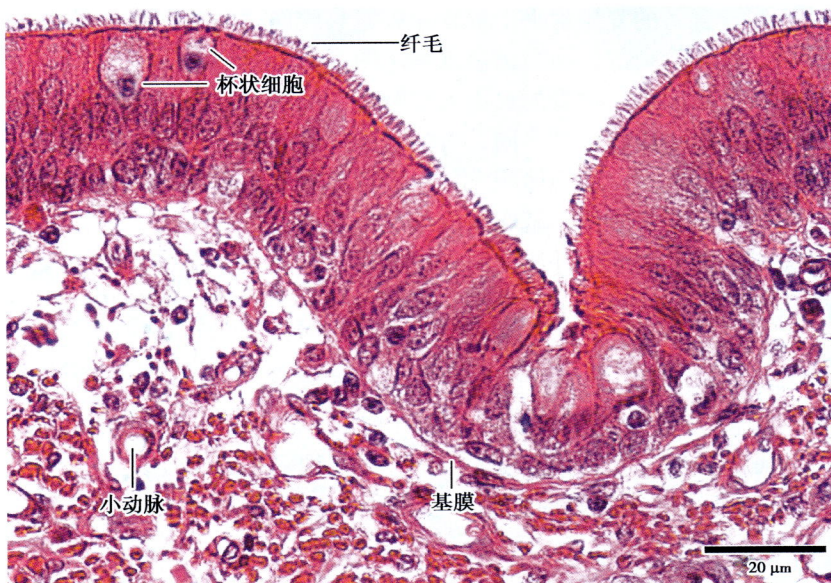

图 3–7 气管黏膜假复层纤毛柱状上皮高倍像（HE 染色）

2.5 复层扁平上皮

观察切片：食管横切片，HE 染色。

肉眼观察：食管横切面因黏膜向管腔突出形成一些皱襞，故腔面凹凸不平。其内腔面呈紫蓝色的部分为黏膜上皮。

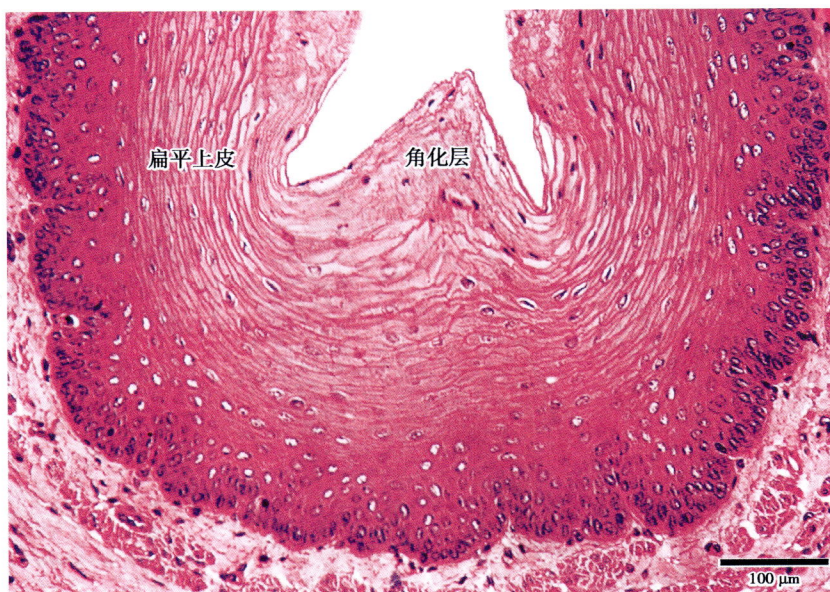

图 3–8 食管黏膜上皮复层扁平上皮中倍像（HE 染色）

低—中倍镜观察：食管的复层扁平上皮较厚，紧靠腔面，由多层细胞组成，上皮基底面凹凸不平，呈波浪状，选择清晰部位换高倍镜观察（图 3–8）。

高倍镜观察：从腔面向外，食管的黏膜上皮分为 3 层细胞：表层由数层扁平细胞构成，胞质弱嗜酸性，核扁平，由于角化程度不同，有的细胞核固缩浓染，变小甚至消失，最后呈鳞片状脱落；中间层的细胞层数多，细胞体积大，由多角形或梭形的细胞构成，细胞核圆形或椭圆形，着色较浅，细胞质呈弱嗜酸性；基底层的细胞呈立方形或矮柱状，此层细胞较密，染色较深，基底层的细胞可不断分裂增生并逐渐向表层推移，以补充表层衰老或损伤脱落的细胞。同时，基底层与深部结缔组织连接处凹凸不平，可扩大两者之间的接触面积，便于吸收营养。

2.6　变移上皮

观察切片：膀胱横切片，HE 染色。

膀胱处于空虚或充盈状态时，其上皮的层次和形态均随之发生改变。

低倍镜观察：膀胱空虚或收缩时，膀胱壁的变移上皮增厚，有形态不同的 4～6 层细胞（图 3–9，图 3–10）。

高倍镜观察：表层细胞体积大，核圆形，偶见双核，该细胞顶端的胞质浓缩而呈深红色，称盖细胞；中间层细胞稍小，多为梭形或倒梨形，有一个位于中央的圆形核，胞质染色淡而清亮；基底层细胞小，呈不规则立方形，排列较密，核圆形，着色深。当膀胱充盈扩张时，表面上皮细胞层次减少至 2～3 层，表面细胞形态多变为扁平状。

2.7　腺上皮

观察切片：颌下腺切片，HE 染色。

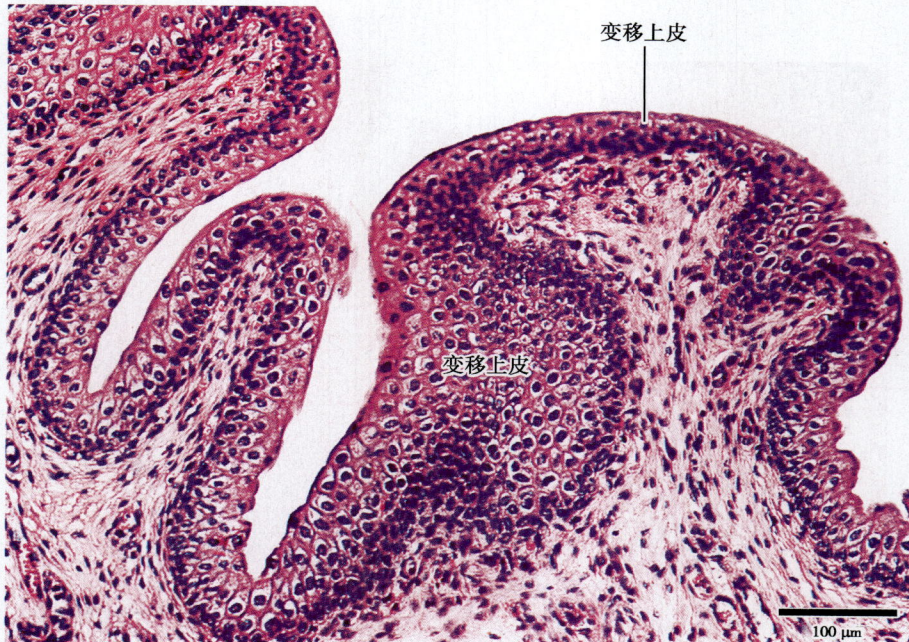

图 3–9　变移上皮低倍像（膀胱空虚时，HE 染色）

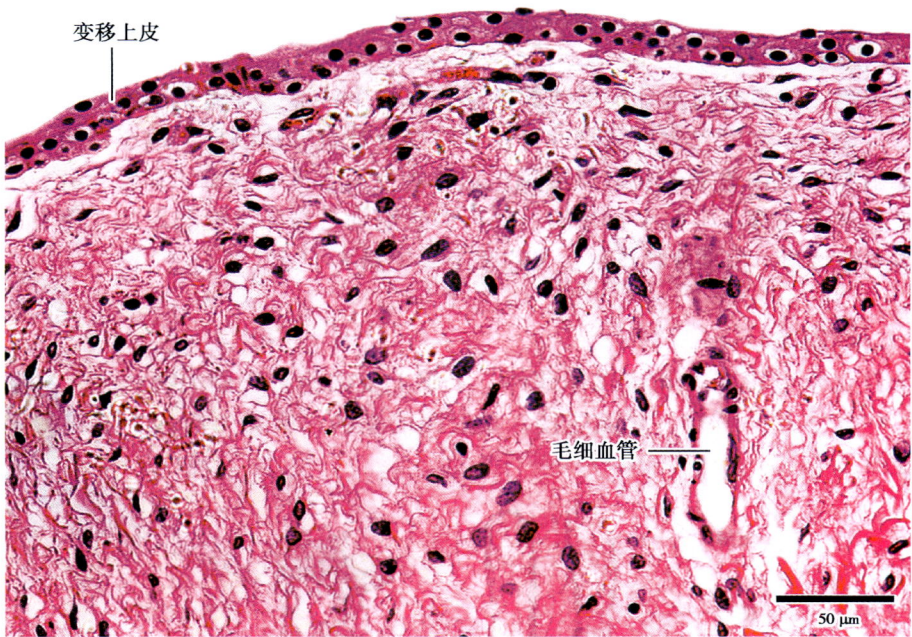

变移上皮

毛细血管

图 3-10 变移上皮低倍像（膀胱充盈时，HE 染色）

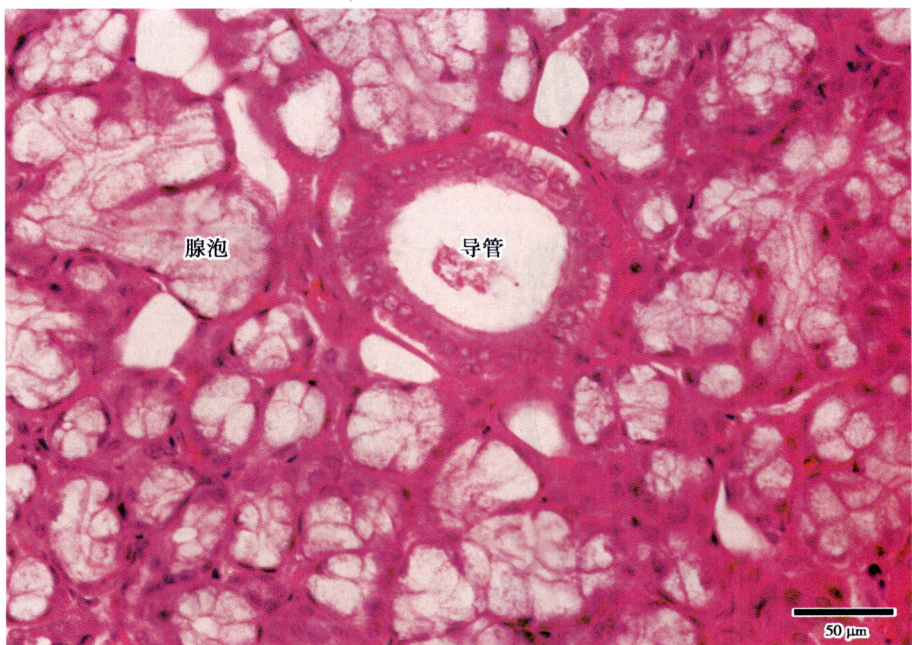

腺泡

导管

图 3-11 颌下腺高倍像（HE 染色）

低倍镜观察： 颌下腺属分支泡状腺，可见到许多导管及由浆液型细胞和黏液型细胞组成的3种不同形态的腺泡。

高倍镜观察： 浆液型腺泡呈圆形或椭圆形，由数个锥形的浆液型细胞围成。腺细胞基部胞质嗜碱性，细胞顶部因含大量嗜酸性分泌颗粒而呈红色，核圆形，位于细胞基部，中央有腺泡腔。黏液型腺泡由锥形的黏液型细胞组成，胞质内含大量的黏原颗粒，着色很淡，呈淡蓝色，核被挤向基底部，呈扁平月牙形。混合型腺泡则是在黏液型腺泡的一侧有几个染色较深的浆液型细胞附着，呈半月状排列，又称浆半月（图3-11）。

2.8　上皮细胞的特化结构

通过示教观察电镜图片和多媒体课件，了解上皮细胞游离面的微绒毛、纤毛，侧面的紧密连接、中间连接、桥粒、缝隙连接，基底面的基膜、质膜内褶和半桥粒的亚显微结构（图3-12至图3-16）。

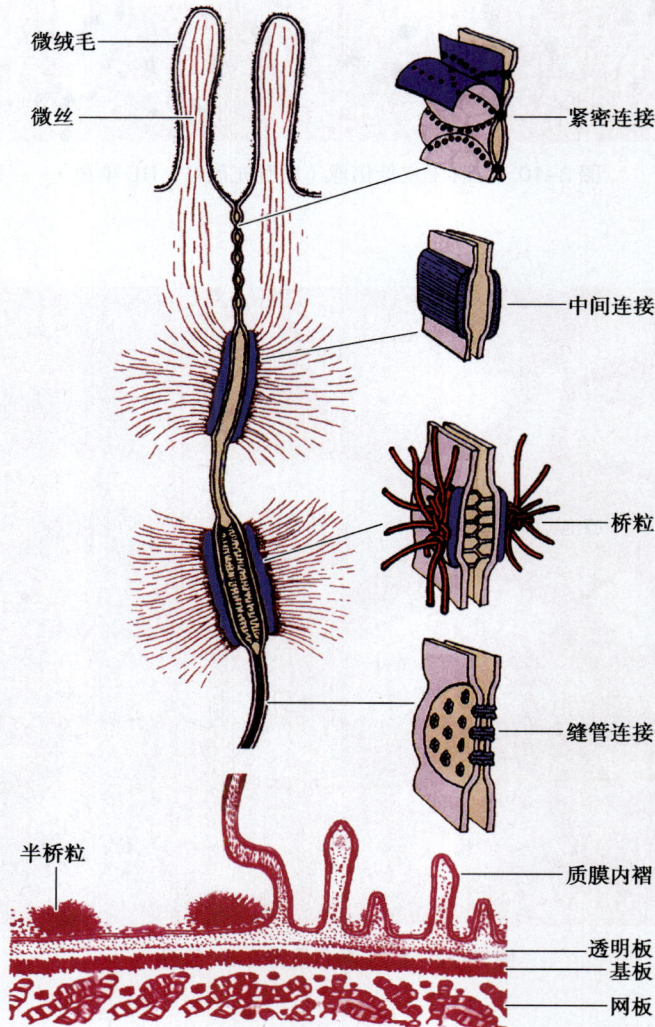

图3-12　上皮细胞特化结构模式图

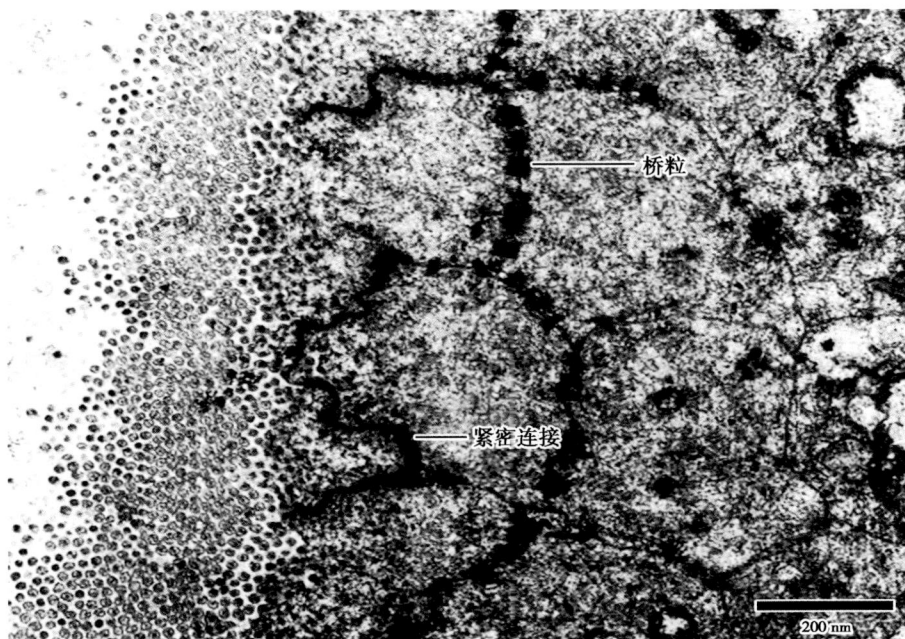

图 3-13　连接复合体电镜像

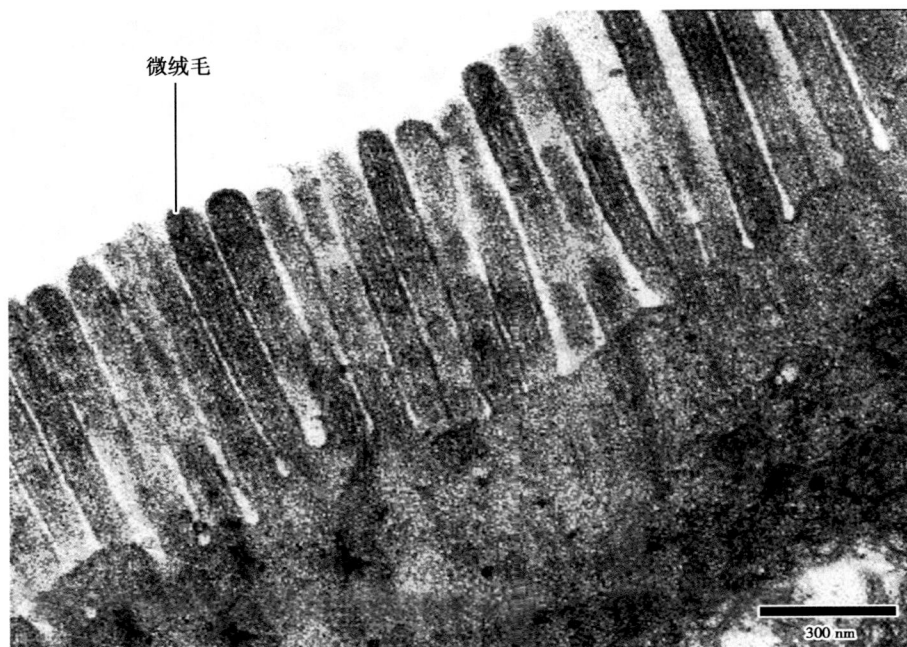

图 3-14　微绒毛电镜像

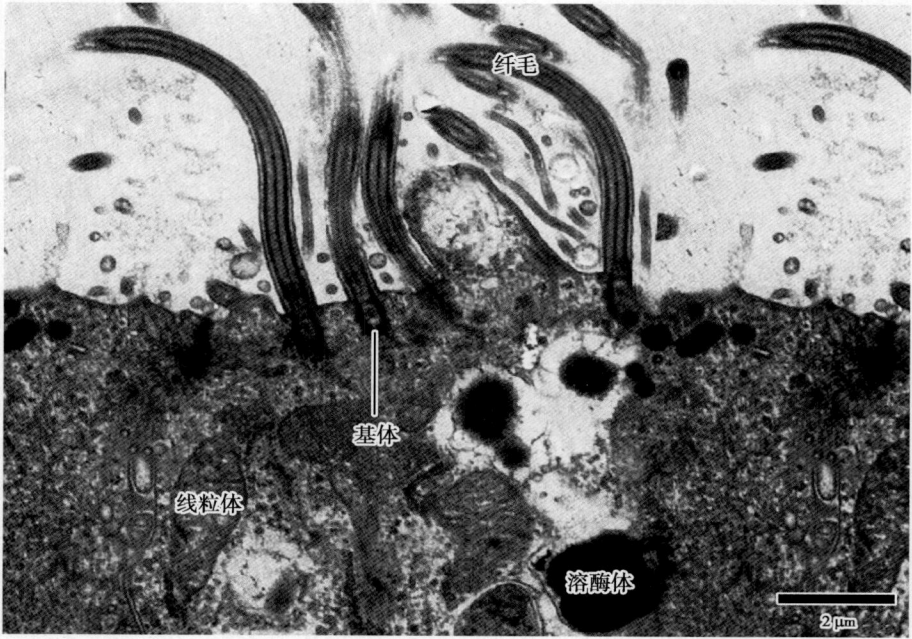

图 3-15　纤毛电镜像

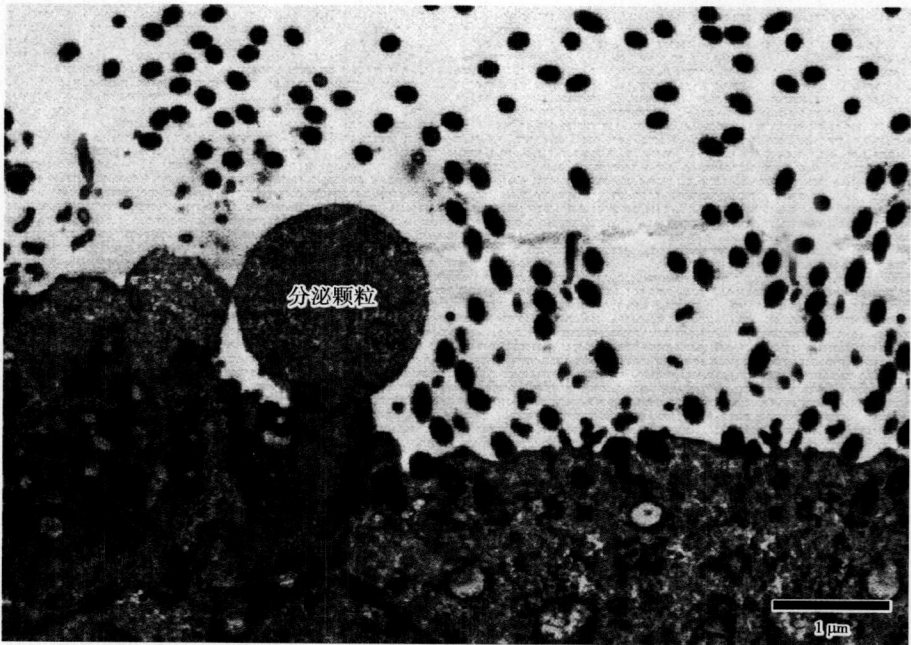

图 3-16　顶浆分泌

3 绘图作业

3.1 绘制单层扁平上皮结构的高倍图。
3.2 绘制假复层纤毛柱状上皮或变移上皮结构的高倍图。
3.3 软件采集各种上皮组织的高倍电子图像。

实验 4 固有结缔组织

1 实验目的

1.1 掌握疏松结缔组织的形态结构特点。
1.2 掌握致密结缔组织、网状组织和脂肪组织的结构特点。

2 实验内容

2.1 疏松结缔组织（图 4-1）

观察切片：疏松结缔组织铺片（活体注射台盼蓝），HE 染色及特殊的弹性纤维染色法复染。

肉眼观察：铺片染成蓝紫色，形态不规则且厚薄不均匀。

低倍镜观察：可见纵横交错、淡红色、粗细不等的胶原纤维和深紫色纤细的弹性纤维，纤维间有许多散在的细胞（图 4-2）。选择一薄而清晰的部位换高倍镜观察。

高倍镜观察：

（1）胶原纤维 染成淡红色，数量多，为长短粗细均不等的纤维束，呈波浪状并有分支，相互交织成网。

（2）弹性纤维 数量少，呈深紫色的发丝状，长而较直，也有分支，断端卷曲。

（3）成纤维细胞 数量最多，胞体大，具有多个突起，星形或多角形的细胞。由于胞质染色极浅而细胞轮廓不清，只能根据细胞核呈椭圆形，有 1~2 个明显的核仁等特点来判断，这些细胞多沿胶原纤维分布。另外还可见到一些椭圆形、较小且深染、核仁不明显的细胞核，此为功能不活跃的纤维细胞的细胞核。

（4）巨噬细胞（或组织细胞） 一般呈梭形或星形，最大的特征是胞质内有许多被吞噬的台盼蓝颗粒，细胞核较小，椭圆形且染色较深，见不到核仁，实验四固有结缔组织、软骨和骨可借助于胞质中吞噬颗粒的存在来判断细胞的形状和大小（图 4-3，图 4-4）。

（5）浆细胞 呈椭圆形，轮状核居于细胞一侧，胞质弱嗜碱性，细胞的中央有一淡染区（图 4-5，图 4-6）。

（6）肥大细胞 常成群分布于毛细血管附近，胞体较大，呈卵圆形，淡染（图 4-7，图 4-8）。

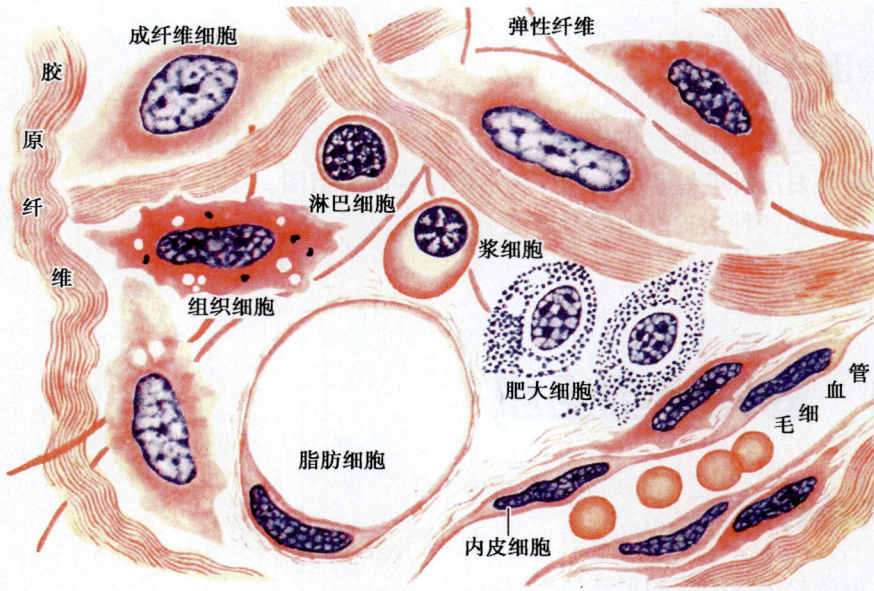

图 4-1　疏松结缔组织模式图

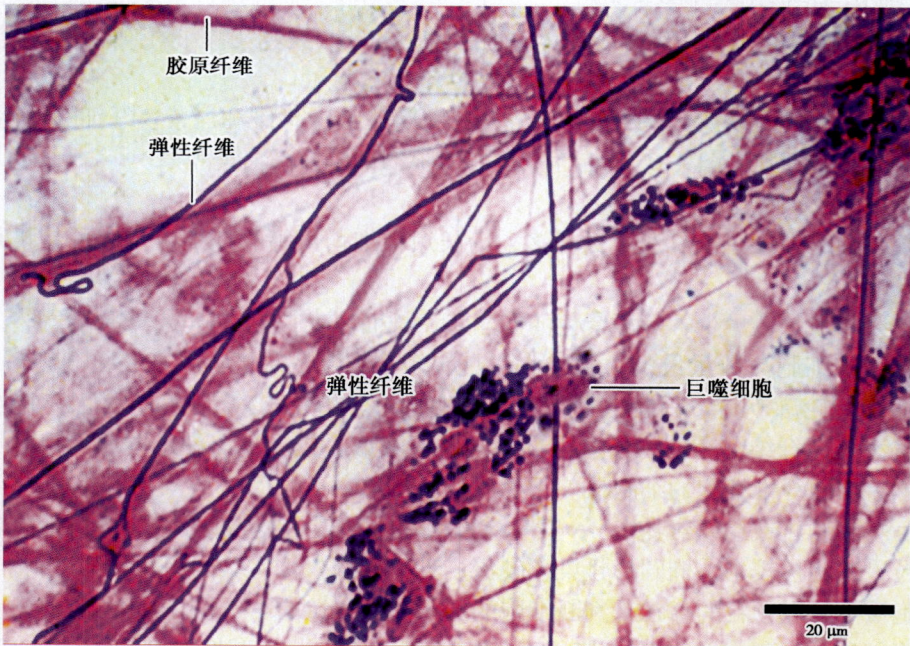

图 4-2　疏松结缔组织铺片（HE 染色）

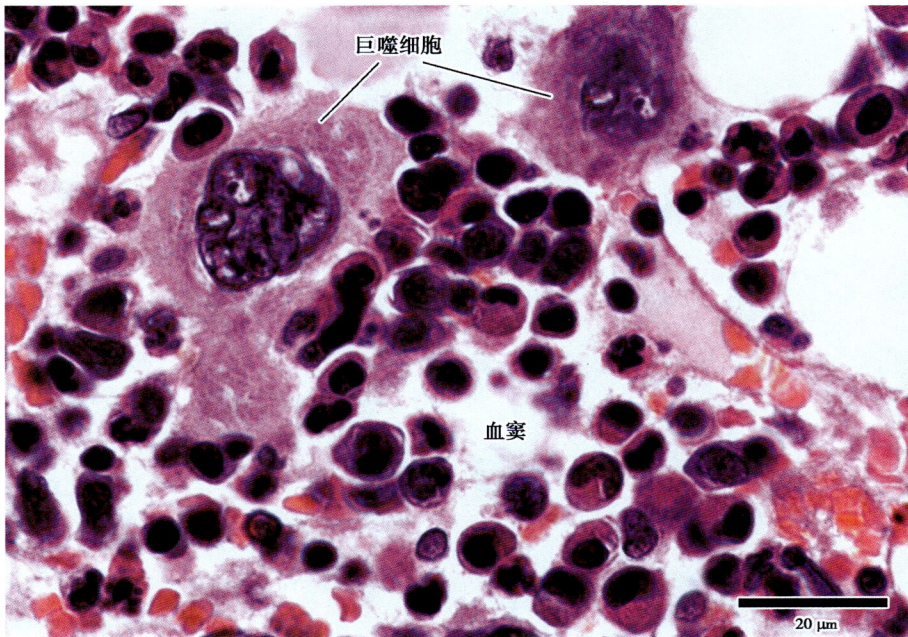

图 4-3 巨噬细胞（HE 染色）

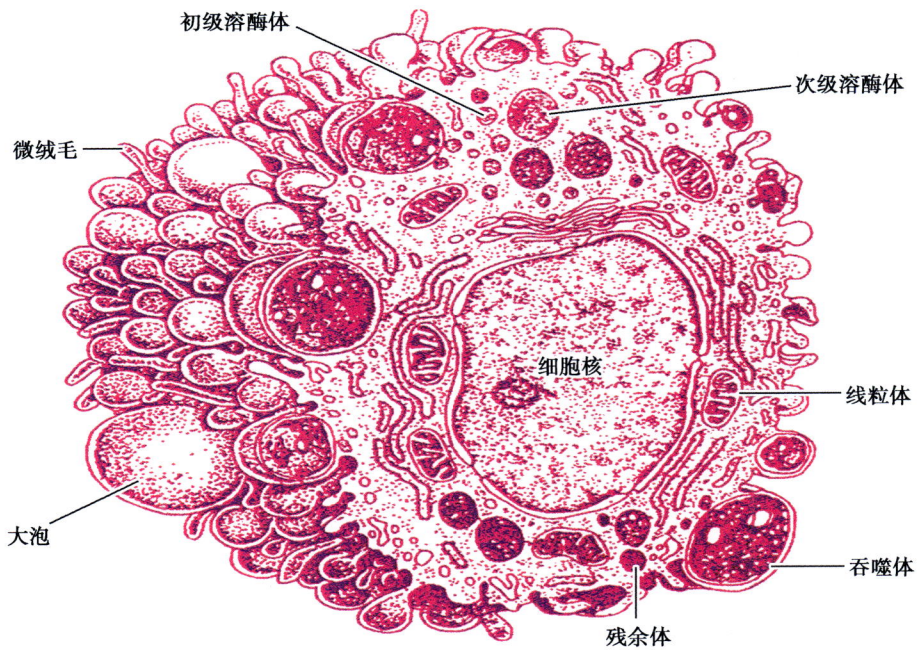

图 4-4 巨噬细胞电镜模式图

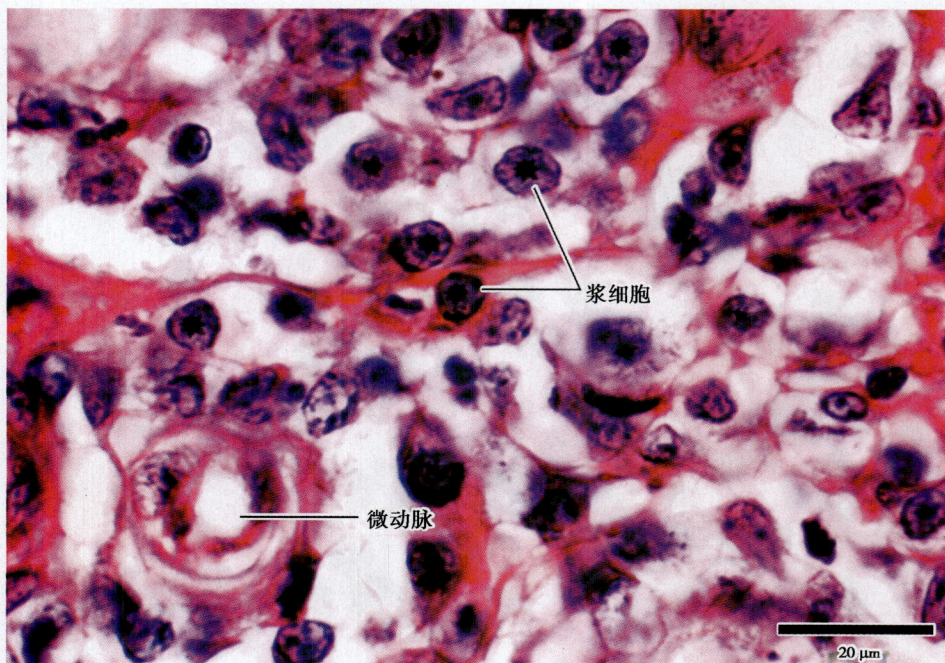

图 4-5 浆细胞（HE 染色）

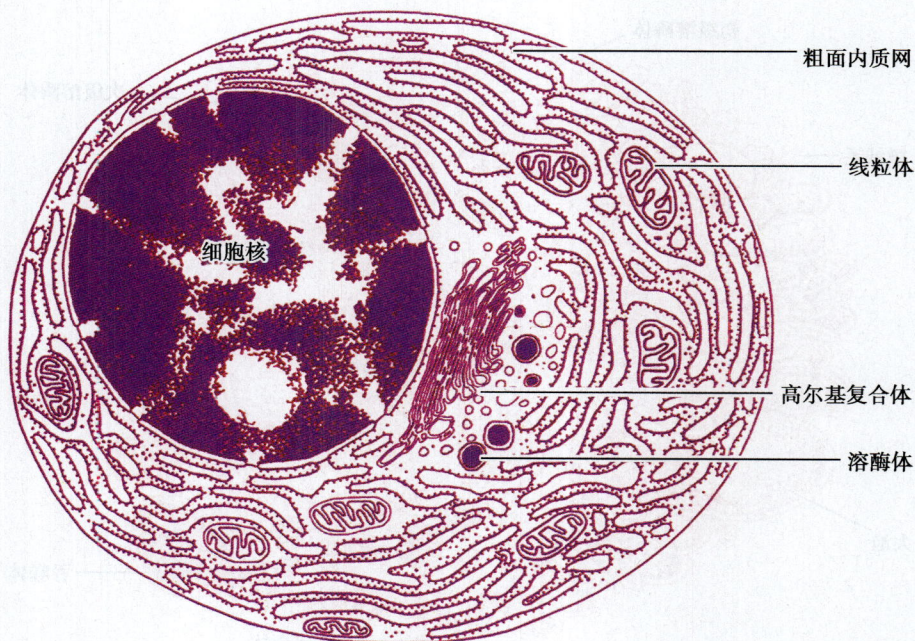

图 4-6 浆细胞电镜模式图

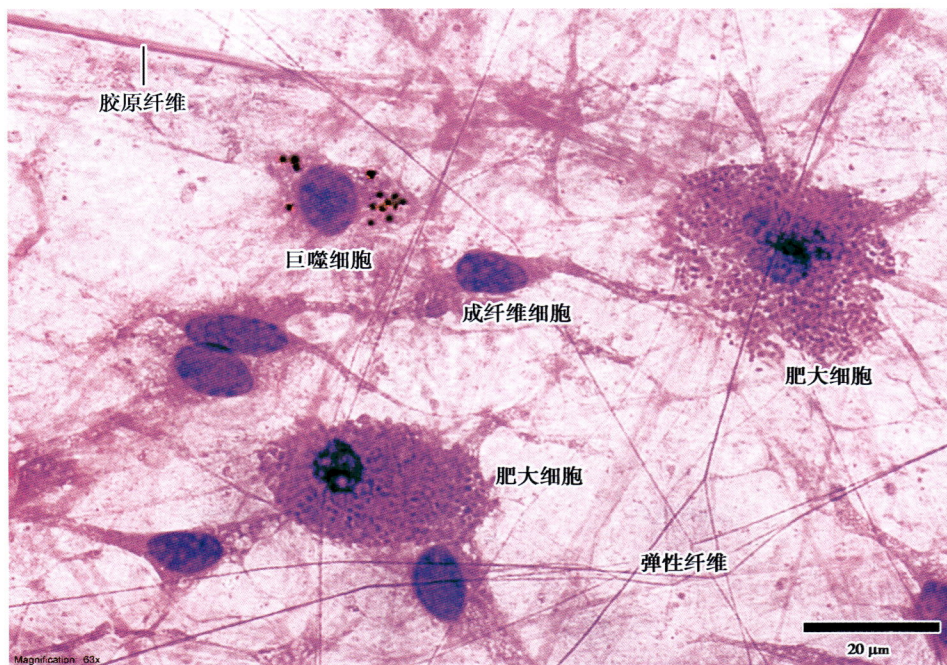

图4-7 肥大细胞（HE染色）

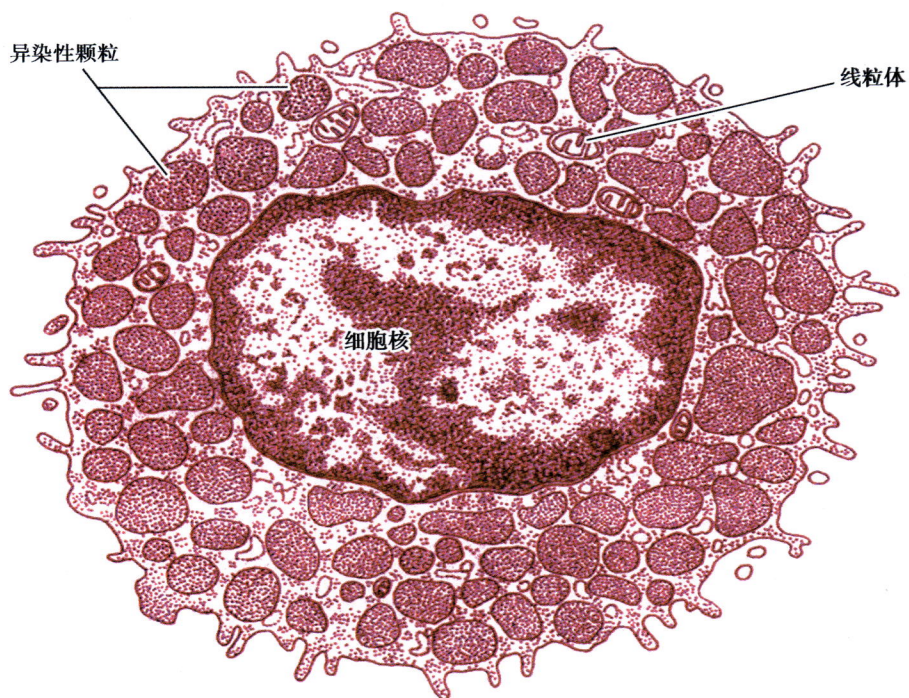

图4-8 肥大细胞电镜模式图

2.2 致密结缔组织

观察切片：肌腱切片，HE 染色。

低倍镜观察：腱是规则的致密结缔组织，可见它由平行排列的淡红色的胶原纤维束和夹于纤维束间的腱细胞构成；椎间盘是不规则的致密结缔组织，胶原纤维束排列不规则（图 4-9，图 4-10）。

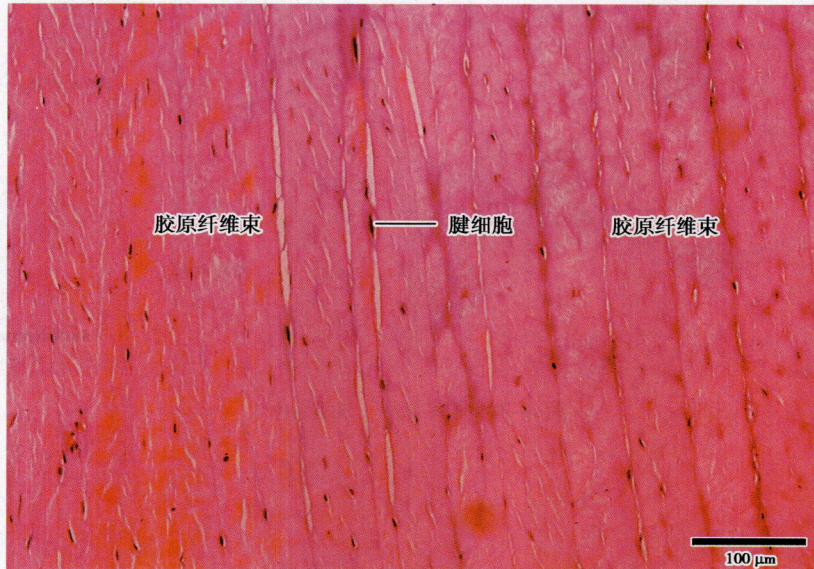

图 4-9 规则的致密结缔组织（HE 染色）

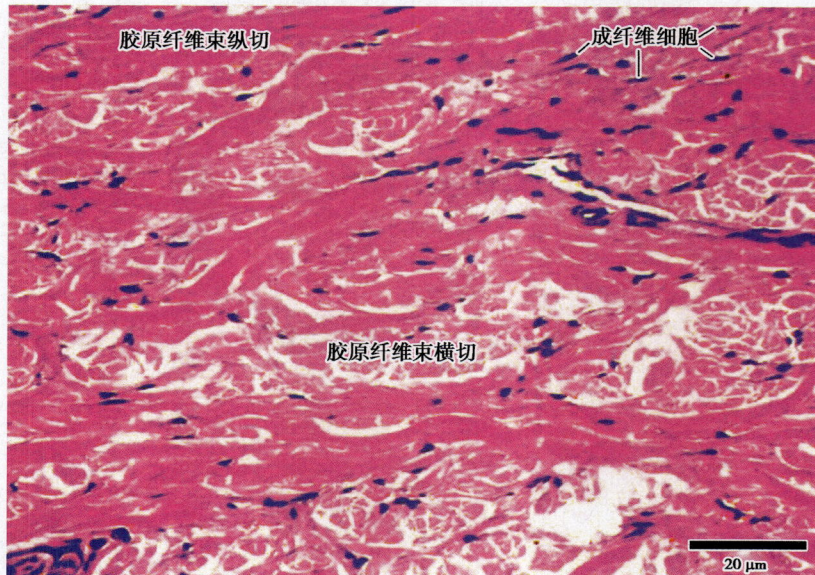

图 4-10 不规则的致密结缔组织（HE 染色）

高倍镜观察： 腱细胞核呈细长状，着色深，胞质少而不易见到。

2.3 网状组织

观察切片： 淋巴结，镀银染色。

肉眼观察： 淋巴结的切面被染成棕黑色。

低倍镜观察： 棕褐色小点为淋巴细胞，密集形成近似圆形的结构，即淋巴小结。网状细胞较大，有数目不等的胞质突起，相邻网状细胞的突起可互相连接成网。还可看到粗细不等并交织成网的黑色细丝状纤维，随后换高倍镜观察（图 4–11）。

高倍镜观察： 镜中可看到两种染色深浅不同的纤维，其中较细并交织成网、呈黑色的是网状纤维，而较粗并平行排列、呈棕色或灰褐色的是胶原纤维。

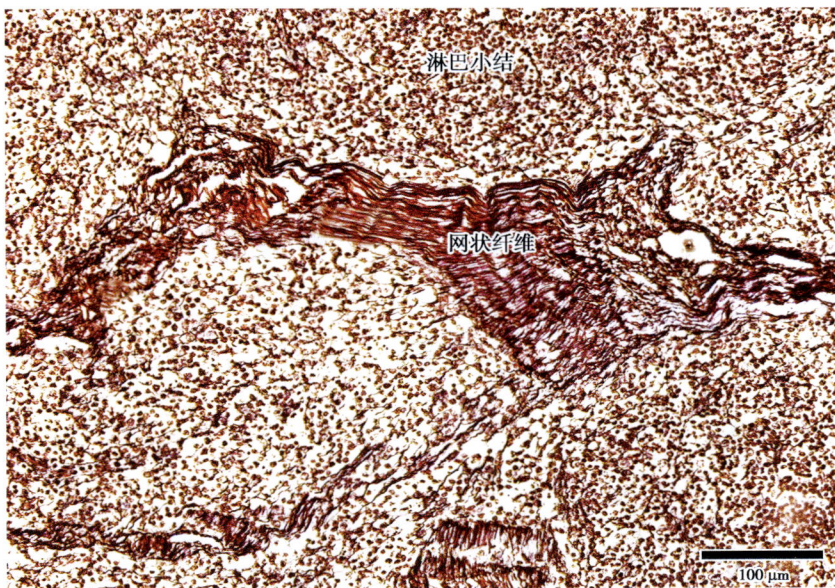

图 4–11 网状组织（镀银染色）

2.4 脂肪组织

观察切片： 皮下脂肪，苦味酸染色或 HE 染色。

低倍镜观察： 脂肪组织呈蜂窝状，由大量脂肪细胞及少量结缔组织和毛细血管构成。

高倍镜观察： 脂肪细胞体积大，扫描电镜下呈球形；HE 染色切片中，细胞多为椭圆形，细胞质内充满脂滴，细胞核被挤到边缘，深染呈扁平状，由于脂滴被溶去，故脂肪细胞呈空泡状（图 4–12，图 4–13）。

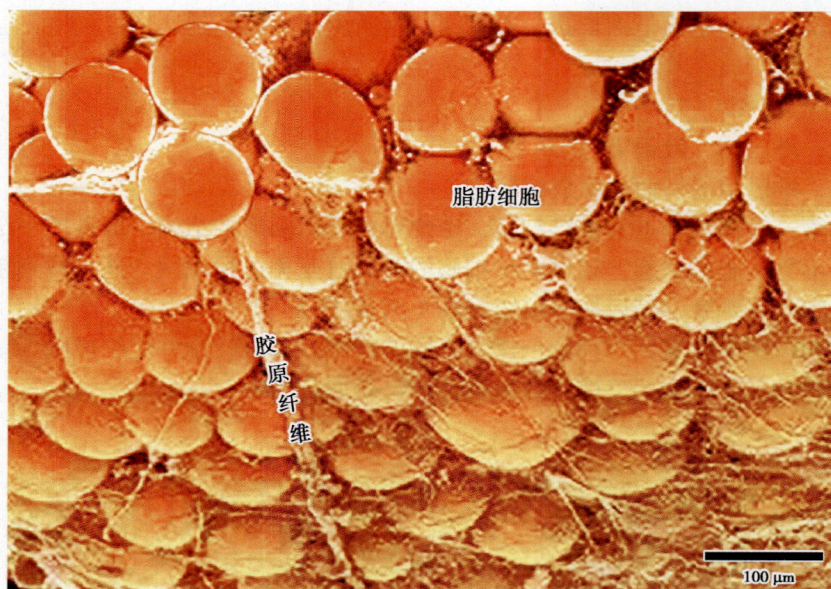

图 4-12　脂肪组织扫描电镜像（苦味酸染色）

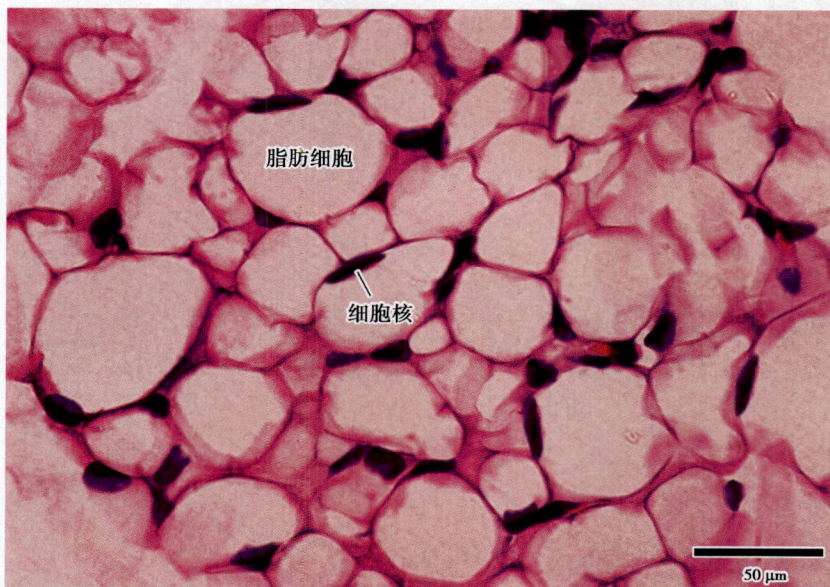

图 4-13　脂肪组织（HE 染色）

3　绘图作业

3.1　绘制高倍镜下疏松结缔组织的结构图。

3.2　绘制高倍镜下致密结缔组织的结构图。

3.3　软件采集各种固有结缔组织的高倍电子图像。

实验 5 软骨和骨组织

1 实验目的

1.1 掌握 3 种软骨的形态结构特点。
1.2 掌握密质骨的组织结构。

2 实验内容

2.1 透明软骨

观察切片：气管横切面，HE 染色。

肉眼观察：在气管壁中有一条染成深蓝色的 C 形软骨环，即透明软骨。

低倍镜观察：找到透明软骨后，可见到表面粉红色的软骨膜，中央的软骨基质着浅蓝紫色，其中散布着许多软骨细胞，转高倍镜观察（图 5–1）。

高倍镜观察：软骨膜由致密结缔组织构成，可见嗜酸性平行排列的胶原纤维束，束间夹有扁平的成纤维细胞。软骨细胞位于软骨陷窝内，边缘的软骨细胞小，为扁平形或椭圆形，随着向中央靠近，细胞体积逐渐变大，呈卵圆形或圆形。生活状态下软骨细胞充满软骨陷窝，制片后因胞质收缩，软骨细胞与陷窝壁之间出现空隙。由于软骨细胞分裂增殖，一个陷窝内常可见到 2 ~ 4 个软骨细胞，称同源细胞群。软骨基质呈均质凝胶状，胶原原纤维埋于其中不能分辨。从软骨的边缘到中央，软骨基质由粉红色变成蓝紫色，在软骨陷窝周围的基质中含有较多的硫

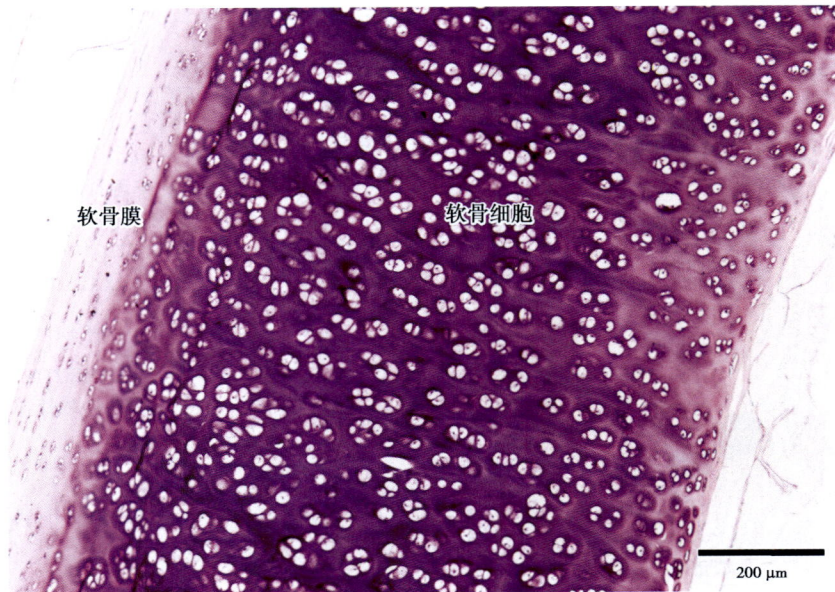

图 5–1 透明软骨低倍像（HE 染色）

酸软骨素而呈深蓝紫色，称为软骨囊（图5-2，图5-3）。

2.2 弹性软骨

观察切片：耳郭切片，弹性纤维染色。

中—高倍镜观察：弹性软骨的主要特征是基质中含有大量染成深蓝色的弹性纤维，交织

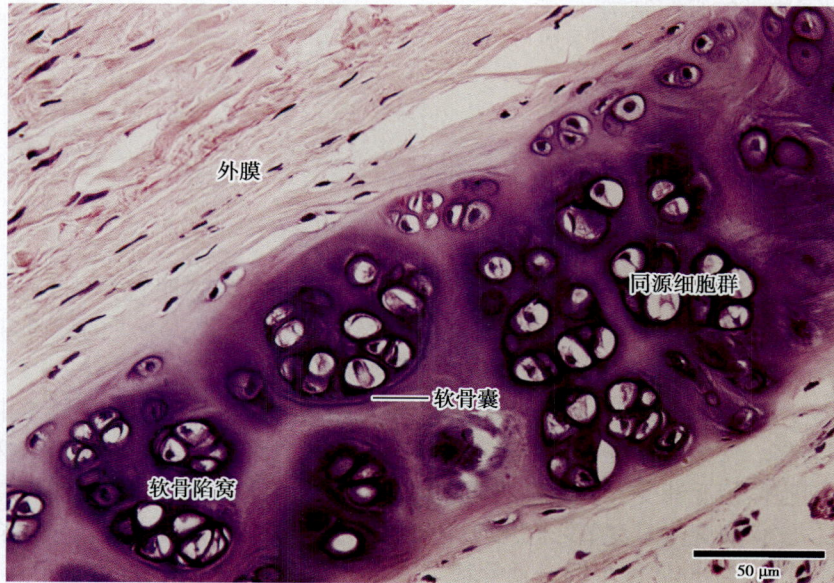

图5-2 透明软骨高倍像（HE 染色）

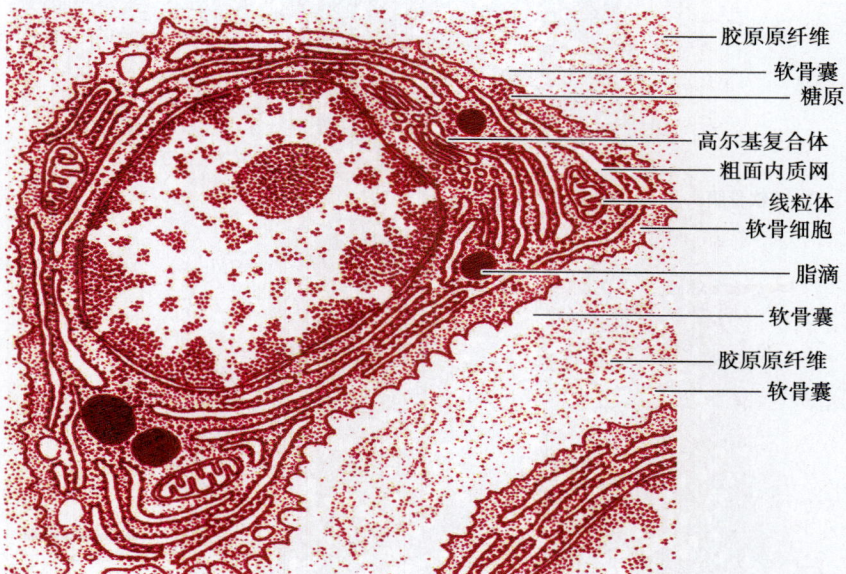

图5-3 软骨超微结构模式图

成网。在软骨边缘的弹性纤维稀疏，深部的粗大而致密。软骨膜及软骨细胞的结构，基本同透明软骨（图 5-4，图 5-5）。

2.3 纤维软骨

观察切片：椎间盘切片，HE 染色或里昂蓝染色（图 5-6 至图 5-8）。

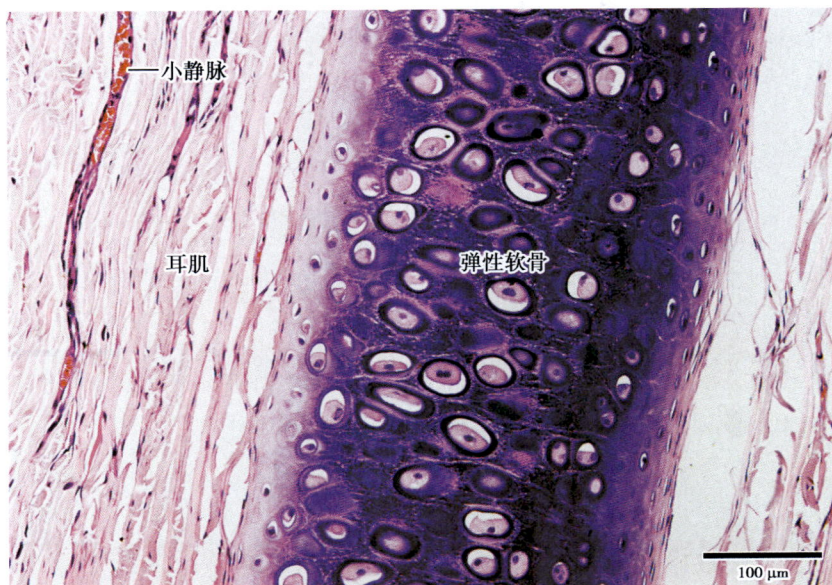

图 5-4 弹性软骨中倍像（弹性纤维染色）

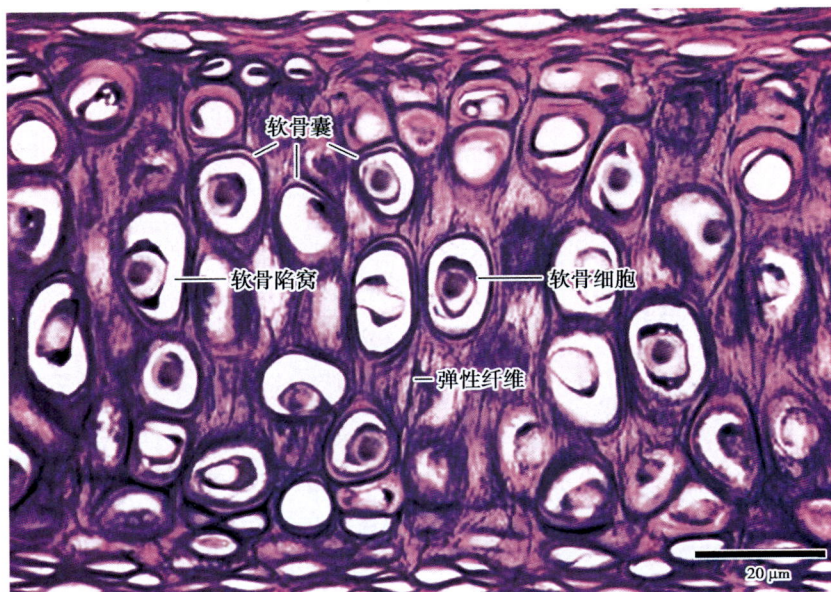

图 5-5 弹性软骨高倍像（弹性纤维染色）

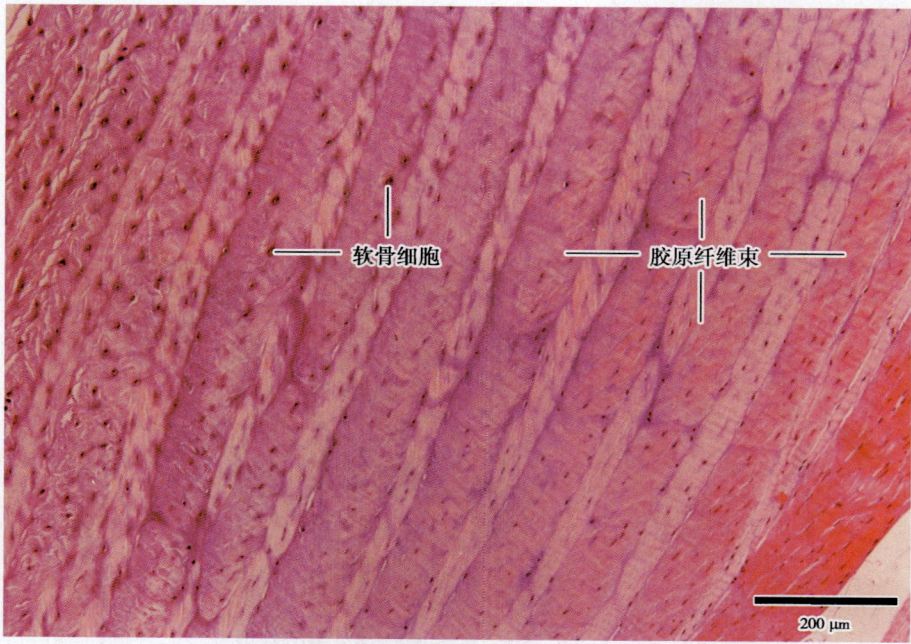

软骨细胞

胶原纤维束

200 μm

图 5-6 纤维软骨低倍像（HE 染色）

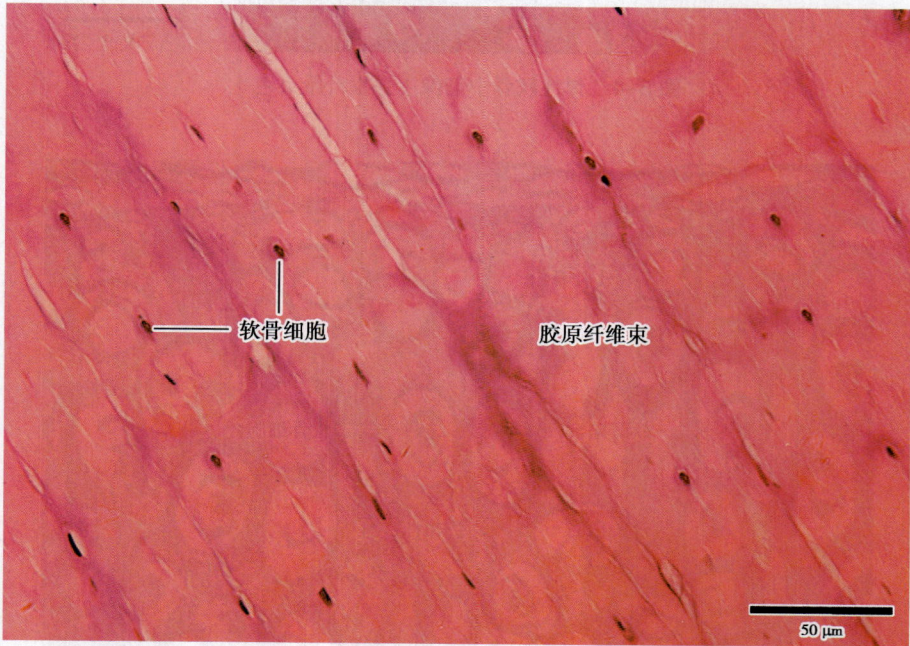

软骨细胞

胶原纤维束

50 μm

图 5-7 纤维软骨高倍像（HE 染色）

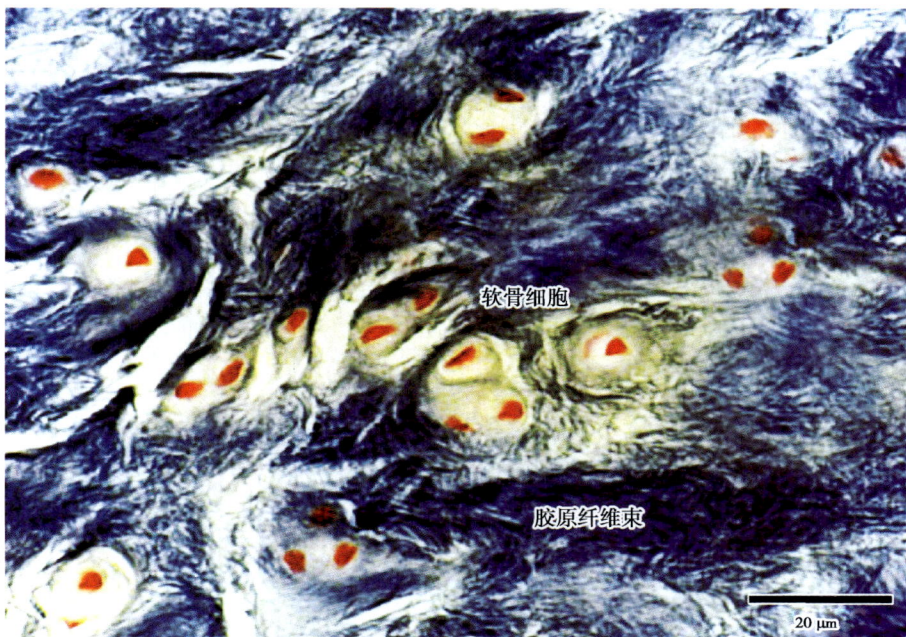

图 5-8　纤维软骨高倍像（里昂蓝染色）

高倍镜观察：可见基质中有大量呈淡红色平行排列的胶原纤维束，纤维束之间有较小的单个、成双或成行排列的软骨细胞。

2.4　密质骨（图 5-9）

观察切片：长骨骨干横截磨片，硫堇染色或复红染色。

肉眼观察：骨磨片形状呈方形，着深蓝色。

低倍镜观察：由于是磨片，骨中的骨膜、骨细胞、血管及神经等有机物及骨松质已不存在，只留下骨板、骨陷窝及骨小管等结构。从外向内可见骨板分为外、中、内 3 层。外层骨板较厚，内层骨板较薄，它们分别围绕骨表面和骨髓腔呈环行排列，称外环骨板和内环骨板。中间层骨板最厚，由许多呈同心圆排列的骨板系统即骨单位构成，骨单位（又称哈氏系统）中央的深色管腔称中央管，周围环形的骨板是骨单位骨板（哈氏骨板）。位于骨单位之间的一些形状不规则的骨板称间骨板。在骨板间或骨板内有许多深染的小窝为骨陷窝，其周围伸出的细管为骨小管。骨陷窝和骨小管是骨细胞及其突起存在的腔隙。另外还有少数呈横行或斜行的管道穿通内、外环骨板并与中央管相通，称为横管（图 5-10 至图 5-15）。

中—高倍镜观察：骨细胞呈扁椭圆形，胞体向四周伸出许多细长的突起，胞核圆形或椭圆形。胞体所占据的腔隙，称为骨陷窝；突起所在的腔隙，称为骨小管。骨小管彼此相通，相邻骨细胞的突起形成缝隙连接（图 5-16）。

骨的发生请参见图 5-17 和图 5-18。

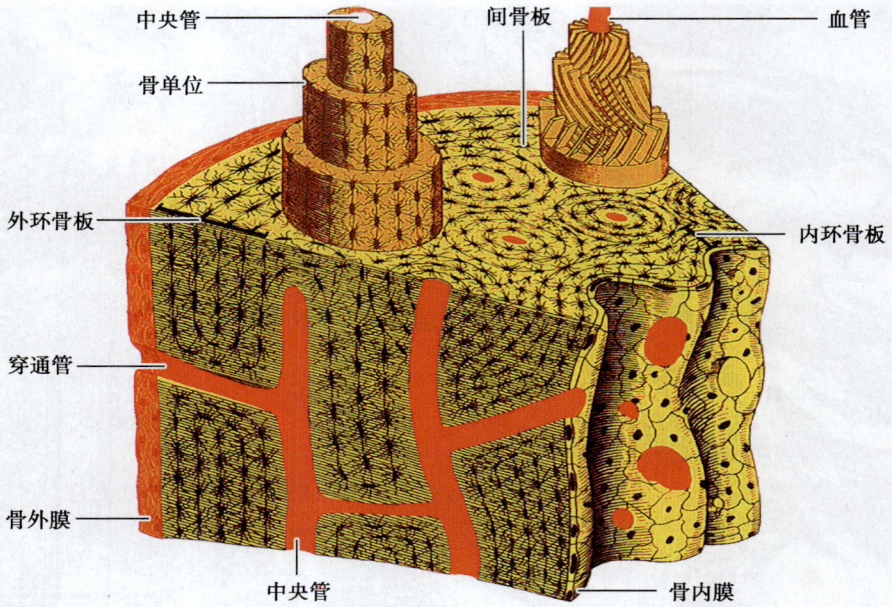

中央管 骨单位 外环骨板 穿通管 骨外膜 中央管 间骨板 血管 内环骨板 骨内膜

图 5-9 长骨骨干立体结构模式图

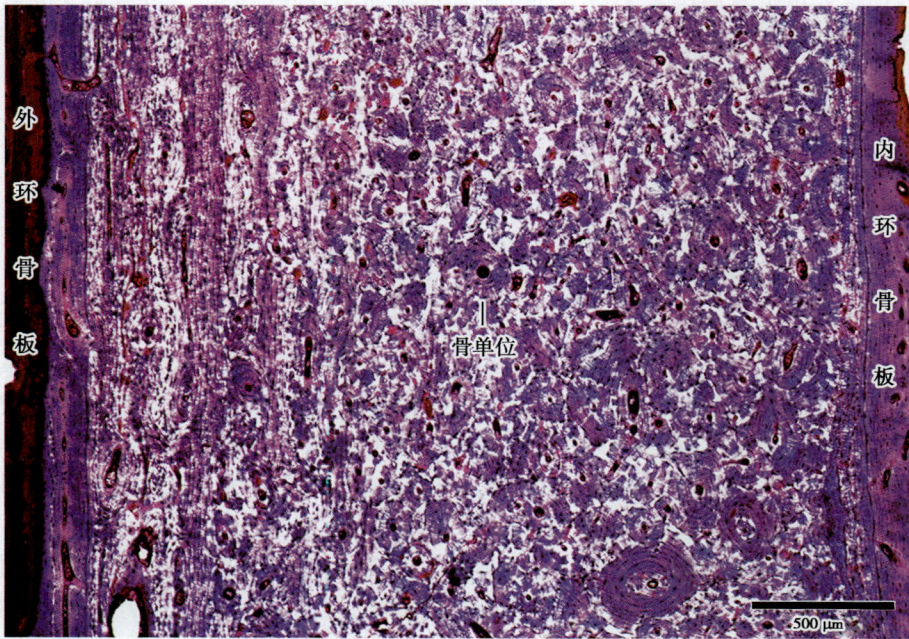

外环骨板 骨单位 内环骨板

500 μm

图 5-10 长骨横断磨片低倍像（硫堇染色）

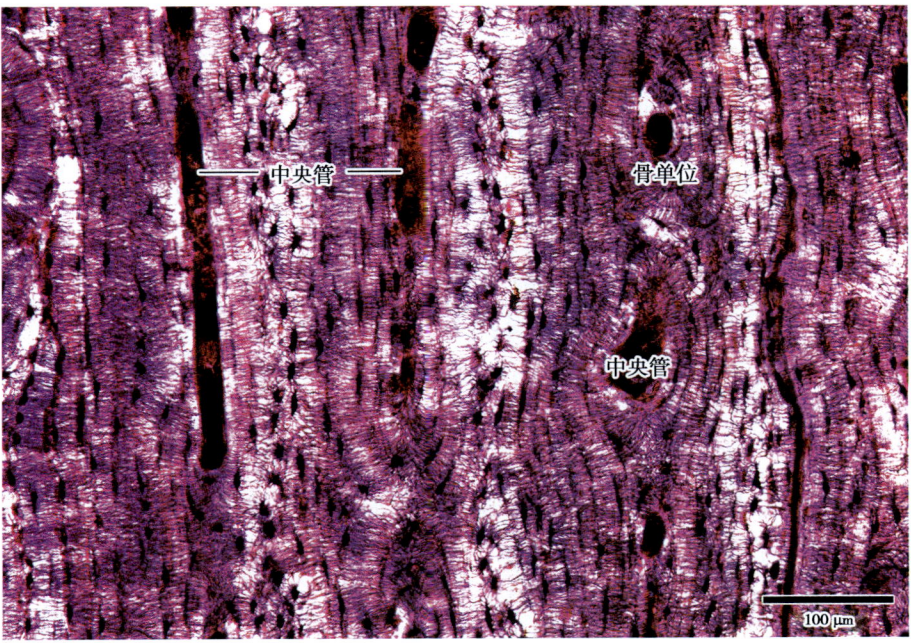

图 5-11　骨纵断磨片中倍像（硫堇染色）

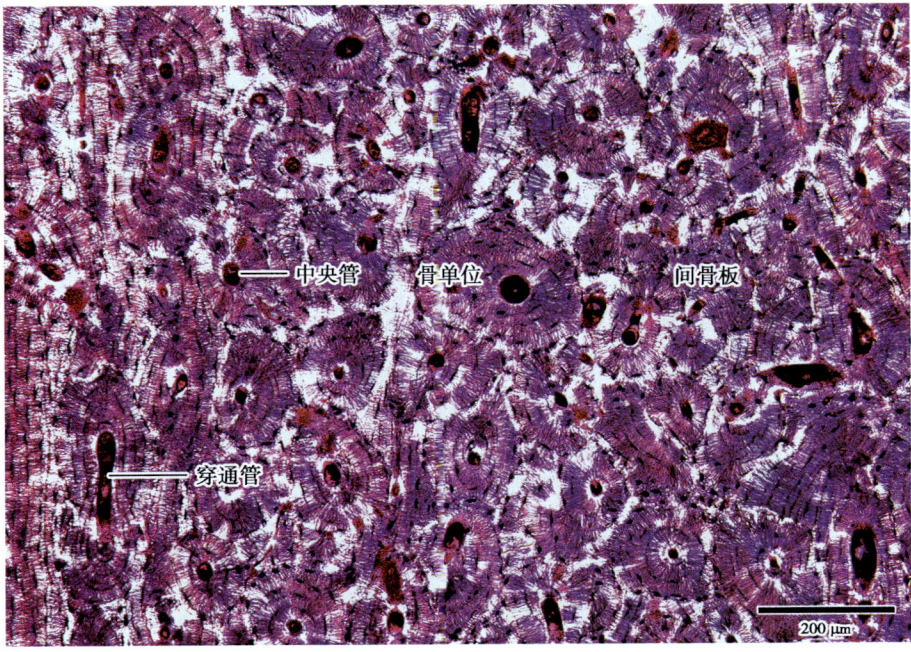

图 5-12　骨横断磨片中倍像（硫堇染色）

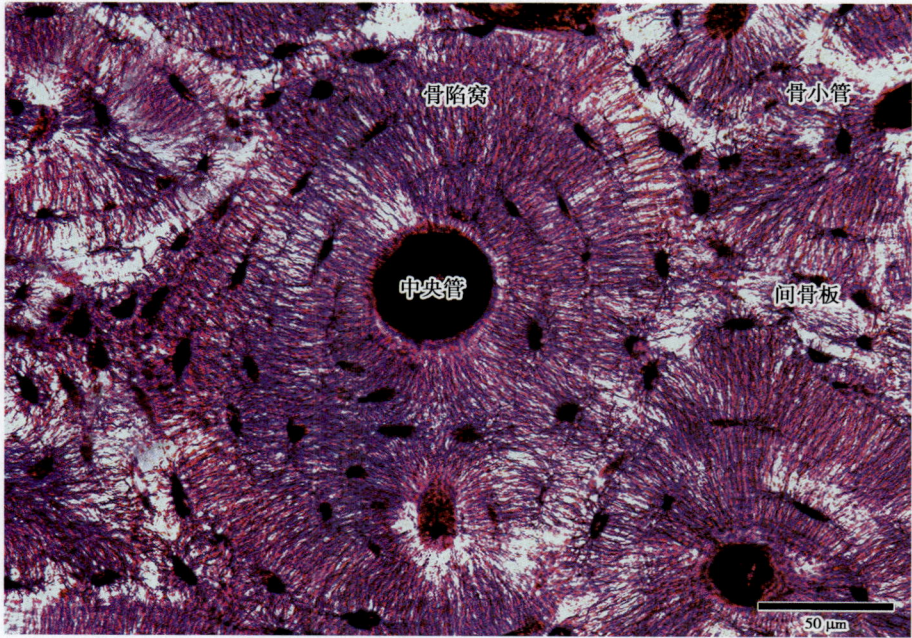

骨陷窝　　骨小管

间骨板

中央管

50 μm

图 5-13　骨单位高倍像（硫堇染色）

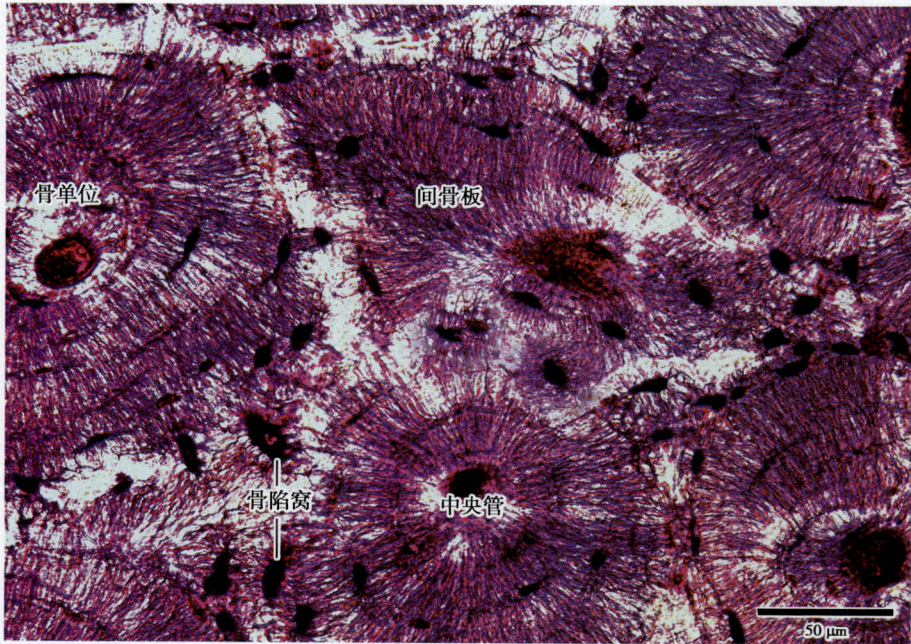

骨单位　　间骨板

骨陷窝　　中央管

50 μm

图 5-14　间骨板高倍像（硫堇染色）

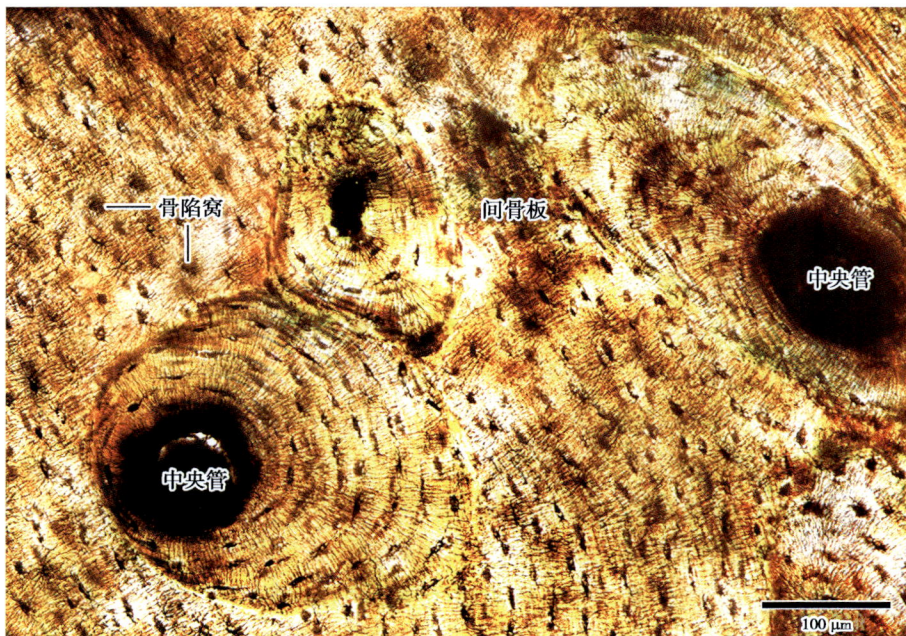

图 5-15　骨单位中倍像（复红染色）

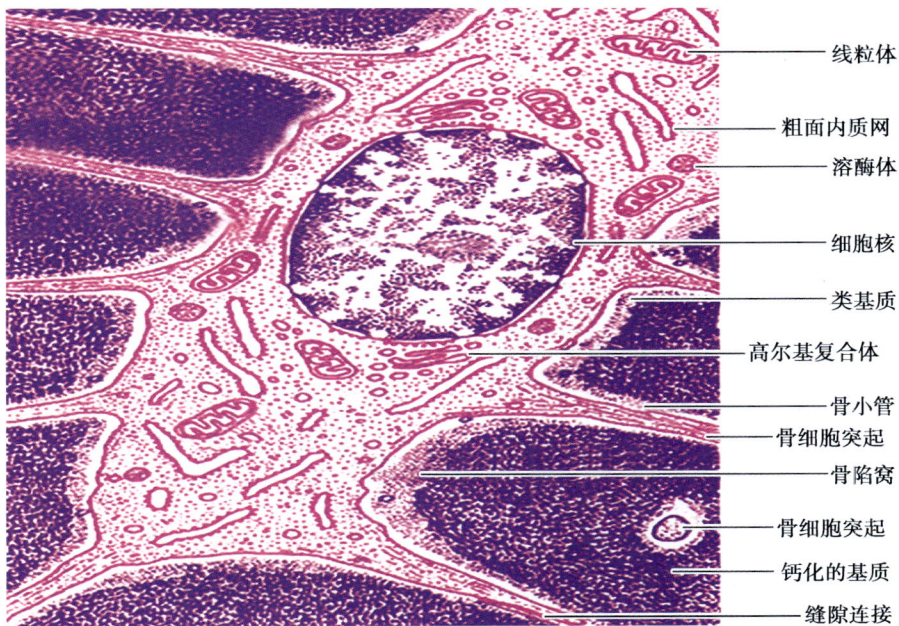

图 5-16　骨细胞电镜模式图

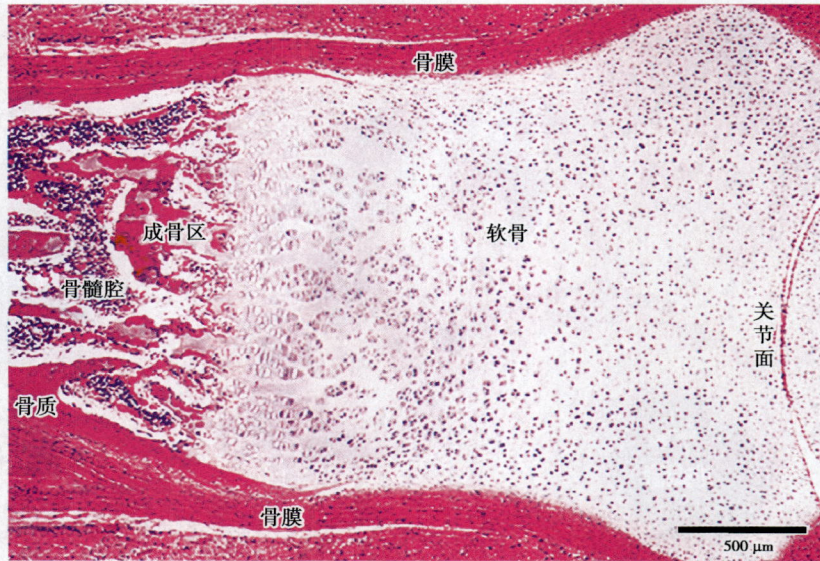

图 5-17　长骨的发生与生长低倍像

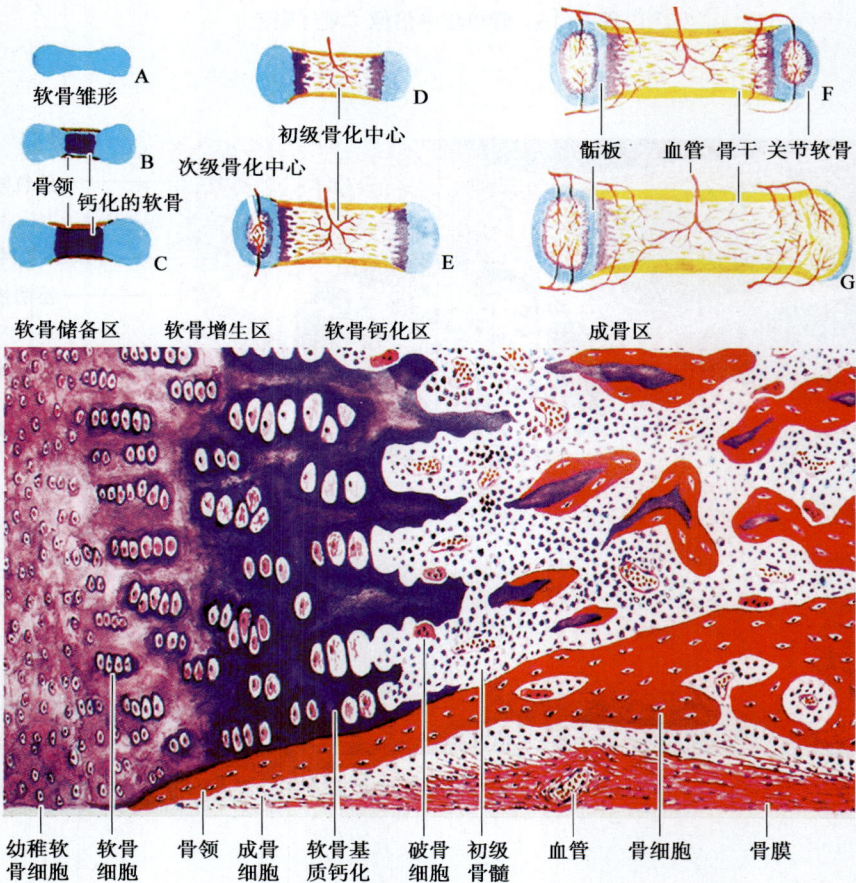

图 5-18　长骨发生与生长示意图

3 绘图作业

3.1 绘制高倍镜下一种软骨组织的结构图。

3.2 绘制中倍镜下长骨磨片的组织结构图。

3.3 软件采集各种软骨组织和密质骨的骨单位和间骨板的高倍电子图像。

实验 6 血液

1 实验目的

1.1 掌握家畜血液中各种成分的分类。

1.2 掌握家畜血液的各种有形成分的形态结构特点。

2 实验内容

2.1 家畜血液

观察切片：牛（马、猪）血涂片，吉姆萨染色或瑞特染色（图 6-1 至图 6-6）。

肉眼观察：良好的血涂片厚薄适度，血膜涂布均匀，呈粉红色。有些血涂片厚薄不匀，主要是推片不齐、用力不匀及玻片不洁而造成的。选血膜厚薄适度的部位在显微镜下观察。

低倍镜观察：可见到大量无细胞核的红细胞。白细胞很少，稀疏地散布于红细胞之间，具有蓝紫色的细胞核。选白细胞较多的部位（一般在血膜边缘和血膜尾部，因体积大的细胞常在此出现），换高倍镜或油镜观察。

高倍镜—油镜观察：观察时应注意教材、图版中的细胞形态都是典型化的，血细胞的实际形态不仅因动物而异，而且常因制片技术和染色偏酸、偏碱而使细胞形态或染色反应异常。如血膜过厚，细胞重叠而细胞直径偏小；血膜太薄，则细胞直径偏大，白细胞多集中于边缘。如果染色结果偏酸，则红细胞和嗜酸性颗粒偏红，白细胞的细胞核呈浅蓝色或不着色。如果染色结果偏碱，所有的红、白细胞呈灰蓝色，颗粒深暗。所以观察时一定要根据具体情况，灵活掌握，对比分析，才能做出正确的判断。血细胞超微结构如图 6-7、图 6-8 所示。

2.1.1 红细胞 数量最多，体积小而均匀分布，呈粉红色的圆盘状，边缘厚，着色较深，中央薄，着色较浅，哺乳动物成熟的红细胞无核，胞质内充满血红蛋白。

2.1.2 中性粒细胞 是白细胞中较多的一种，体积比红细胞大，主要特征是胞质中的特殊颗粒细小，分布均匀，着淡红色或浅紫色。胞核着深紫红色，形态多样，幼稚型胞核细长，有豆形、杆状、弯曲盘绕成马蹄形、S 形、W 形或 U 形等多种形态或分叶状，一般分 3~5 叶或更多，叶间以染色质相连，叶的大小、形状各不相同。核分叶的多少与该细胞衰老有关。一般

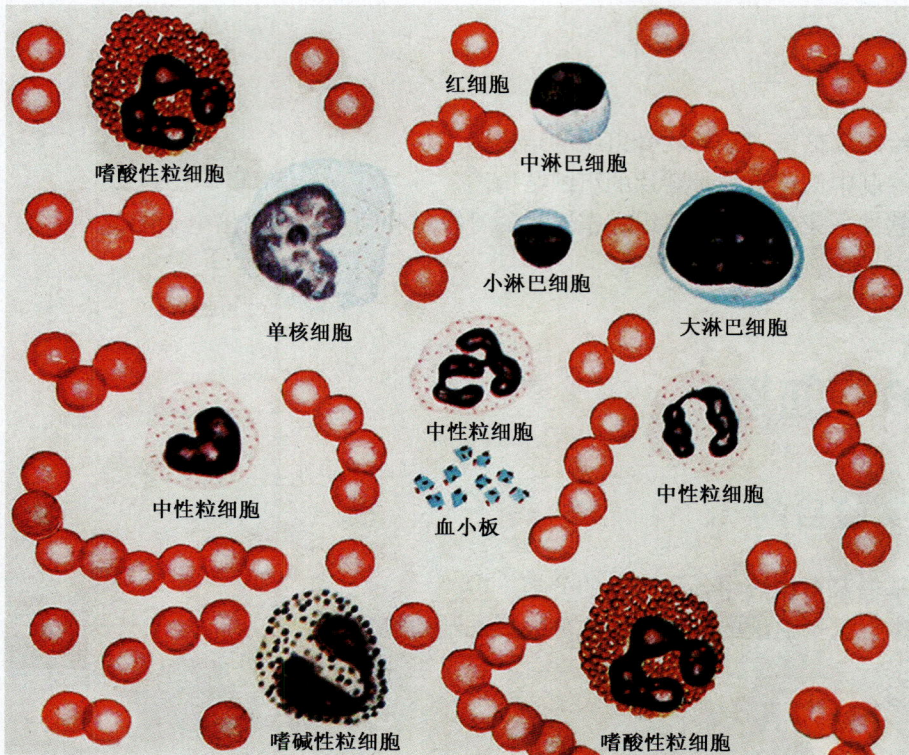

图 6-1 牛血涂片模式图

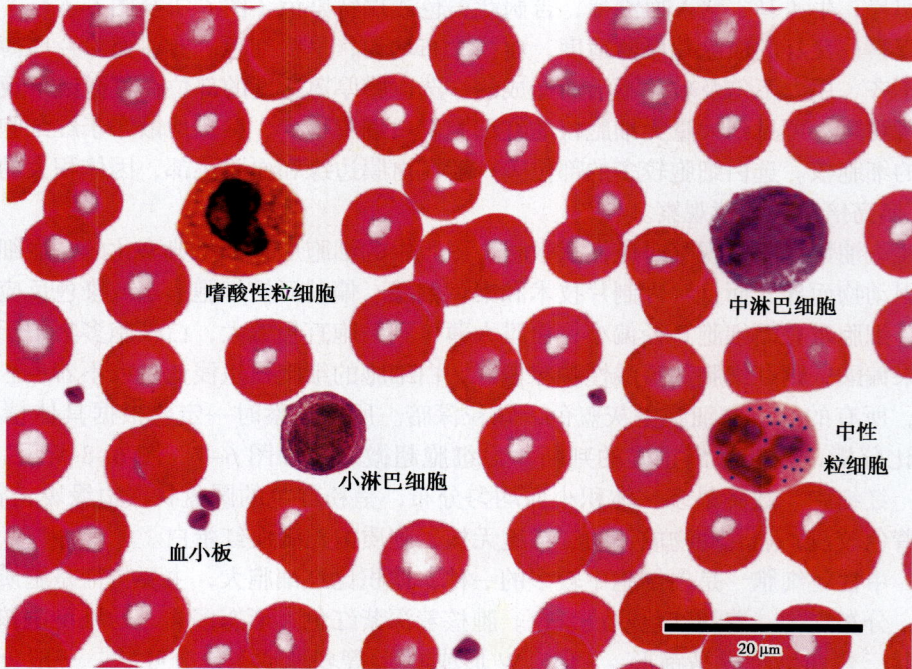

(a)

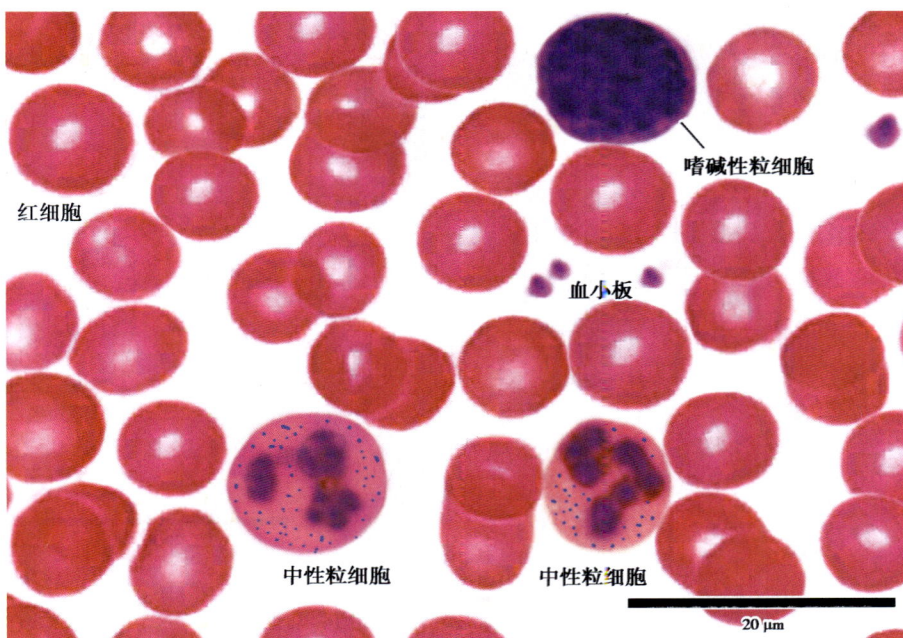

(b)

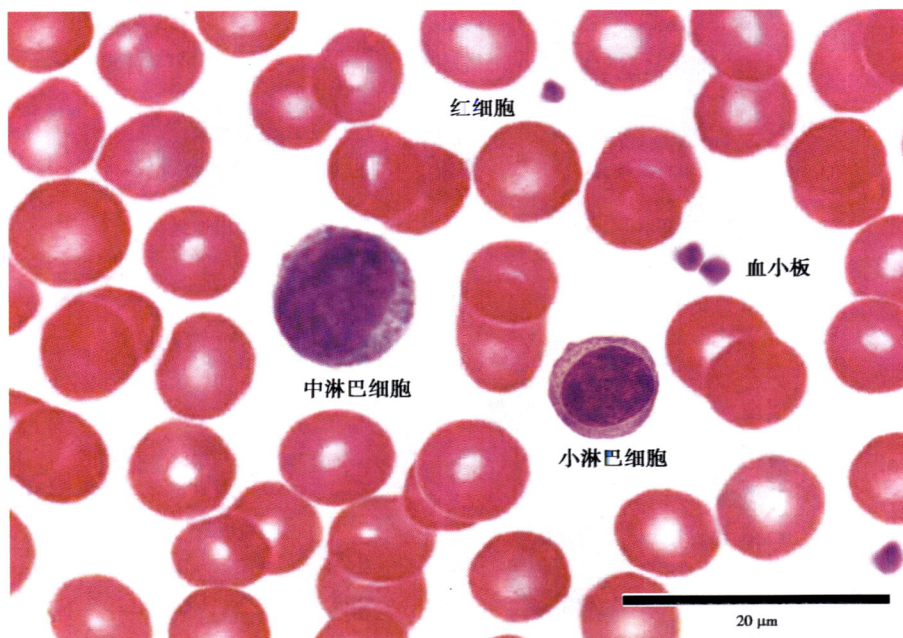

(c)

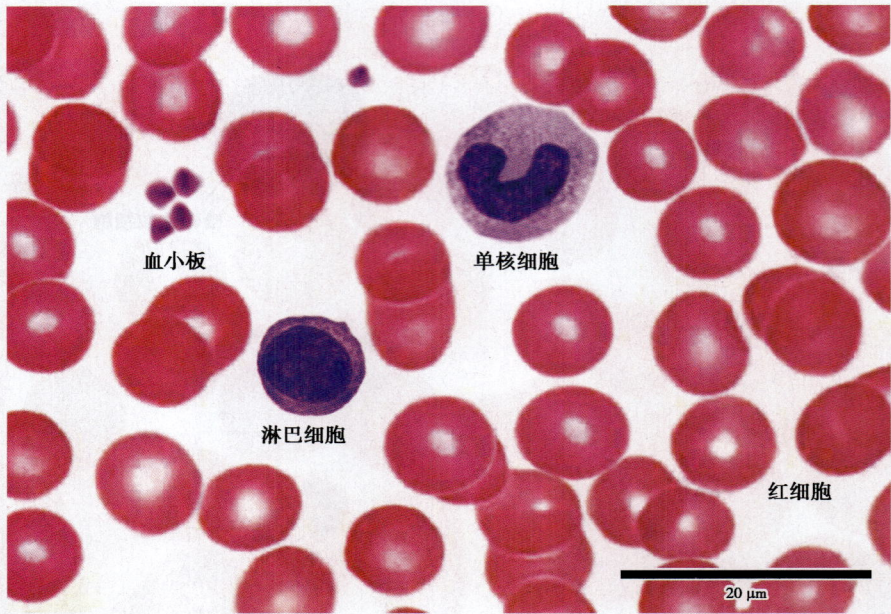

血小板　　　　　　单核细胞

淋巴细胞

红细胞

20 μm

(d)

图 6-2　牛血细胞高倍像（吉姆萨染色）

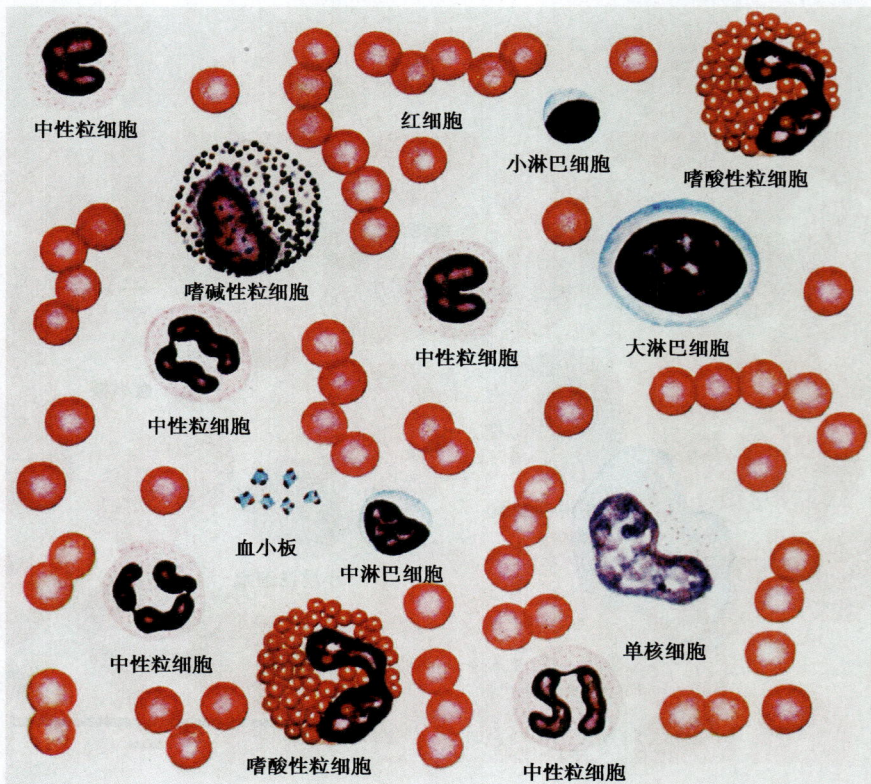

中性粒细胞

嗜碱性粒细胞

中性粒细胞

中性粒细胞

红细胞

中淋巴细胞

血小板

小淋巴细胞

中性粒细胞

大淋巴细胞

嗜酸性粒细胞

单核细胞

嗜酸性粒细胞

中性粒细胞

图 6-3　马血涂片模式图

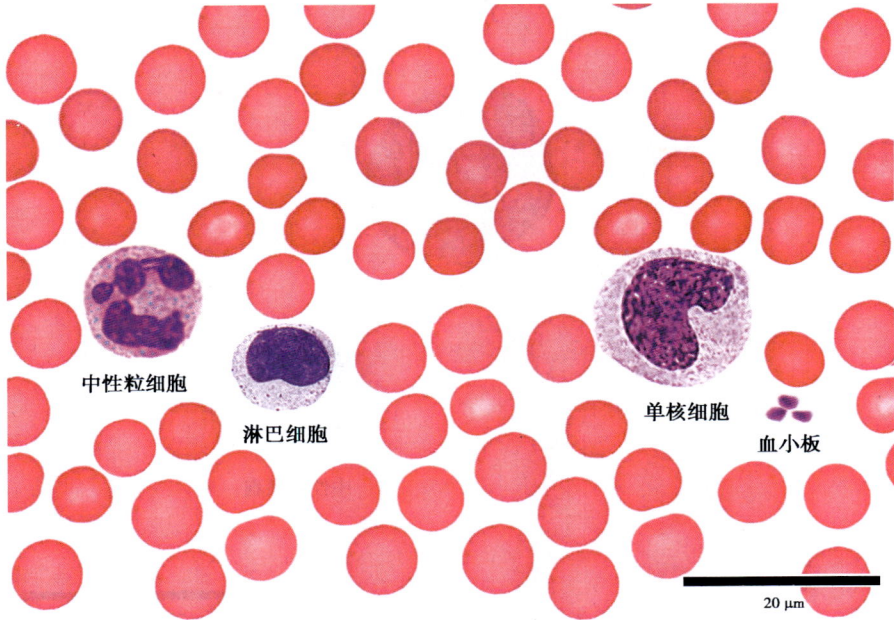

(a)

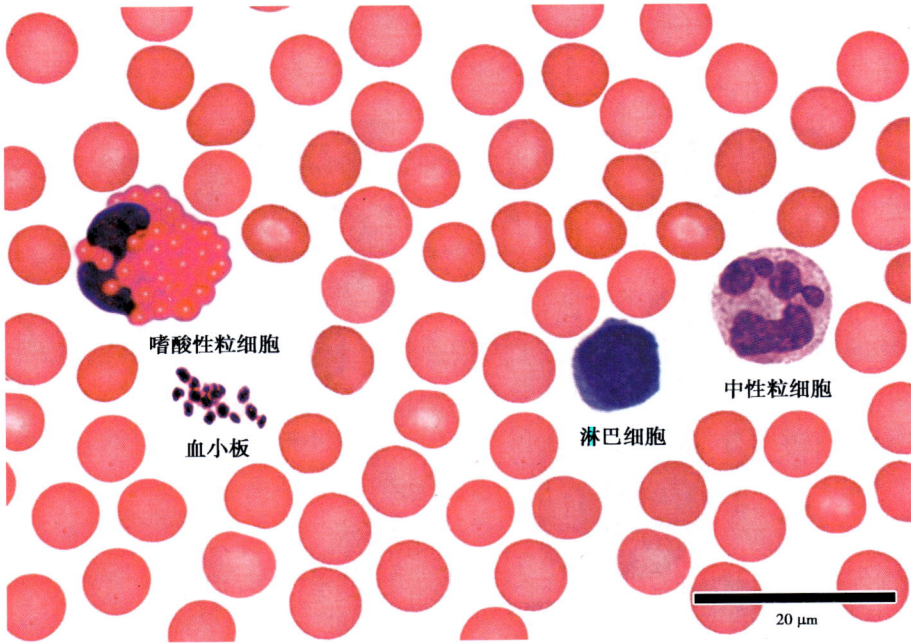

(b)

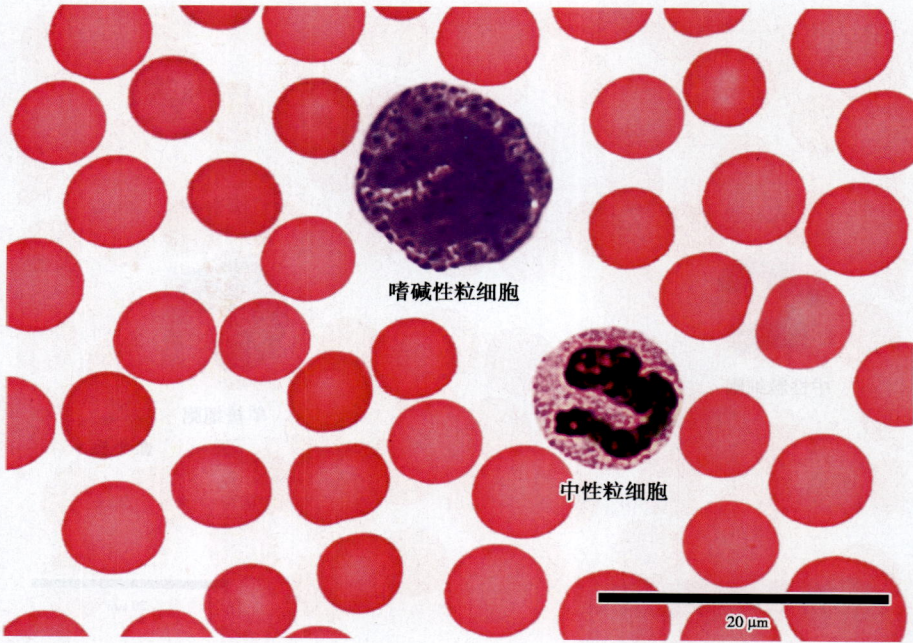

(c)

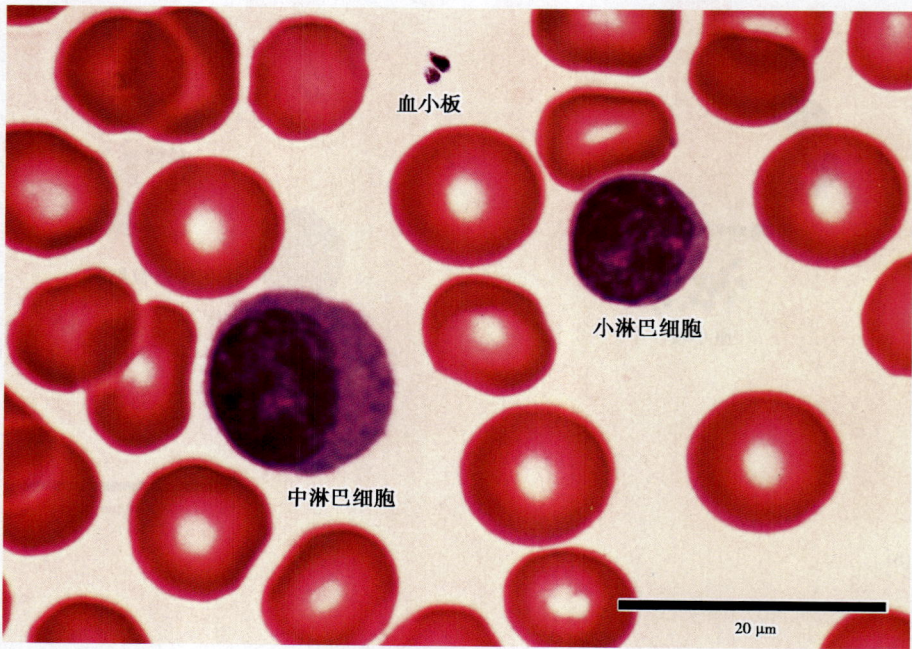

(d)

图6-4 马血细胞高倍像（瑞特染色）

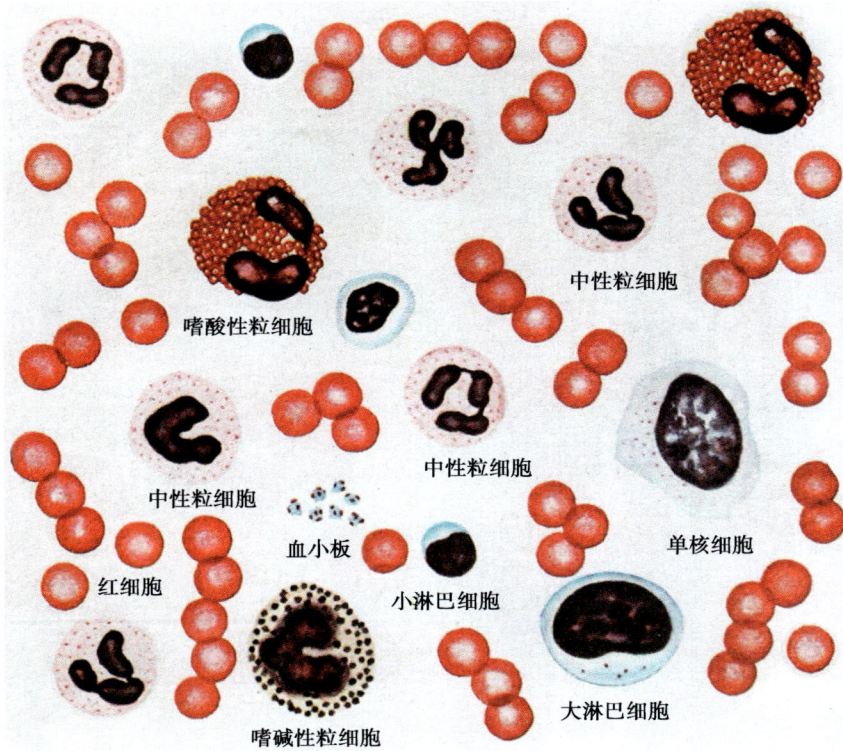

图 6-5　猪血涂片模式图

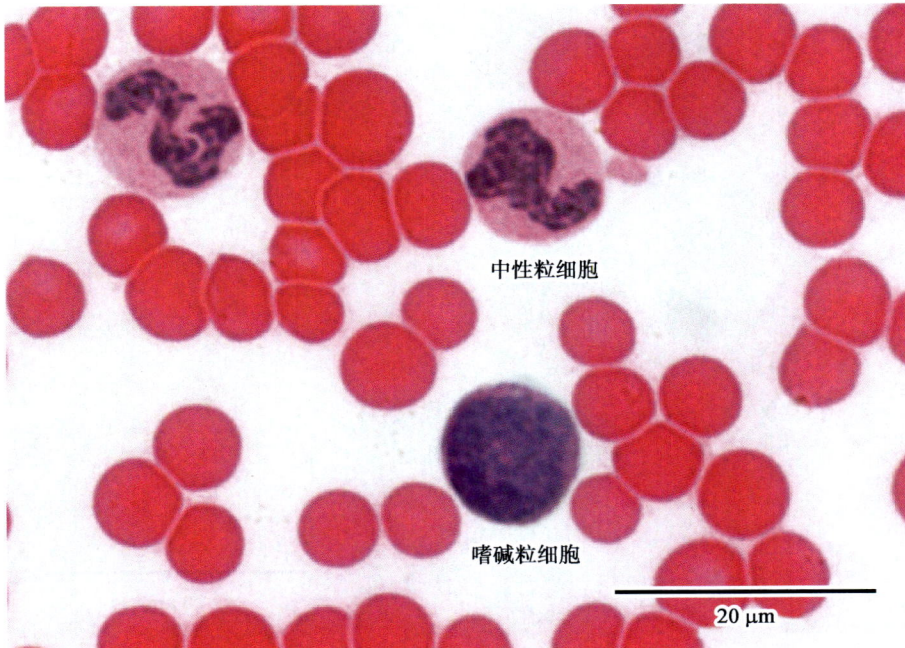

(a)

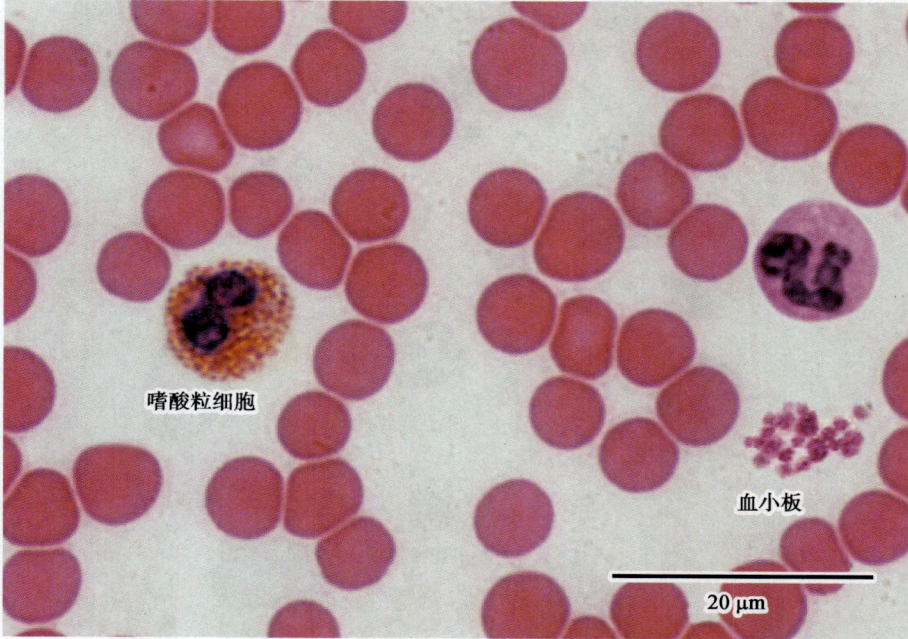

嗜酸粒细胞

血小板

20 μm

(b)

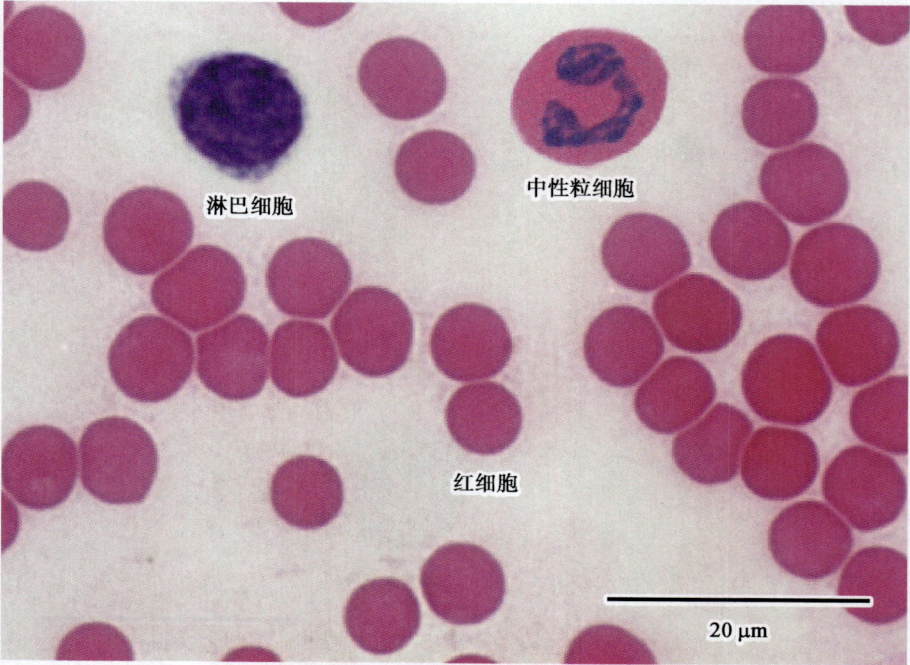

淋巴细胞

中性粒细胞

红细胞

20 μm

(c)

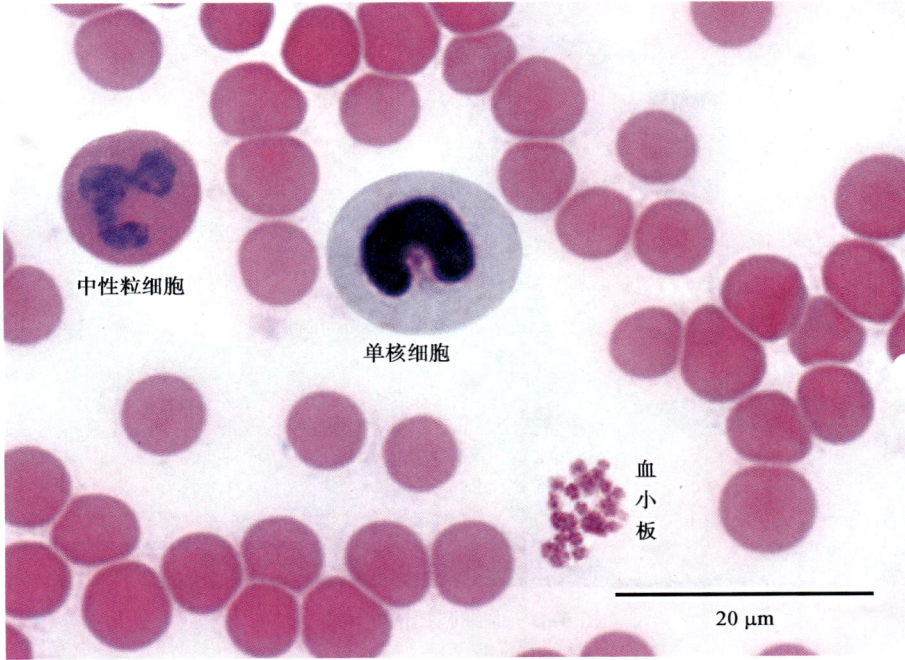

(d)

图 6-6　猪血细胞高倍像（吉姆萨染色）

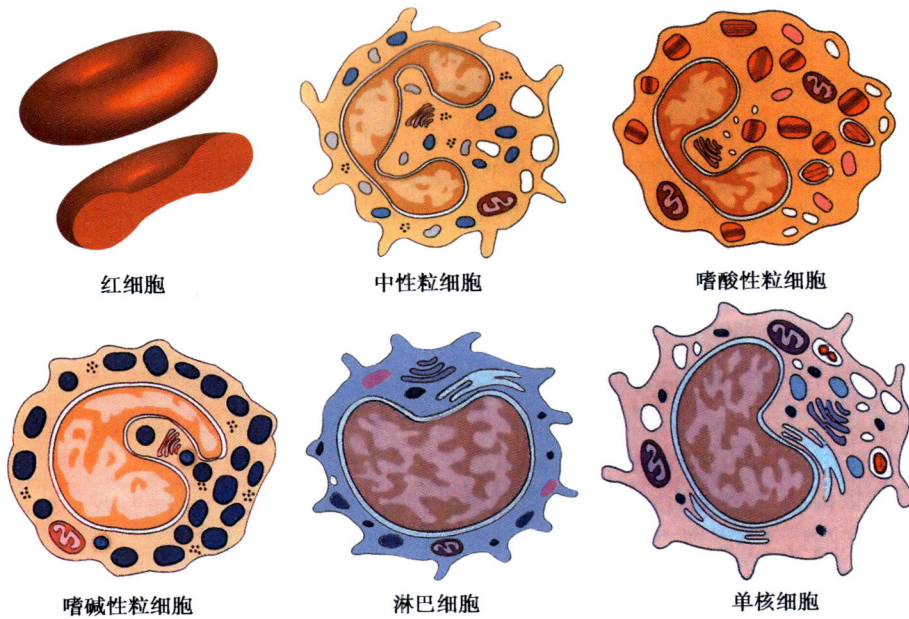

红细胞　　　　　　中性粒细胞　　　　　　嗜酸性粒细胞

嗜碱性粒细胞　　　　　淋巴细胞　　　　　　单核细胞

图 6-7　血细胞超微模式

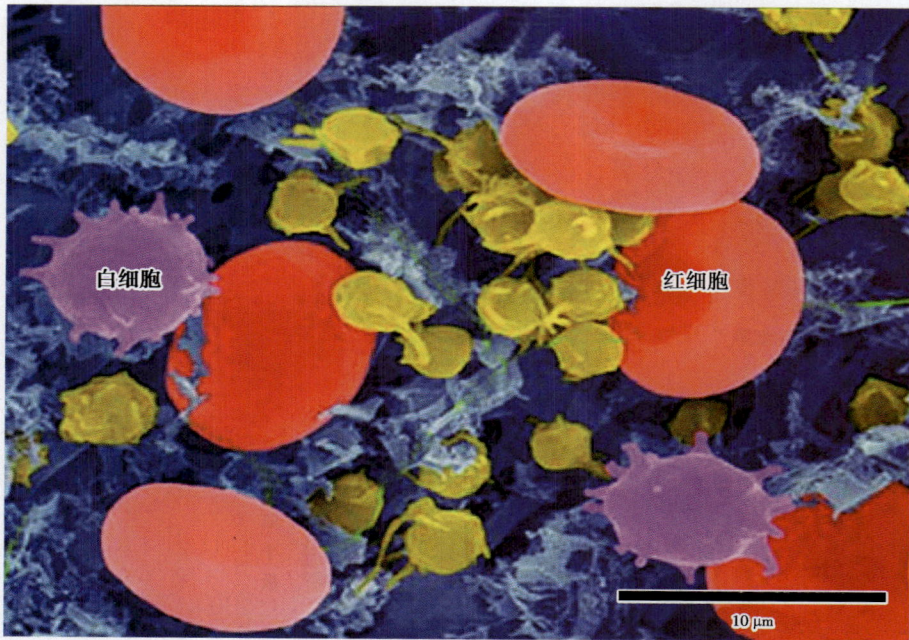

图 6-8　血细胞扫描电镜像

认为分叶越多，细胞越衰老（图 6-9）。

　　2.1.3　嗜酸性粒细胞　比中性粒细胞略大，数量少，胞核常分两叶，着紫蓝色。主要特点是胞质内充满粗大的嗜酸性特殊颗粒，色鲜红或橘红（图 6-10）。马的嗜酸性颗粒粗大，晶莹透亮，呈圆形或椭圆形，其他动物的嗜酸性颗粒较小。

　　2.1.4　嗜碱性粒细胞　数量少，体积与嗜酸性粒细胞相近或略小。主要特征是胞质中含有大小不等、形状不一的嗜碱性特殊颗粒，颗粒着蓝紫色，常盖于胞核上。胞核呈 S 形或双叶状，着浅紫红色（图 6-11）。这种白细胞由于数量极少，必须多观察一些视野方能看到。

　　2.1.5　淋巴细胞　有大、中、小 3 种类型，其中小淋巴细胞最多，血片中很易见到，体积与红细胞相近或略大。核大而圆，几乎占据整个细胞，核一侧常见凹陷，染色质呈致密块状，着深紫蓝色。胞质极少，仅在核的一侧出现一线状天蓝色或淡蓝色的胞质，有时甚至完全看不见。中淋巴细胞体积与中性粒细胞相近，形态与小淋巴细胞相似，但胞质较多，呈薄层围绕在核的周围。在核的凹陷处胞质较多且透亮，偶见少量紫红色的嗜天青颗粒。大淋巴细胞在正常血液中不常见到，体积与单核细胞相近或略小，胞核圆形着深紫蓝色，胞质较中淋巴细胞的更多，呈天蓝色。围绕核周围的胞质呈一淡染区。

　　2.1.6　单核细胞　是血细胞中体积最大的一种，胞核呈肾形、马蹄形或不规则形，着色浅，染色质呈细网状。细胞质丰富，弱嗜碱性，呈灰蓝色（图 6-12）。

　　2.1.7　血小板　体积很小，常三五成群分散在细胞之间，呈椭圆形、星形或多角形的蓝紫色小体，中央着色深的是血小板的颗粒区，周边着色浅。

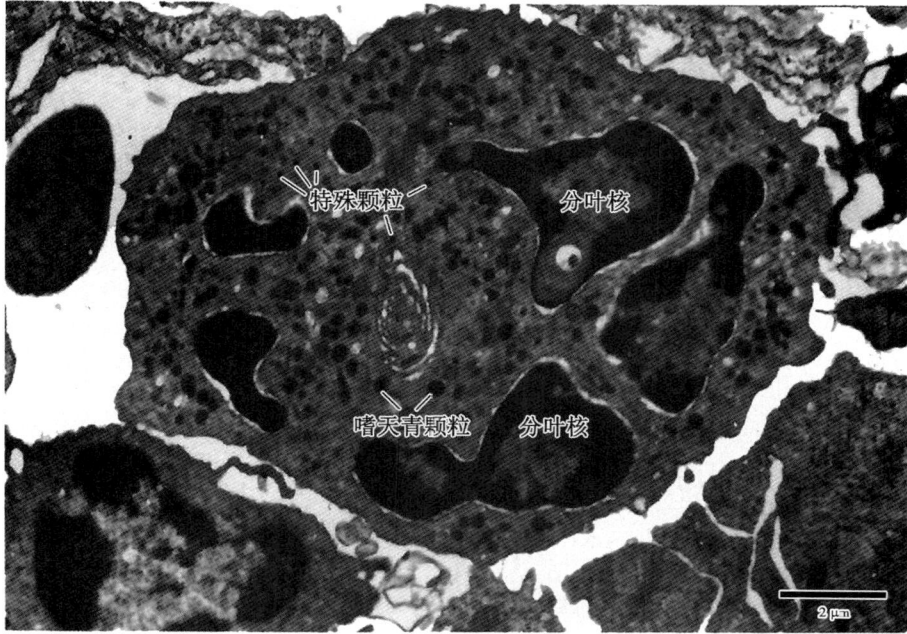

图 6-9 中性粒细胞电镜像

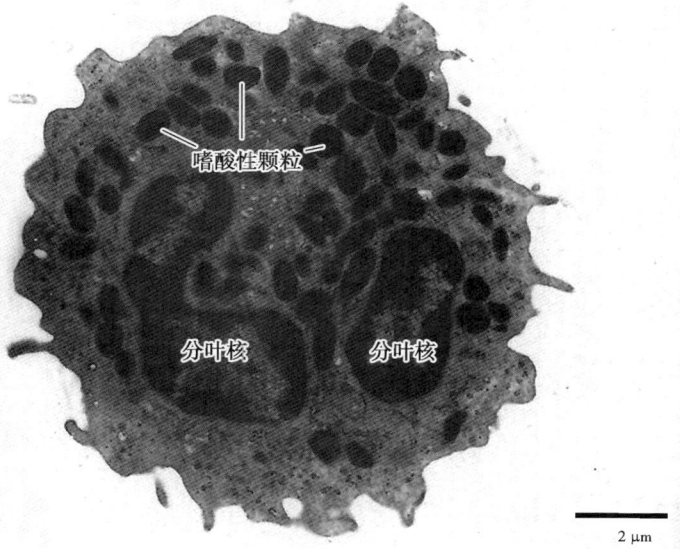

图 6-10 嗜酸性粒细胞电镜像

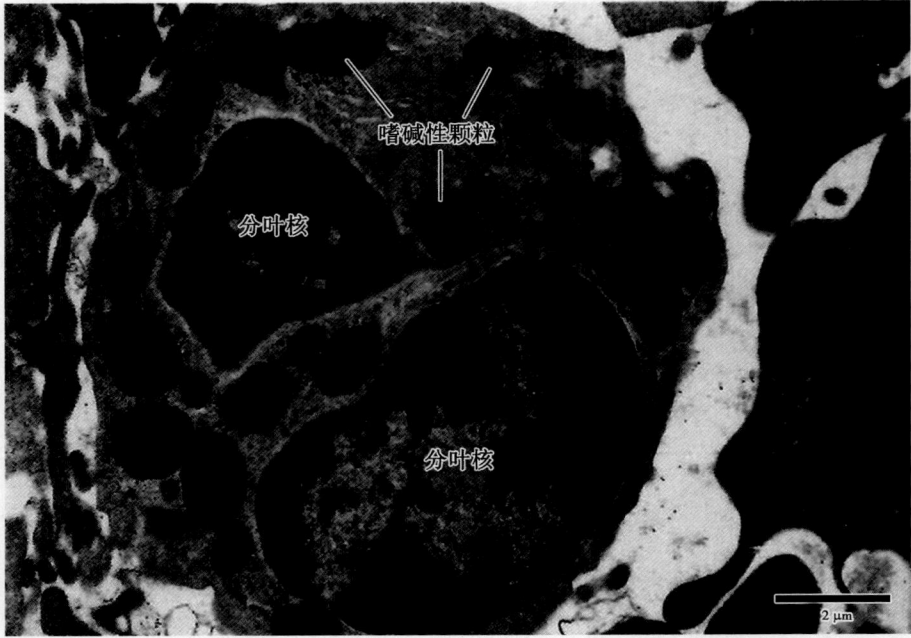

图 6-11　嗜碱性粒细胞电镜像

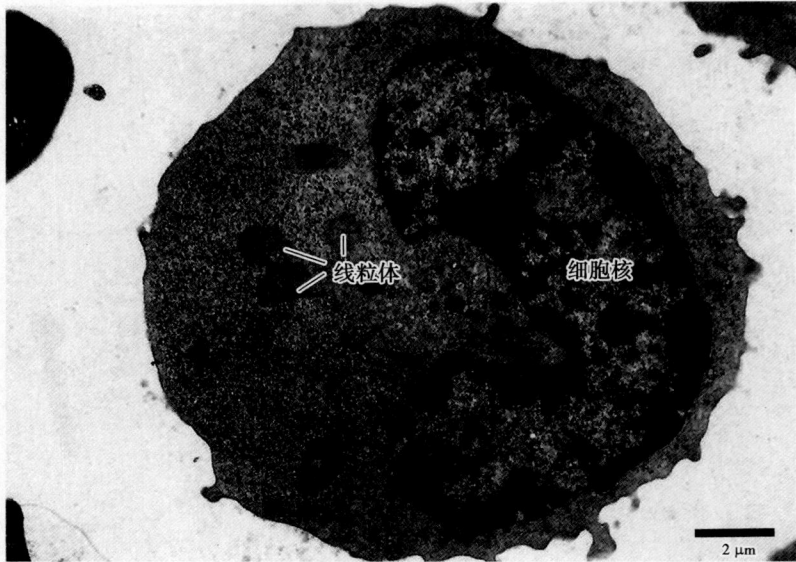

图 6-12　单核细胞电镜像

2.2 小动物血液

观察切片：犬（猫、兔）血涂片，吉姆萨染色（图 6–13 至图 6–15）。

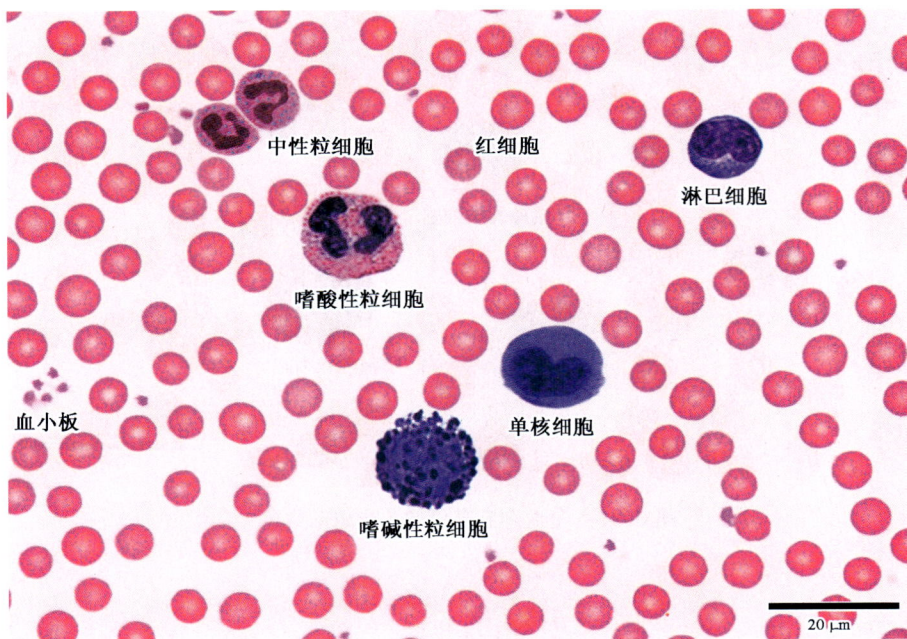

图 6–13 犬血细胞高倍像（吉姆萨染色）

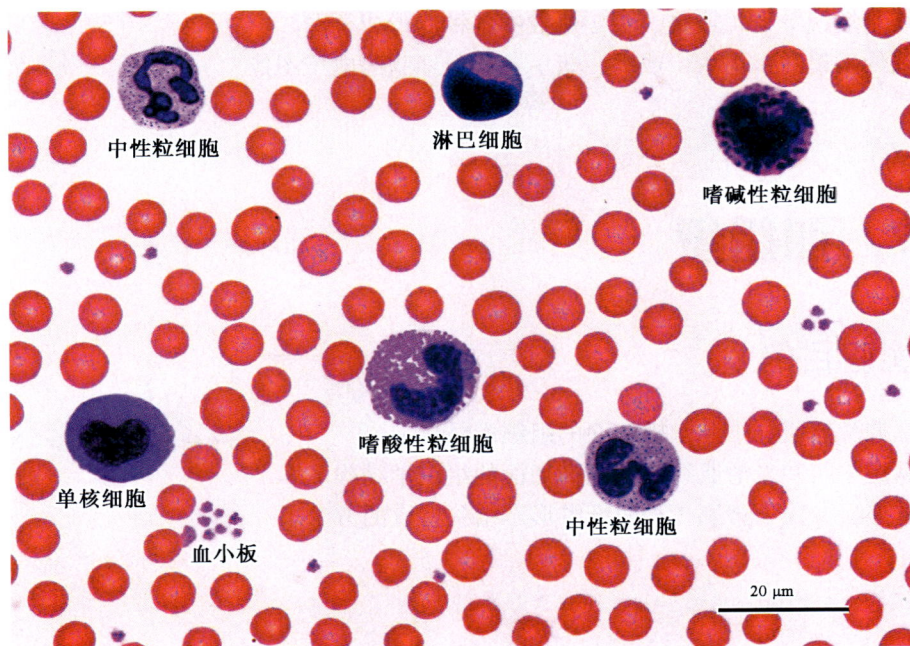

图 6–14 猫血细胞高倍像（吉姆萨染色）

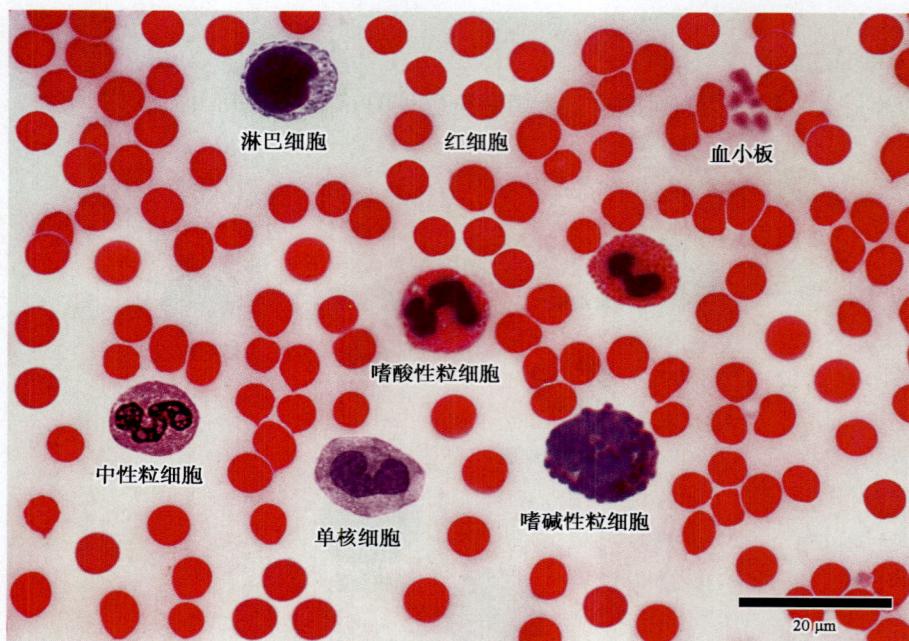

图 6-15　兔血细胞高倍像（吉姆萨染色）

3　绘图作业

3.1　绘制油镜下牛（或马、猪）血液中各种有形成分图。

3.2　绘制油镜下犬（或猫、兔）血液中各种有形成分图。

3.3　软件采集油镜下牛（或马、猪）各种血细胞的电子图像。

实验 7　肌组织

1　实验目的

1.1　掌握骨骼肌纤维纵、横切面的组织学结构。

1.2　掌握心肌和平滑肌纤维纵、横切面的组织学结构。

1.3　掌握显微镜下辨别 3 种肌纤维形态结构特点的方法。

2 实验内容

2.1 骨骼肌（图 7-1 至图 7-2）

观察切片：肋间骨骼肌纵、横切面，铁苏木素或 HE 染色；或舌肌，HE 染色。

肉眼观察：切片上有两个呈蓝色的组织块，较长的是骨骼肌纵切面，短的是横切面。

低倍镜观察：骨骼肌的纵切面上有许多平行排列着的肌纤维，圆柱状，明暗相间的横纹不明显，肌纤维的边缘有很多细胞核。横切面上可见肌纤维聚集成束，被切成许多圆形或多边形断面。无论纵切面或横切面的肌纤维周围都有疏松结缔组织包裹（肌内膜和肌束膜），结缔组织内含有丰富的血管。在舌肌切片上可观察到不同切面的肌纤维（图 7-3）。

高倍镜观察：观察一条横纹清晰的肌纤维，在肌纤维膜下分布着一些椭圆形的细胞核，可以见到核仁。肌纤维内含有顺长轴平行排列的肌原纤维，很多肌原纤维上的明带（I 盘）和暗带（A 盘）相间排列，形成横纹（图 7-4，图 7-5）。仔细观察在暗带中有一淡染的窄带称 H 带，H 带中央还有一细的 M 线，在一般光镜下观察不到。在明带中央有一条隐约可见的 Z 线，相邻两条 Z 线之间的一段肌原纤维，为一个肌节。

肌纤维的横切面上可见肌原纤维被切成点状或短杆状（斜切），有的均匀分布，有的则被肌质分割成一个个小区。在横切面上还可以见到少量位于周边的圆形核（图 7-6）。

骨骼肌的超微结构详见图 7-7 至图 7-10。

2.2 心肌

观察切片：心肌切片，HE 染色。

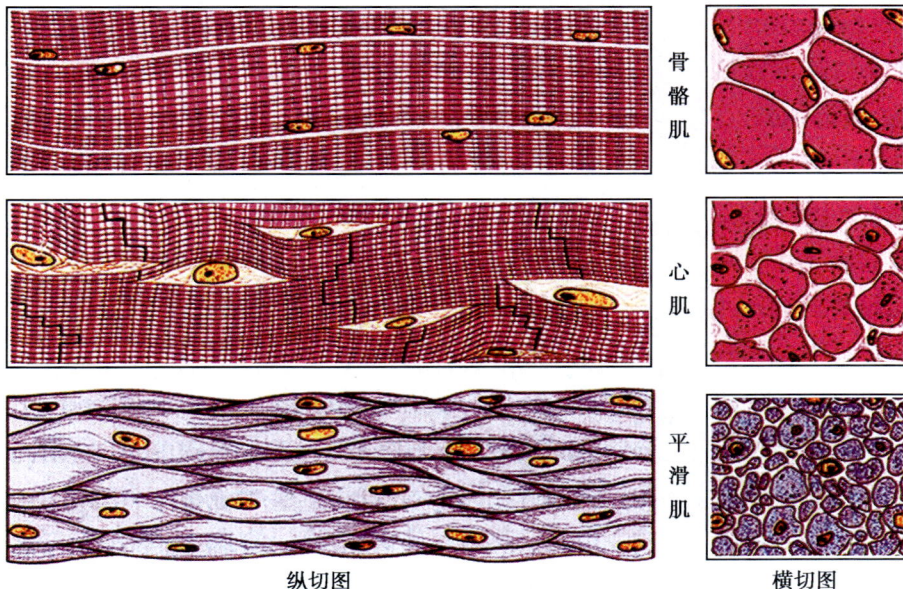

纵切图　　　　　　　横切图

图 7-1 肌组织分类及纵横切结构模式图

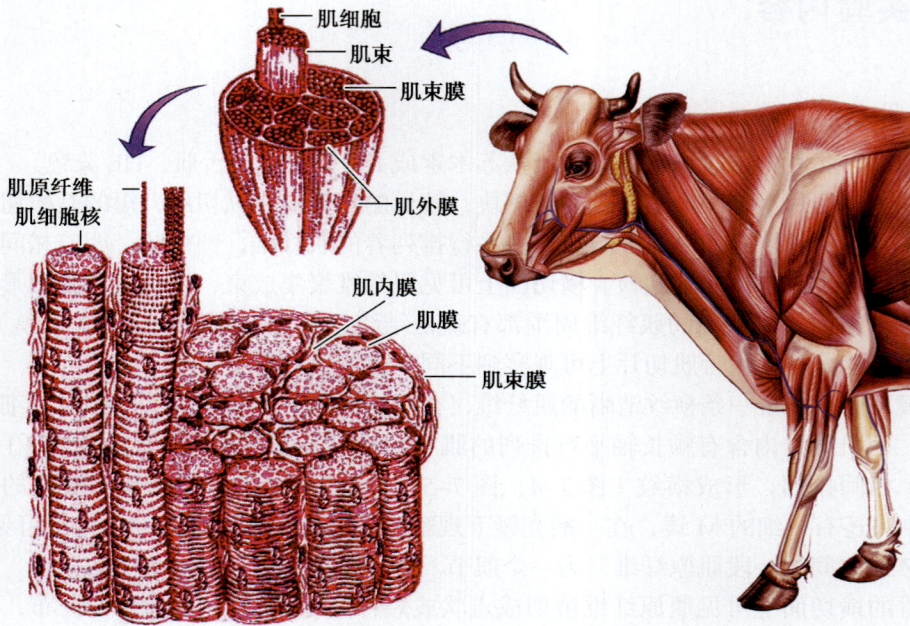

图 7-2　骨骼肌结构模式图

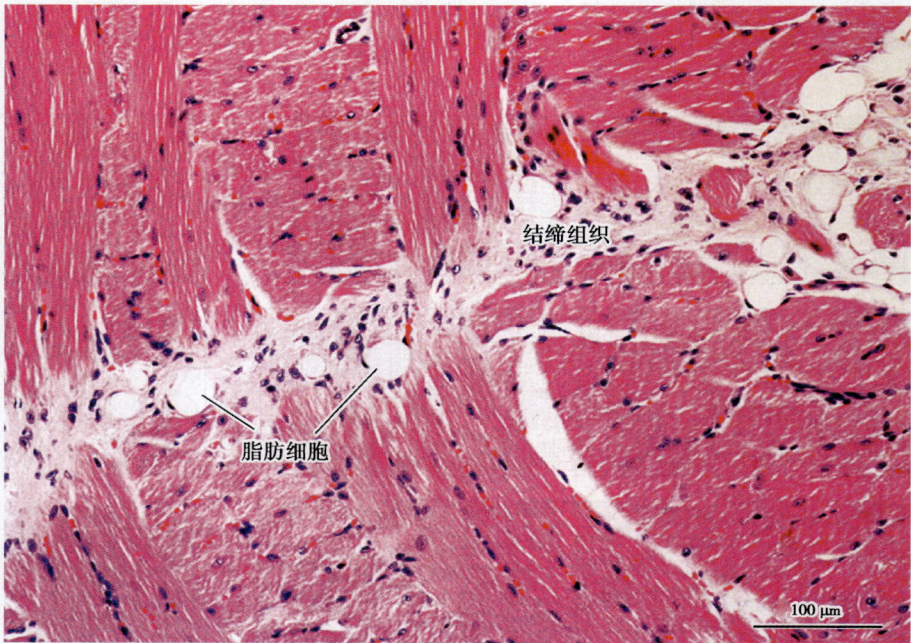

图 7-3　骨骼肌纵横切（HE 染色）

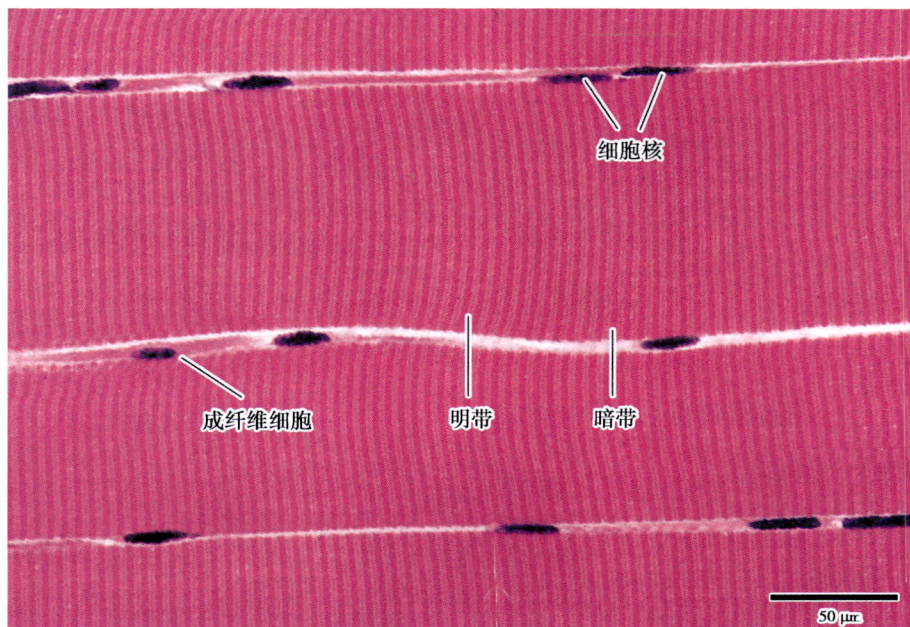

图 7-4 骨骼肌纵切高倍像（HE 染色）

低倍镜观察： 由于心肌纤维呈螺旋状排列，故在切面中可同时观察到心肌纤维的纵切、斜切或横切面。各心肌纤维之间由结缔组织相连，并含有丰富的血管。

中—高倍镜观察： 先观察纵切的心肌纤维，细胞呈短柱状，平行排列，并以较细而短的分支与邻近的肌纤维相吻合，互联成网。胞核椭圆形，位于细胞中央，注意核周围由于肌浆较多而呈淡染区。心肌纤维也可见到明暗相间的横纹，但不如骨骼肌明显（图 7-11）。

采用碘酸钠-苏木精复合染色法，可清楚地显示肌纤维的分支和横纹，在两个心肌纤维的连接处，可见到染成深蓝色呈阶梯状的闰盘。心肌横切面呈大小不等的圆形或椭圆形切面，心肌没有骨骼肌那样结构典型的肌原纤维，胞质中间有一圆形胞核，核周围清亮，但很多切面未能切到核（图 7-12）。

心肌纤维的超微结构参见图 7-13、图 7-14。

2.3 平滑肌

观察切片： 空肠横切片，HE 染色。

肉眼观察： 切片呈红色，本实验观察的是小肠的肌层，呈深红色，而且比较厚。

低倍镜观察： 从小肠的深面向外观察，依次是黏膜层、黏膜下层（淡红色）、肌层（深红色）和浆膜。肌层发达，由平滑肌纤维呈内环行、外纵行排列。在此切面上内环肌呈纵切，外纵肌呈横切。

中—高倍镜观察： 纵切的平滑肌纤维呈细长纺锤形，彼此嵌合紧密排列，胞核为长椭圆形，位于肌纤维中央，如果观察到扭曲的细胞核，是由于平滑肌收缩所引起。胞质嗜酸性，呈均质状，无横纹。横切的肌纤维呈大小不等的圆形切面，有的切面中央可见圆形的细胞核，有的无核，采用分离法制作的平滑肌装片中可以见到清晰的形态结构（图 7-15 至图 7-17）。

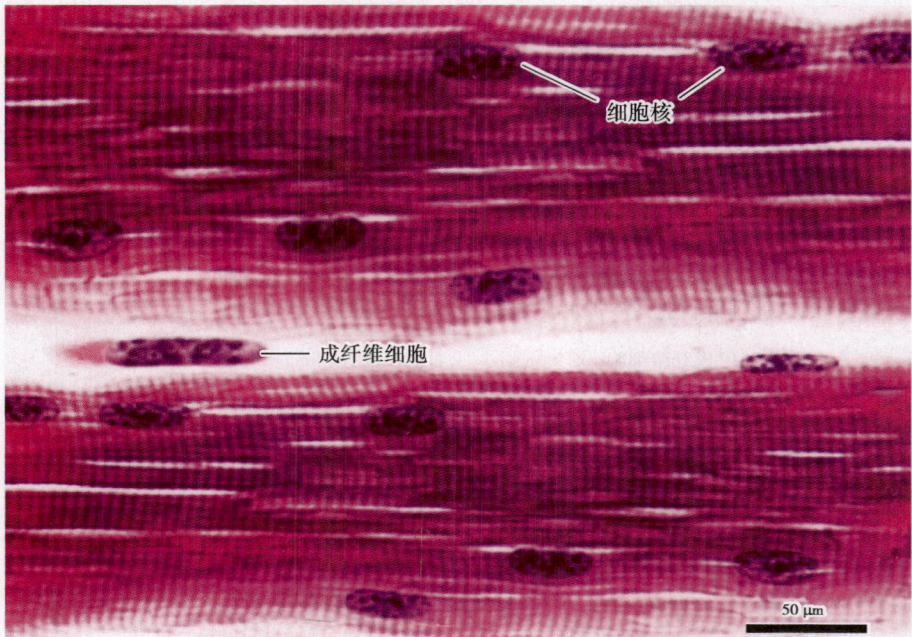

(a)

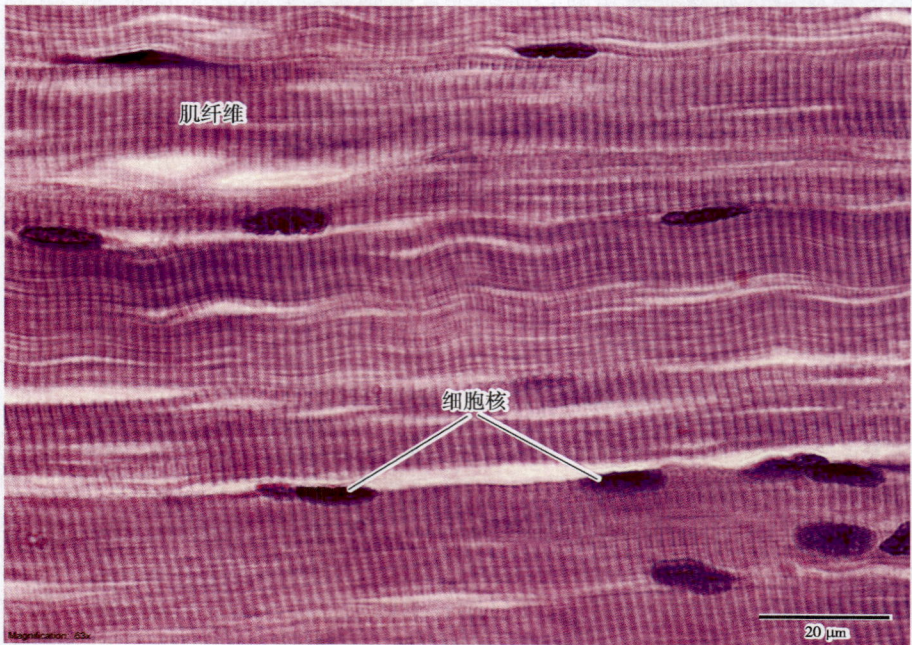

(b)

图 7-5　骨骼肌纵切高倍像（铁苏木精染色）

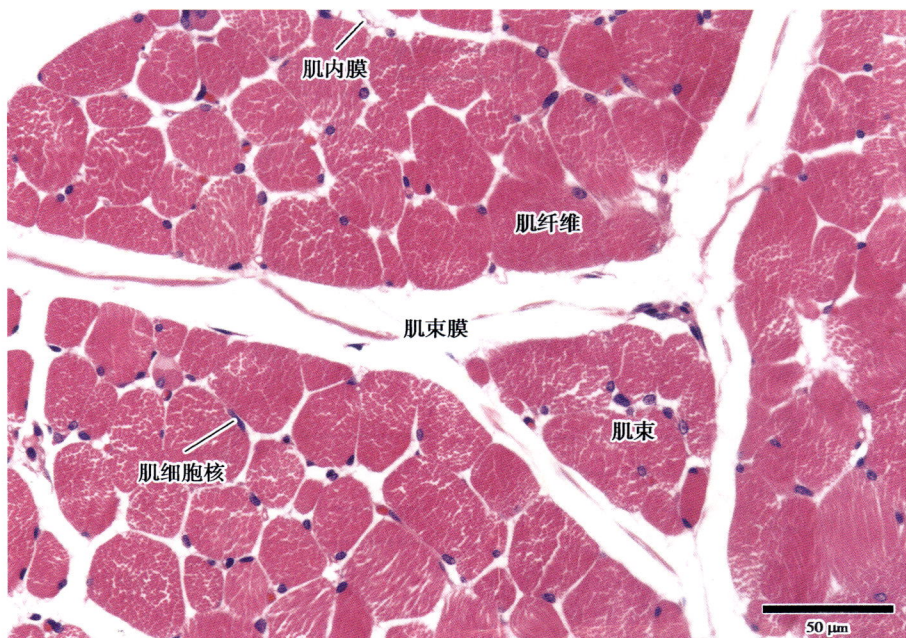

(a)

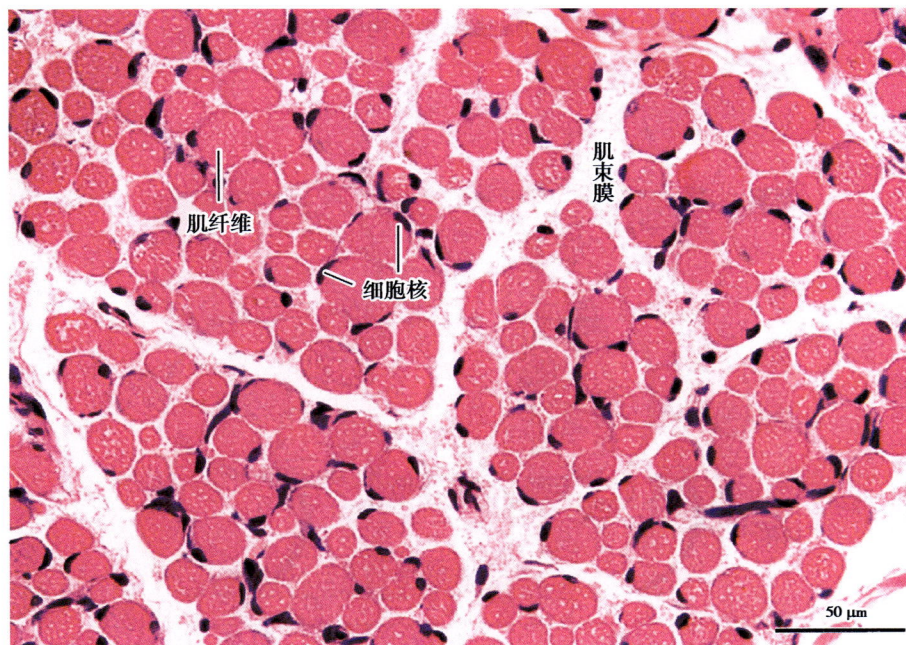

(b)

图 7-6　骨骼肌横切高倍像（HE 染色）

肌细胞

Z线　　　明带　　暗带

H带　　H带　　M带

粗丝

细丝

粗丝　细丝

暗带　　M线　　H带　　明带

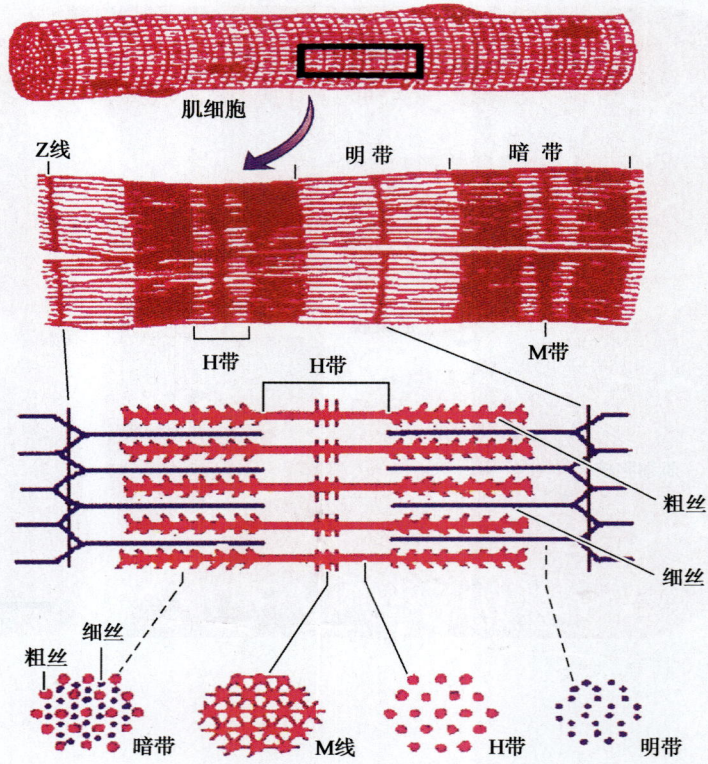

图 7-7　骨骼肌超微结构模式图

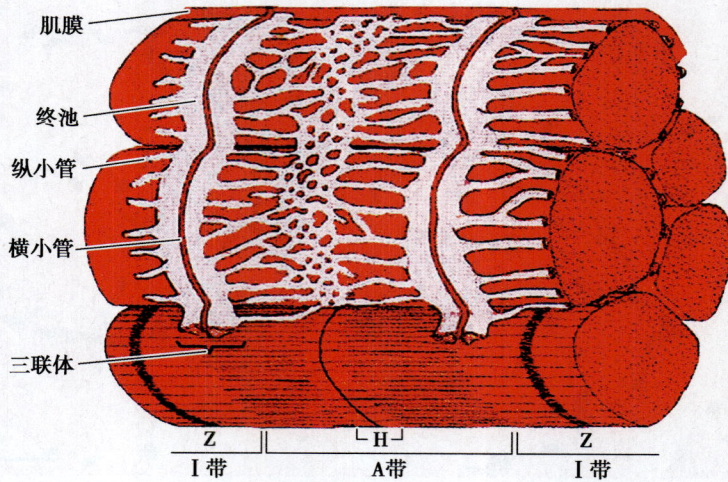

肌膜

终池

纵小管

横小管

三联体

Z　　H　　Z

I带　　A带　　I带

图 7-8　骨骼肌纤维超微结构模式图

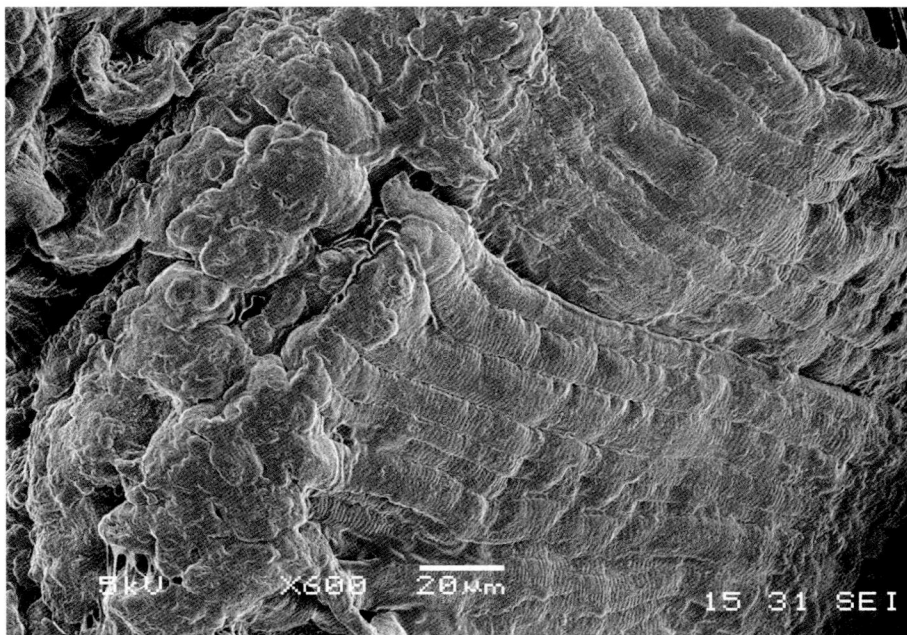

图 7-9　骨骼肌扫描电镜像

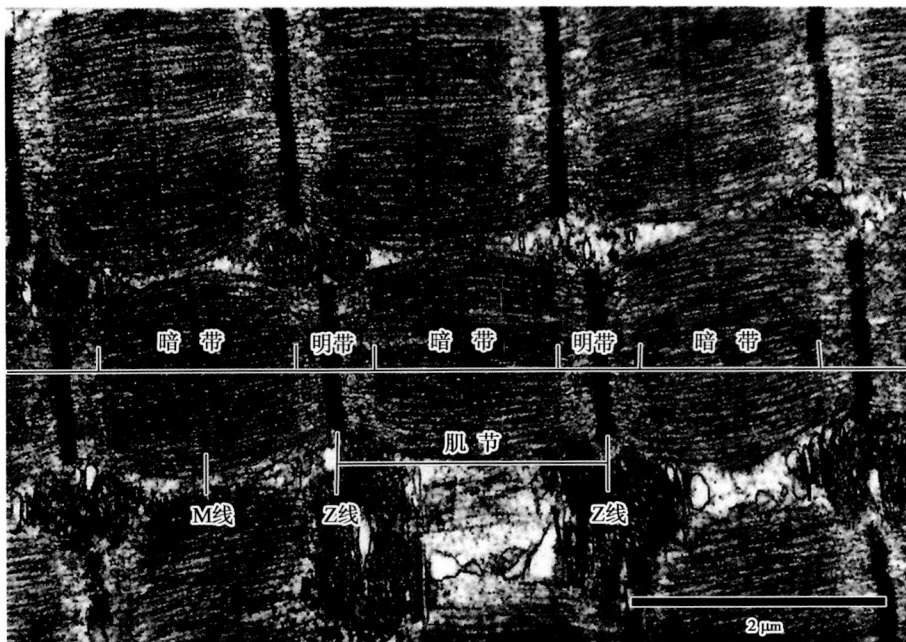

图 7-10　骨骼肌透射电镜像

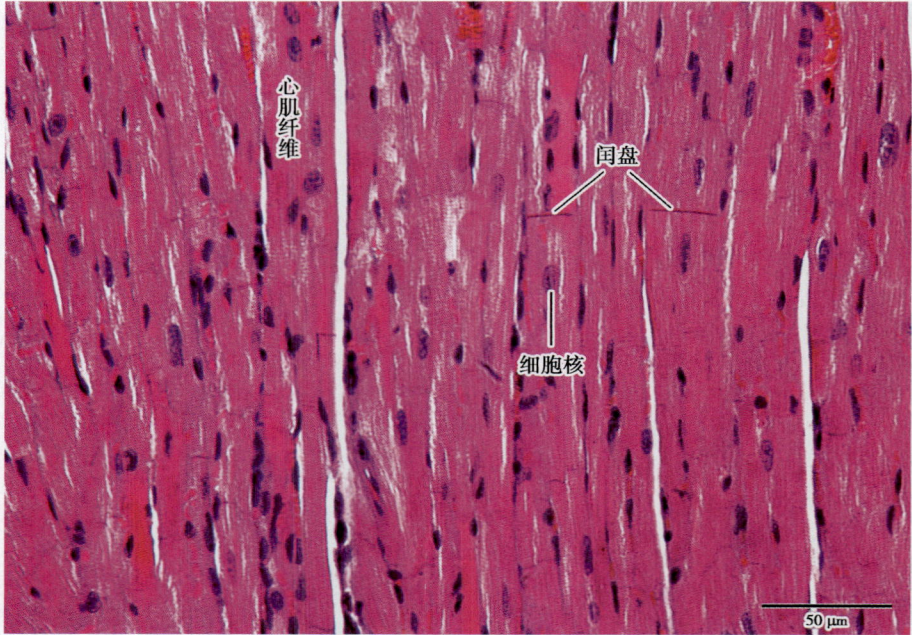

图 7-11　心肌高倍像（HE 染色）

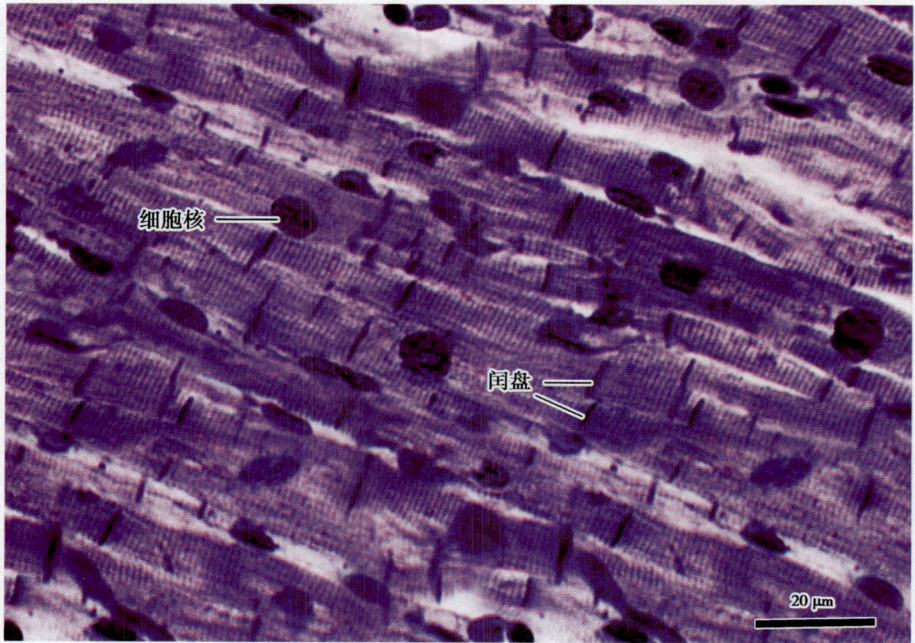

(a)

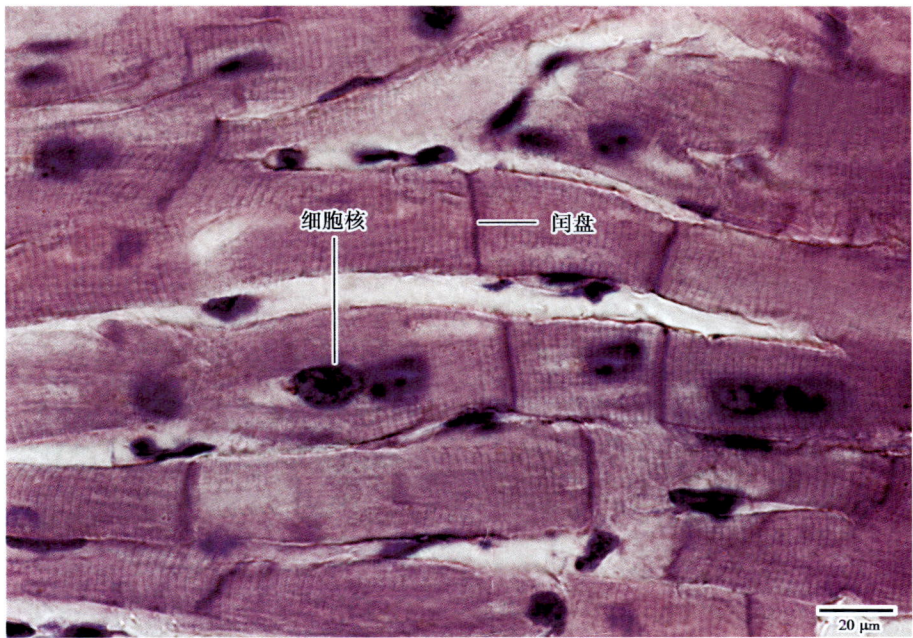

(b)

图 7-12　心肌纵切高倍像（碘酸钠 – 苏木精染色）

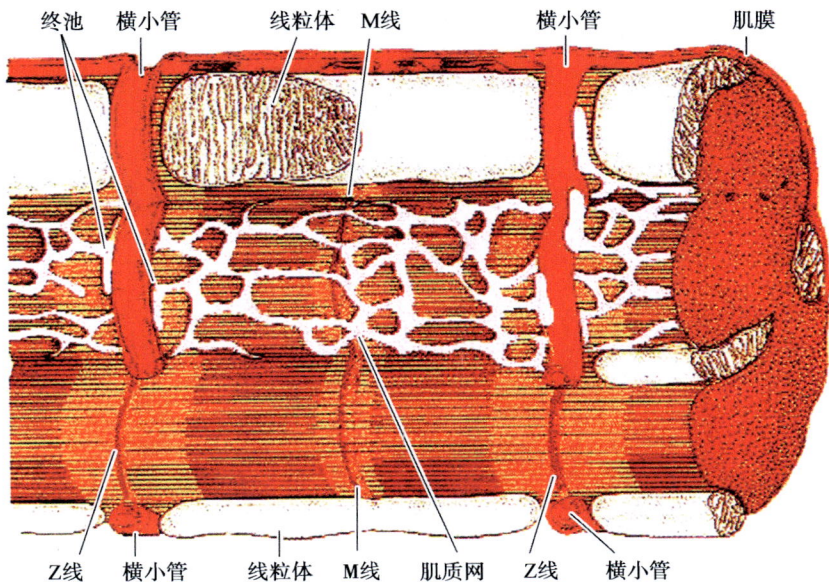

图 7-13　心肌纤维超微结构模式图

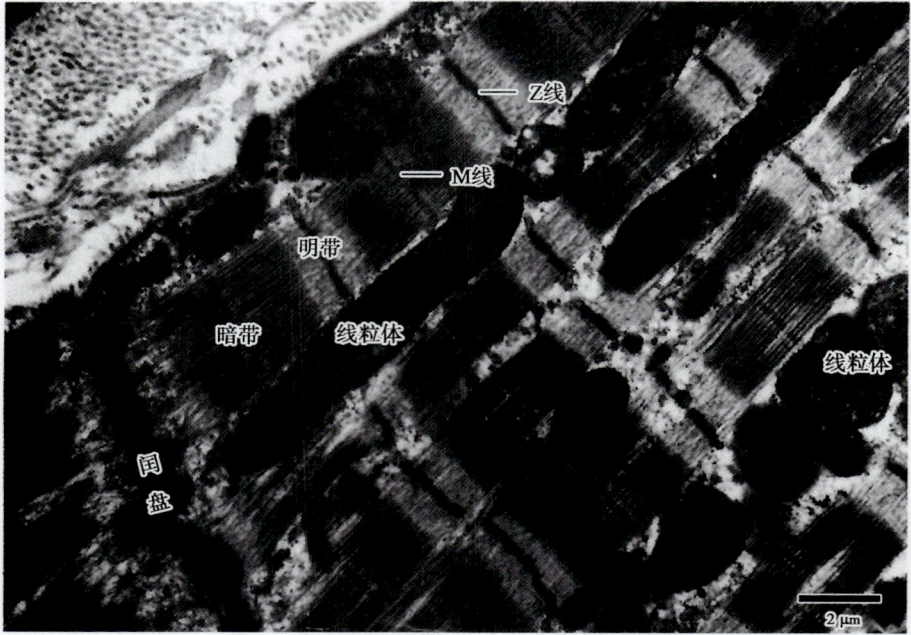

图 7-14　心肌透射电镜像

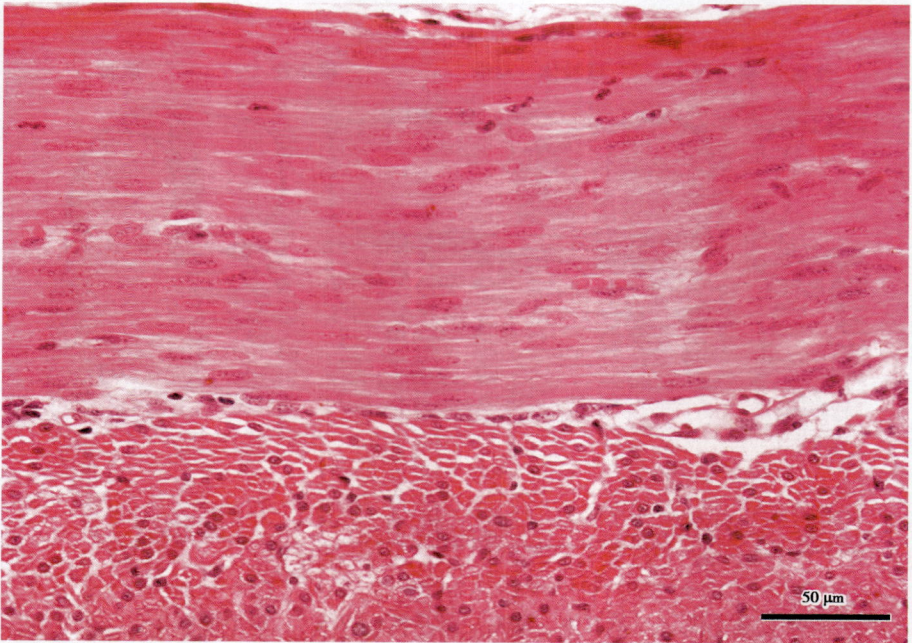

图 7-15　平滑肌纵横切高倍像（HE 染色）

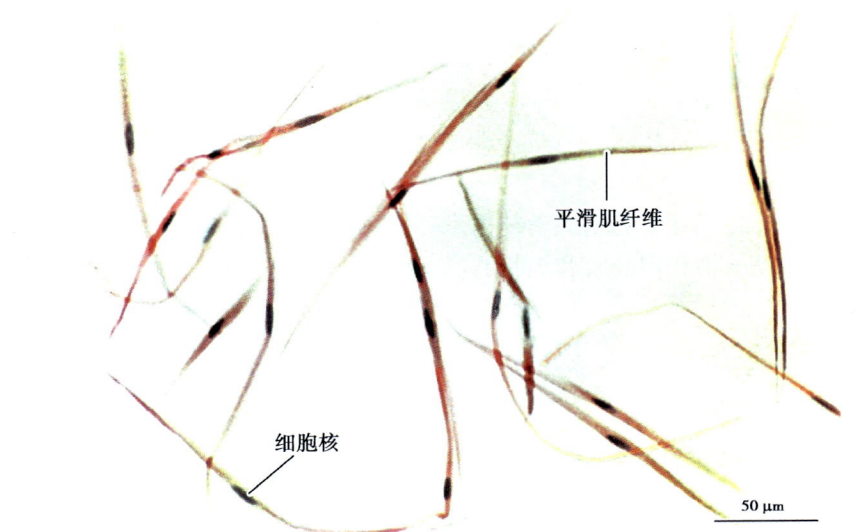

图 7–16　平滑肌分离高倍像（HE 染色）

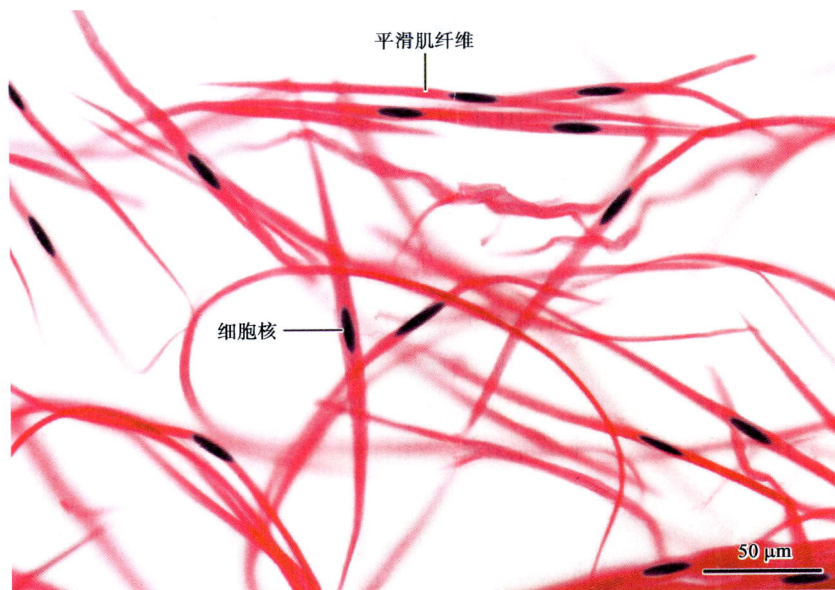

图 7–17　平滑肌分离高倍像（火焰红染色）

3　绘图作业

3.1　绘制高倍镜下骨骼肌的纵、横切面图。

3.2　绘制高倍镜下心肌和平滑肌的纵、横切面图。

3.3　软件采集骨骼肌和心肌的纵、横切面的高倍电子图像。

实验 8　神经组织

1　实验目的

1.1　掌握神经元及神经纤维的组织学结构。
1.2　掌握各种神经末梢和神经胶质细胞的形态结构。

2　实验内容

2.1　神经元的形态和结构（图 8-1）

观察切片： 脊髓横切面抹片，硫堇染色或镀银染色。

肉眼观察： 标本呈纯蓝色，着色深的是神经元，其周围呈淡蓝色的为白质。

低倍镜观察： 先观察全貌，找到比较密集的脊髓多极运动神经元，置于视野中心，可见成群或单个深蓝色、大小不等、形态各异的多极神经元。神经元的胞体大，由于制片时采用了涂抹法，因此细胞完整，突起很多，伸向各个方向。选择胞体大而突起最多、胞核清晰的神经元换高倍镜观察（图 8-2 至图 8-4）。

高倍镜观察： 神经元呈星状，由胞体和突起构成。

2.1.1　胞体　中央有一个大而圆，着色浅的细胞核，其中的核仁很清晰，染色质呈小颗粒状。胞质中散布着许多深蓝色，大小不等的块状物即尼氏体。在 HE 染色的切片上尼氏体不太清楚，呈淡紫红色（图 8-5）。胞体内还有许多细丝状的神经原纤维，用镀银法染色才能显示（图 8-6）。

2.1.2　树突　树突的数目与切面有关。因涂抹法制片的神经元使细胞保持完整，所以突起很多。在树突的起始部，含有很多尼氏体颗粒。树突内有很多顺行排列的神经原纤维。

2.1.3　轴突　轴突内不含尼氏体，其起始部称轴丘。每个神经元只有一个轴突，因切面关系不易呈现，需多观察几个神经元，才能清楚地见到。

在神经元的周围还可见到许多被切断的神经纤维和一些神经胶质细胞的细胞核，主要是星形胶质细胞和小胶质细胞的核。

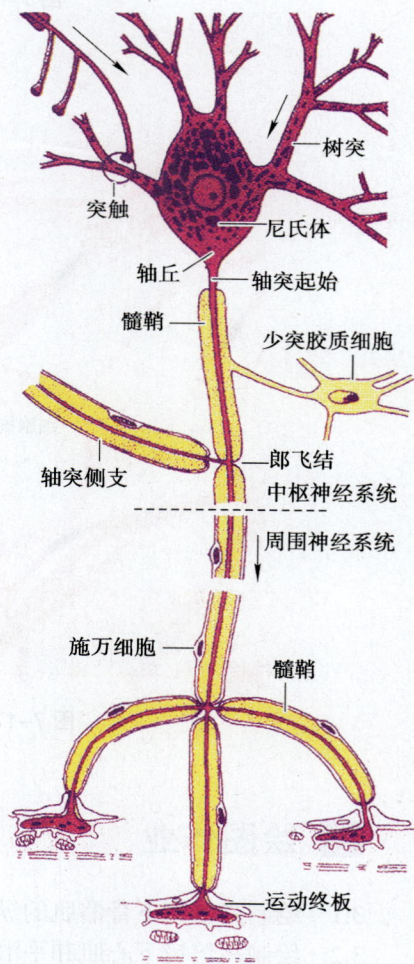

图 8-1　神经元结构模式图

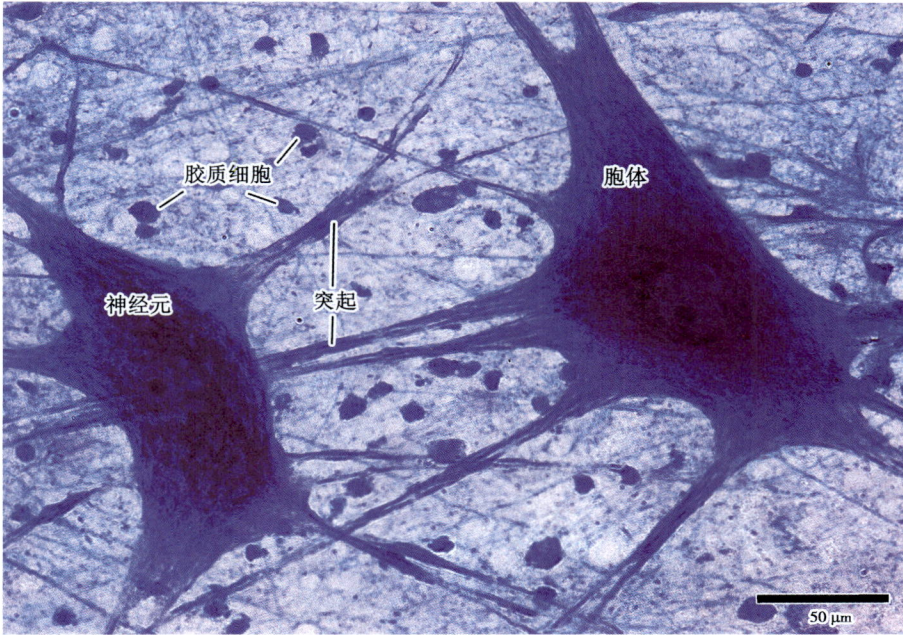

图 8-2　多极神经元（美兰染色）

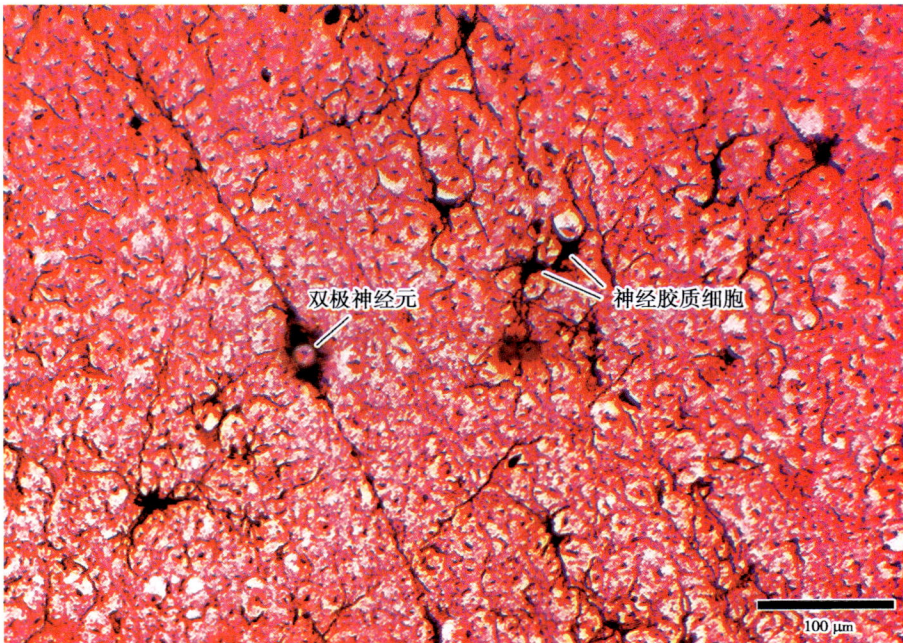

图 8-3　双极神经元（镀银染色）

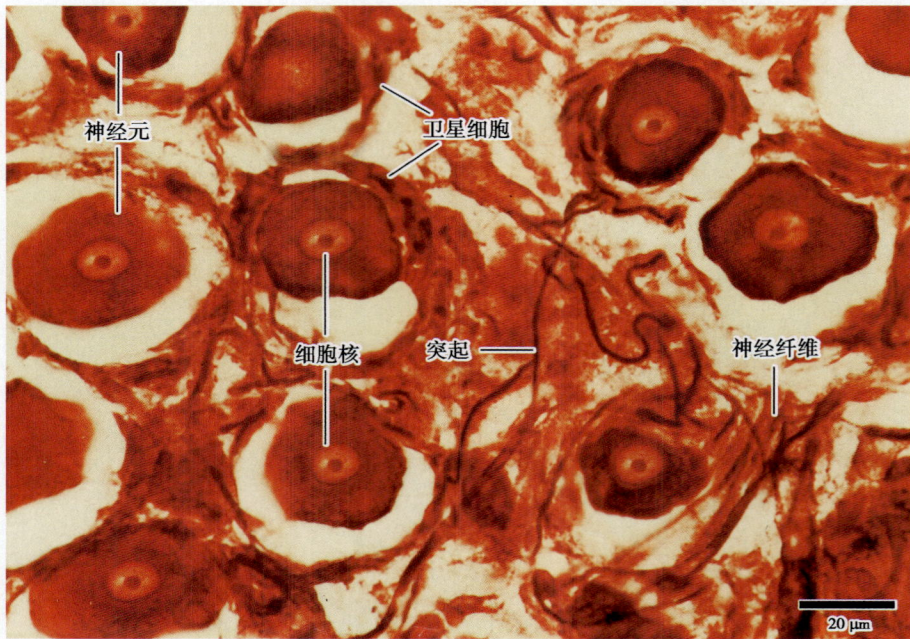

图 8-4 假单极神经元（镀银染色）

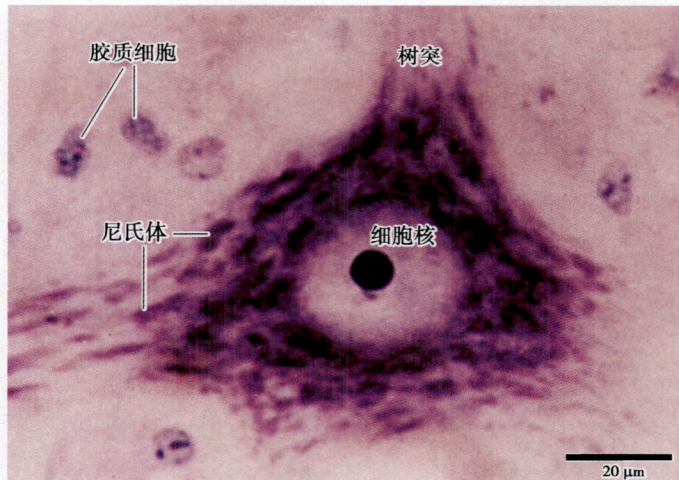

图 8-5 神经元中的尼氏体（克紫染色）

2.1.4 **突触** 是相邻的神经元相互联系的接触处（图 8-7，图 8-8）。

2.2 神经纤维

观察切片：坐骨神经纵、横切面，即有髓神经纤维，HE 或硝酸银染色。

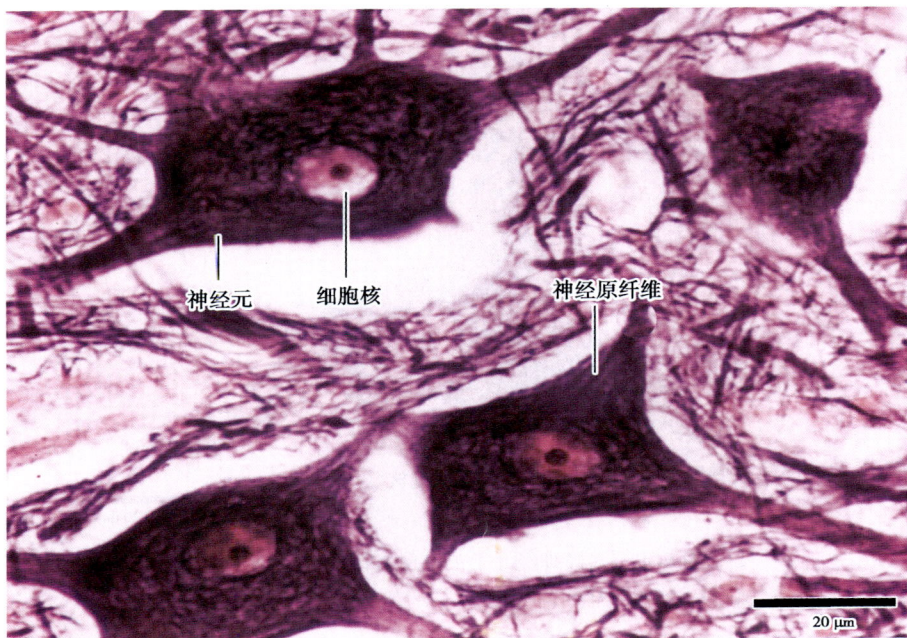

图 8-6 神经原纤维（镀银染色）

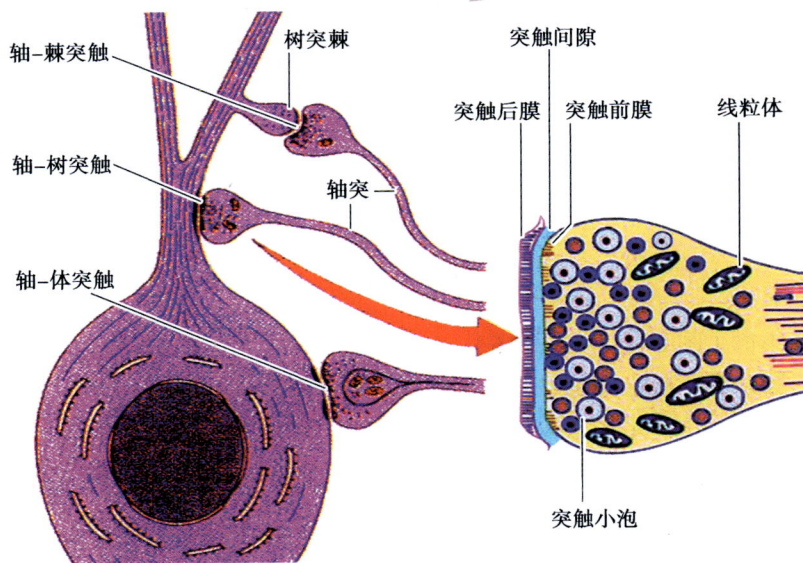

图 8-7 突触电镜结构模式图

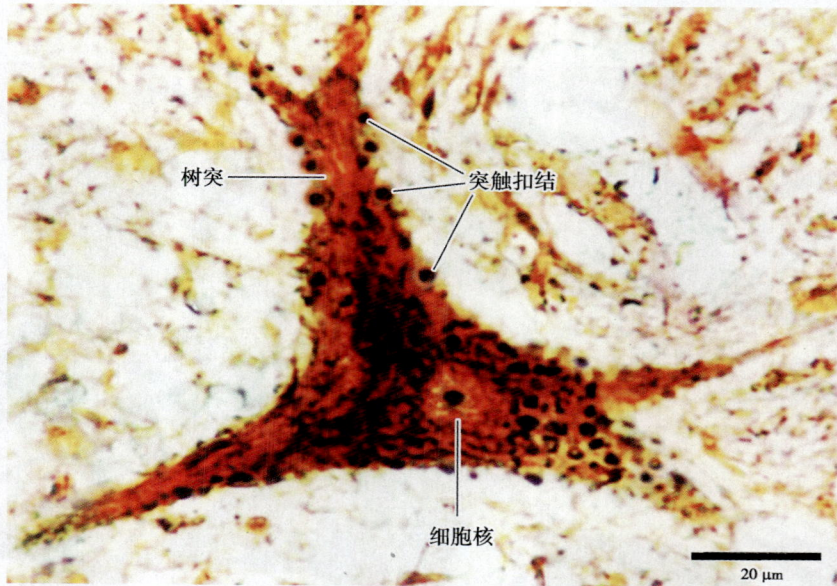

图 8-8　多极神经元上的突触扣结（镀银染色）

肉眼观察：HE 染色呈淡紫红色，镀银染色为深褐色。

低倍镜观察：纵切面上可见许多紧密排列的有髓神经纤维由结缔组织相连。

中—高倍镜观察：选择清晰的纵行神经纤维，可见中央有一条深色的轴索，围绕在轴索周围的是髓鞘，由施万细胞膜包绕而成。由于细胞膜的主要成分为磷脂，脂质在制片过程中被溶解，仅留下神经角蛋白网。在髓鞘的边缘可见到长椭圆形的施万细胞核。在相邻的两个施万细胞之间可出现间隔，称郎飞结。该结处只有轴索而无髓鞘包裹。每根神经纤维外都有一薄层的结缔组织，即神经内膜。若是浸染锇酸的标本，这些结构可以看得更为清楚。在有髓神经纤维的横切面，可见到很多圆形断面，其中央深色小点为轴索，周围呈网状的为髓鞘，再外则是神经膜细胞的胞质。无髓神经纤维很细，轴突周围没有明显的髓鞘（图 8-9 至图 8-14）。

2.3　神经末梢

2.3.1　环层小体（图 8-15，图 8-16）

观察切片：肠系膜环层小体装片，氯化金法染色或 HE 染色。

低倍镜观察：环层小体是大型感受器，体积大，呈圆形或椭圆形。环层小体中央有一根直而深蓝色的无髓神经纤维，其周围包有几十层扁平的、呈同心圆排列的被囊细胞。

2.3.2　游离神经末梢（图 8-17）

观察切片：皮肤切片，氯化金法染色。神经纤维轴突裸露并反复分支形成。

2.3.3　触觉小体（图 8-18）

观察切片：皮肤切片，氯化金法染色。

低倍镜观察：触觉小体呈椭圆形，长轴与皮肤表面垂直，被囊内有许多横列的扁平细胞。有髓神经纤维进入小体时失去髓鞘，并分支呈螺旋状盘绕在扁平细胞间。

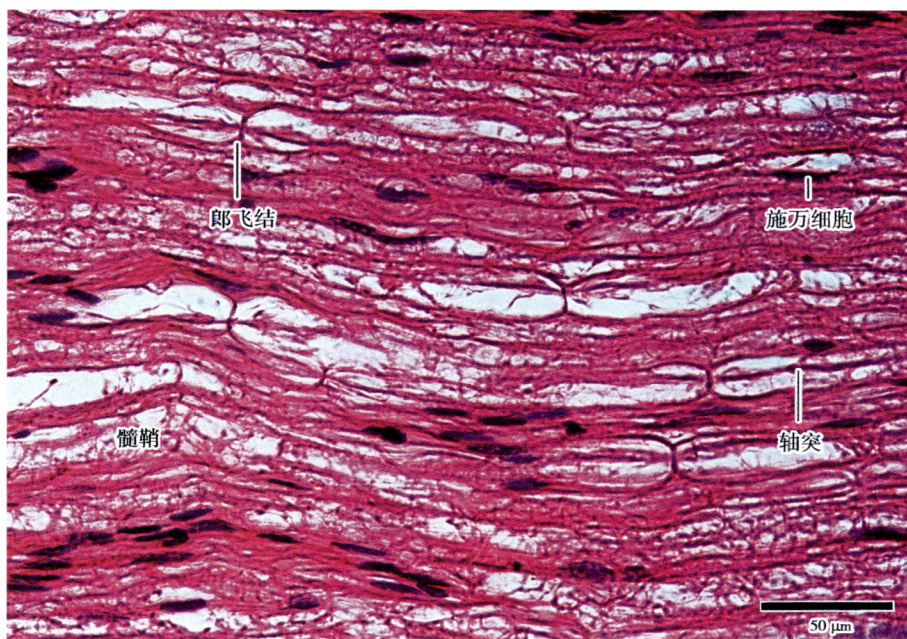

图 8-9　有髓神经纤维高倍像（HE 染色）

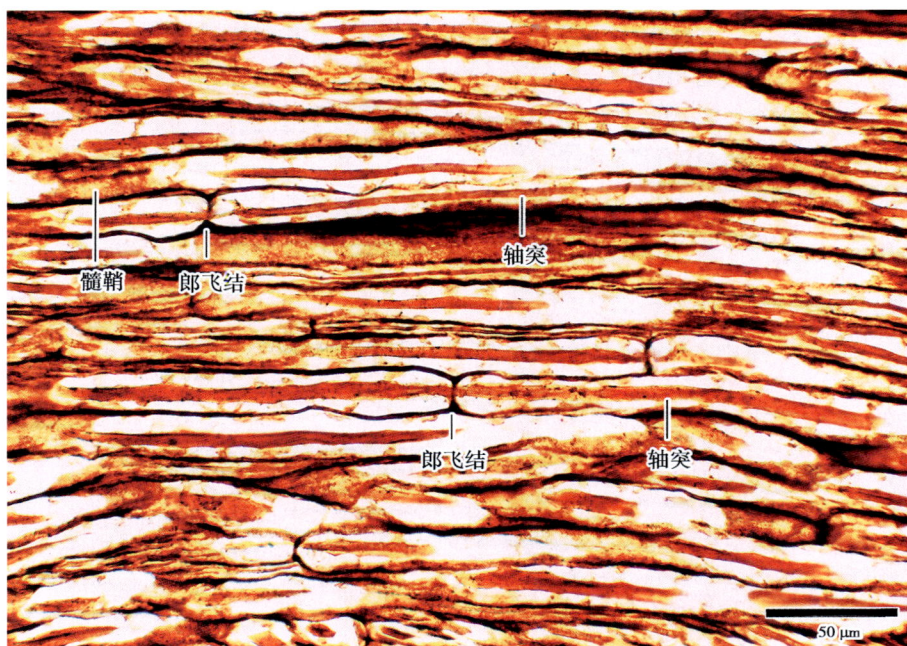

图 8-10　有髓神经纤维高倍像（镀银染色）

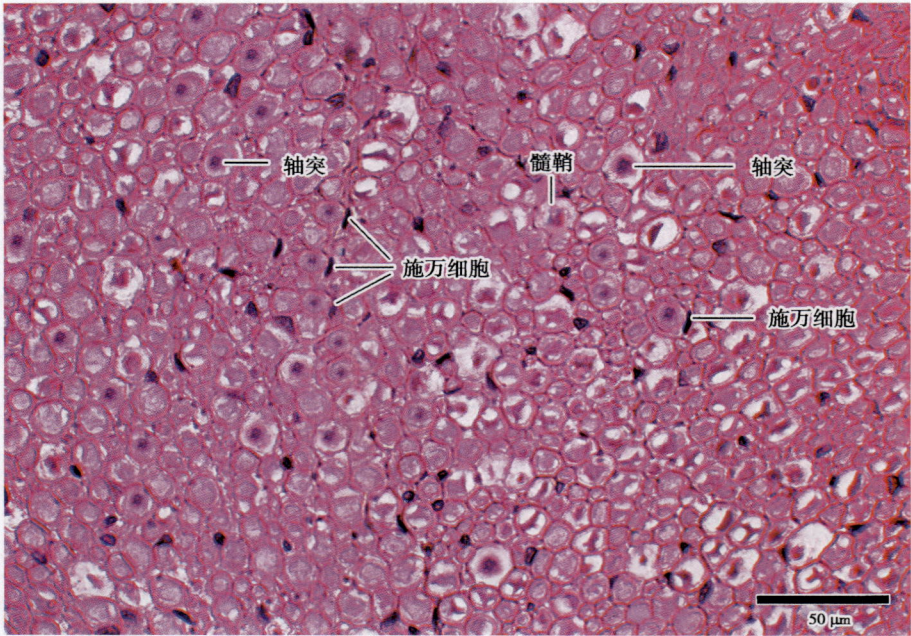

图 8-11 有髓神经纤维横切（HE 染色）

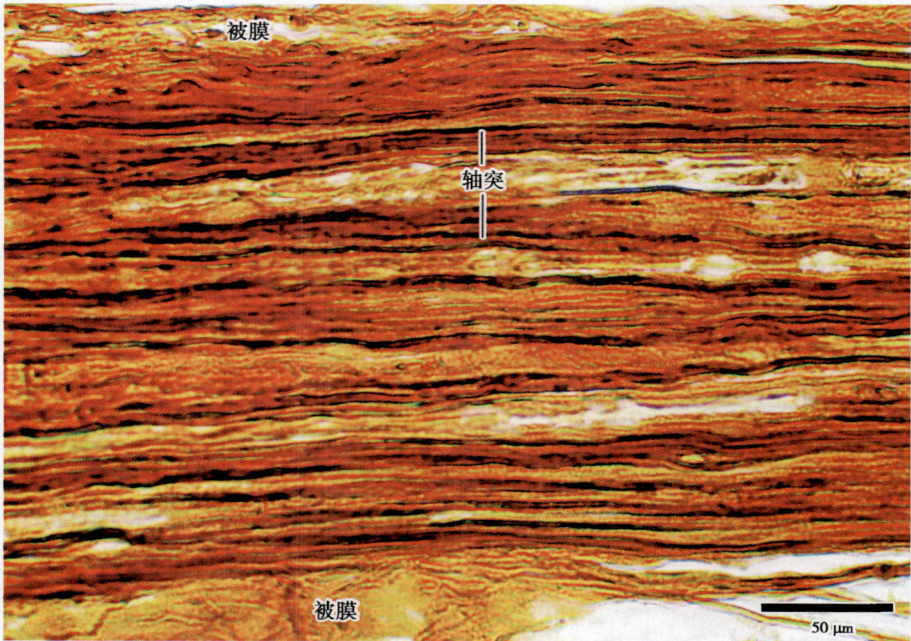

图 8-12 无髓神经纤维高倍像（镀银染色）

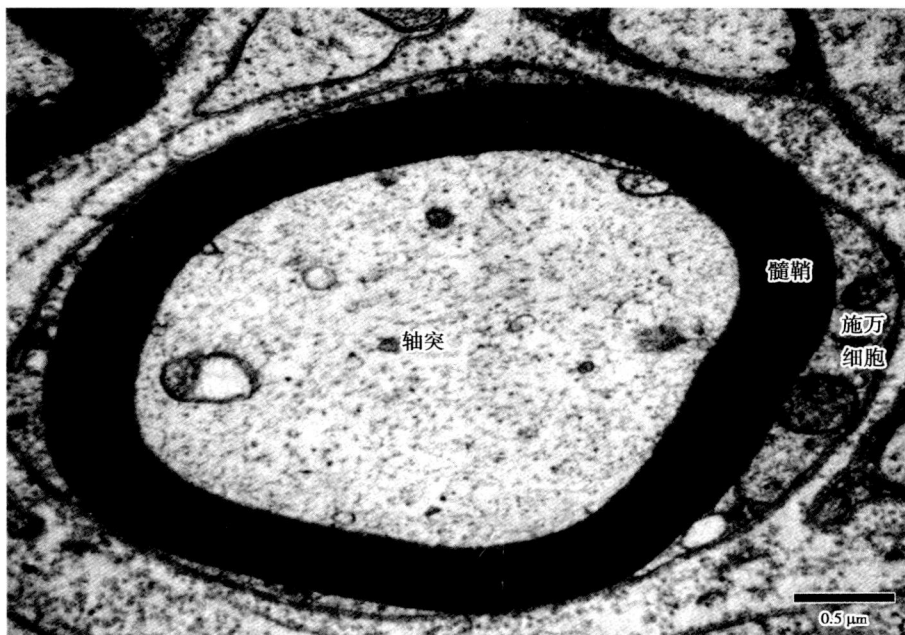

图 8-13 有髓神经纤维横断面透射电镜像

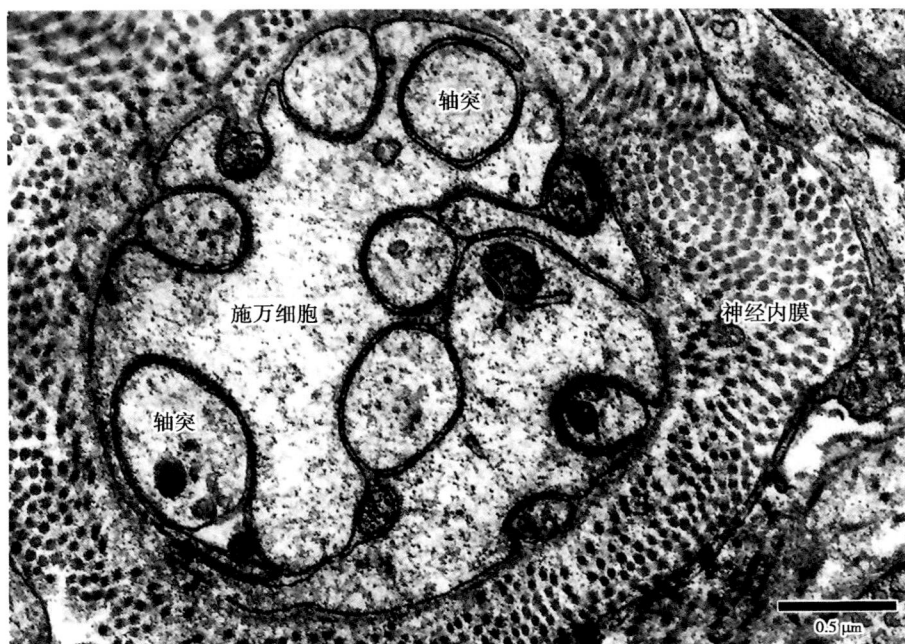

图 8-14 无髓神经纤维横断面透射电镜像

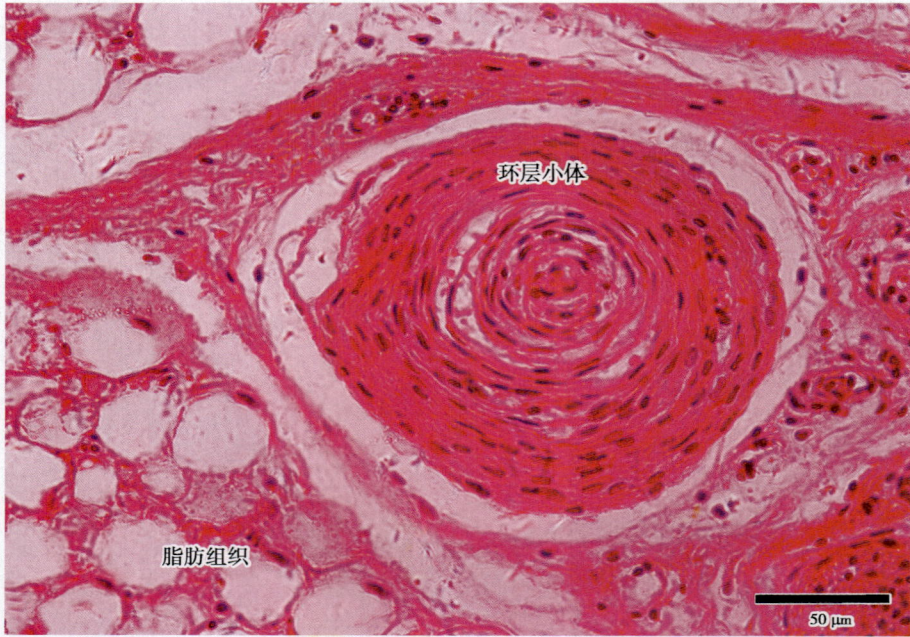

图 8-15 环层小体高倍像（HE 染色）

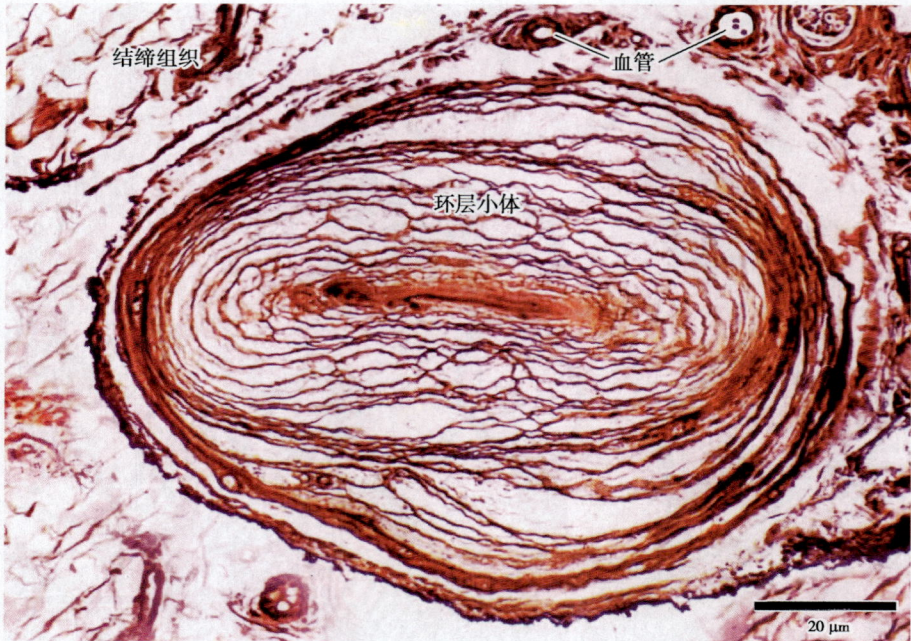

图 8-16 环层小体高倍像（镀银染色）

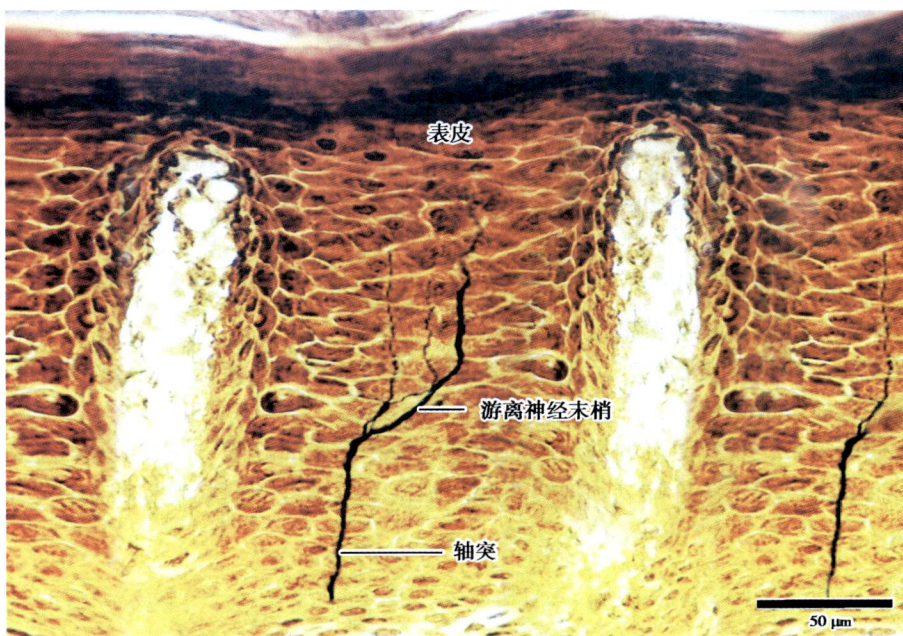

图 8-17　游离神经末梢高倍像（镀银染色）

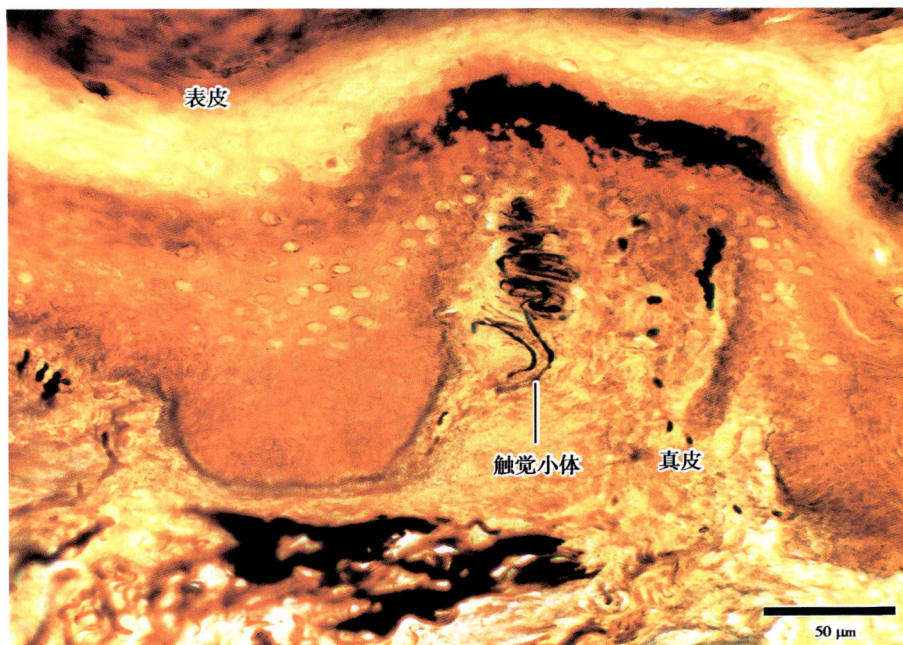

图 8-18　触觉小体高倍像（镀银染色）

2.3.4 肌梭（图 8-19）

分布于骨骼肌内的椭圆形小体，为本体感受器。

2.3.5 运动终板（图 8-20）

观察切片：肋间肌冰冻切片，氯化金法染色。

低倍镜观察：有一条较粗的深黑色运动神经纤维，分布于许多条的骨骼肌纤维上。神经纤维到达骨骼肌纤维前，分出许多爪状分支，每一分支的终末形成扣状膨大，贴在骨骼肌表面的凹槽内，即为运动终板。骨骼肌纤维染成橘红色，横纹不明显。

2.4 神经胶质细胞（图 8-21）

观察切片：大脑切片，镀银染色。

低倍镜观察：神经胶质细胞广泛分布于中枢和外周神经系统，其细胞质内没有尼氏体和神经原纤维，细胞被染成黑色。

中—高倍镜观察：染成黑色的神经胶质细胞分为星形胶质细胞、少突胶质细胞和小胶质细胞。几种细胞都有突起（不分轴突和树突）和细胞核。可见有的突起附着在血管壁上，起营养作用（图 8-22 至图 8-26）。

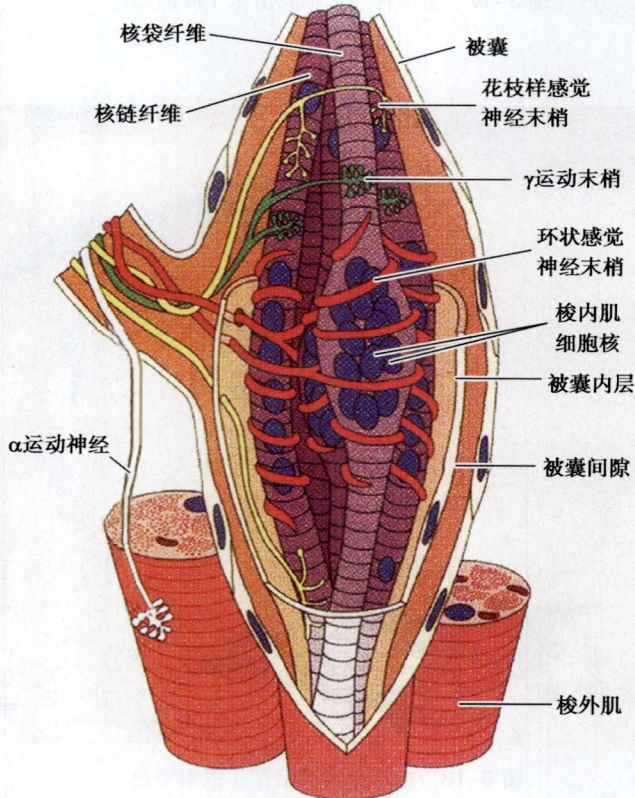

核袋纤维　　被囊
核链纤维　　花枝样感觉神经末梢
　　　　　　γ运动末梢
　　　　　　环状感觉神经末梢
　　　　　　梭内肌细胞核
α运动神经　　被囊内层
　　　　　　被囊间隙
　　　　　　梭外肌

图 8-19　肌梭结构模式图

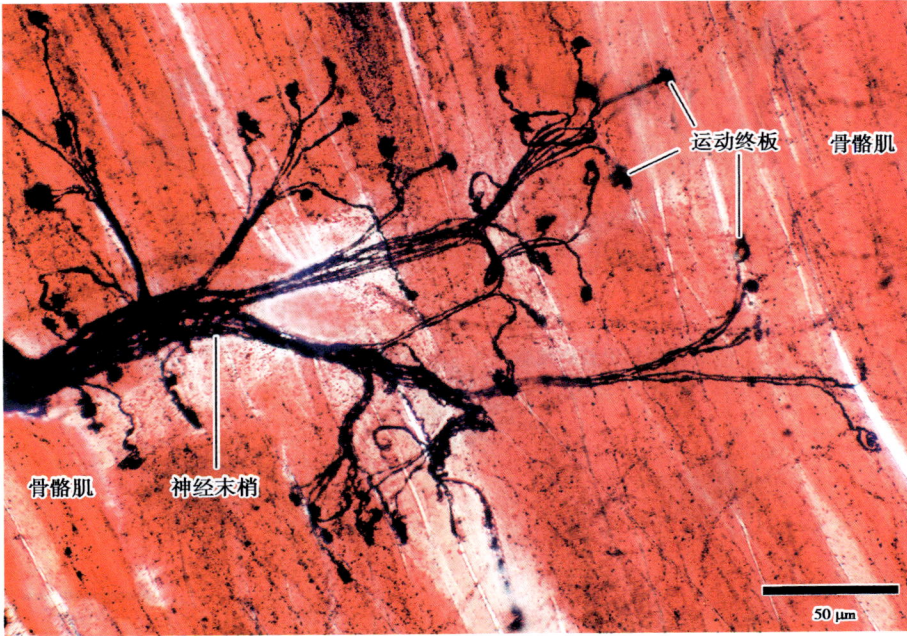

图 8-20 运动终板（镀银染色）

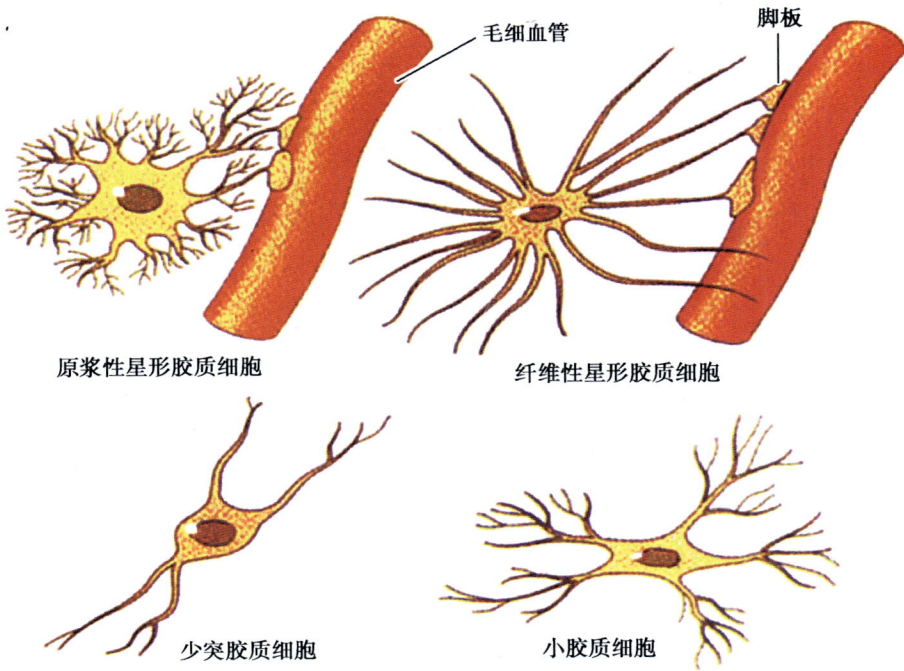

图 8-21 神经胶质细胞模式图

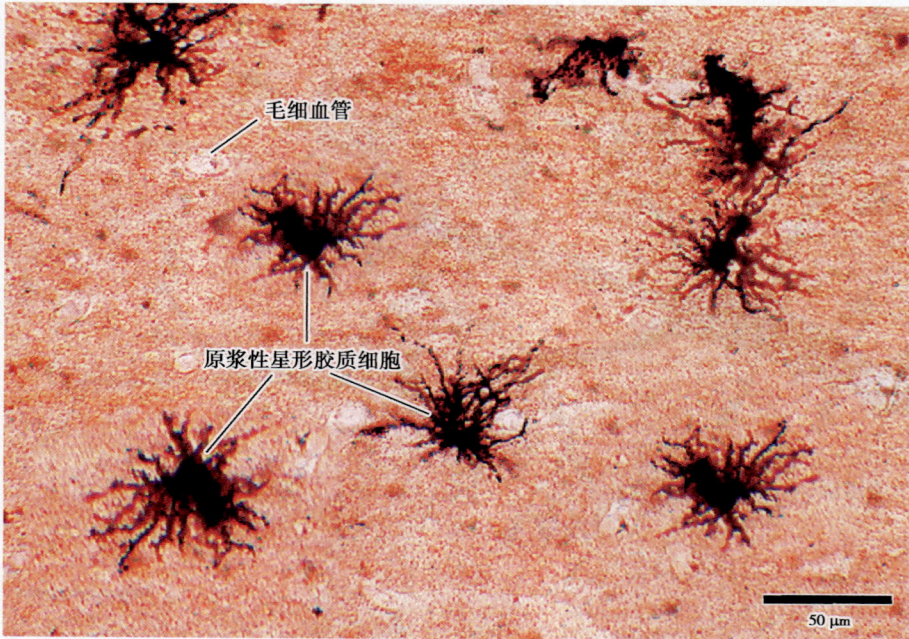

图 8-22 原浆性星形神经胶质细胞（镀银染色）

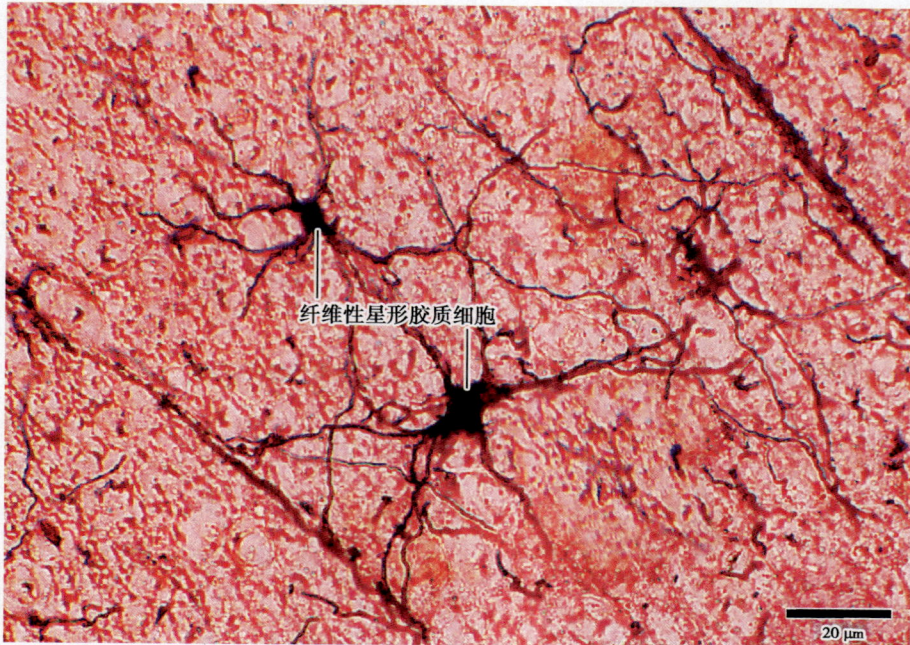

图 8-23 纤维性星形神经胶质细胞（镀银染色）

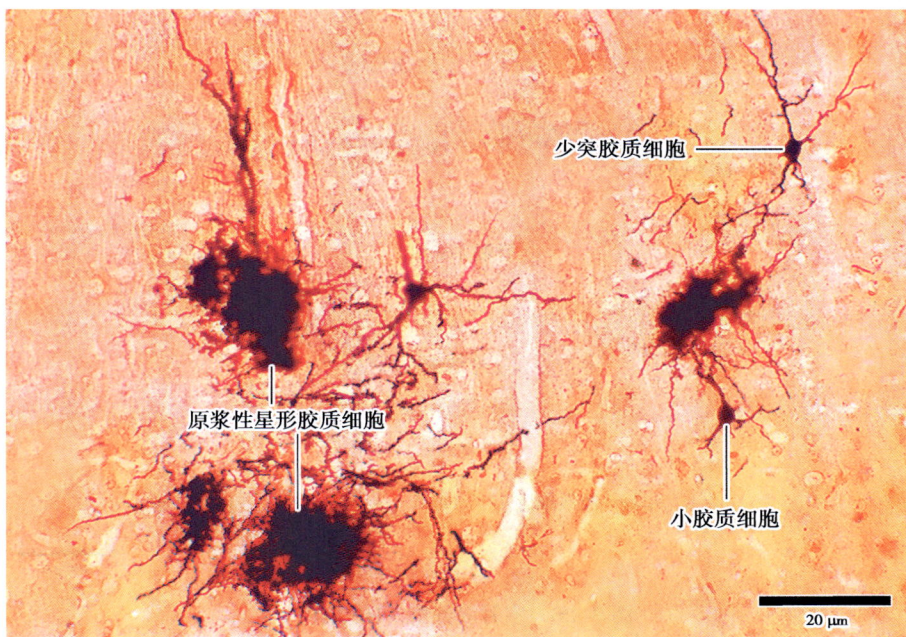

图 8-24　少突胶质细胞（镀银染色）

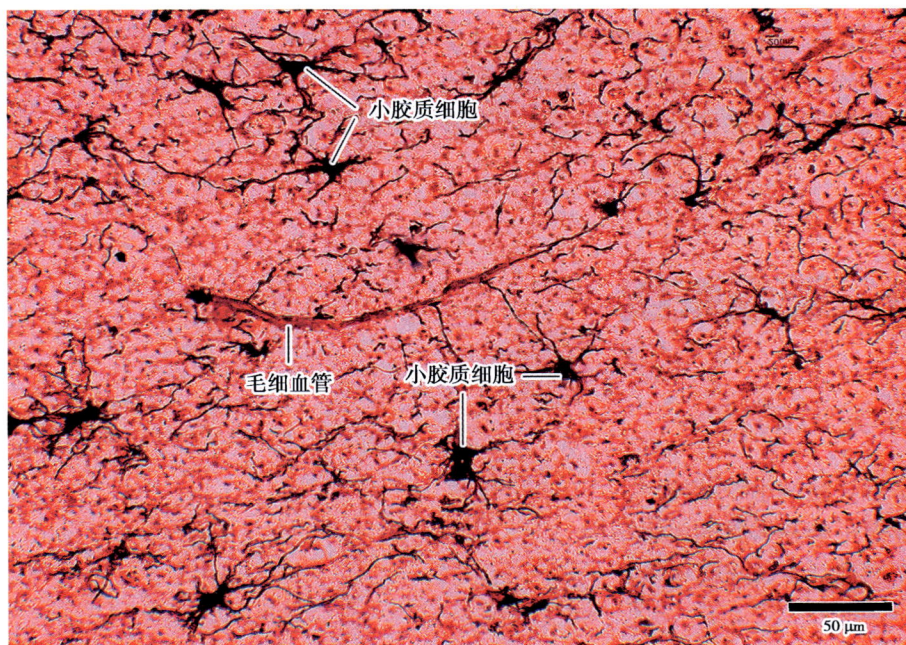

图 8-25　小胶质细胞（镀银染色）

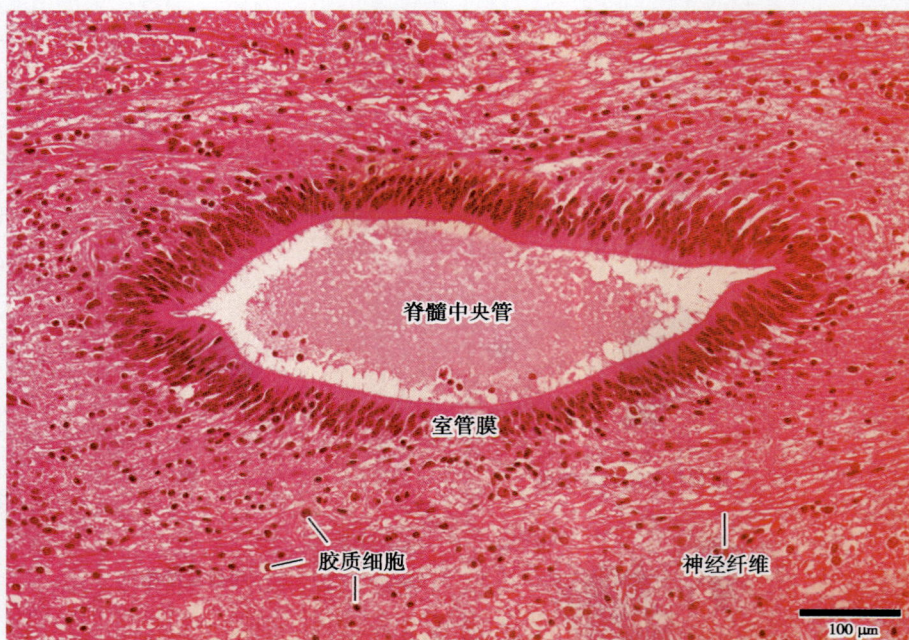

图 8-26 室管膜细胞（HE 染色）

3 绘图作业

3.1 绘制高倍镜下的多极神经元。

3.2 绘制高倍镜下的有髓神经纤维纵切面图。

3.3 软件采集多极神经元和环层小体的高倍电子图像。

实验 9 神经系统

1 实验目的

1.1 掌握脊髓的组织结构。

1.2 掌握小脑和大脑的组织结构。

1.3 掌握神经节的组织结构。

2 实验内容

2.1 脊髓

观察切片： 猫脊髓横切面，镀银染色或 HE 染色（图 9–1 至图 9–6）。

肉眼观察： 标本略呈椭圆形，中间部分着色较深呈蝶翼状的是脊髓灰质，灰质周围颜色浅的为白质。

低倍镜观察： 移动标本观察脊髓全貌，外表面包有薄层结缔组织即脊软膜。脊髓背侧有背正中沟，腹侧有一深沟为腹正中裂。脊髓中央是灰质，其窄小的角为背侧角，钝而宽大的角为腹侧角，在胸腰部脊髓，背侧角与腹侧角之间还有外侧角。脊髓中央的小孔为脊髓中央管，由室管膜上皮围成。把灰质置于视野中心，可见在灰质中有成群、大小不等、形态各异的多极神经元，位于腹侧角的神经元多而大。选择细胞大、突起多、胞核清晰的部位换高倍镜观察。

高倍镜观察： 脊髓灰质背侧角有胞体较小的多极神经元，即中间神经元。腹侧角有许多胞体较大的多极神经元，即运动神经元。外侧角有植物性神经的节前神经元的胞体。在神经元之间，还有神经胶质细胞和无髓神经纤维。白质位于灰质周围，主要由粗细不等的有髓神经纤维横切面和散布于其间的神经胶质细胞构成。由于 HE 染色不能显示神经胶质细胞的形态，仅见到形态和大小各异的细胞核，如较大、圆形或椭圆形的星形胶质细胞核，较小呈圆形的少突胶质细胞核，小而浓染呈卵圆形或三角形的小胶质细胞核等，所以采用镀银染色法即可显示各种细胞。

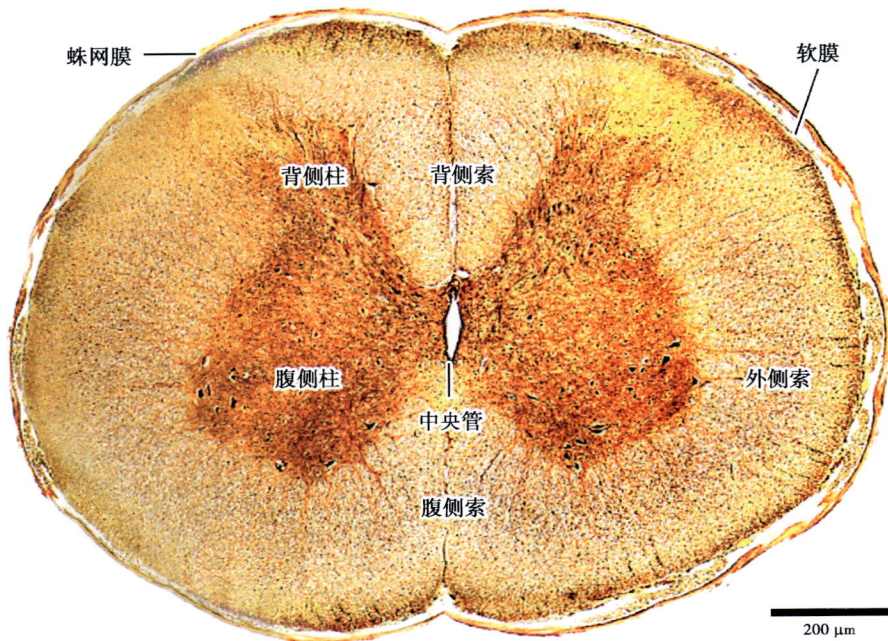

图 9-1　脊髓横切低倍像（镀银染色）

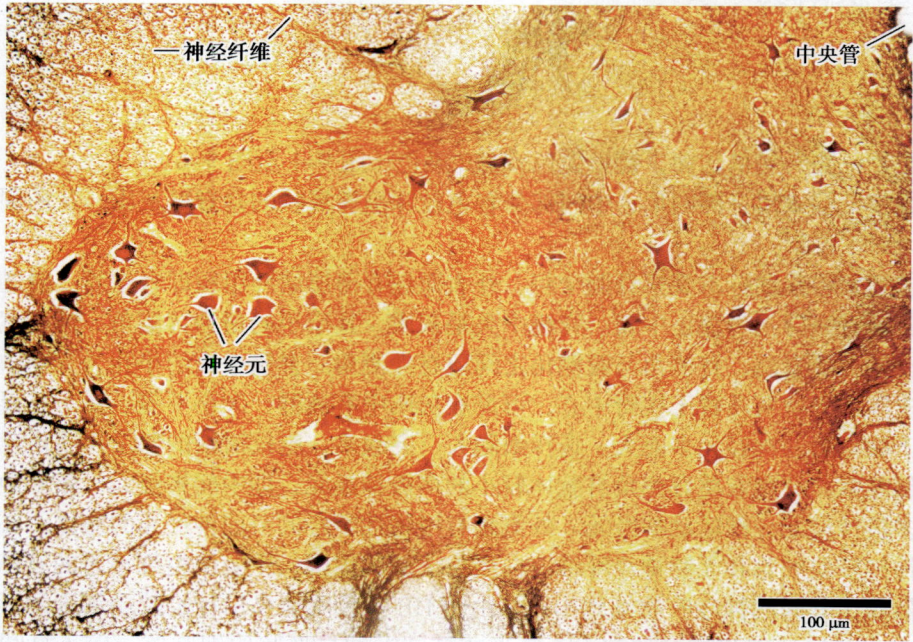

图 9-2　脊髓腹侧柱横切中倍像（镀银染色）

图中标注：神经纤维、中央管、神经元

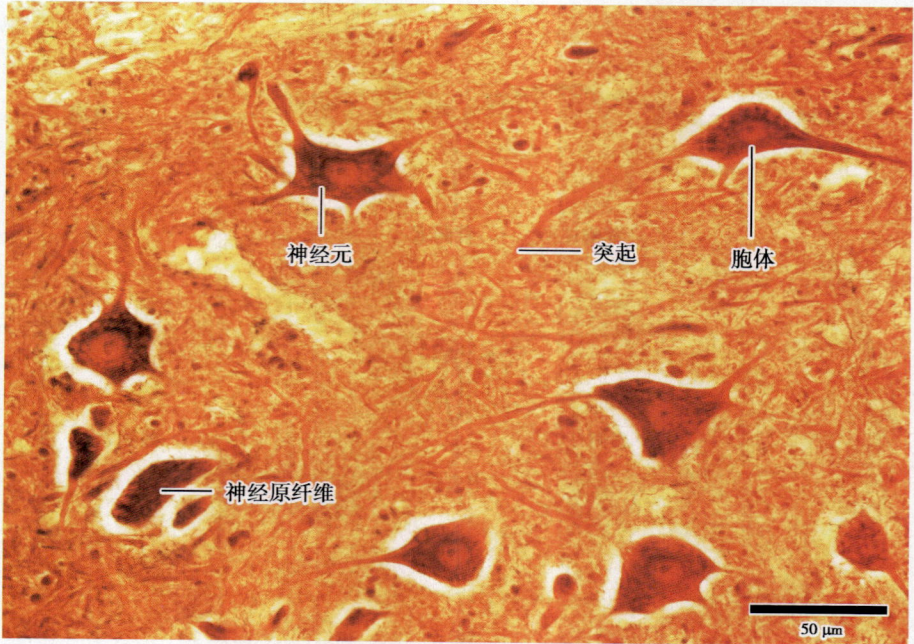

图 9-3　脊髓腹侧柱横切高倍像（镀银染色）

图中标注：神经元、突起、胞体、神经原纤维

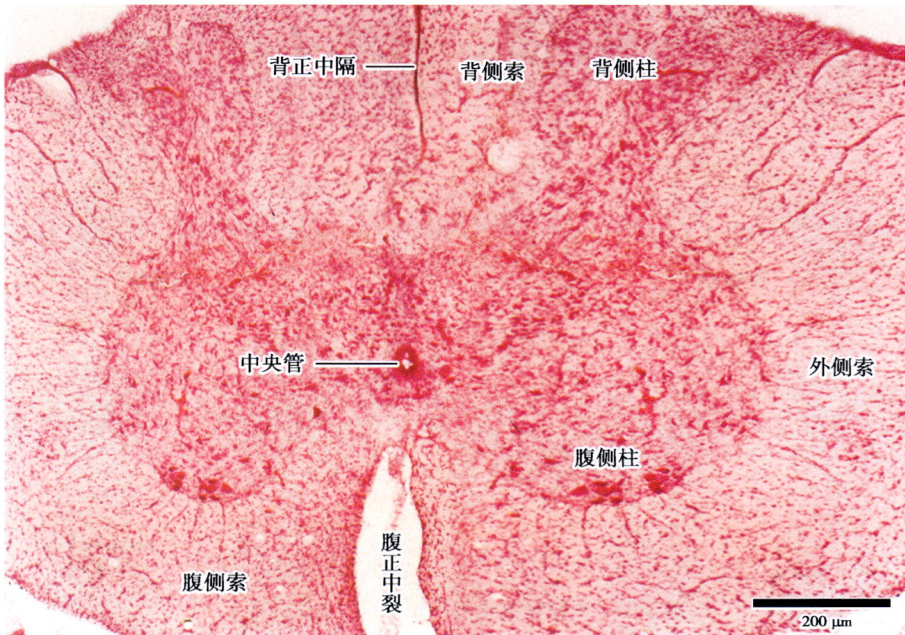

图 9-4　脊髓横切中倍像（HE 染色）

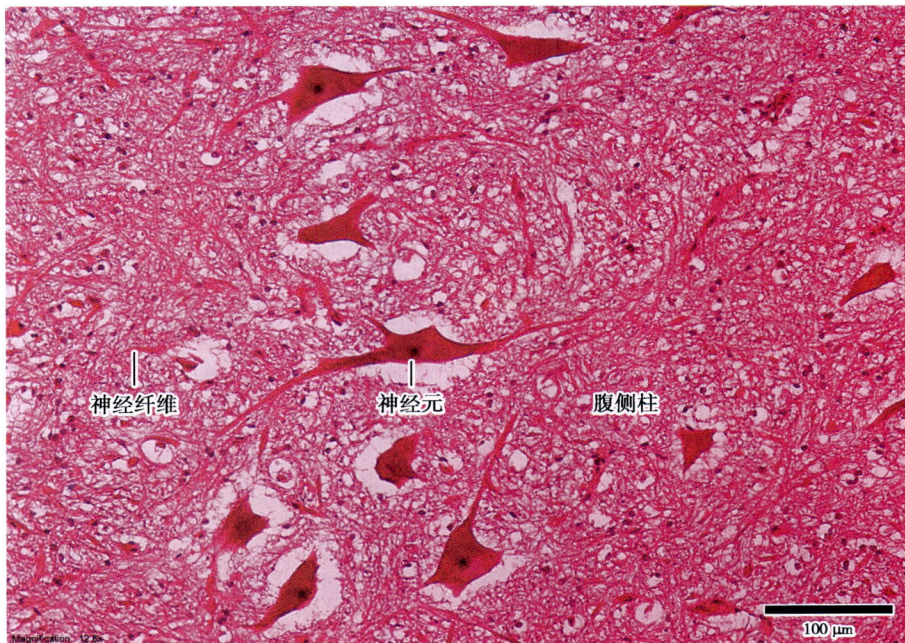

图 9-5　脊髓腹侧柱横切中倍像（HE 染色）

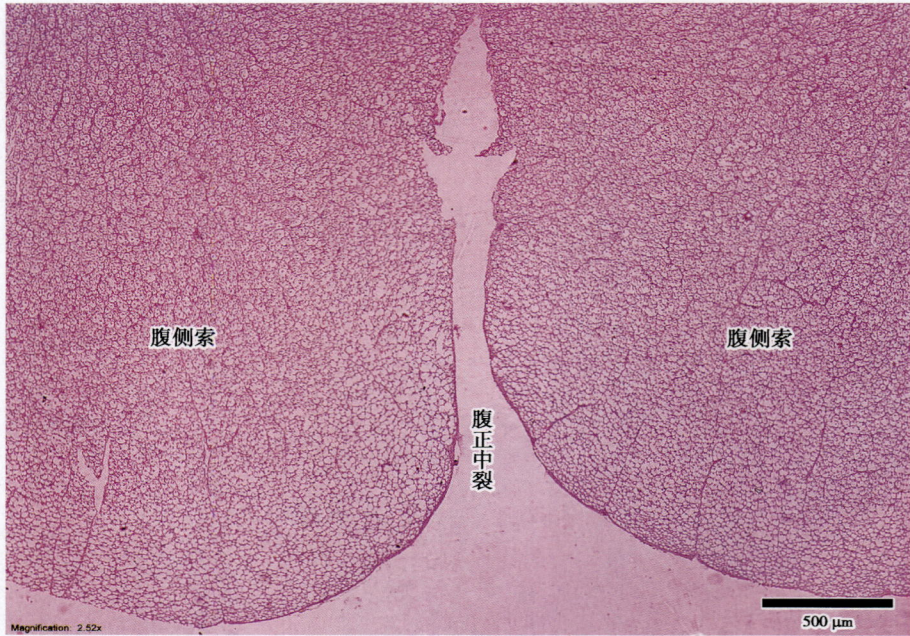

图 9-6 脊髓腹侧索横切低倍像（HE 染色）

2.2 小脑

观察切片：小脑，HE 染色或镀银染色（图 9-7 至图 9-12）。

肉眼观察：小脑由表面平行的浅沟把小脑分隔成许多小脑小叶，每个小脑小叶表层淡红色部分是皮质（灰质），深部紫红色部分为髓质。

低倍镜观察：分清表面的脑软膜、皮质和髓质。

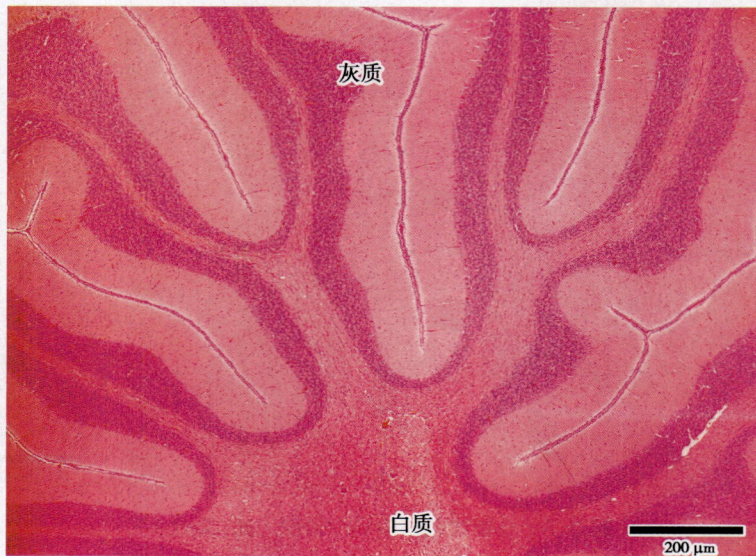

图 9-7 小脑低倍像（HE 染色）

2.2.1 小脑皮质分为 3 层

（1）分子层：位于脑软膜的深面，很厚，着淡红色。内有大量淡红色的无髓神经纤维切面，主要是浦肯野细胞的树突、少量神经细胞和神经胶质细胞的核。

（2）浦肯野细胞层：仅有一层不连续的浦肯野细胞构成，胞体呈梨状，其顶端的主树突伸

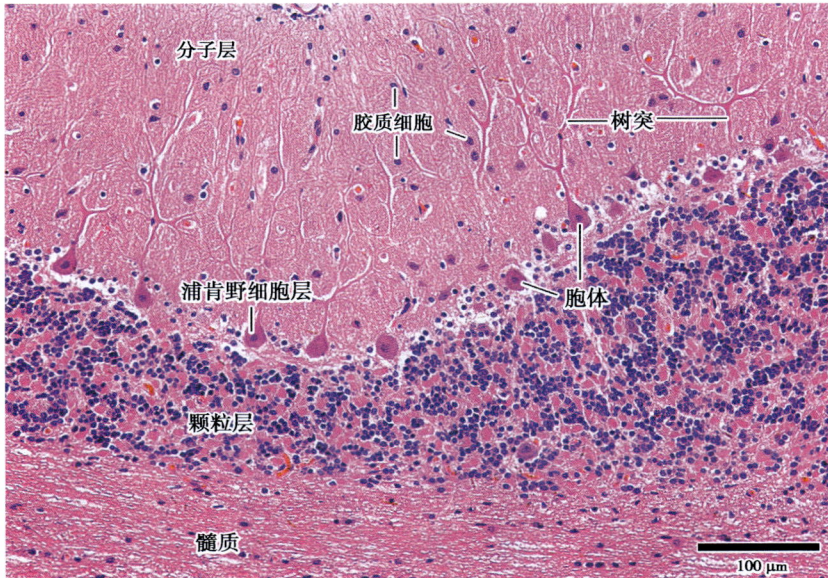

图 9-8 小脑中倍像（HE 染色）

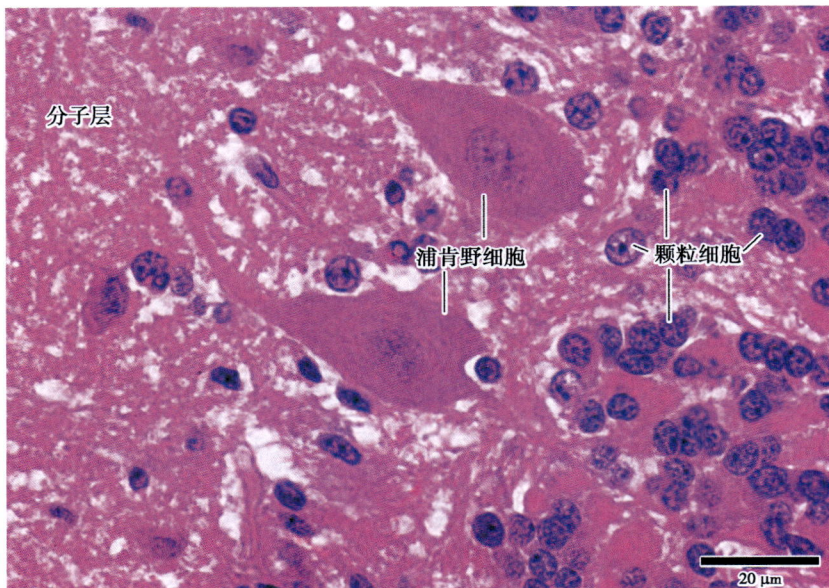

图 9-9 小脑高倍像（HE 染色）

入分子层，轴突穿过颗粒层进入髓质。

（3）颗粒层：紧靠浦肯野细胞层，较厚，由大量胞体较小的颗粒细胞和少量胞体较大的高尔基Ⅱ型细胞构成。由于细胞小且排列紧密，细胞轮廓不易分辨，仅见大量圆形或椭圆形嗜碱性的细胞核，似密集的颗粒。

2.2.2 小脑髓质（白质）在颗粒层深面，由许多纵行排列的有髓神经纤维和神经胶质细胞

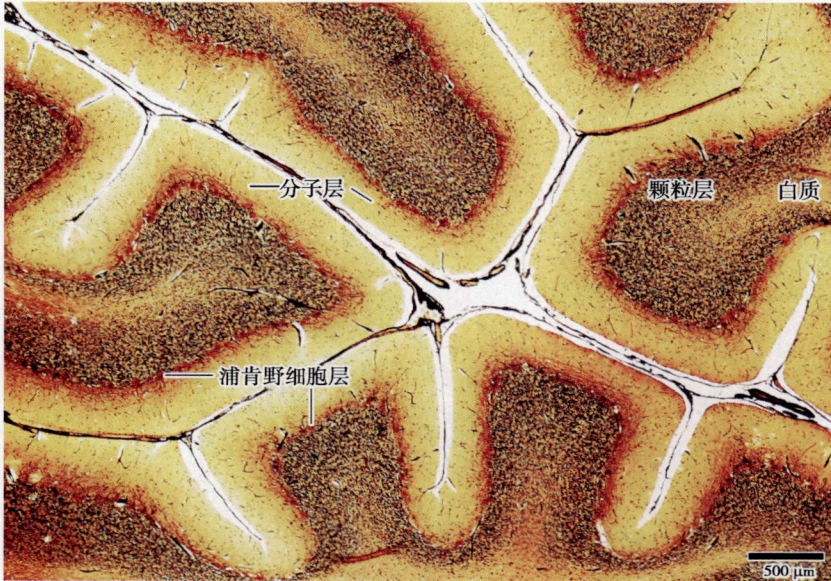

图 9-10 小脑低倍像（镀银染色）

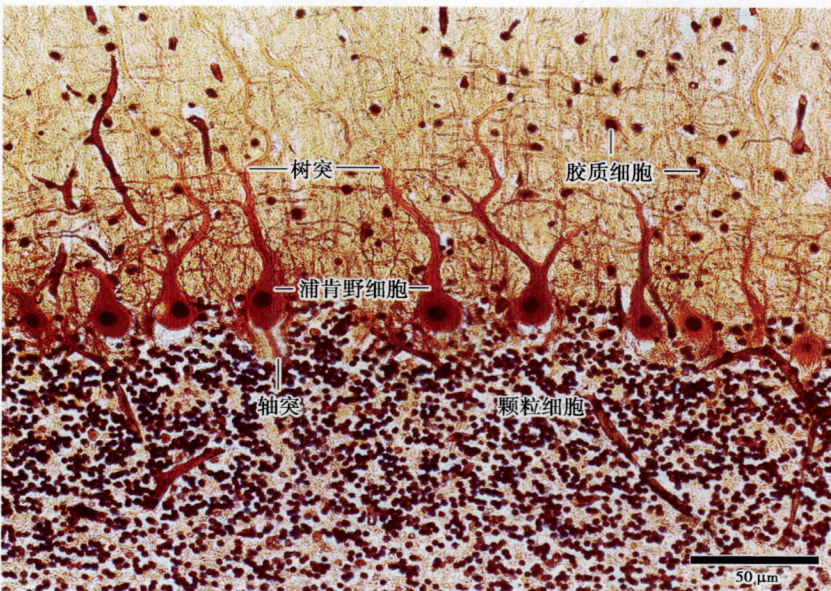

图 9-11 小脑高倍像（镀银染色）

构成。有髓神经纤维髓鞘已在制片过程中被脂溶剂溶解，仅见到神经纤维中央的轴索及其周围的神经角蛋白网及神经膜细胞外胞质。

2.3 大脑皮质

观察切片：大脑，HE 染色或镀银染色（图 9–13 至图 9–20 ）。

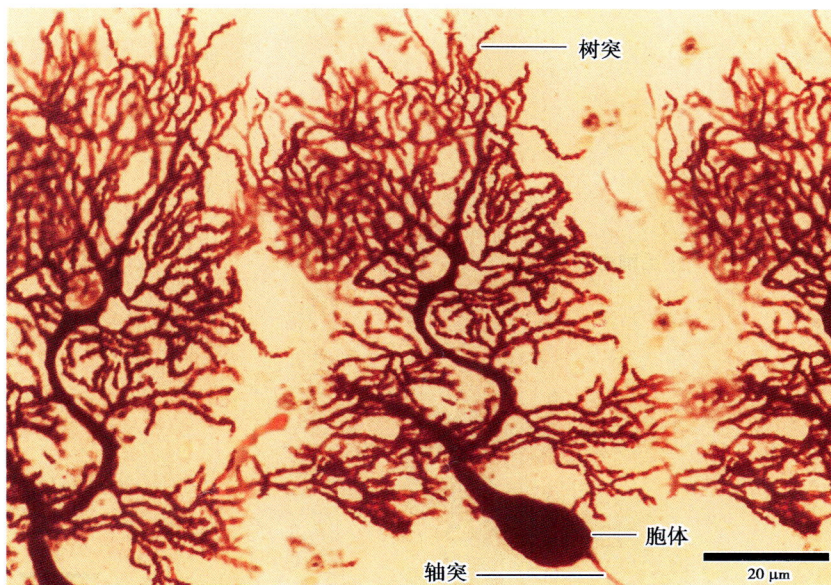

图 9–12 小脑浦肯野细胞高倍像（镀银染色）

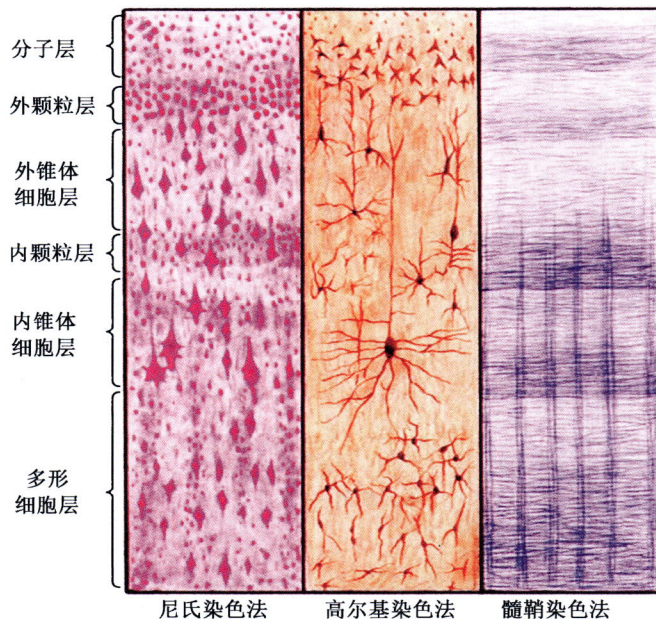

图 9–13 大脑皮质分层结构

肉眼观察：大脑表层有明显的沟裂，为脑沟，相邻脑沟间隆起为脑回。

低倍镜观察：分清大脑表面的脑软膜，脑回的外围为皮质，中央为髓质。

中—高倍镜观察：大脑皮质由表及里分为 6 层：

2.3.1　分子层　皮质的最浅层，神经纤维多，细胞少，着浅红色。

2.3.2　外颗粒层　细胞小而密集，染色较深，以星形细胞和小型锥体细胞为主。

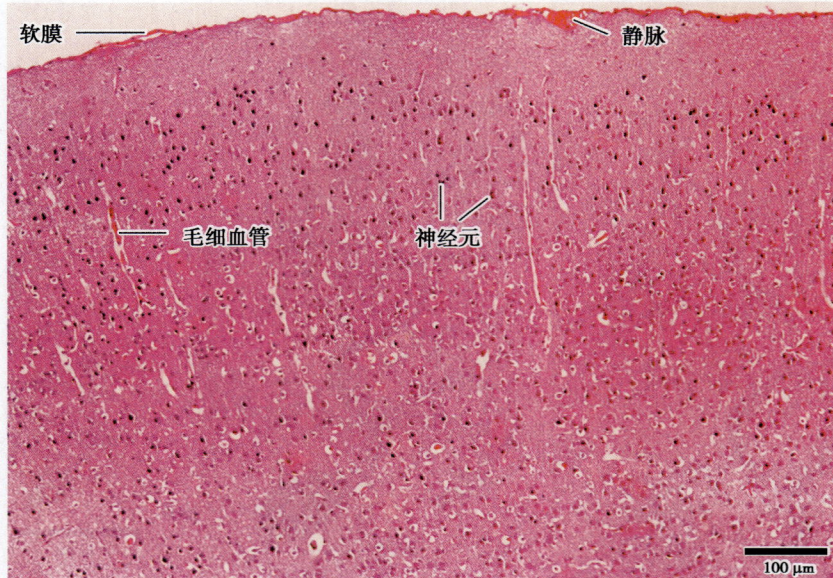

图 9-14　大脑中倍像（HE 染色）

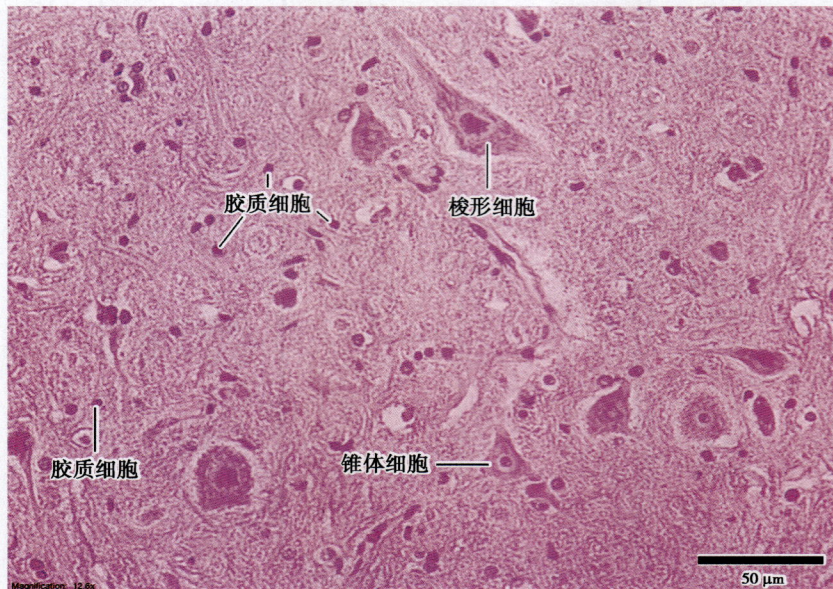

图 9-15　大脑高倍像（HE 染色）

2.3.3 **外锥体细胞层** 细胞排列较外颗粒层稀疏，浅层为小型锥体细胞，深层为中型锥体细胞。

2.3.4 **内颗粒层** 细胞密集，多数为星形细胞。

2.3.5 **内锥体细胞层** 由大、中型锥体细胞组成。因冰冻切片较厚，所以突起显示多。

2.3.6 **多形细胞层** 紧靠髓质，细胞排列疏松，形态多样，以梭形细胞为主，还有锥体细胞、颗粒细胞等。

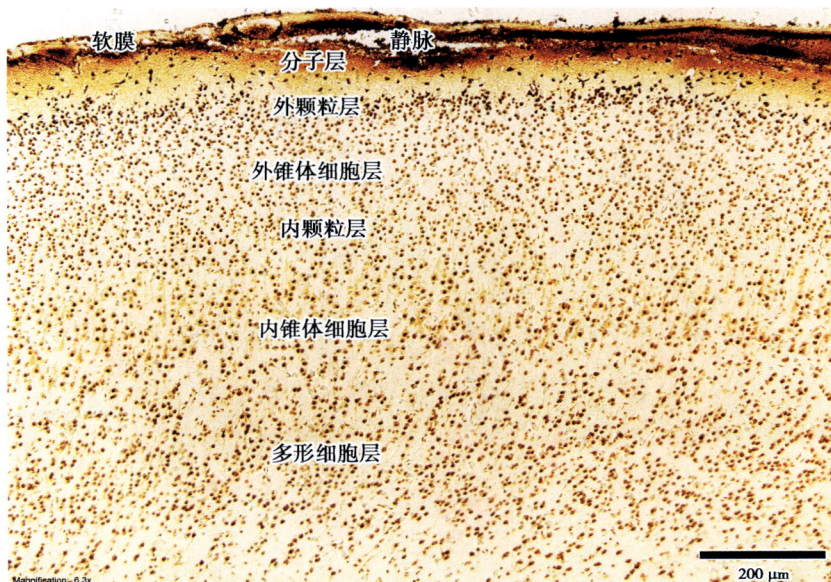

图 9-16 大脑低倍像（镀银染色）

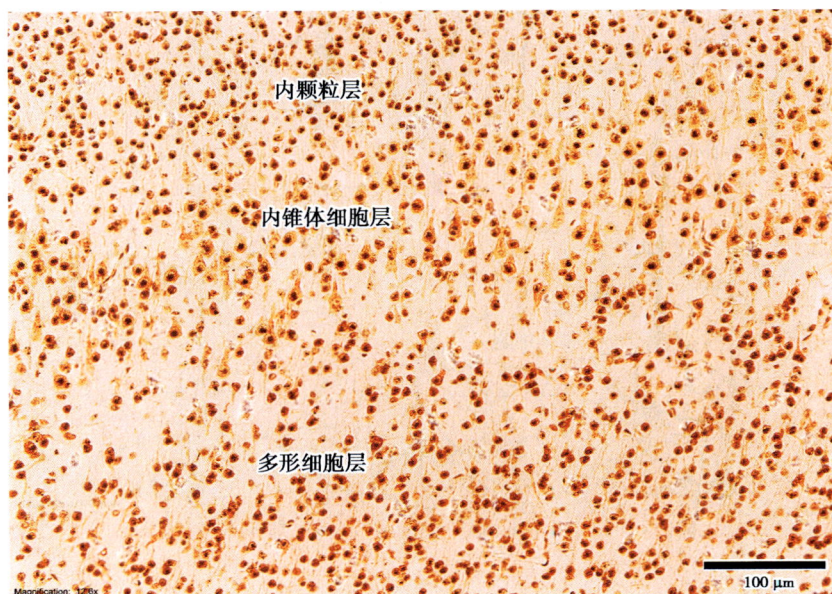

图 9-17 大脑中倍像（镀银染色）

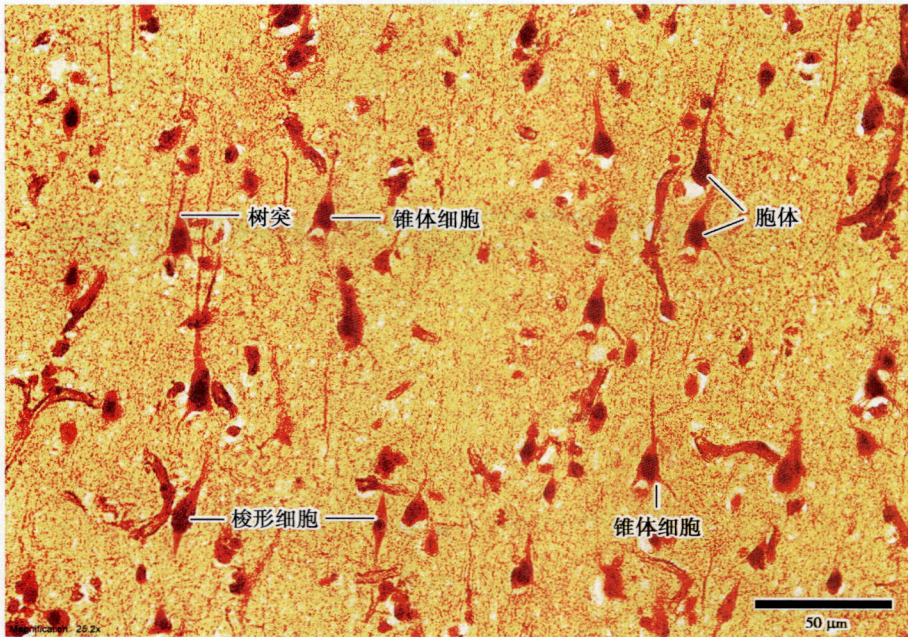

(a)

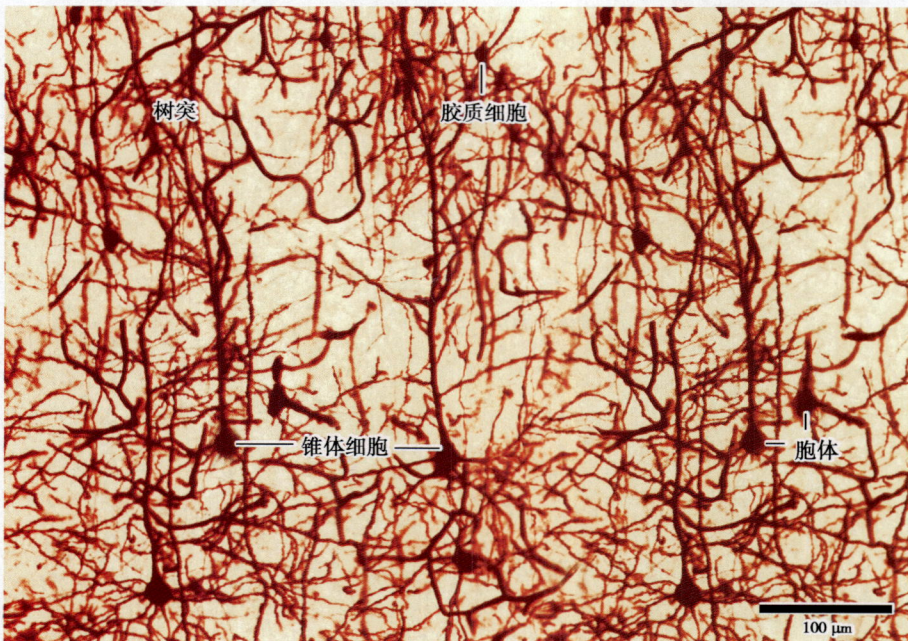

(b)

图 9-18 大脑高倍像（镀银染色）

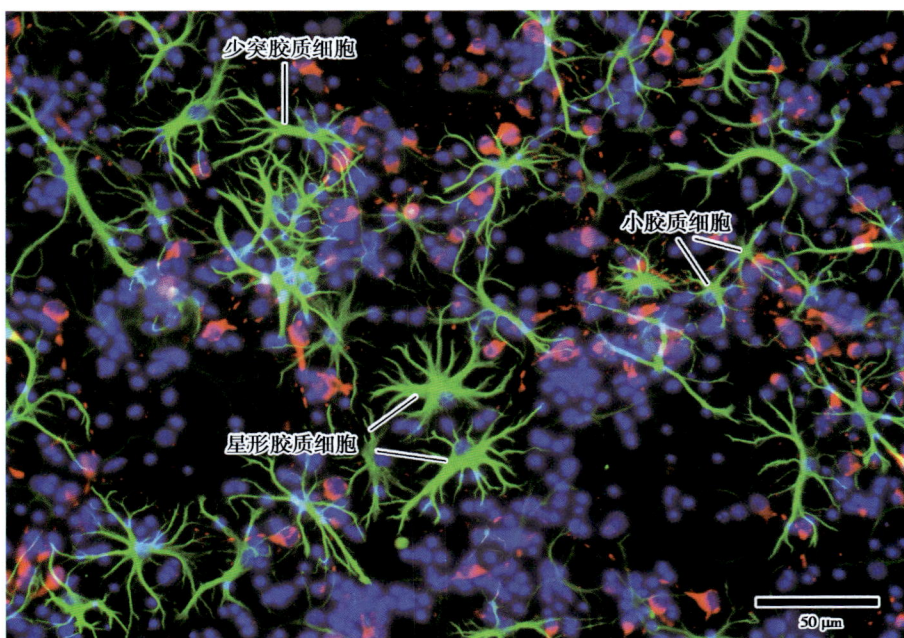

图 9-19　脑中胶质细胞高倍像（荧光素染色）

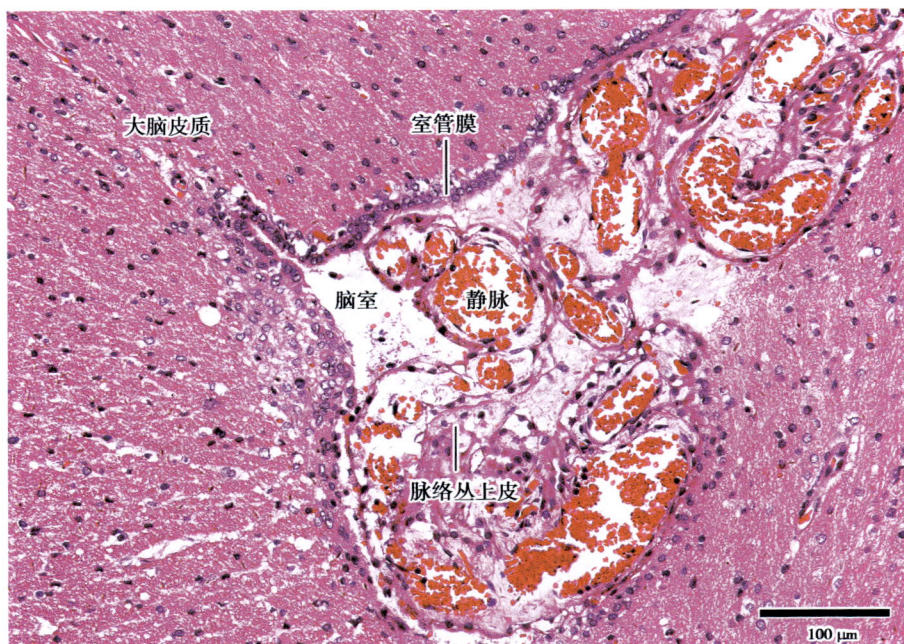

图 9-20　大脑脉络丛中倍像（HE 染色）

2.4 脊神经节

观察切片: 脊神经节,HE 染色或硫堇染色(图 9-21 至图 9-24)。

低倍镜观察: 脊神经节纵切面呈椭圆形,紫红色。外表包有结缔组织并伸入内部神经节细胞和神经纤维束之间。选择清晰的细胞群,换中—高倍镜观察。

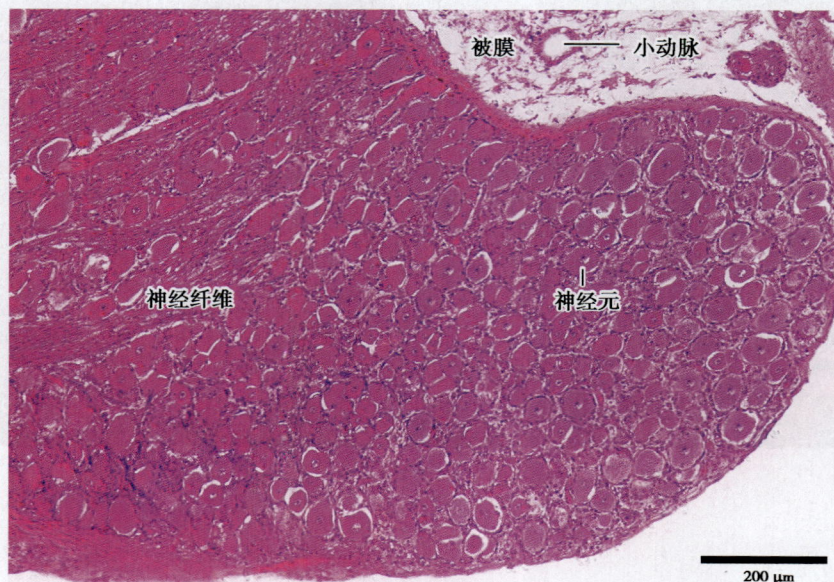

图 9-21 脊神经节低倍像(HE 染色)

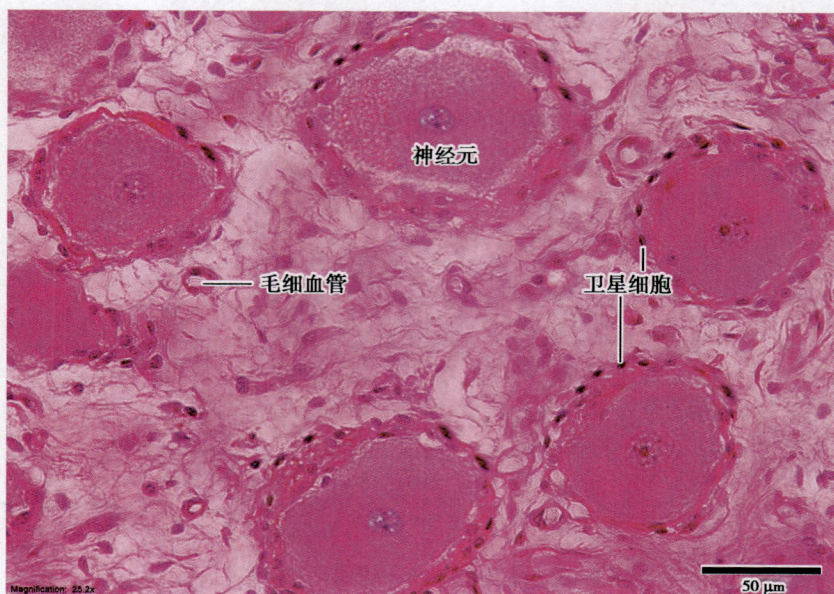

图 9-22 脊神经节高倍像(HE 染色)

高倍镜观察：脊神经节细胞的胞体切面多呈圆形，大小不等，胞质嗜酸性，尼氏体呈细颗粒状，胞核大而圆。偶见胞体一侧有一个淡红色的胞突起始部。围绕胞体外周的一层扁平或立方形细胞即卫星细胞。在细胞群之间可见到大量神经纤维的纵切面，其中主要是有髓神经纤维，无髓神经纤维很少。

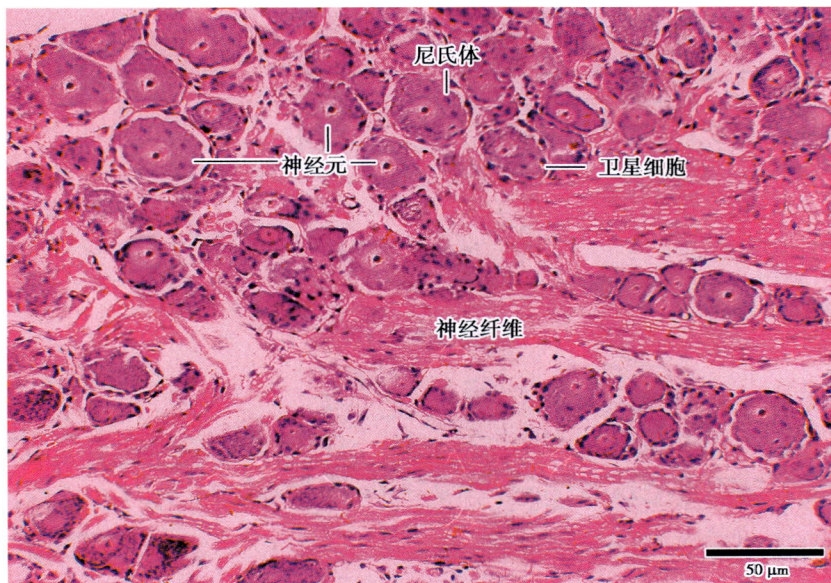

图 9-23 交感神经节高倍像（尼氏染色）

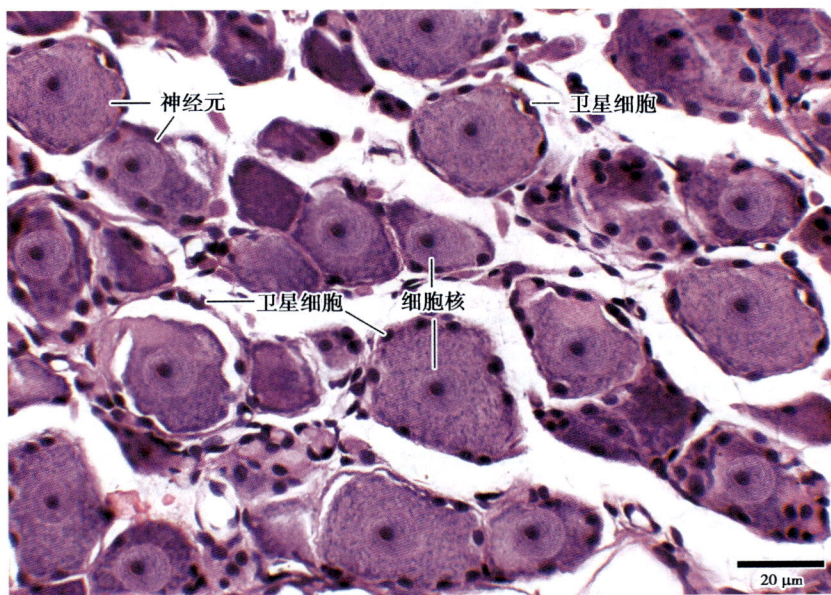

图 9-24 交感神经节高倍像（硫堇染色）

2.5　神经

观察切片：坐骨神经，HE 染色或镀银染色（图 9-25 至图 9-27）。

低—高倍镜逐级观察：神经是由走向一致的神经纤维及周围组织构成，外膜包有神经外膜。

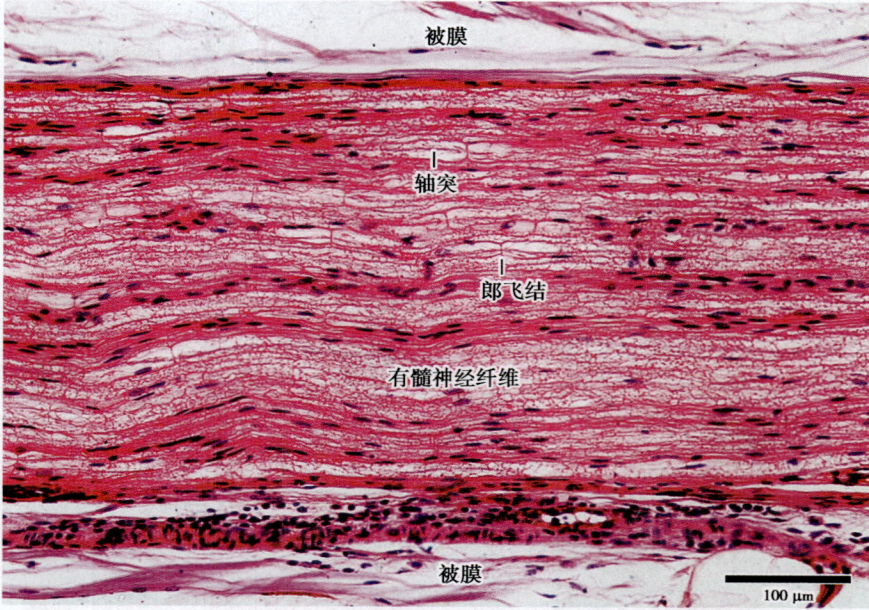

被膜

轴突

郎飞结

有髓神经纤维

被膜

100 μm

图 9-25　坐骨神经纵切中倍像（HE 染色）

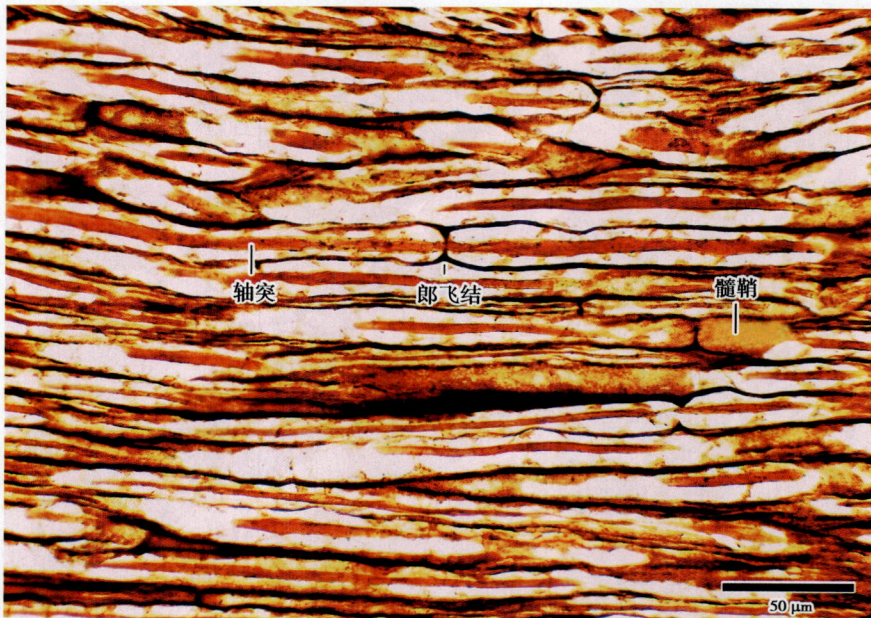

轴突　　　郎飞结　　　髓鞘

50 μm

图 9-26　坐骨神经纵切高倍像（镀银染色）

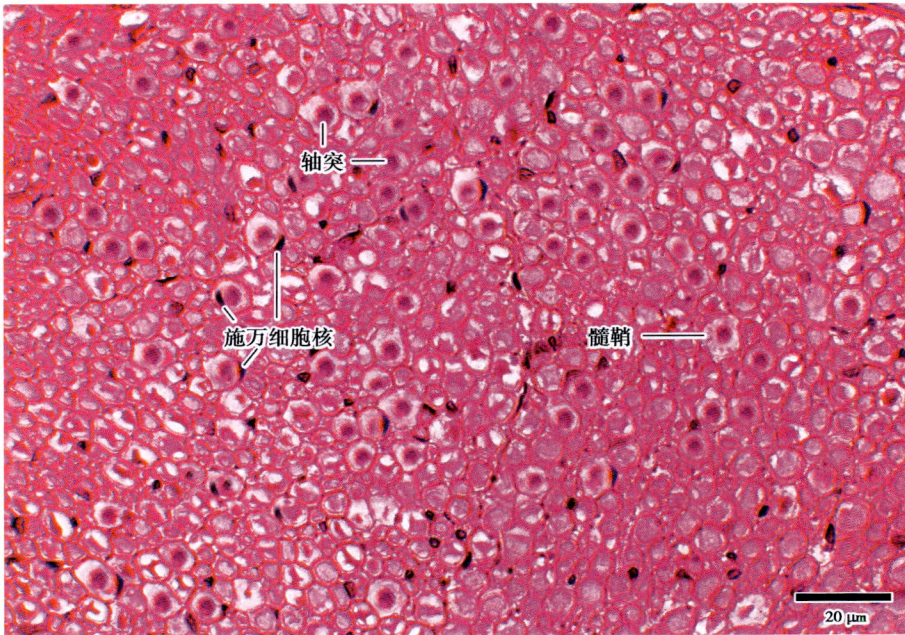

图 9–27　坐骨神经横切高倍像（HE 染色）

3　绘图作业

3.1　绘制高倍镜下小脑皮质切面图。

3.2　绘制高倍镜下大脑皮质切面图。

3.3　绘制高倍镜下脊神经节切面图。

3.4　软件采集小脑、大脑和神经节的高倍电子图像。

实验 10　循环系统

1　实验目的

1.1　掌握心脏和中动脉的组织结构。

1.2　掌握大动脉和毛细血管的结构特点。

1.3　了解静脉和淋巴管的结构特点。

2 实验内容

2.1 心脏（图 10-1）

观察切片： 心壁切片，HE 染色（图 10-2 至图 10-6）。

肉眼观察： 牛、马、猪、羊的心壁很厚，染成较深的红色，切面中不平整的一面是心内膜，向外依次是心肌膜和心外膜。

低倍镜观察： 从腔面向外观察心壁。紧靠腔面呈淡红色的部分为心内膜，其深面很厚而着色深红的部分为心肌膜，最外层是心外膜，内含空泡样的脂肪细胞。

中—高倍镜观察： 逐层观察下列结构：

2.1.1　心内膜　从内向外又分以下 3 层：

（1）内皮：单层扁平上皮，与血管内皮相连。

（2）内皮下层：位于内皮深层，为薄层疏松结缔组织。

（3）心内膜下层：为疏松结缔组织，与内皮下层无明显分界，内含血管、神经，还可见到单个或成群的浦肯野纤维，其特征是比心肌纤维粗大，横切面呈圆形或椭圆形，胞质嗜酸性，肌原纤维极少，胞核小，圆形，有时可见双核，有些核的位置不在细胞中央。

2.1.2　心肌膜　为心壁最厚的一层，由心肌纤维构成。心肌纤维呈螺旋状排列，切片中可见纵、横、斜等各种切面。心肌纤维的超微结构请参见实验七。

2.1.3　心外膜　为心壁最外层，属心包膜的脏层，为浆膜，很薄，由外表面的间皮和少量疏松结缔组织构成，内含血管、神经和脂肪组织。由于心肌很厚，所以有些心肌切片上心内膜

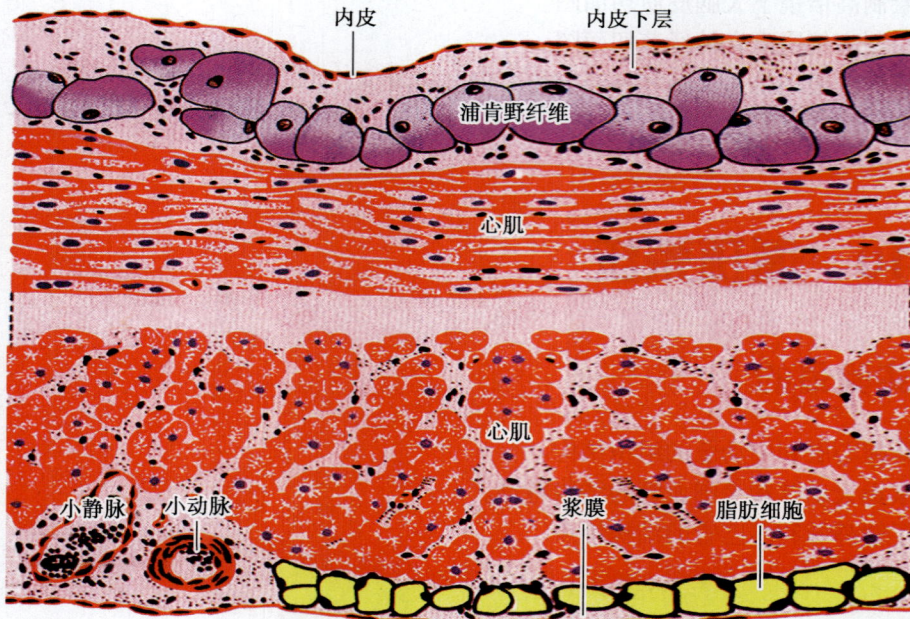

图 10-1　心壁模式图

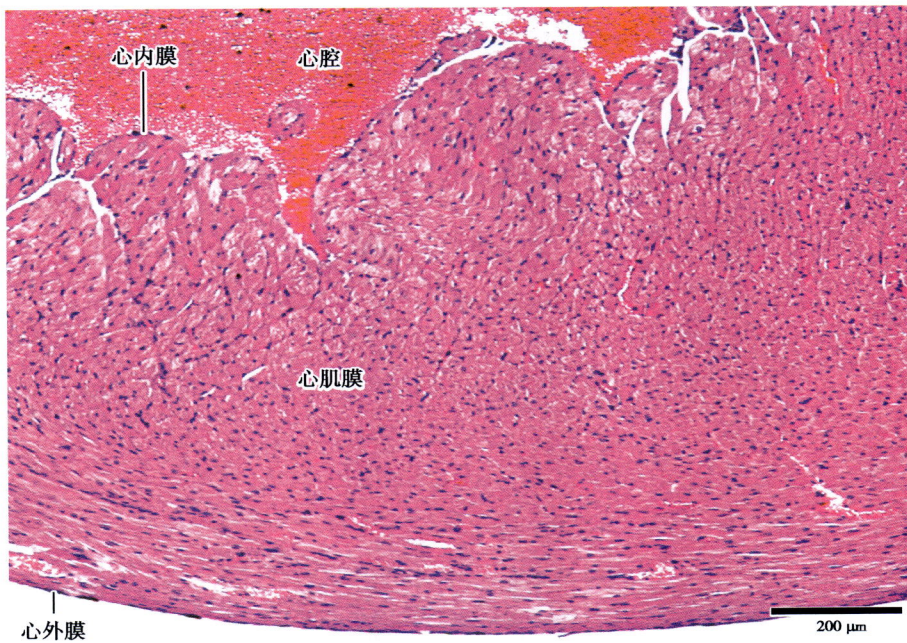

图 10-2　心壁低倍像（HE 染色）

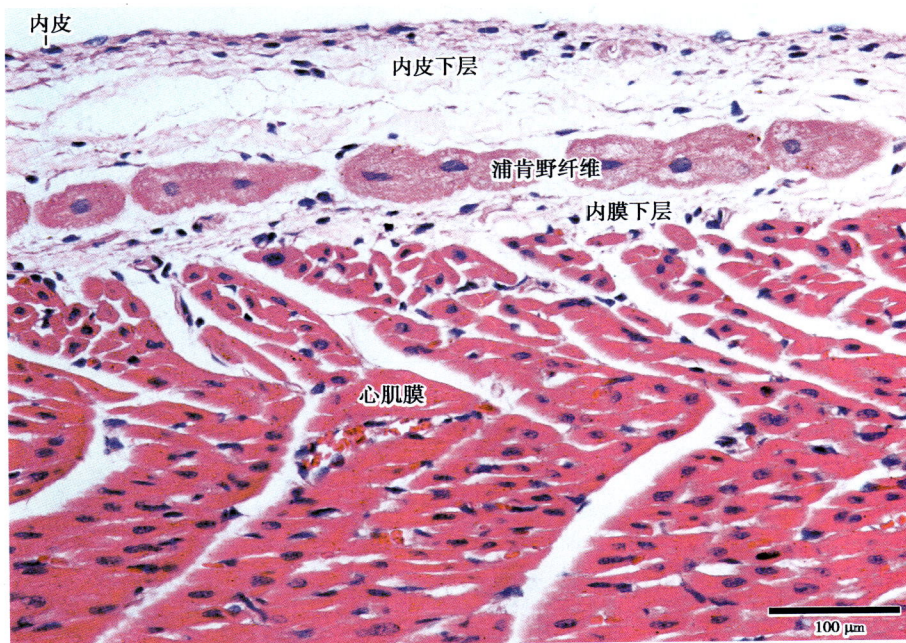

图 10-3　心壁中倍像（HE 染色）

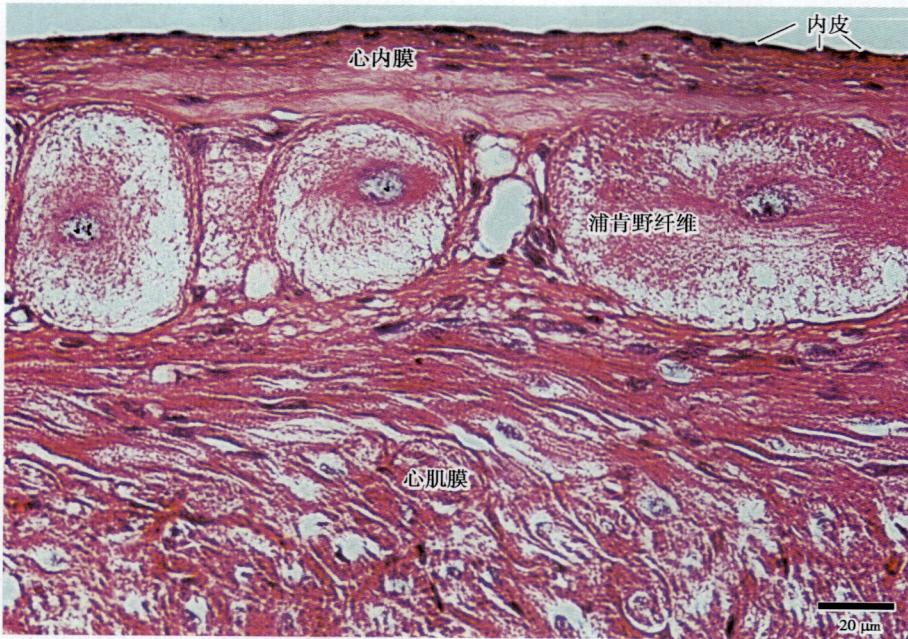

图 10-4　心壁高倍像（HE 染色）

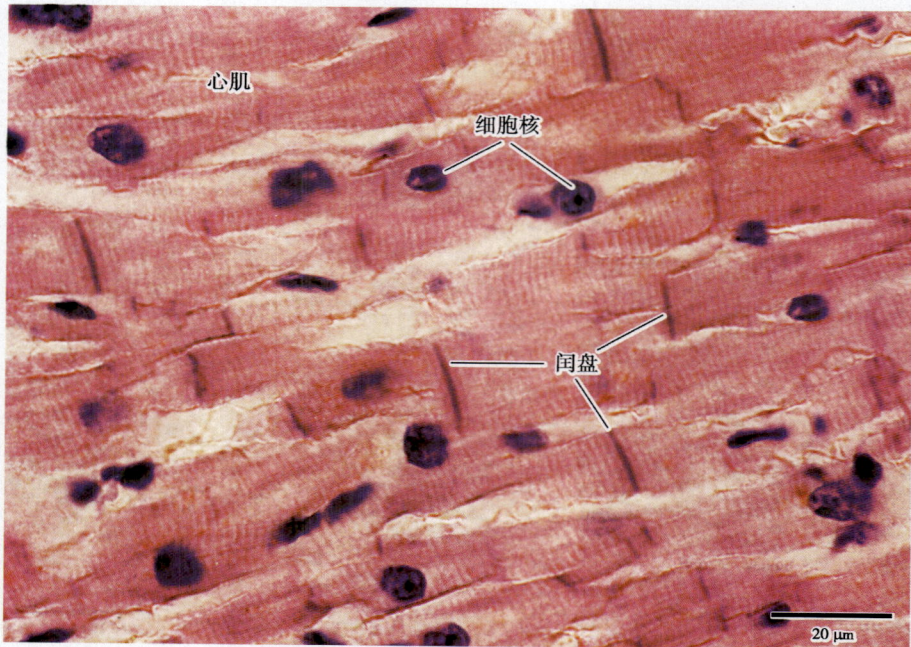

图 10-5　闰盘高倍像（Mallory 染色）

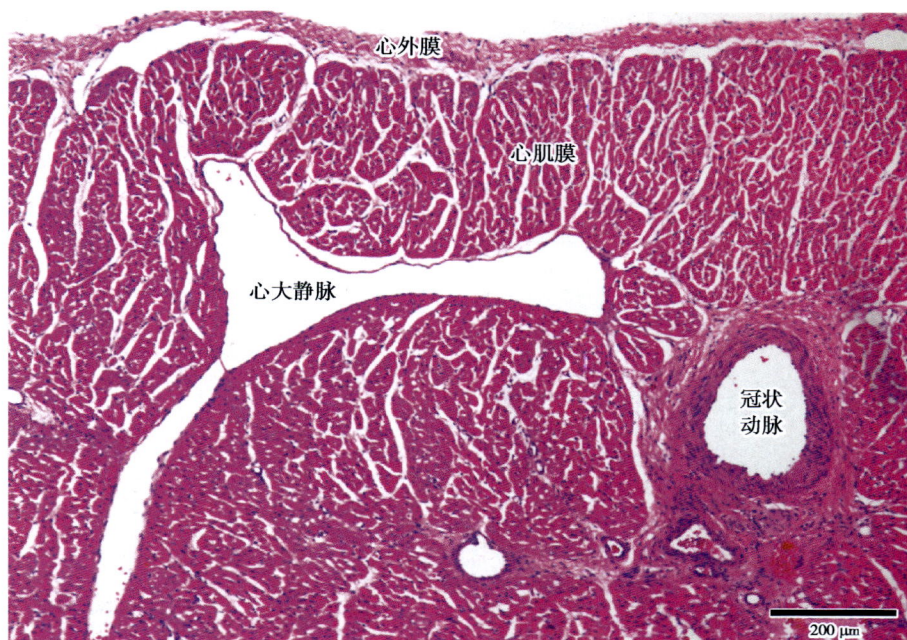

图 10-6 心壁内的血管（HE 染色）

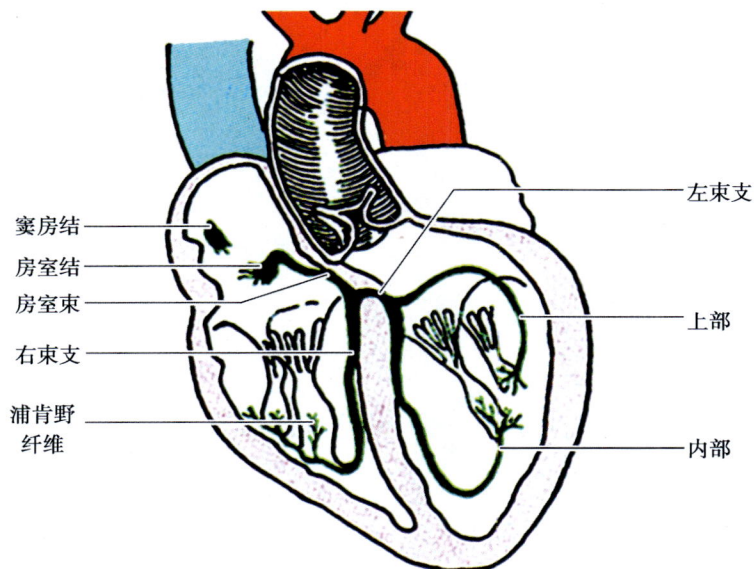

图 10-7 心传导系统模式图

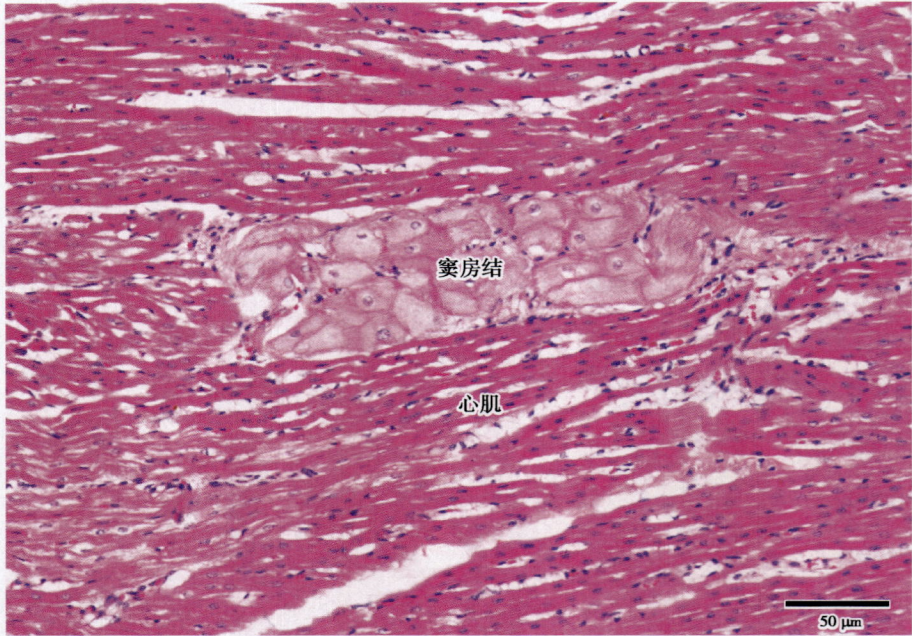

图 10-8　心壁内窦房结高倍像（HE 染色）

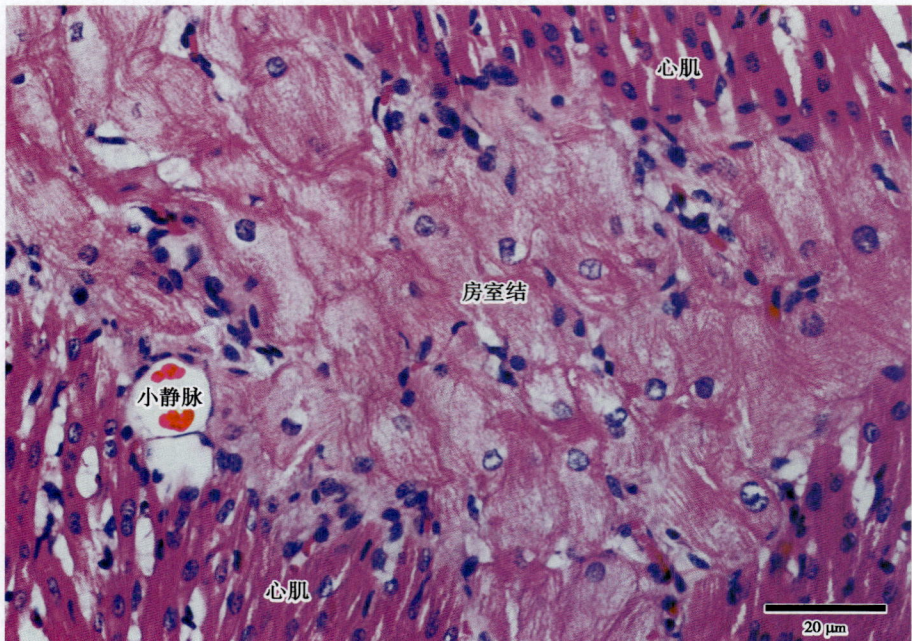

图 10-9　心壁内房室结高倍像（HE 染色）

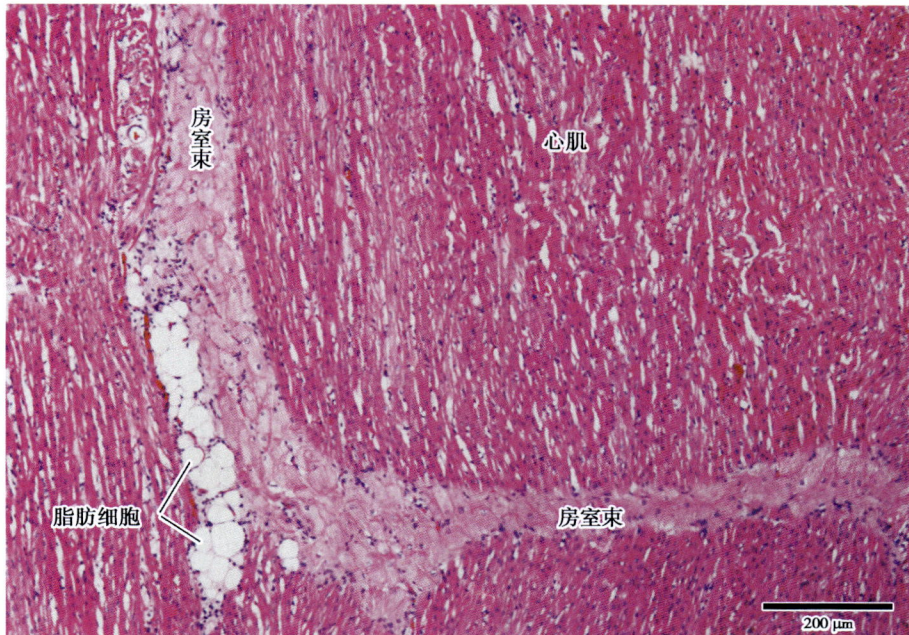

图 10-10 房室束低倍像（HE 染色）

和心外膜常常没有切到。

2.1.4 心脏的传导系统 心壁内有由特殊心肌纤维组成的传导系统，使心房和心室按一定的节律收缩。这些心肌纤维聚集成结或束，包括窦房结、房室结、房室束及其分支。窦房结位于右心房前腔静脉入口处的心外膜深部，其余分布于心内膜下层（图 10-7 至图 10-10 ）。

2.2 中动脉及中静脉

观察切片： 中动脉、中静脉，HE 染色。

肉眼观察： 中动脉横切面呈圆形，管壁厚；中静脉管壁薄常塌陷，呈扁圆形或不规则形。

低倍镜观察： 中动脉由内向外可分为 3 层：靠近腔面呈波纹状、较薄的部分为内膜，中间厚的一层为中膜，外层厚而颜色较浅的为外膜。中静脉管壁薄，管腔大而呈不规则形（图 10-11，图 10-12 ）。

高倍镜观察： 从内向外分别观察中动脉的内膜、中膜和外膜（图 10-13，图 10-14 ）。

2.2.1 内膜 管壁最内层，很薄，由于内弹性膜的收缩，故切面上呈波纹状。内膜从内向外可分为 3 层：

（1）内皮：衬于腔面的单层扁平上皮，其核深紫色并突向腔面。

（2）内皮下层：在内皮深面与内弹性膜间很薄的结缔组织，有些血管明显，有的不明显。

（3）内弹性膜：明显，呈亮红色的波纹状，是内膜和中膜的分界线。

2.2.2 中膜 很厚，染色较深，由多层环行排列的平滑肌纤维组成，在平滑肌纤维之间呈淡红色的为弹性纤维和胶原纤维。在中膜与外膜交界处，有由密集的弹性纤维组成的外弹性膜，但不如内弹性膜明显。

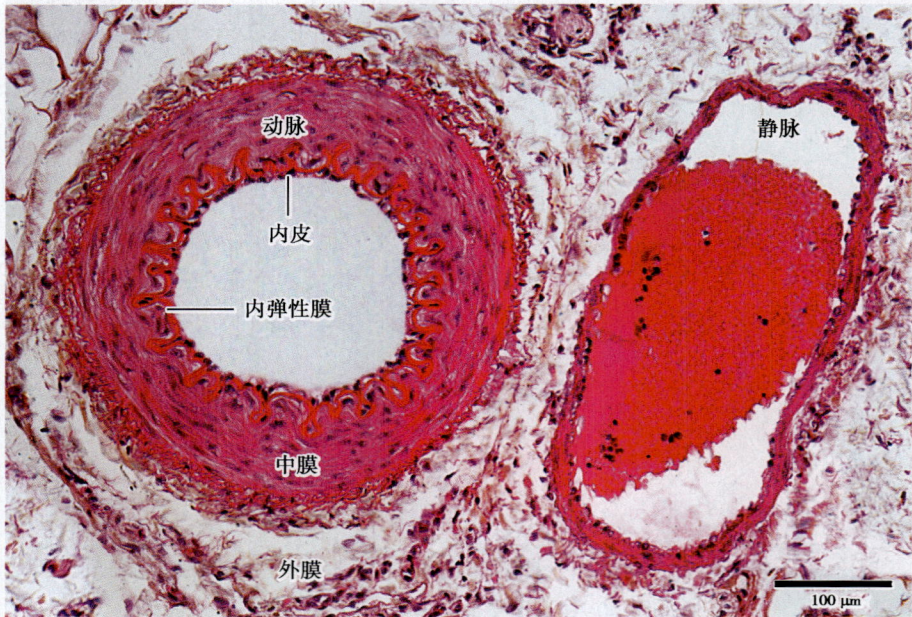

图 10-11　中动脉和中静脉（HE 染色）

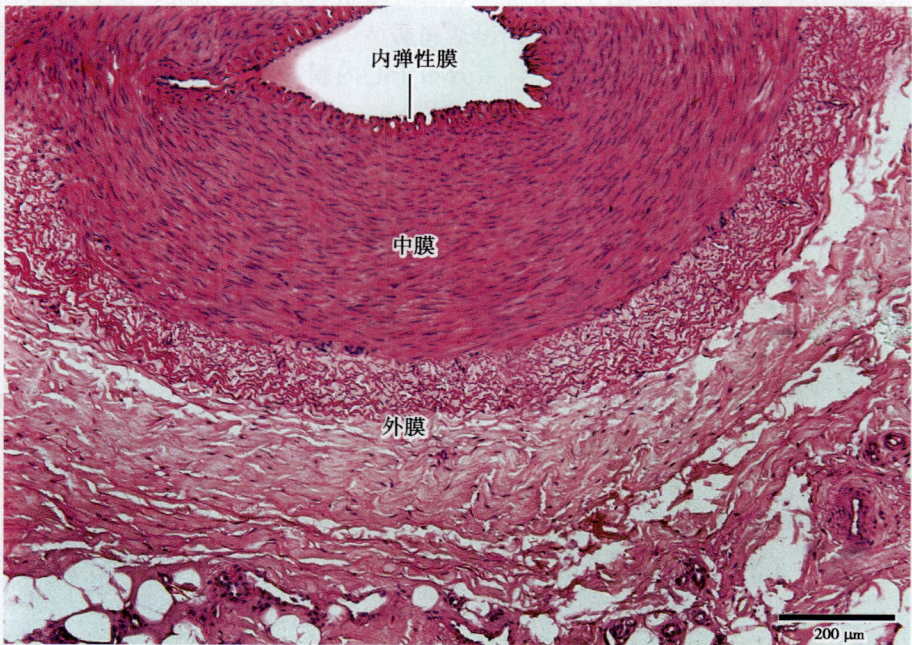

图 10-12　中动脉低倍像（HE 染色）

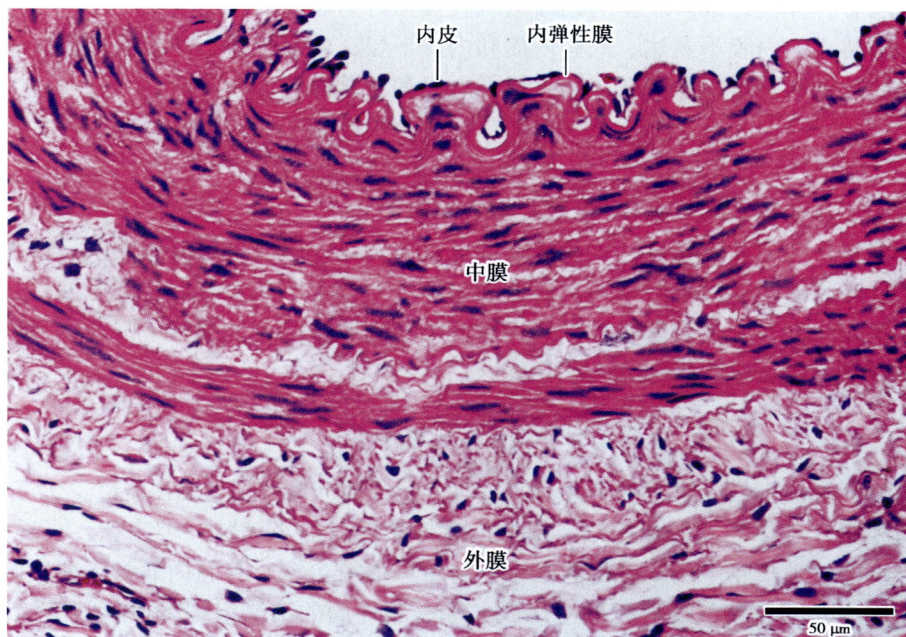

内皮　内弹性膜

中膜

外膜

50 μm

图 10–13　中动脉高倍像（HE 染色）

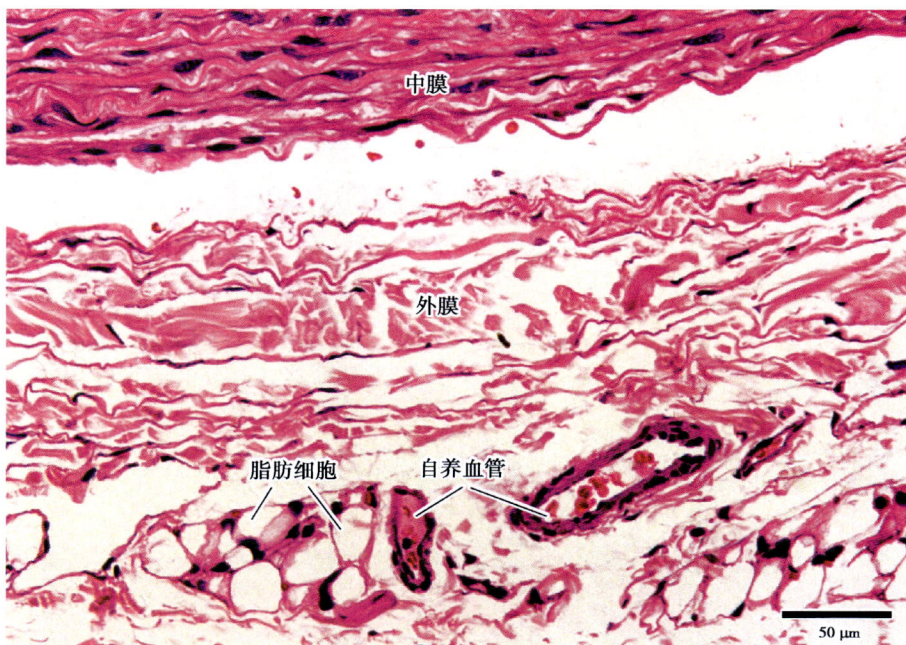

中膜

外膜

脂肪细胞　自养血管

50 μm

图 10–14　中动脉外膜高倍像（HE 染色）

2.2.3 外膜 厚度与中膜相近，由疏松结缔组织构成，内含弹性纤维和胶原纤维，还有自养血管、淋巴管和弹性纤维。外膜的结缔组织直接移行为血管间结缔组织。

中静脉的特点：内膜不发达，只有内皮和内皮下层；中膜较薄，平滑肌层数少；外膜比中膜厚，外膜的疏松结缔组织中有散在的纵行平滑肌和自养血管。

2.3 大动脉

观察切片：大动脉横切片，HE 染色和弹性纤维染色。

高倍镜观察：与中动脉相比，大动脉管壁有以下特点：内皮下层较厚而明显；内弹性膜与中膜相连，故内膜与中膜的界限不明显；中膜较厚，有数十层粗大鲜红色的呈波纹状排列的弹性膜，弹性膜之间夹有少量平滑肌纤维、弹性纤维和胶原纤维；外膜较中膜薄，无明显外弹性膜，与中膜分界不明显（图 10-15，图 10-16）。

2.4 小动脉、小静脉、小淋巴管和毛细血管

观察切片：含疏松结缔组织的各种器官，如小肠黏膜下层切片，HE 染色。

低倍镜观察：各种器官的疏松结缔组织内有许多伴行的小动脉、小静脉、小淋巴管切面，在同一视野中即可观察到。小动脉的管腔小、管壁厚而着色深，管腔内通常无血细胞或仅有少量血细胞，内皮外围绕着数层环行的平滑肌，平滑肌外面的结缔组织与血管间结缔组织相连。小静脉的管腔大而不规则，腔内有血细胞，管壁薄，着色浅，内皮细胞外面仅见到薄层结缔组织。小淋巴管的结构与静脉相似，但管腔更大，管壁更薄，腔内常可见到许多淋巴细胞。毛细血管则位于结缔组织纤维之间，可见到许多切面，管腔小，腔内带有 1~2 个红细胞或缺红细胞，管壁仅由内皮细胞围成，细胞核突向腔面（图 10-17 至图 10-20）。

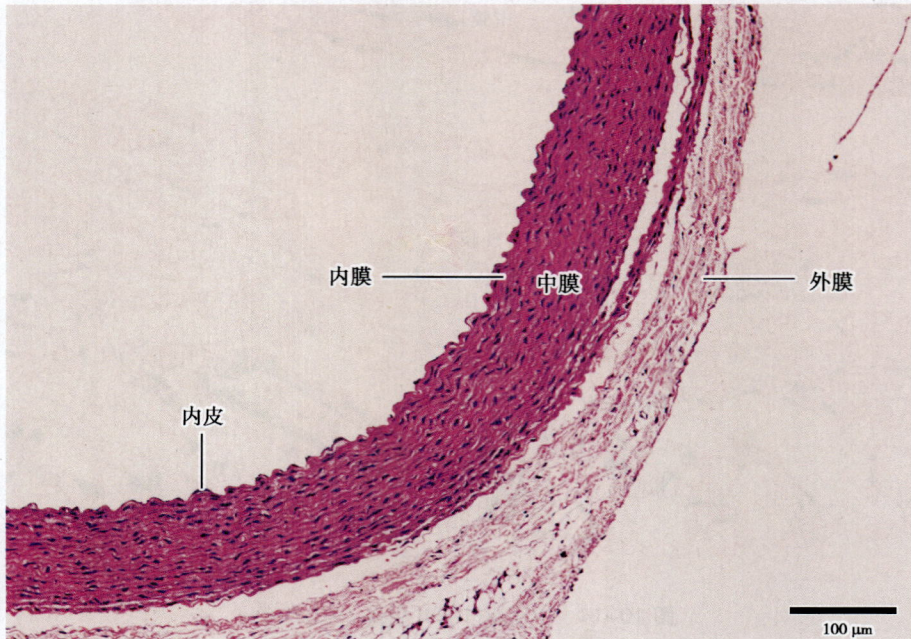

图 10-15 大动脉中倍像（HE 染色）

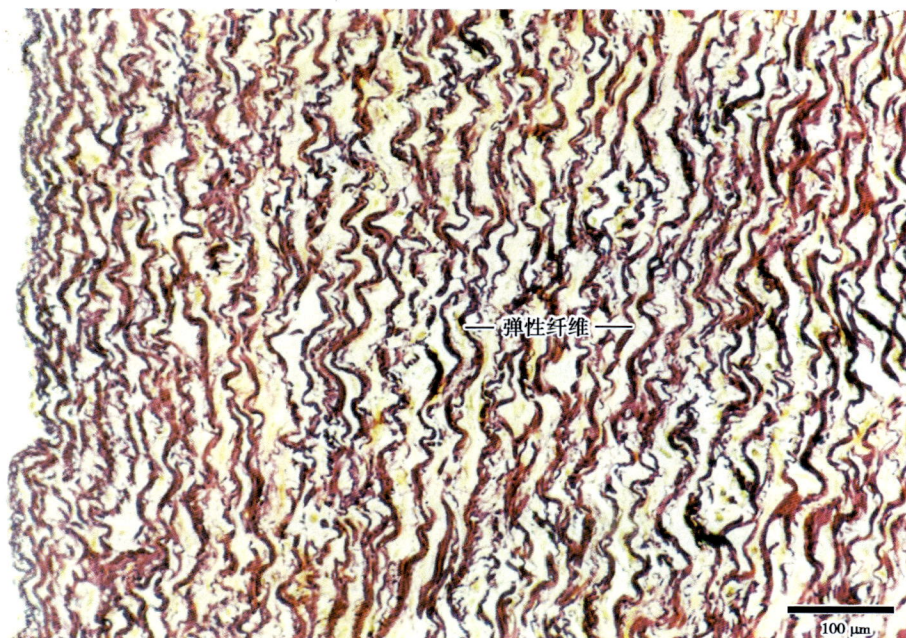

图 10-16 大动脉中膜高倍像（弹性纤维染色）

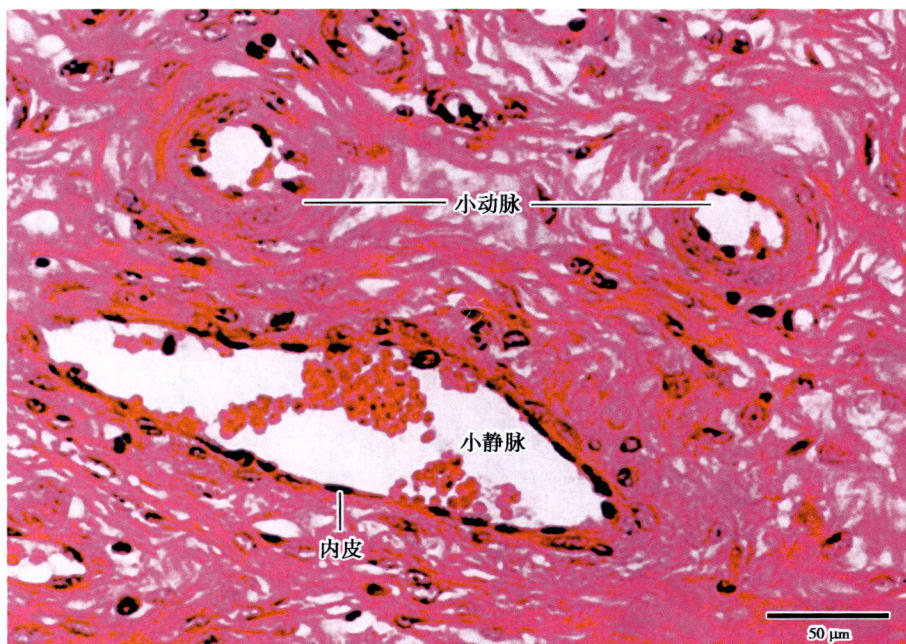

图 10-17 小动脉和小静脉（HE 染色）

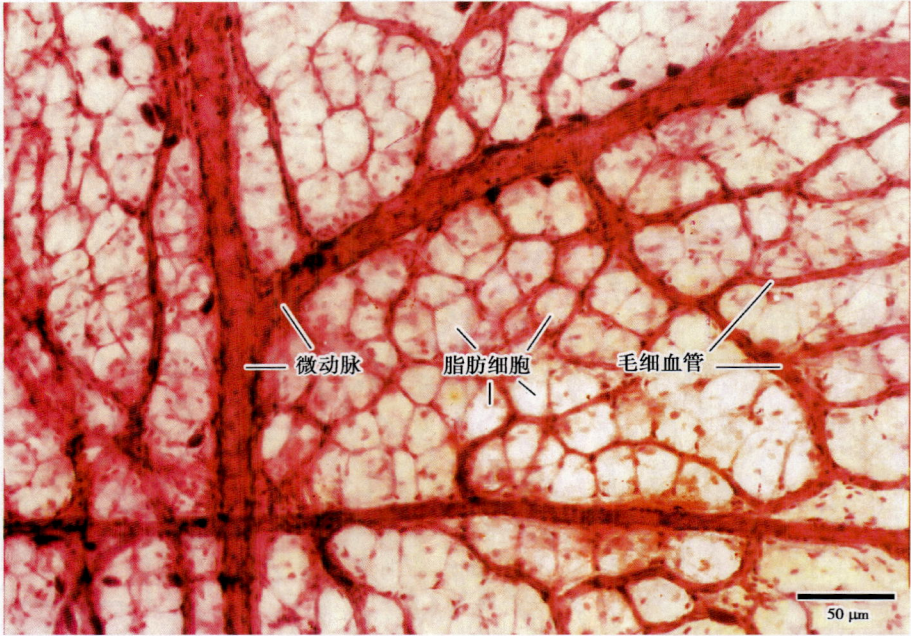

图 10-18　微动脉和毛细血管（油红染色）

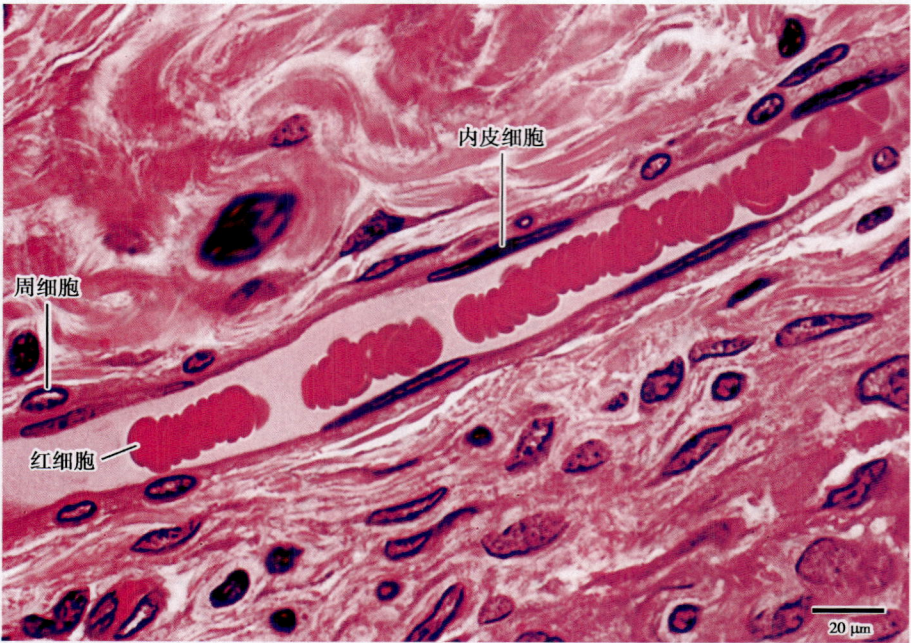

图 10-19　毛细血管纵切高倍像（HE 染色）

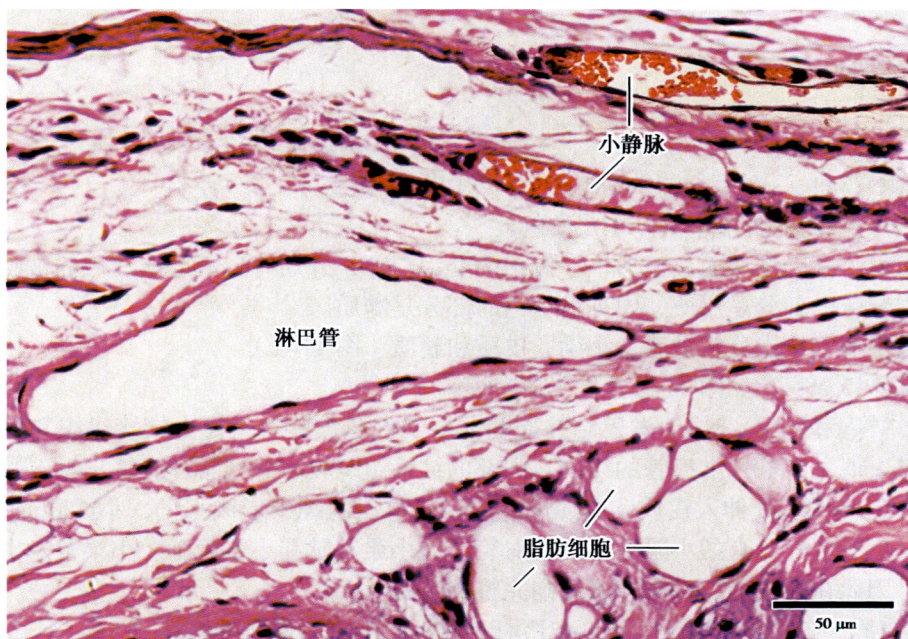

图 10-20 淋巴管高倍像（HE 染色）

3 绘图作业

3.1 绘制高倍镜下心内膜及其浦肯野纤维结构图。

3.2 绘制中倍镜下中动脉、中静脉横切面图。

3.3 软件采集心内膜及其浦肯野纤维和中动脉、中静脉的高倍电子图像。

实验 11 免疫器官

1 实验目的

1.1 掌握淋巴结和脾的组织结构、两者的异同点及它们在免疫过程中的动态变化。

1.2 掌握猪淋巴结的结构特点。

1.3 掌握胸腺的组织结构特点及 B 淋巴细胞、T 淋巴细胞的分化、发育过程。

2 实验内容

2.1 淋巴结

观察切片：牛或马的淋巴结，HE 染色。

肉眼观察：淋巴结切面呈豆形，一侧凹陷处为门部，外周有一薄层淡红色的被膜，在被膜深面，外周紫色的部分是皮质，中央粉红色的部分是髓质。

低倍镜观察：依次分辨被膜、小梁、皮质和髓质（图 11-1）。

中—高倍镜观察：如图 11-2 至图 11-5 所示。

2.1.1 被膜和小梁
位于淋巴结外周的薄层浅红色被膜，主要由结缔组织和少量平滑肌构成。被膜上偶见有输入淋巴管的切面。门部的结缔组织较多并经常伴有输出淋巴管和血管的切面。结缔组织从多处伸入皮质和髓质内，穿行于淋巴组织中形成小梁，小梁断面呈粉红色，宽窄不等，形态各异，有的小梁上可见到血管，即小梁动脉和小梁静脉。小梁常发出弯曲的不规则分支，因此在平整的切片中很难看到完整的小梁。

2.1.2 皮质
位于被膜下深蓝色的致密淋巴组织，由以下 3 部分构成：

（1）淋巴小结：位于皮质浅层，如果是正在发生免疫反应的淋巴结，可以看到淋巴组织密集成圆形或椭圆形的淋巴小结，小结中央的淡染区为生发中心，以及明区、暗区和小结帽等结构。淋巴小结内主要为 B 淋巴细胞，并可见到巨噬细胞，此外还有滤泡树突细胞和 T 淋巴细胞等。在淋巴小结和深部的髓质之间是弥散的淋巴组织，即副皮质区。

（2）副皮质区：在皮质深层，为厚层弥散淋巴组织，主要由 T 淋巴细胞和巨噬细胞等

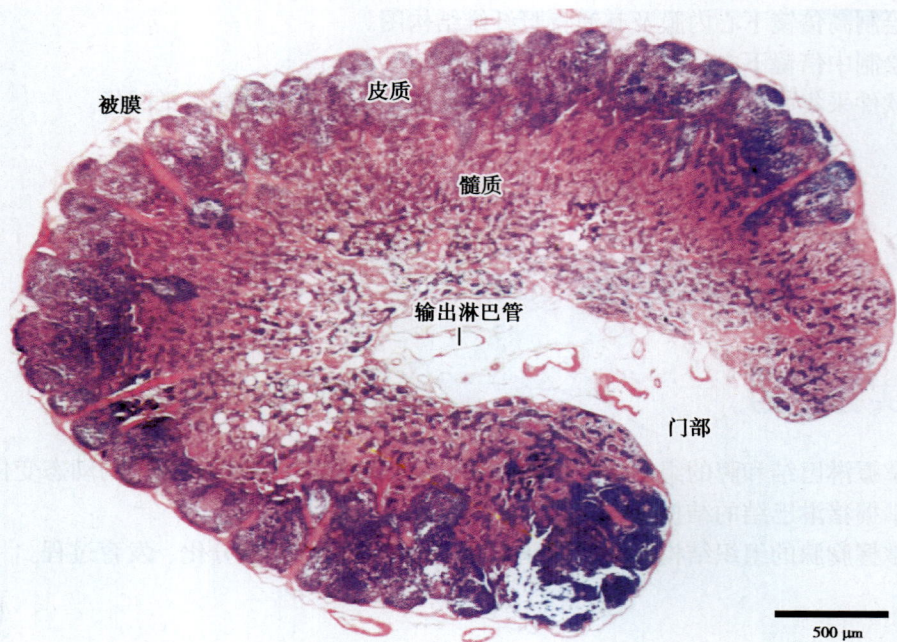

(a)

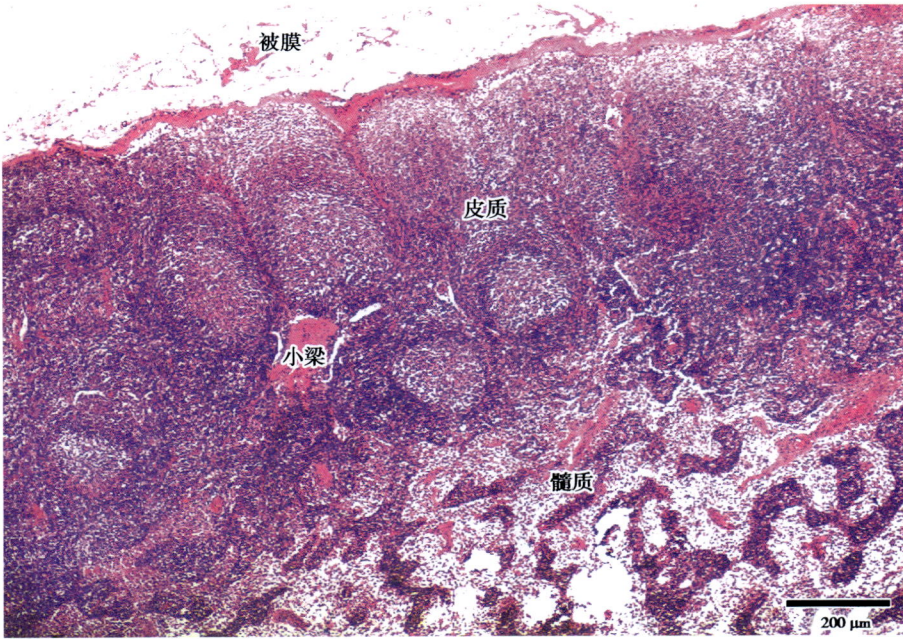

(b)

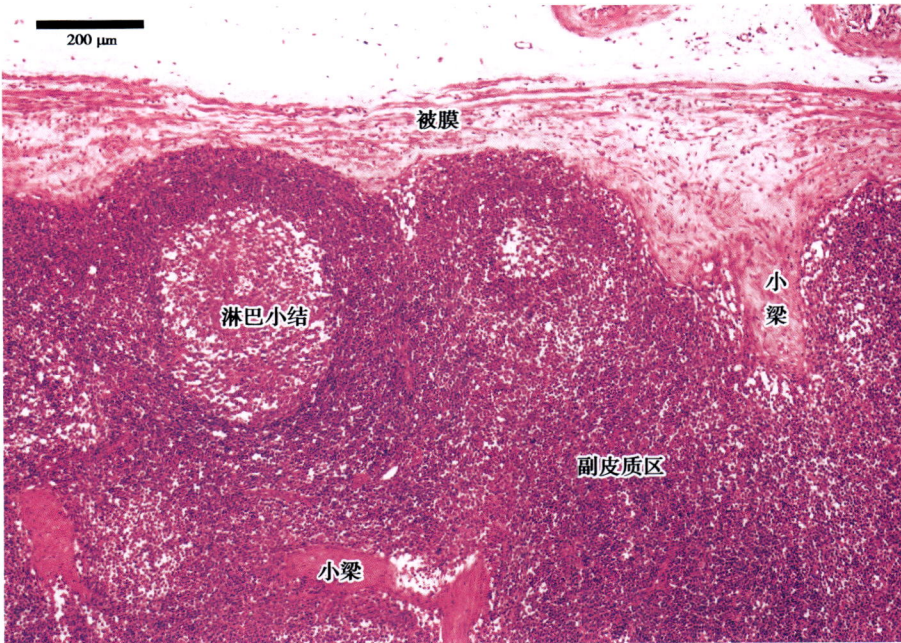

(c)

图 11-1　淋巴结低倍像（HE 染色）

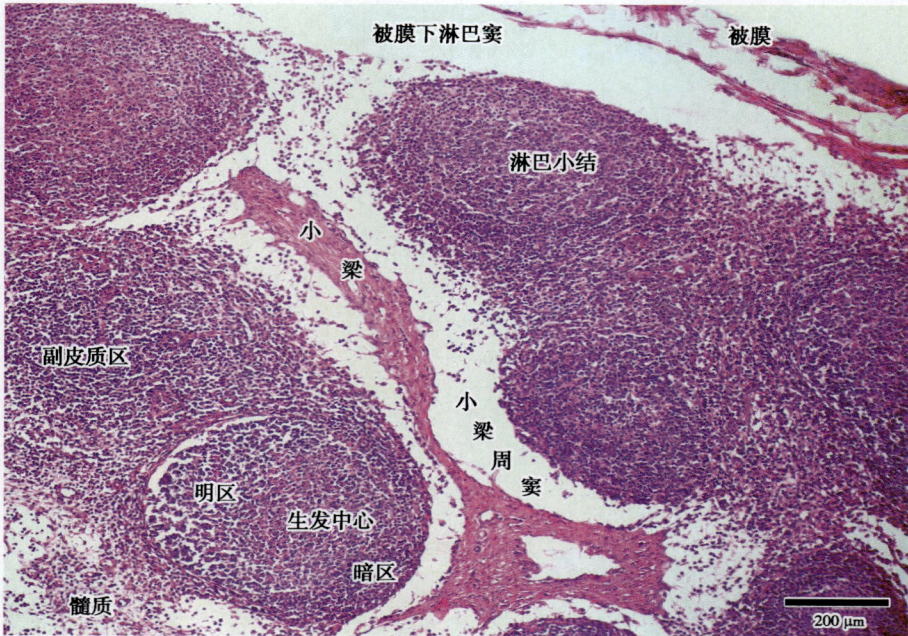

被膜下淋巴窦　　　　被膜

淋巴小结

小梁

副皮质区

小梁周窦

明区
生发中心
暗区

髓质

200 μm

图 11-2　淋巴结中倍像（HE 染色）

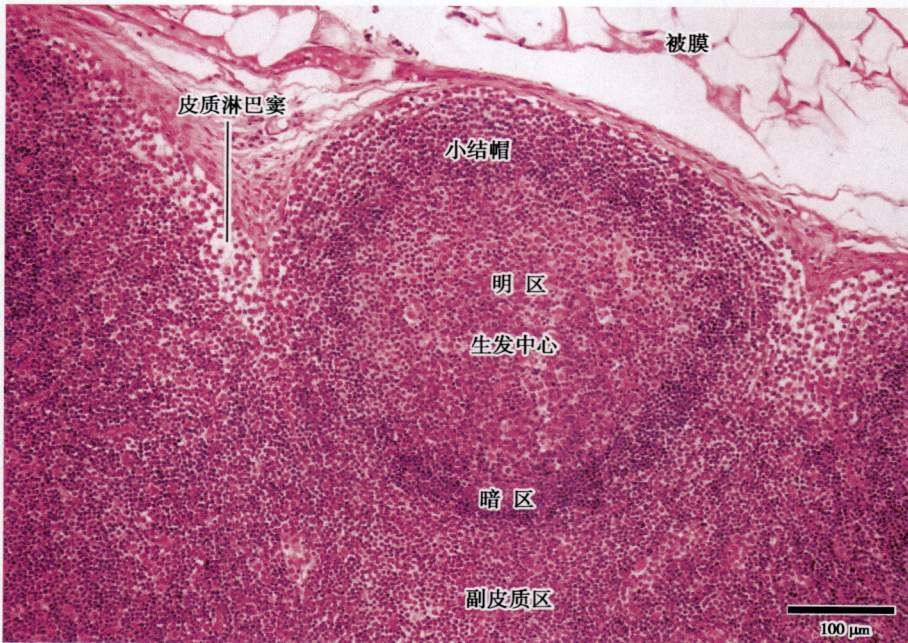

被膜

皮质淋巴窦

小结帽

明 区

生发中心

暗 区

副皮质区

100 μm

图 11-3　淋巴结皮质中倍像（HE 染色）

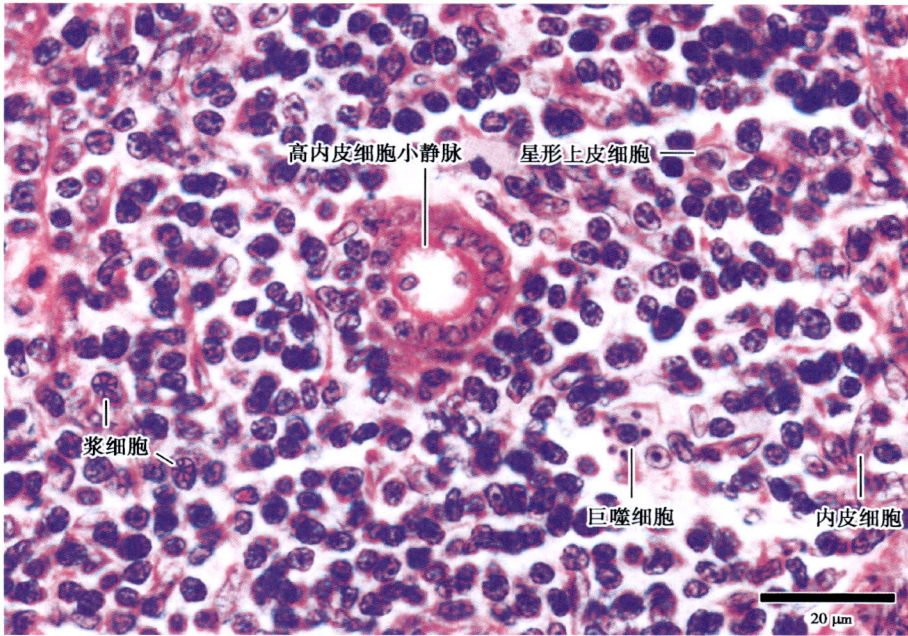

图 11–4　淋巴结副皮质区高倍像（HE 染色）

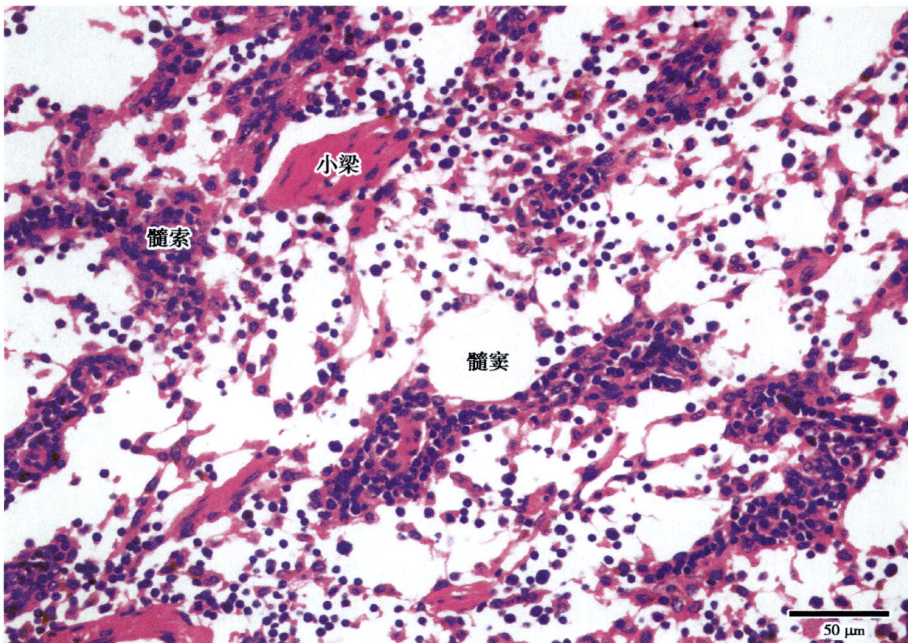

图 11–5　淋巴结髓质中倍像（HE 染色）

构成。可见到（高内皮）毛细血管后微静脉。如淋巴结处于非免疫反应状态，则淋巴小结不典型。

（3）皮质淋巴窦：被膜深面和小梁周围的疏松网状间隙即皮质淋巴窦，分别称为被膜下窦和小梁周窦，窦壁是连续性的内皮，窦内有网状细胞、巨噬细胞和淋巴细胞等。

2.1.3　髓质　是淋巴结中央的疏松部分，包括蓝紫色的髓索及其周围网状的髓质淋巴窦。髓索是条索状的淋巴组织，彼此吻合成网，主要由 B 淋巴细胞构成，还可见到浆细胞、网状细胞和巨噬细胞等。髓质淋巴窦简称髓窦，是髓索之间的疏松网状区域，窦腔较大而不规则，结构与皮质淋巴窦相同，但较宽大，腔内巨噬细胞多。

2.1.4　猪淋巴结的特点（图 11-6 至图 11-8）

观察切片：猪淋巴结切片，HE 染色。

低倍镜观察：猪淋巴结与牛的淋巴结相比有明显的不同：（1）含有淋巴小结及弥散淋巴组织的区域，位于淋巴结中央；含髓索和髓窦的区域位于淋巴结周围。（2）髓质淋巴组织中淋巴窦数量少而狭窄，所以髓索不明显。（3）被膜周边有多条输入和输出淋巴管的切面。

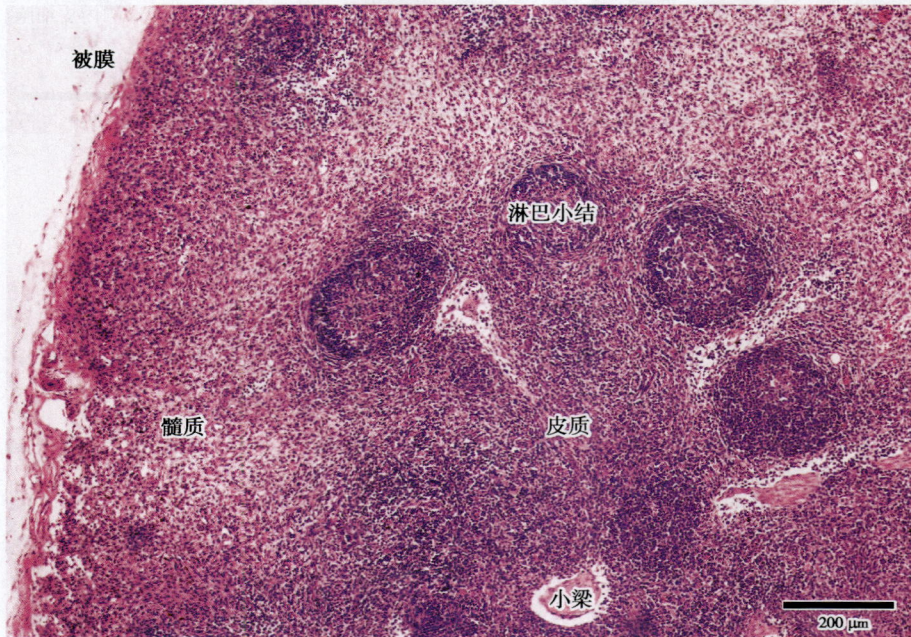

图 11-6　猪淋巴结低倍像（HE 染色）

2.2　脾

观察切片：取牛或猪脾切片，HE 染色。比较脾和淋巴结在组织结构上的差异。

肉眼观察：切面中呈紫红色的部分为红髓，分散在红髓之间的蓝色小点为白髓。

低倍镜观察：在镜下从外向内辨别被膜、小梁、红髓、白髓和边缘区（图 11-9）。

中—高倍镜观察：

2.2.1　被膜和小梁　脾的表面有浆膜，由间皮和深层的结缔组织及平滑肌构成。间皮的细胞核整齐地排列在脾的表面。浆膜下是被膜，由致密结缔组织和大量平滑肌纤维构成。结

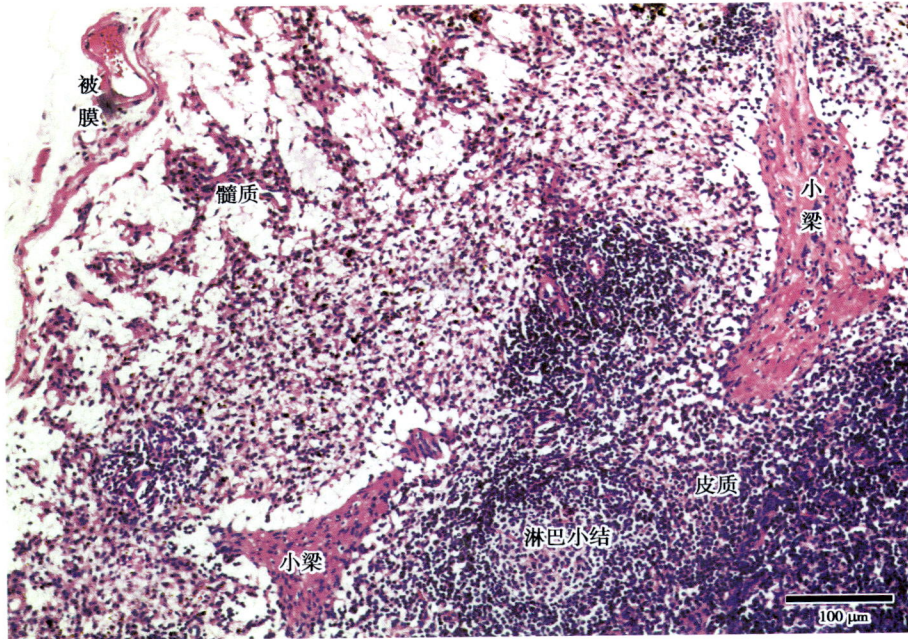

图 11-7　猪淋巴结中倍像（HE 染色）

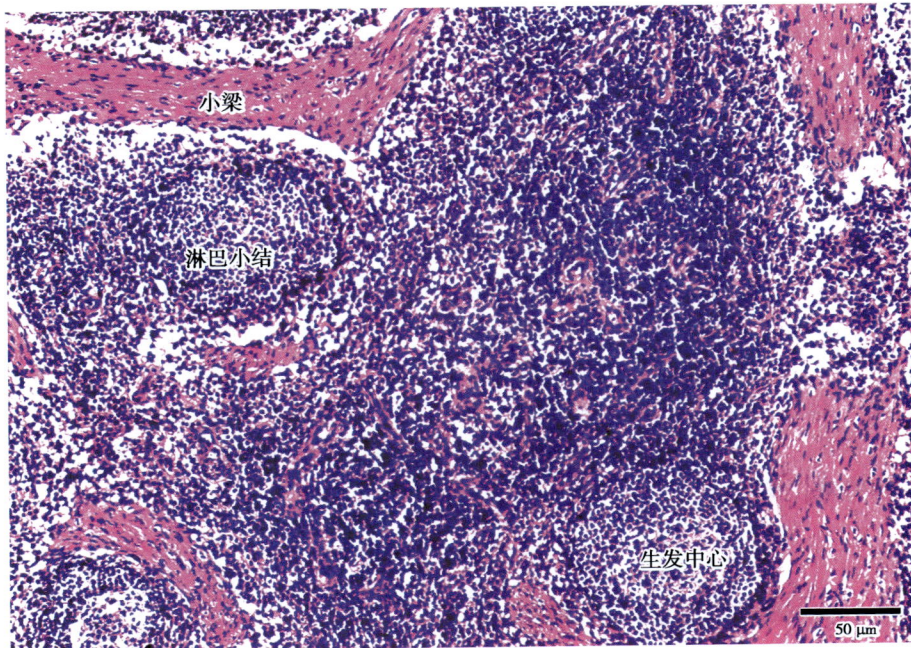

图 11-8　猪淋巴结髓质高倍像（HE 染色）

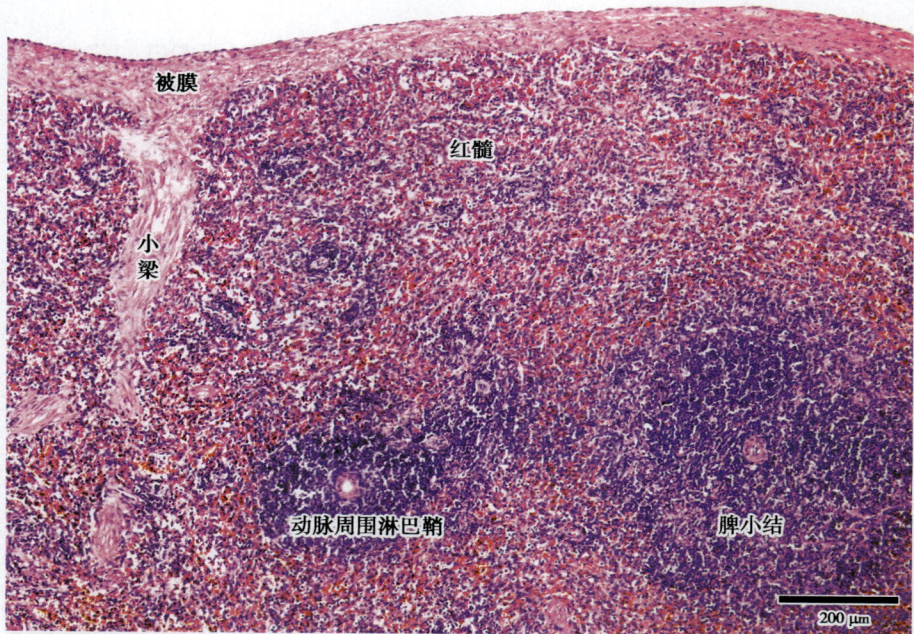

图 11-9　脾低倍像（HE 染色）

缔组织和平滑肌纤维深入实质，形成许多分支状小梁，在切面上可见许多粗大的肌性小梁的断面。

2.2.2　白髓　分布在红髓之间，略呈圆形，显蓝紫色的致密淋巴组织团块，由动脉周围淋巴鞘和脾小结共同构成。在切面上可见到动脉周围淋巴鞘是围绕着中央动脉，周围较厚的弥散淋巴组织，由大量 T 淋巴细胞、少量巨噬细胞和交错突细胞等构成。脾小结位于动脉周围淋巴鞘一侧，主要由 B 淋巴细胞构成，也有生发中心、明区、暗区和小结帽等结构（图 11-10 至图 11-12 ）。

2.2.3　边缘区　位于红髓与白髓交界处，呈红色，细胞排列较白髓稀疏，但较红髓密集。此处主要含 B 淋巴细胞，也含 T 淋巴细胞、巨噬细胞、浆细胞和各种血细胞。

2.2.4　红髓　分布于被膜下、小梁周围、白髓及边缘区的外侧，由脾索和脾窦构成。脾索在切面上呈索条状，由网状组织、T 淋巴细胞、B 淋巴细胞、浆细胞和其他白细胞构成。脾窦位于脾索之间，有纵、横、斜等不同切面，窦壁的长杆状内皮细胞含核部分较厚，并突向管腔。管腔大小不等，内含各种血细胞。通常由于动物放血后，脾窦收缩变窄，以致在切面上难以分辨脾索和脾窦（图 11-13 ）。

2.3　胸腺

观察切片：犊牛或幼犬胸腺，HE 染色。

肉眼观察：胸腺切片着较深的蓝紫色部分被淡红色的结缔组织分隔成小叶。

低倍镜观察：从外向内分辨被膜，伸入实质中的小叶间隔，胸腺小叶内的皮质和髓质等结构。胸腺小叶周围深蓝色的部分为皮质，内部浅颜色的为髓质（图 11-14 ）。

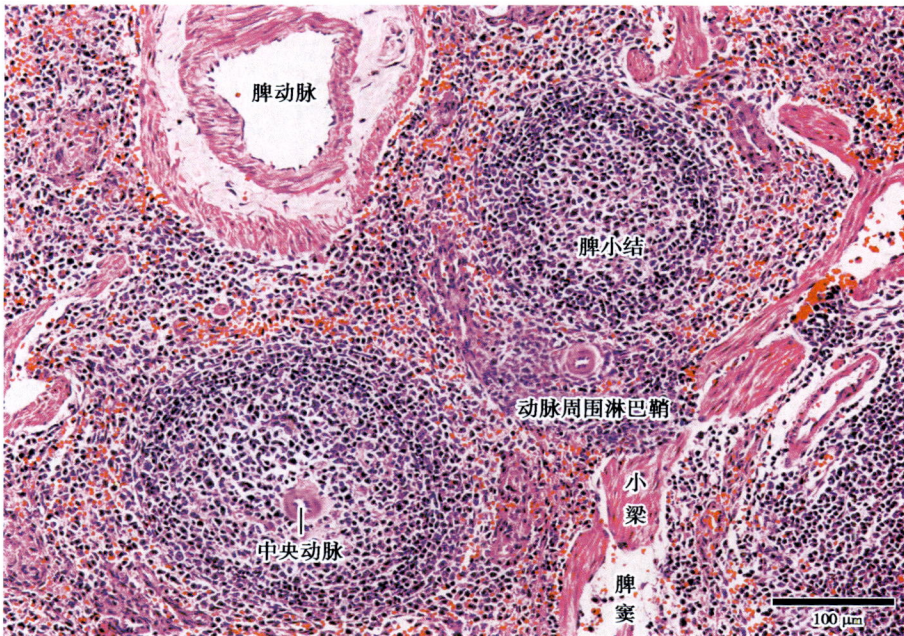

图 11-10 脾中倍像（HE 染色）

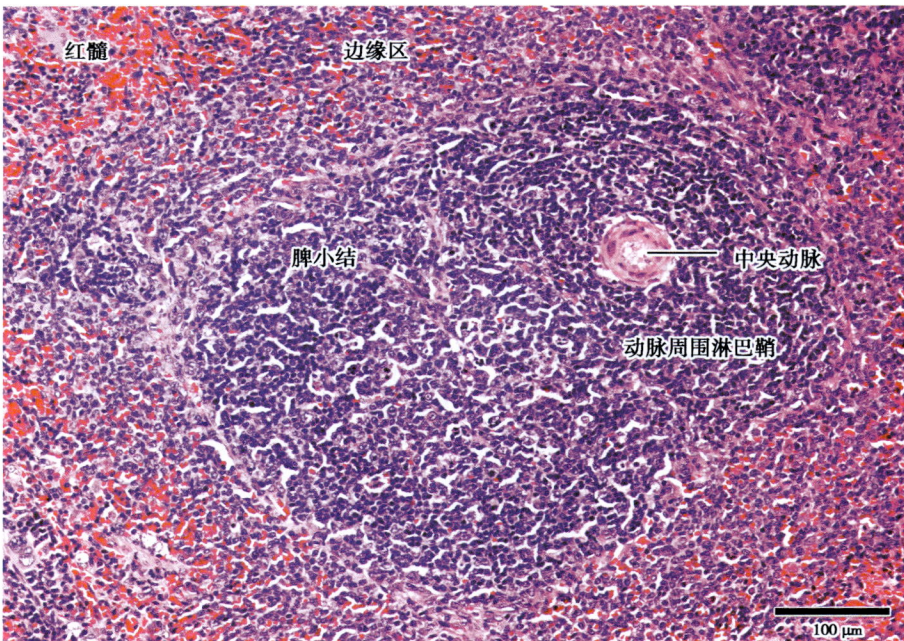

图 11-11 脾白髓高倍像（HE 染色）

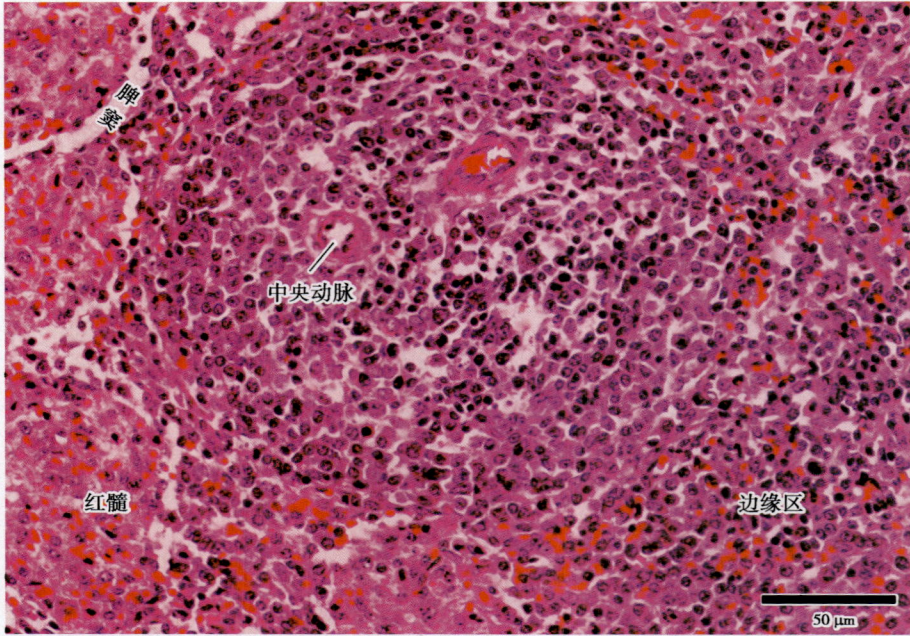

图 11-12 脾小结高倍像（HE 染色）

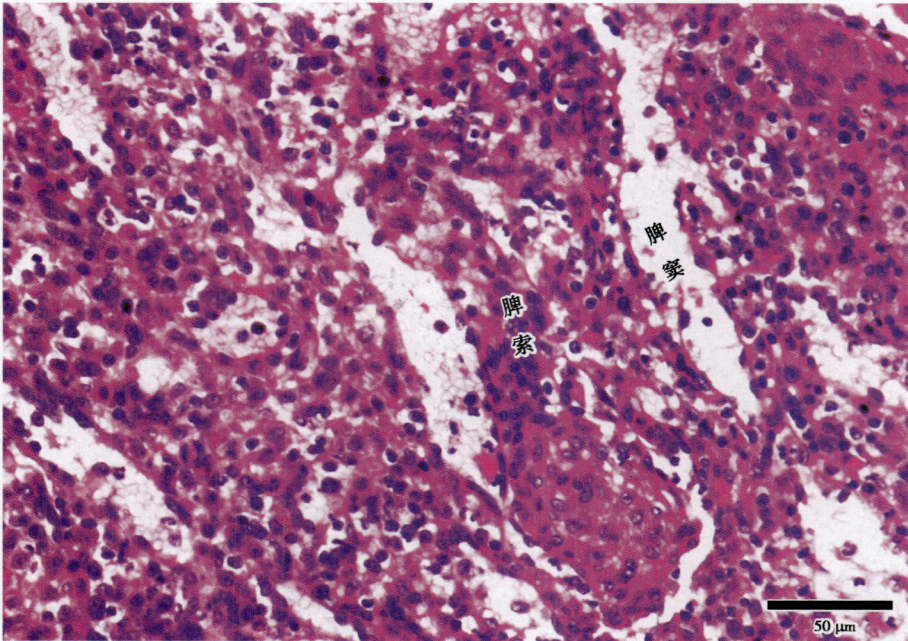

图 11-13 脾红髓高倍像（HE 染色）

中—高倍镜观察（图 11-15，图 11-16）：

2.3.1　**被膜和小叶间隔**　胸腺表面的被膜由结缔组织构成。结缔组织伸入实质形成小叶间隔，把实质分隔成不完整的小叶，相邻小叶的髓质相互连接。

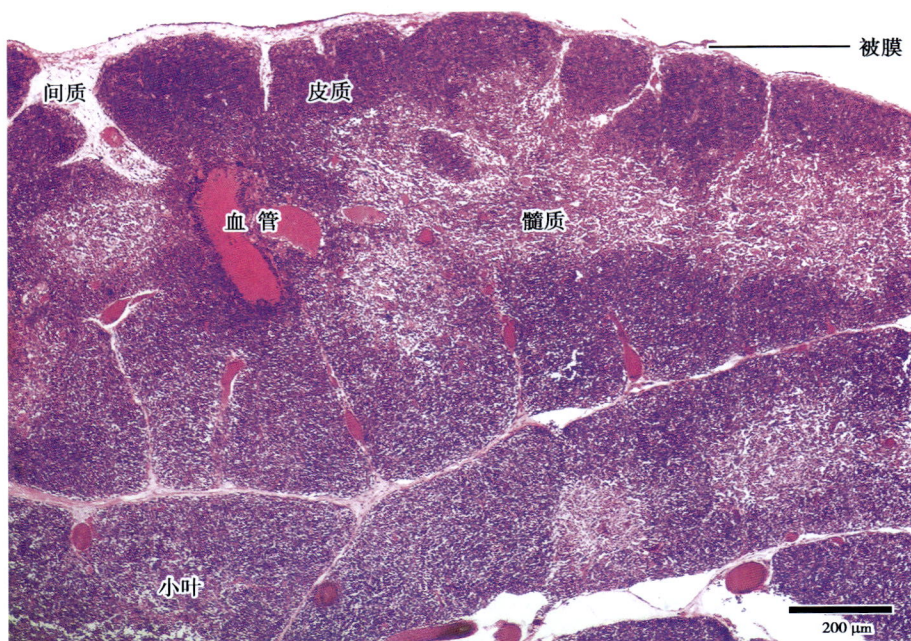

图 11-14　胸腺低倍像（HE 染色）

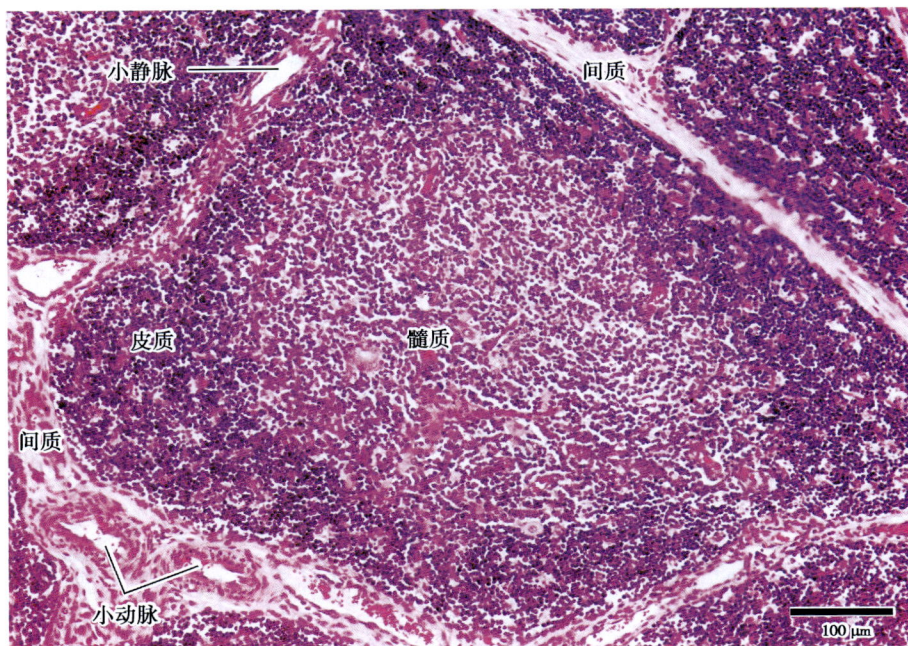

图 11-15　胸腺中倍像（HE 染色）

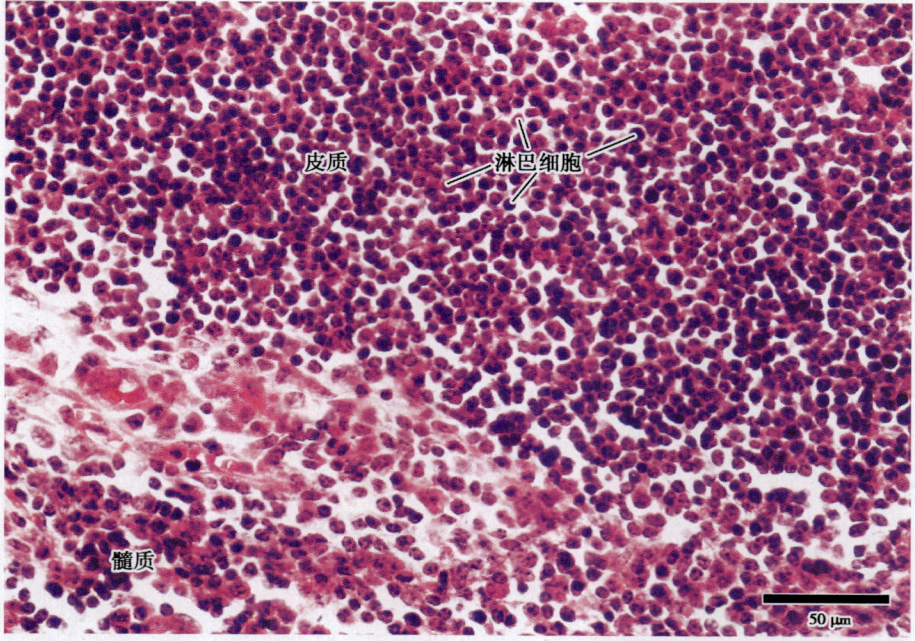

(a)

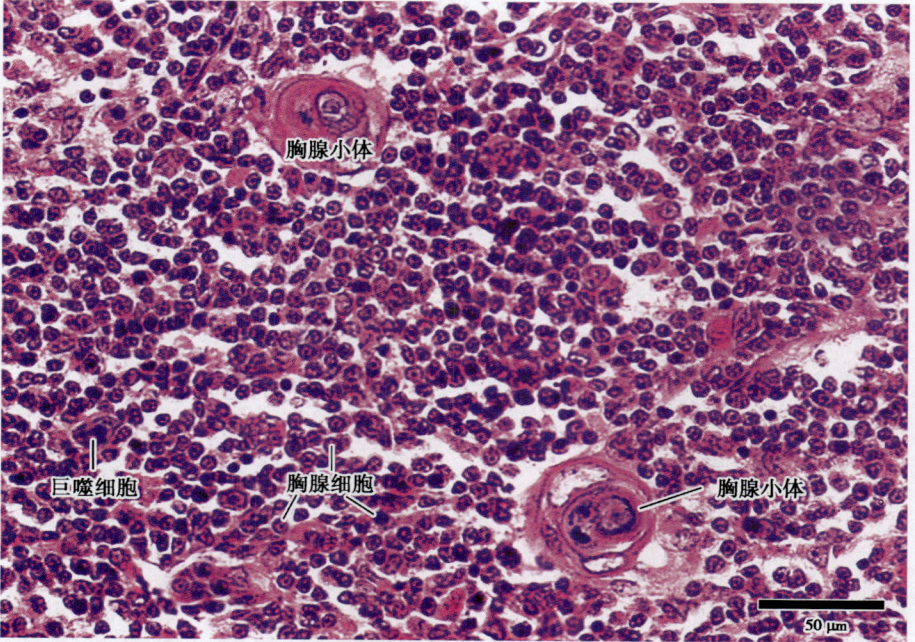

(b)

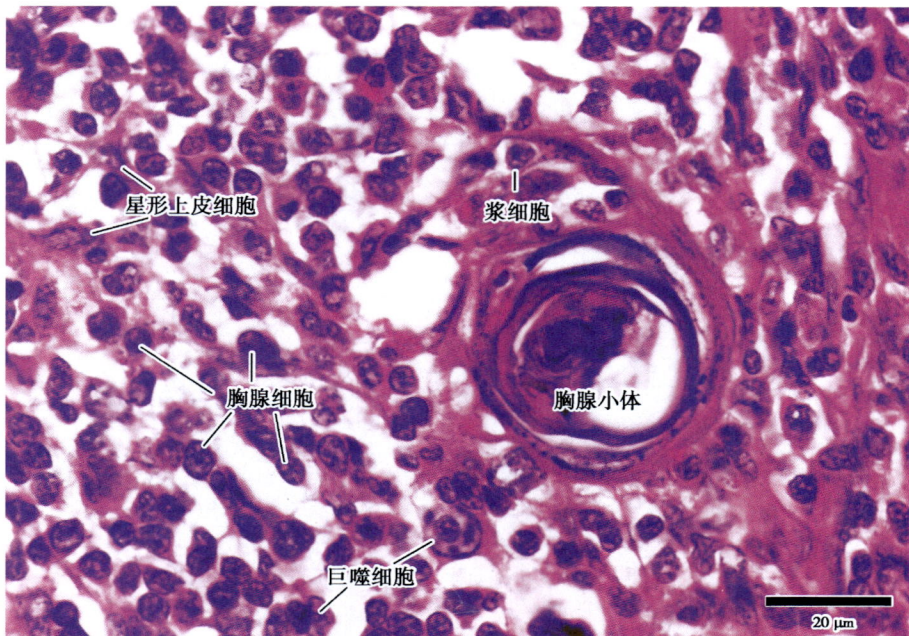

图 11-16 胸腺高倍像（HE 染色）

2.3.2 皮质 主要由胸腺上皮细胞构成支架，内有大量淋巴细胞（又称胸腺细胞）及少量巨噬细胞。被膜下胸腺上皮细胞仅位于被膜下和小叶间隔旁，为扁平上皮细胞。在皮质部，胸腺上皮细胞变为星形，细胞较大，且有多个突起，胞核圆形，位于中央，细胞突起之间连接成网状支架，并围绕于毛细血管的周围，形成血－胸腺屏障。切片中由于淋巴细胞密集，不易观察到细胞全貌。淋巴细胞多密集于胸腺皮质内，皮质浅层为大、中淋巴细胞，深层为小淋巴细胞。巨噬细胞数量较多，分散在淋巴细胞之间。

2.3.3 髓质 位于胸腺小叶中心，与皮质界限不清。髓质上皮细胞呈球形或多边形，胞体较大，上皮细胞之间分散有少量的淋巴细胞。髓质中有一个或多个圆形并由几层扁平状的胸腺小体上皮细胞围成的浅红色的结构，即胸腺小体。小体外层的细胞可见蓝紫色的细胞核，内部上皮细胞的胞核模糊不清或崩解消失。胞质呈均匀嗜酸性，常融合在一起。

3 示教切片

3.1 血结

观察切片：牛血结切片，HE 染色。

低—中倍镜观察：被膜较厚，组织结构介于淋巴结和脾之间，实质排列为索状和淋巴小结，小结内也有生发中心，被膜下淋巴窦较宽大（图 11-17，图 11-18）。

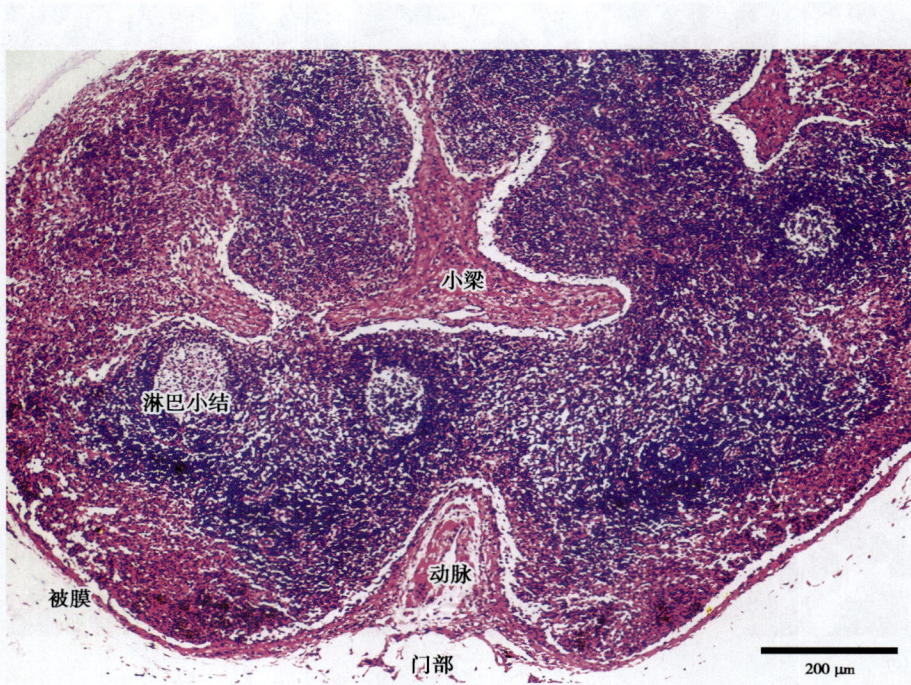

图 11-17　血结低倍像（HE 染色）

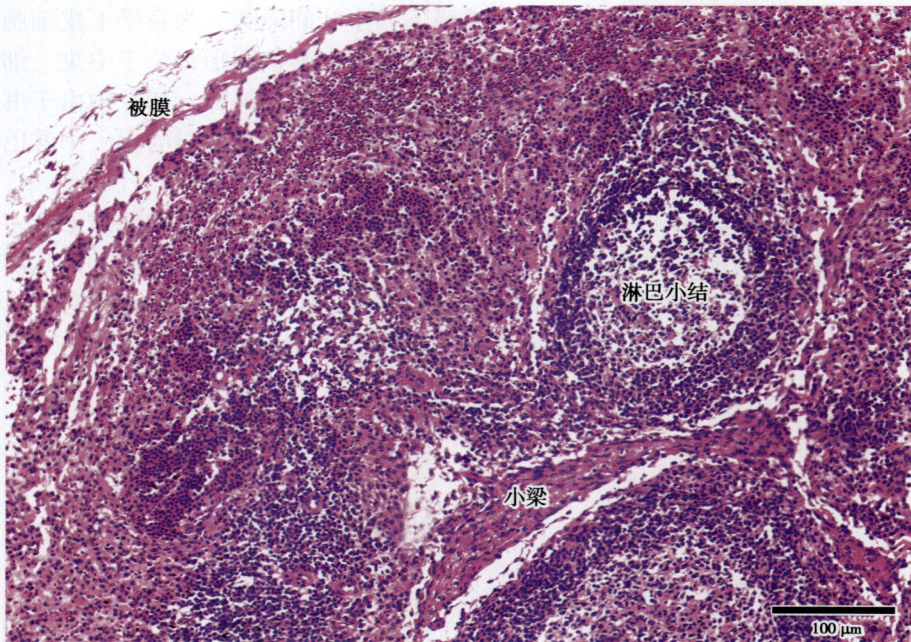

图 11-18　血结中倍像（HE 染色）

3.2　血淋巴结

观察切片：羊血淋巴结切片，HE 染色。

低—中倍镜观察：血淋巴结有疏松结缔组织被膜，门部被膜较厚，并有较多的血管和淋巴管。被膜伸入实质形成小梁，实质有大量的血窦、少量的淋巴小结和淋巴窦。血窦内充满血液。淋巴小结在血窦之间呈岛屿状散在分布，由网状淋巴组织构成，在网眼中有大量淋巴细胞。淋巴小结中有淋巴细胞、少量浆细胞和单核细胞。少数淋巴小结有生发中心（图 11-19）。

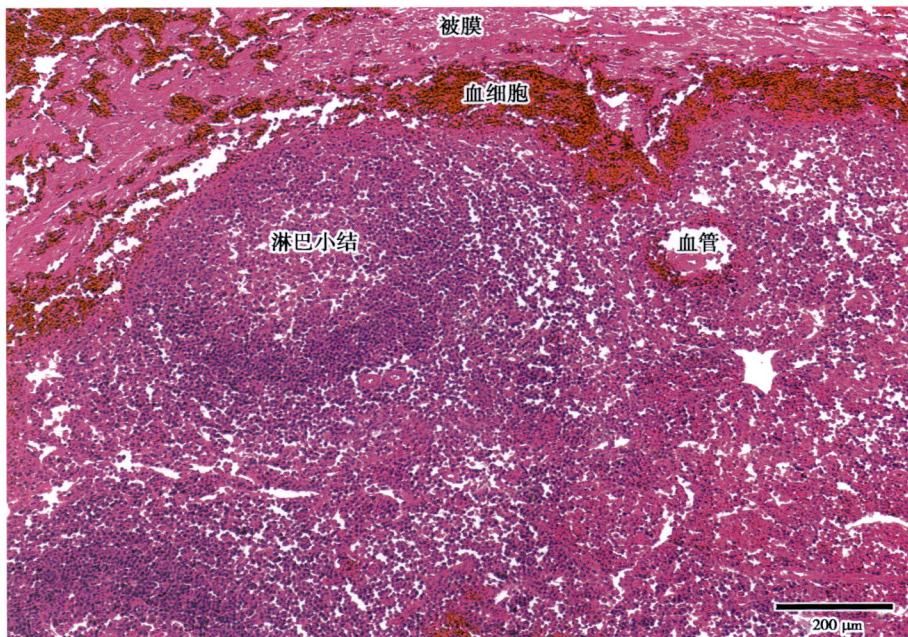

图 11-19　血淋巴结中倍像（HE 染色）

3.3　扁桃体

观察切片：羊或兔扁桃体。

低—中倍镜观察：扁桃体位于鼻咽、喉咽和口咽处，包括腭扁桃体、咽扁桃体、舌扁桃体、会厌旁扁桃体、软腭扁桃体、咽鼓管扁桃体等，它们共同组成咽壁淋巴环。不同扁桃体的解剖部位、形状、大小、结构因动物种类不同而异。扁桃体表面常覆有复层扁平上皮或假复层纤毛柱状上皮，有的扁桃体上皮向固有层内凹陷形成许多分支的隐窝，上皮深面及隐窝周围的固有层内含有大量的弥散淋巴组织和淋巴小结；隐窝深部的上皮内也含大量的淋巴细胞、浆细胞和少量的巨噬细胞等，使淋巴组织与上皮组织界线不清，称为淋巴上皮。有的扁桃体无隐窝，仅有一些较深的黏膜皱襞，固有层内含有丰富的淋巴组织（图 11-20，图 11-21）。

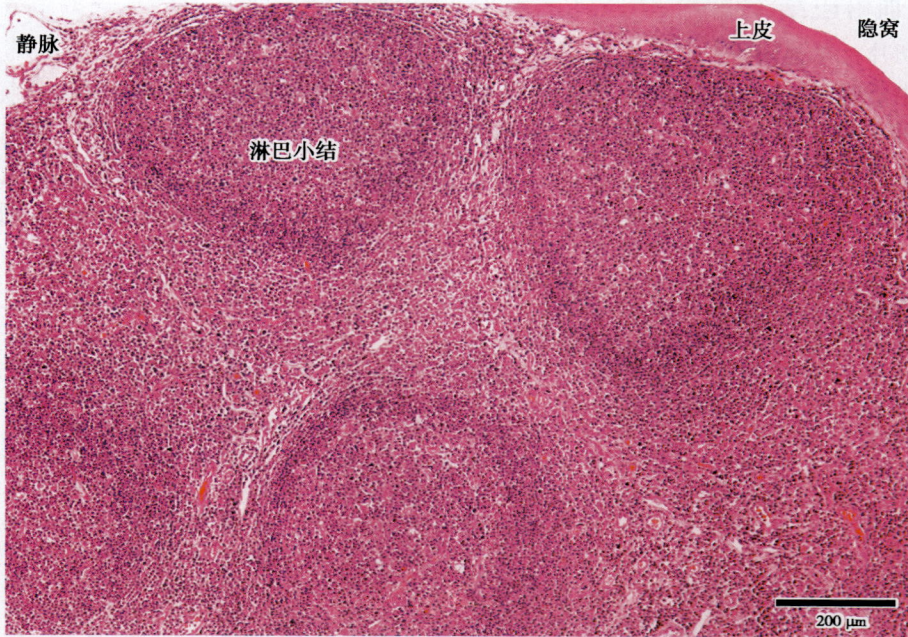

图 11-20　扁桃体低倍像（HE 染色）

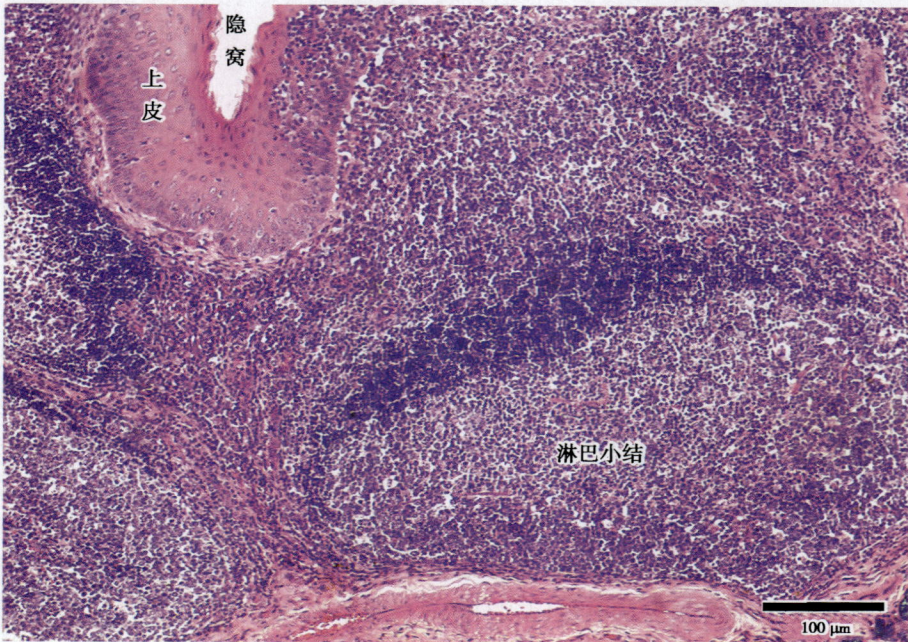

图 11-21　腭扁桃体中倍像（HE 染色）

3.4 骨髓

观察切片：骨髓涂片，吉姆萨－瑞特混合染色。

中—高倍镜观察：有许多处于不同发育阶段的各种血细胞。如处于晚期幼稚阶段的红细胞，细胞质从嗜碱性到嗜酸性，细胞核圆形并逐步变小，染成蓝到蓝黑色（图11-22，图11-23）。

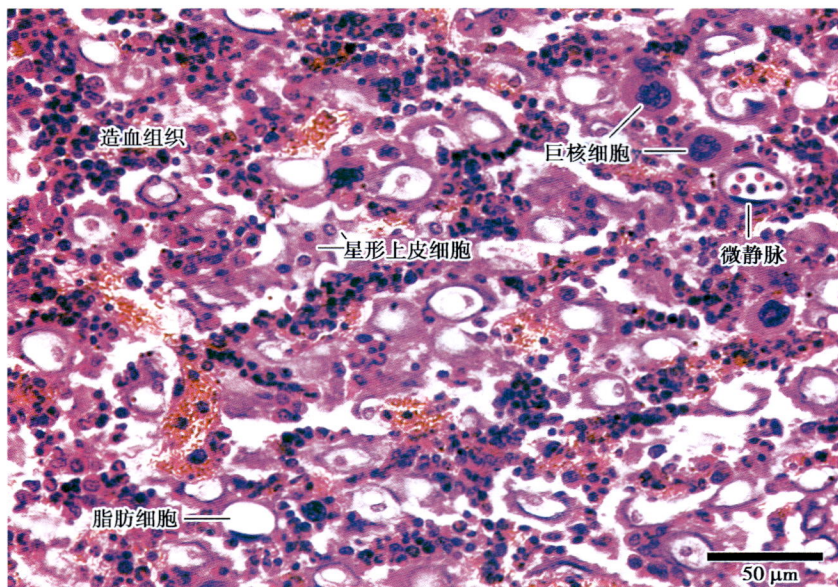

图 11-22　红骨髓中倍像（HE 染色）

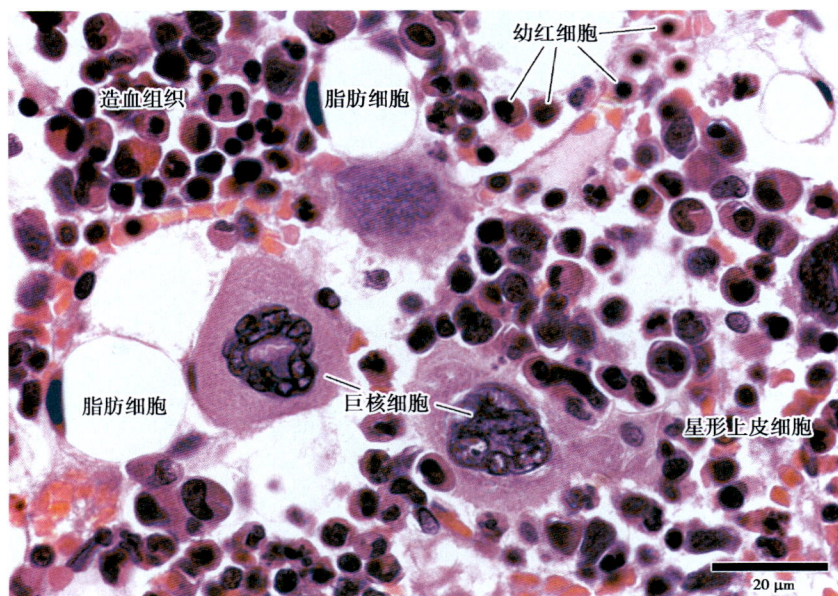

图 11-23　红骨髓高倍像（HE 染色）

4 绘图作业

4.1 绘制中倍镜下淋巴结的局部组织结构图。

4.2 绘制中倍镜下脾脏的局部组织结构图。

4.3 软件采集胸腺小体、血结、血淋巴结和扁桃体的高倍电子图像。

实验 12 内分泌系统

1 实验目的

1.1 掌握脑垂体、肾上腺、甲状腺的微细结构及其与功能的关系。

1.2 了解甲状旁腺、松果体的微细结构。

2 实验内容

2.1 脑垂体

观察切片：脑垂体矢状切面，HE 染色或 Mallory 三色染色。

肉眼观察：脑垂体切面呈椭圆形，染色较浅，可见到四周的被膜及一侧向上突起被切断的垂体柄。一侧颜色较深的部分是脑垂体远侧部，另一侧颜色较浅的部分为脑垂体的神经部（图 12-1）。

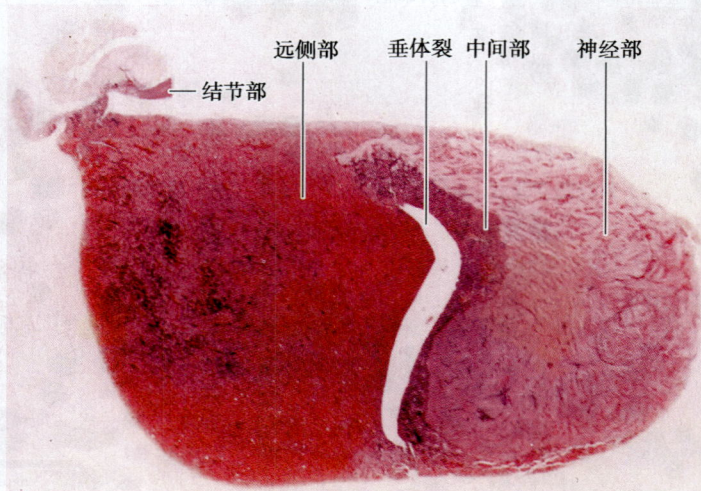

图 12-1 垂体纵切全貌（Mallory 三色染色）

低—中倍镜观察： 脑垂体外包结缔组织被膜。实质分为远侧部、中间部、结节部和神经部。神经部中央的腔是垂体腔。远侧部与神经部之间的紫色窄带状结构为中间部。在脑垂体一端上方突出的结构为垂体柄，其外面着色深的为结节部（图12-2，图12-3）。

高倍镜观察：

2.1.1 远侧部 是构成腺垂体的主要部分，腺细胞排列成团索状，细胞间有丰富的血窦和少量结缔组织。根据腺细胞着色的差异，可区分出3类细胞（图12-4）：

（1）嗜酸性细胞：很容易辨认，数量较多，分散或成堆分布，细胞中等大小，呈圆形、椭圆形或多角形，胞质中含有许多嗜酸性、染成红色的颗粒。核圆形、多偏位。

（2）嗜碱性细胞：数量最少，较嗜酸性细胞大，胞质中含有许多嗜碱性的蓝紫色颗粒。核大而圆，着色较浅。

（3）嫌色细胞：数量最多，约占50%，成群分布，个体较小，胞质弱嗜酸性或不着色，因此细胞界限不清，有时仅见一群胞核。核圆形或多角形，着色浅。

2.1.2 中间部 嗜碱性细胞较多，细胞呈矮柱状，核椭圆形或圆形。细胞排列成团索状或围成滤泡，滤泡由单层矮柱状和立方上皮围成，有的滤泡腔中可见到胶状物质（图12-5）。

2.1.3 神经部 将视野移至染色浅的神经部，内有许多纵行排列的染成淡红色的无髓神经纤维和神经胶质细胞（垂体细胞）的细胞核，其间为结缔组织和毛细血管。在有的无髓神经纤维间或其终末部，可见球形或椭圆形、大小不等的嗜酸性团块，即赫林体（图12-6）。

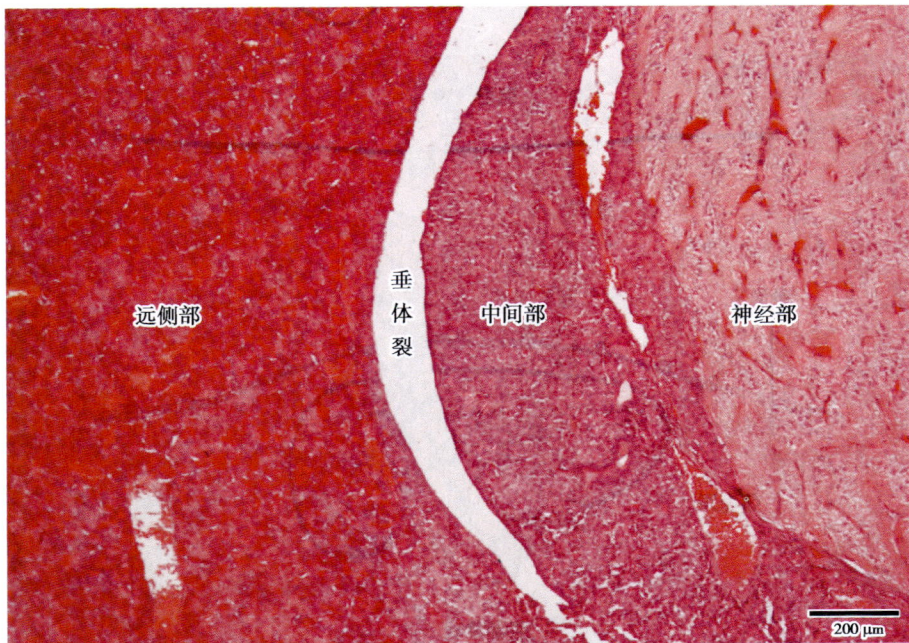

图12-2　垂体低倍像（Mallory三色染色）

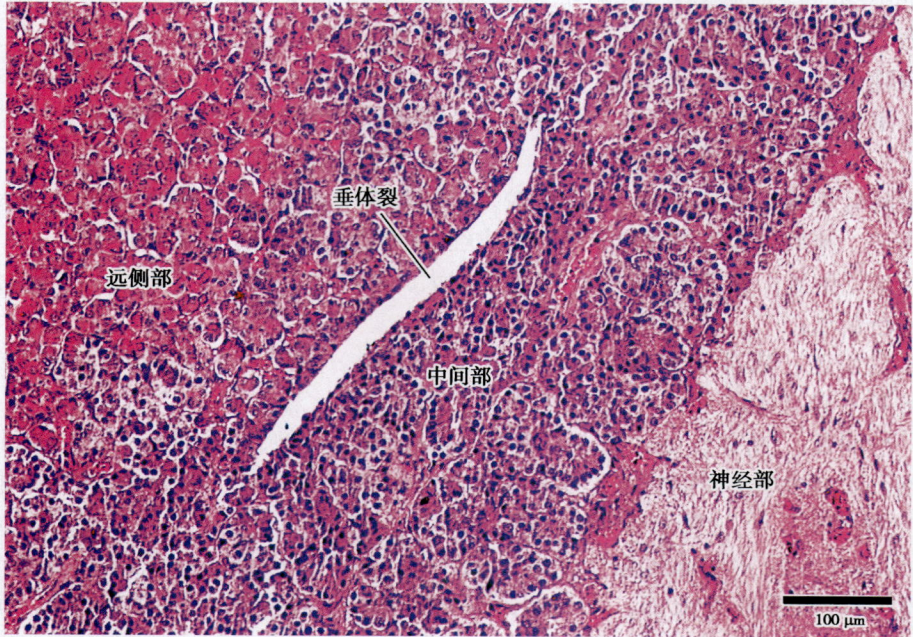

图 12-3　垂体中倍像（Mallory 三色染色）

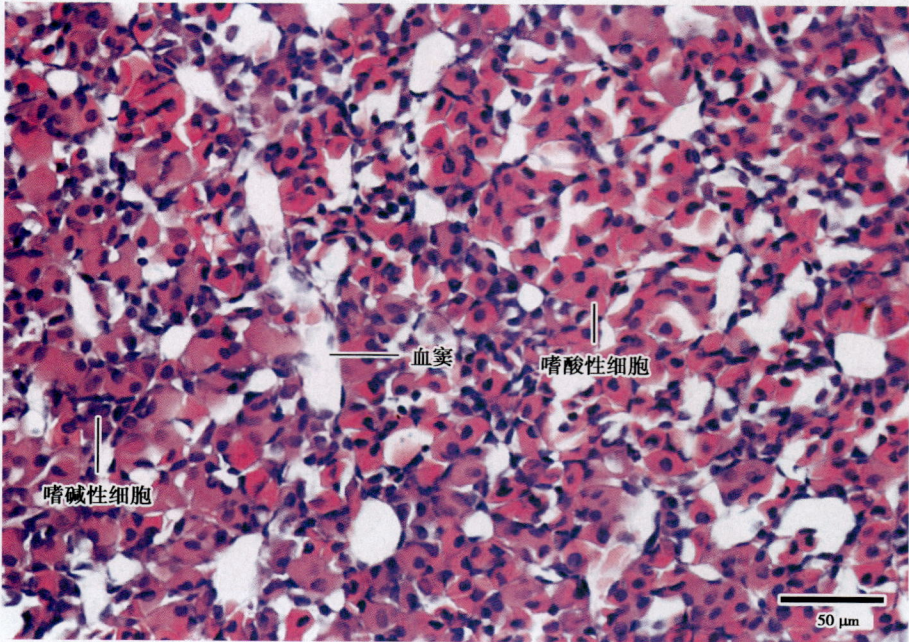

(a)

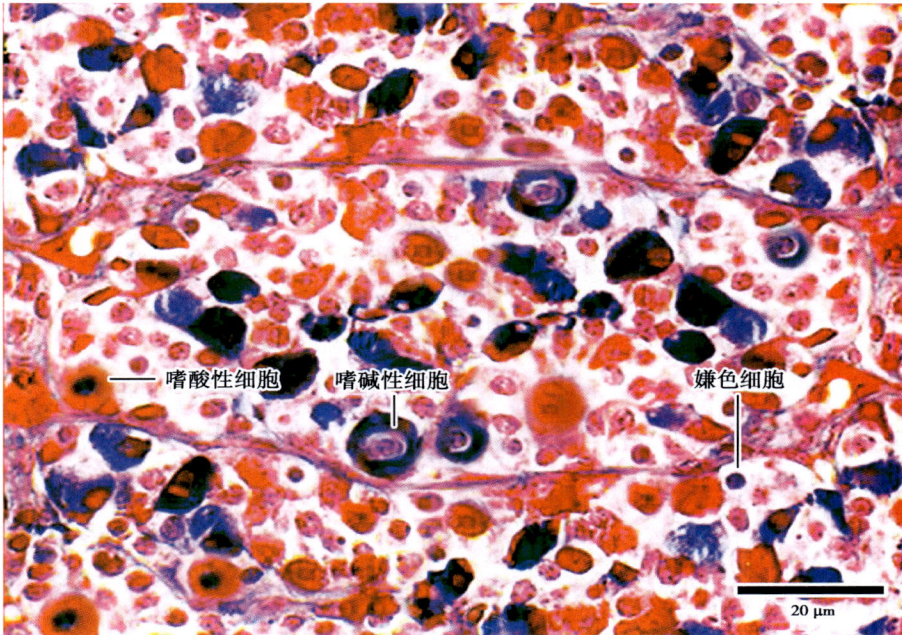

(b)

图 12-4　垂体远侧部高倍像（Mallory 三色染色）

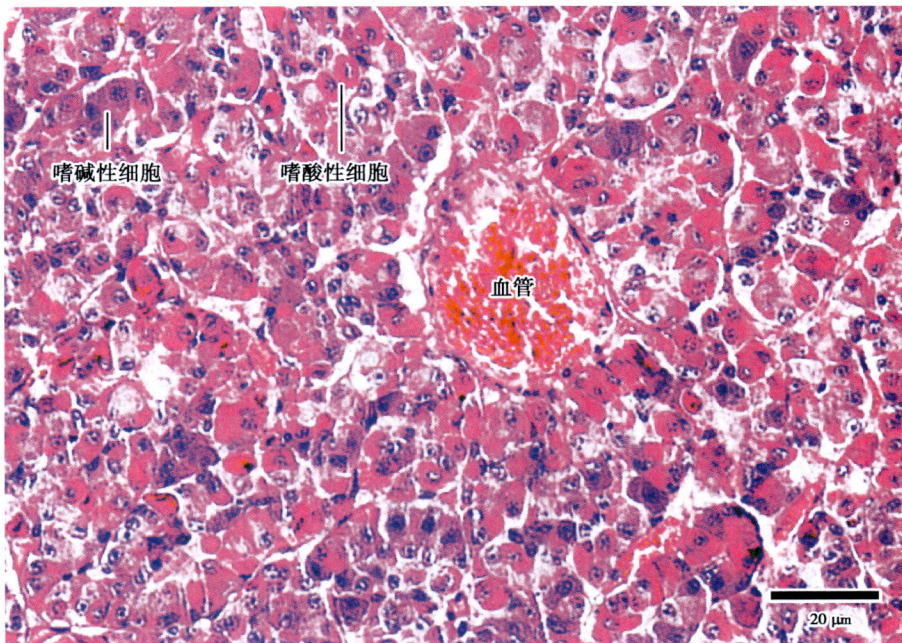

图 12-5　垂体中间部高倍像（Mallory 三色染色）

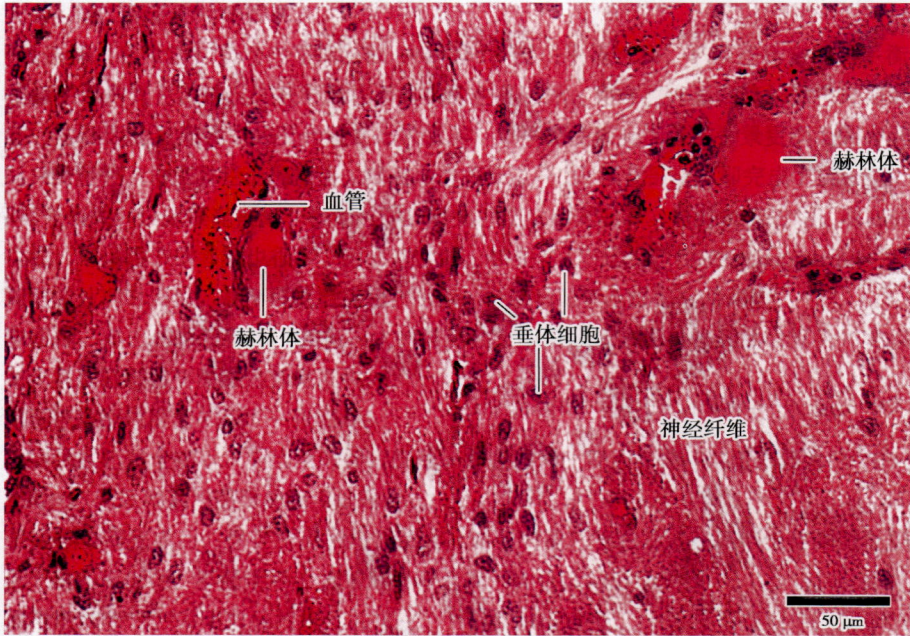

图 12-6　垂体神经部高倍像（Mallory 三色染色）

2.2　肾上腺

观察切片：牛（猪、犬、兔）肾上腺，HE 染色。

肉眼观察：肾上腺外周有染色浅的结缔组织被膜，被膜深层是肾上腺实质。实质分为外周的皮质和中央的髓质。

低倍镜观察：移动标本，分辨肾上腺外周的被膜，其深层很厚的皮质和中央的髓质（图 12-7）。

中—高倍镜观察：

2.2.1　被膜　由致密结缔组织构成。结缔组织伸入实质分布于腺细胞索或细胞团之间，形成间质，内有丰富的血窦。

2.2.2　皮质　根据细胞排列形式，由表及里分为 3 个带（图 12-8）：

（1）多形带：位于被膜深层的窄带，细胞呈柱状，核球形或圆形，染色深。细胞排列因动物而异，猪的多形带排列成不规则的索，反刍动物排列成团或索，马则排列成弓状。

（2）束状带：位于多形带的深面，很厚，细胞排列成束状。细胞呈多边形或立方形，胞质嗜酸性，由于胞质中的脂滴在制片时被溶解而呈空泡状。束与束之间有很多血窦（图 12-9）。

（3）网状带：位于束状带深层，紧靠髓质并与髓质交错分布。该带较薄，细胞索彼此吻合成网，网孔中的血窦较大，内含较多的红细胞，因此颜色偏红（图 12-10）。

2.2.3　髓质　位于肾上腺的中央，被皮质包围。髓质细胞体积较大，呈柱状或多边形，胞质嗜碱性，用含铬盐的固定液固定标本，则产生嗜铬反应，胞质中可见许多清亮的黄褐色嗜铬颗粒，含有嗜铬颗粒的髓质细胞称嗜铬细胞。胞核大而圆，染色较浅。细胞排列成不规则的索或团，其间有大的血窦和少量结缔组织。髓质内还分布有散在的交感神经节细胞。在髓质中央常有管腔大的中央静脉（图 12-11）。

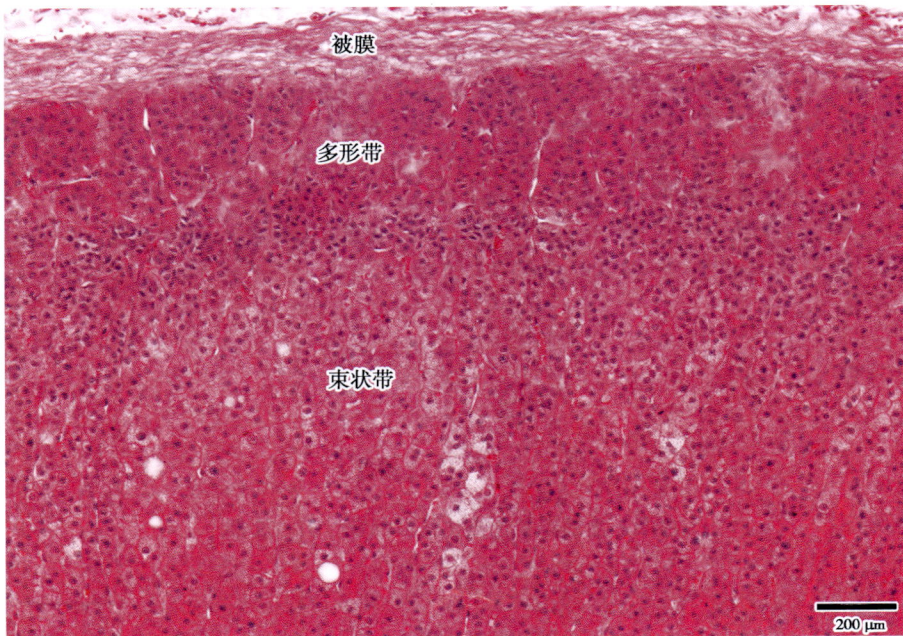

图 12-7　肾上腺低倍像（HE 染色）

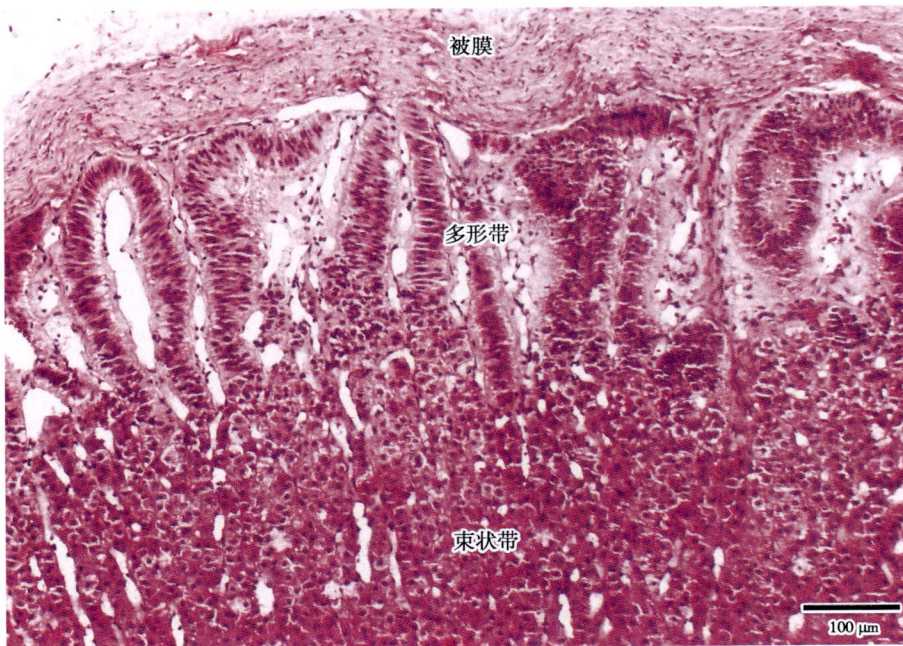

图 12-8　肾上腺皮质中倍像（HE 染色）

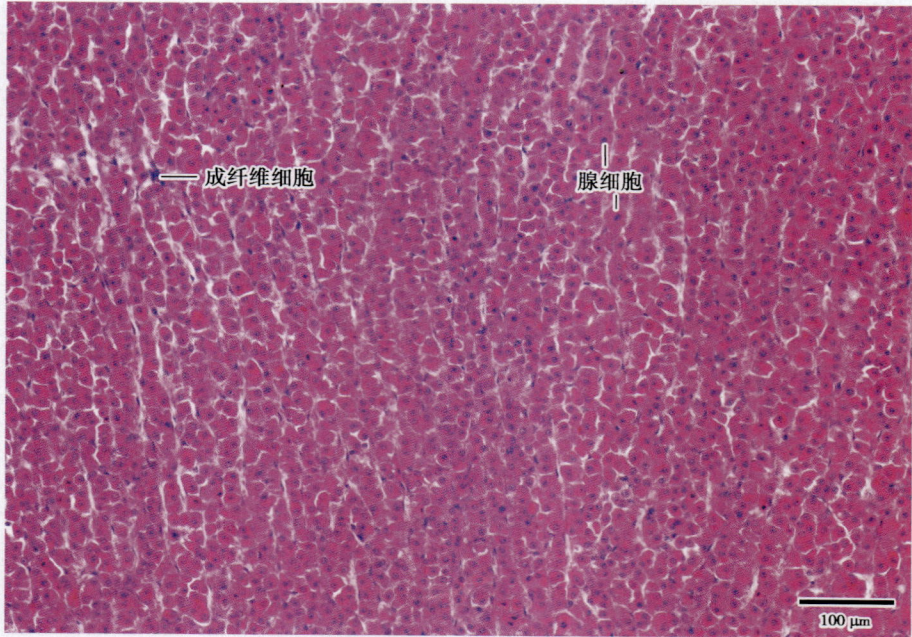

成纤维细胞

腺细胞

100 μm

图 12-9 肾上腺皮质束状带中倍像（HE 染色）

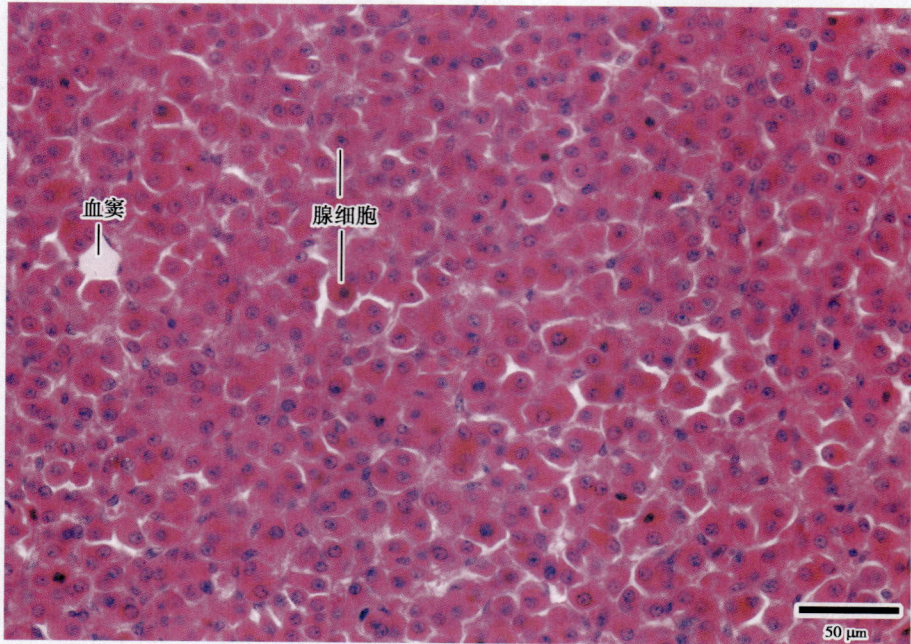

血窦

腺细胞

50 μm

图 12-10 肾上腺皮质网状带高倍像（HE 染色）

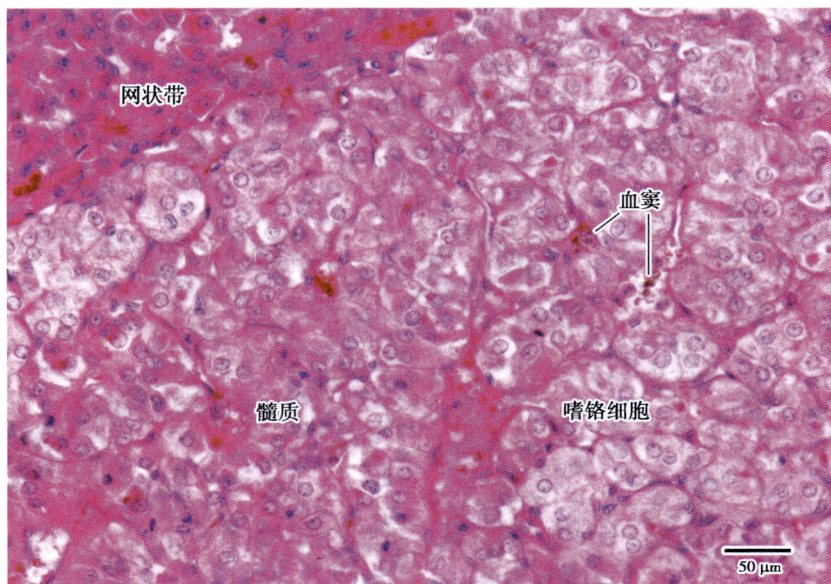

图 12-11　肾上腺髓质高倍像（HE 染色）

2.3　甲状腺

观察切片：猪（犬、兔）甲状腺，HE 染色。

低倍镜观察：表面是致密结缔组织被膜，结缔组织伸入腺实质将其分隔成不明显的小叶。小叶内有许多大小不等、圆形或椭圆形的滤泡断面。滤泡壁由单层立方上皮构成，滤泡腔中充满了红色的胶状物质，为碘化的甲状腺球蛋白（图 12-12）。

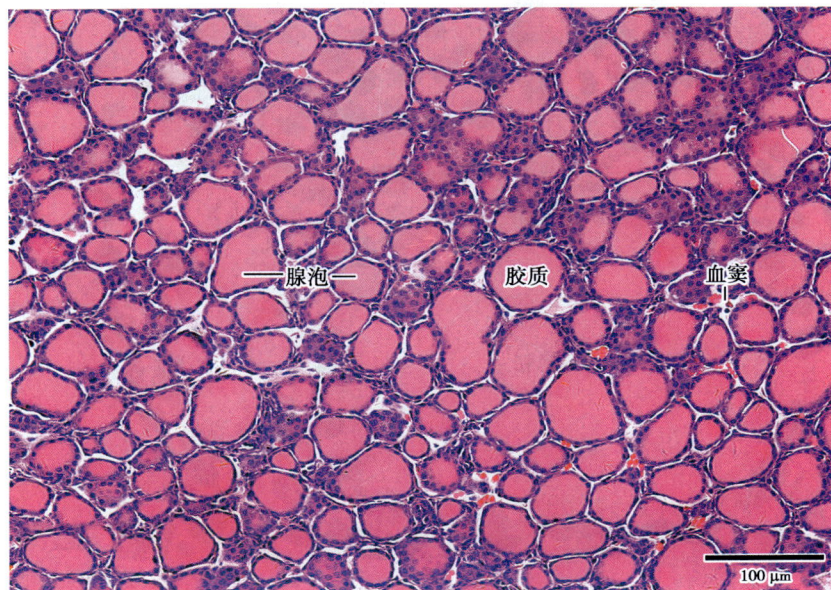

图 12-12　甲状腺低倍像（HE 染色）

高倍镜观察： 滤泡上皮细胞呈立方形或低柱状，细胞界限较清楚，胞质弱嗜酸性，胞核圆形位于细胞中央。有的滤泡因切面关系，仅见一团密集的上皮细胞而缺滤泡腔。滤泡上皮细胞通常为立方形，随功能状态而改变，分泌功能活跃时细胞呈高柱状，腔内胶状物质很少，而分泌功能低下时，滤泡上皮细胞则变成扁平状，腔内胶状物质变多（图12–13）。

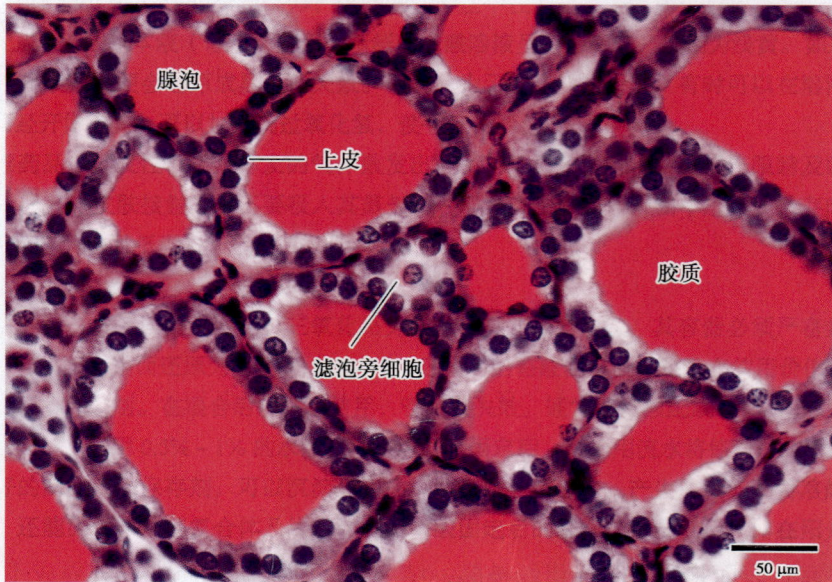

(a)

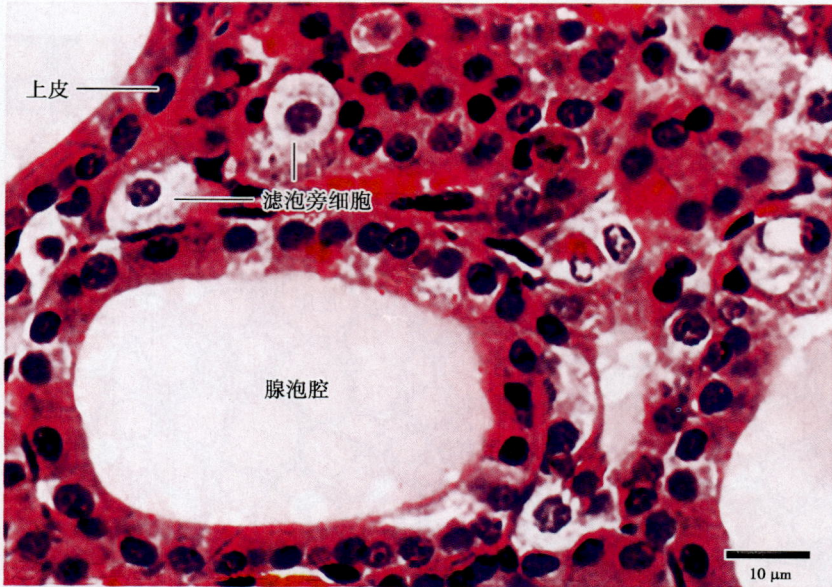

(b)

图 12–13 甲状腺高倍像（HE 染色）

滤泡旁细胞也称 C 细胞，是甲状腺内的另一种内分泌细胞，常三五成群存在于疏松结缔组织中或单个散在于滤泡上皮细胞间；体积较大，呈多边形或卵圆形，胞质清亮呈淡红色，核圆形，着色较浅；具有嗜银性。结缔组织中含有丰富的毛细血管（图 12-14）。

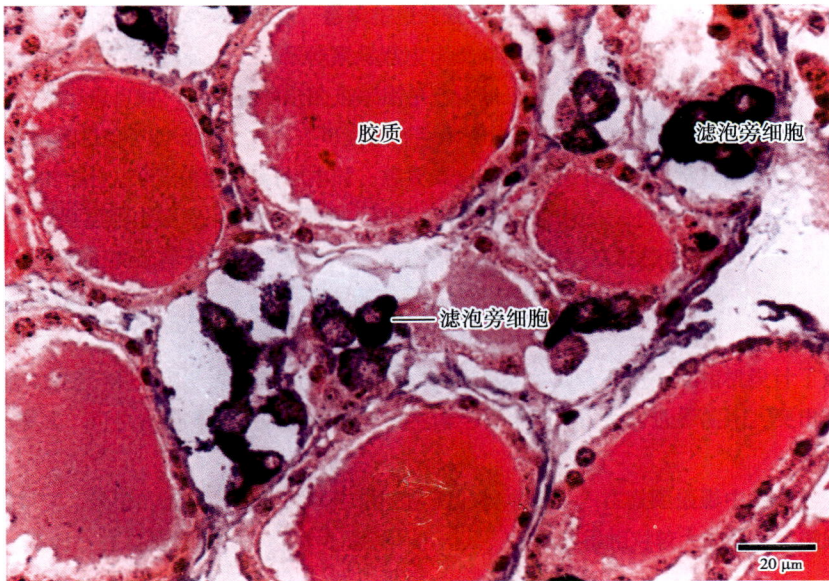

图 12-14　甲状腺旁细胞高倍像（硝酸银＋中性红染色）

3 示教切片

3.1　甲状旁腺

观察切片： 猪（牛）甲状旁腺切片，HE 染色。腺体小，常位于甲状腺旁边或包在甲状腺内，染成深蓝色（图 12-15）。

高倍镜观察：

甲状旁腺的实质中可见到两种细胞（图 12-16）：

（1）主细胞：数量多，细胞体积较小，呈多角形，胞核圆形位于中央，着色深，胞质弱嗜酸性，因脂滴被溶解而呈空泡状。

（2）嗜酸性细胞：数量少，细胞较大，胞质中含有许多嗜酸性颗粒，单个或成群地散布于主细胞间。腺细胞排列成团索状，之间还可见丰富的血窦。

3.2　松果体

观察切片： 猪（犬）松果体切片，HE 染色。

低—高倍镜观察： 被膜薄，深入内部把实质分成许多小叶。实质由松果体细胞和神经胶质细胞组成。松果体细胞排成团或索状，银染时可见细胞发出分支的突起（图 12-17 至图 12-19）。

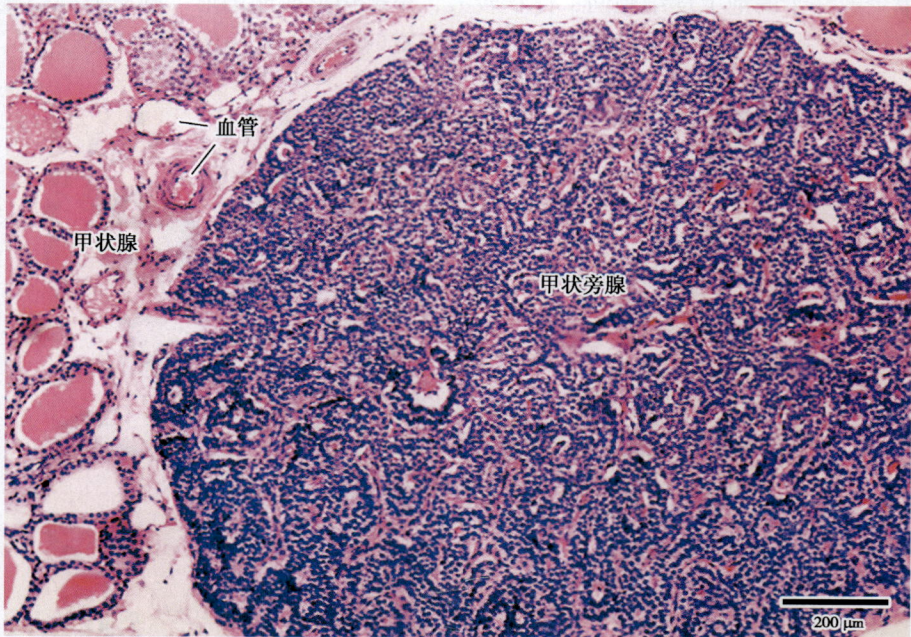

图 12-15　甲状旁腺低倍像（HE 染色）

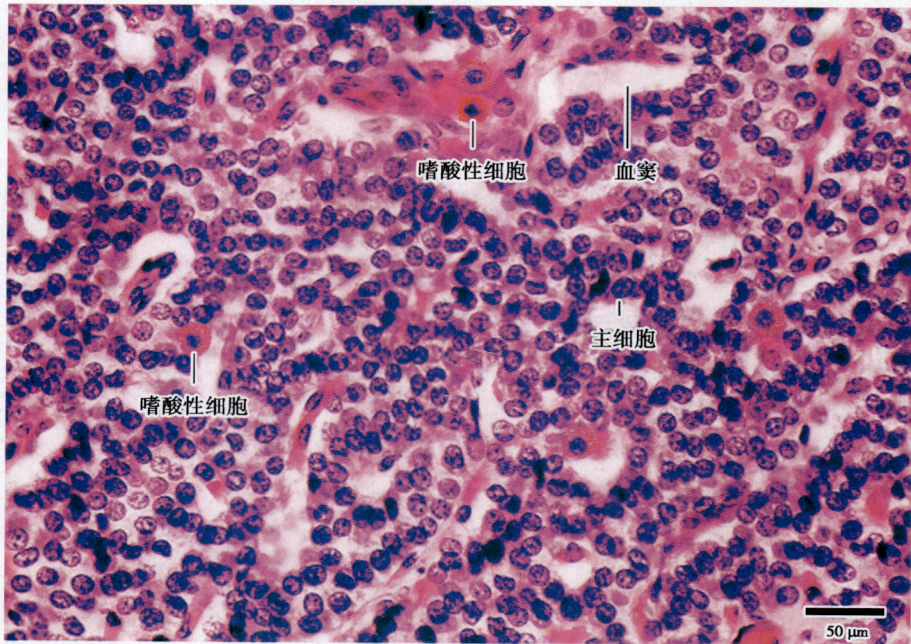

图 12-16　甲状旁腺高倍像（HE 染色）

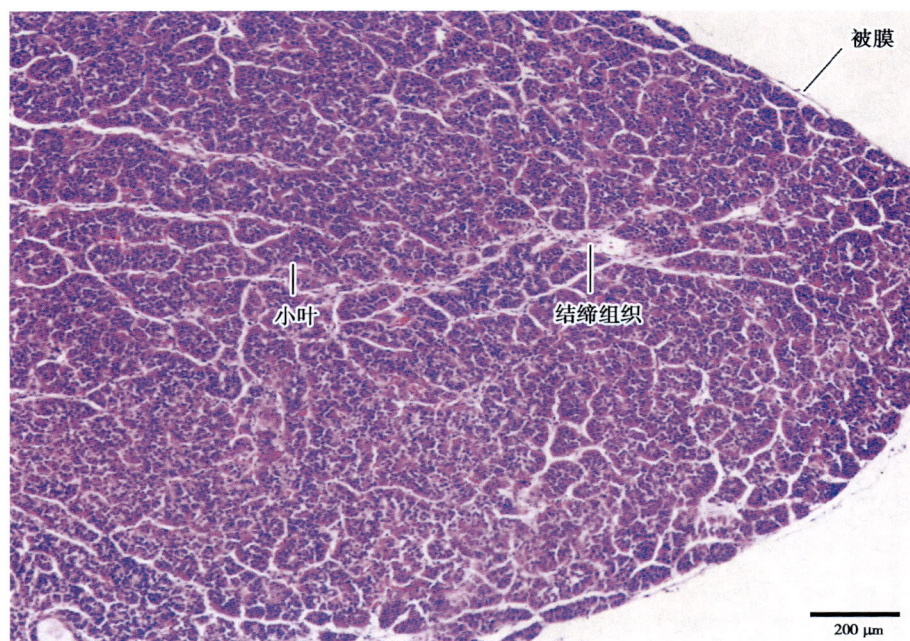

被膜

小叶

结缔组织

200 μm

图 12-17　松果体低倍像（HE 染色）

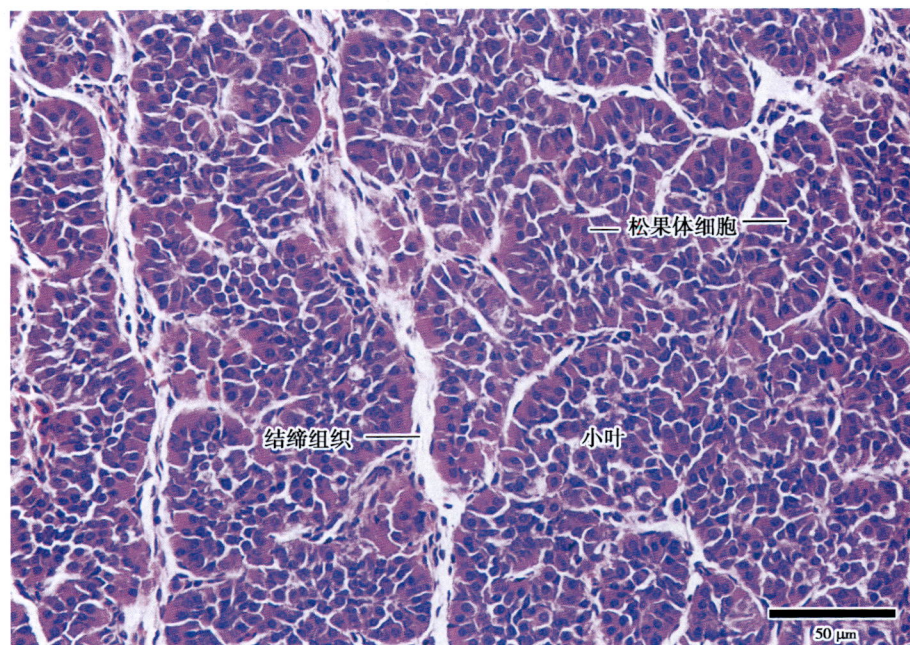

松果体细胞

结缔组织

小叶

50 μm

图 12-18　松果体中倍像（HE 染色）

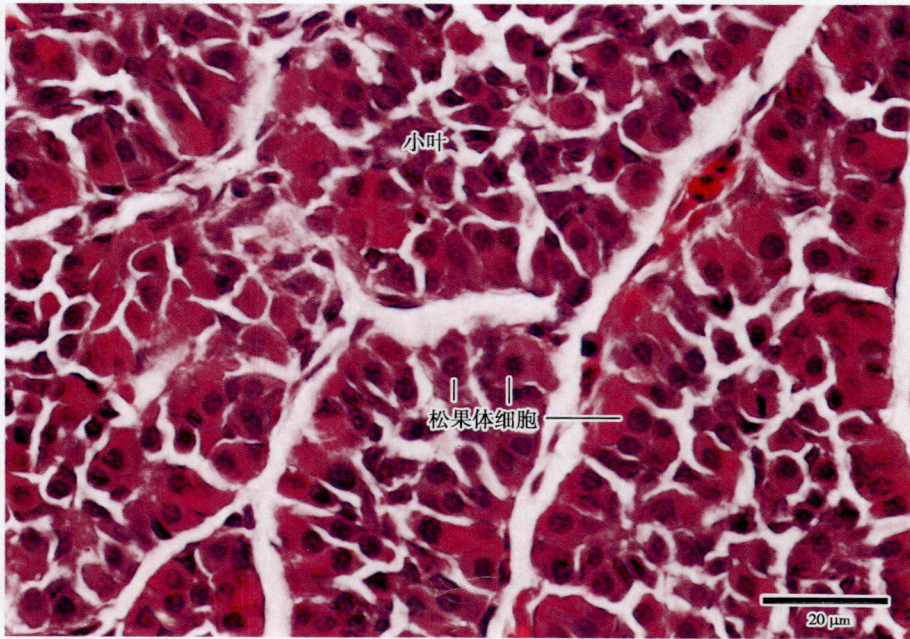

(a)

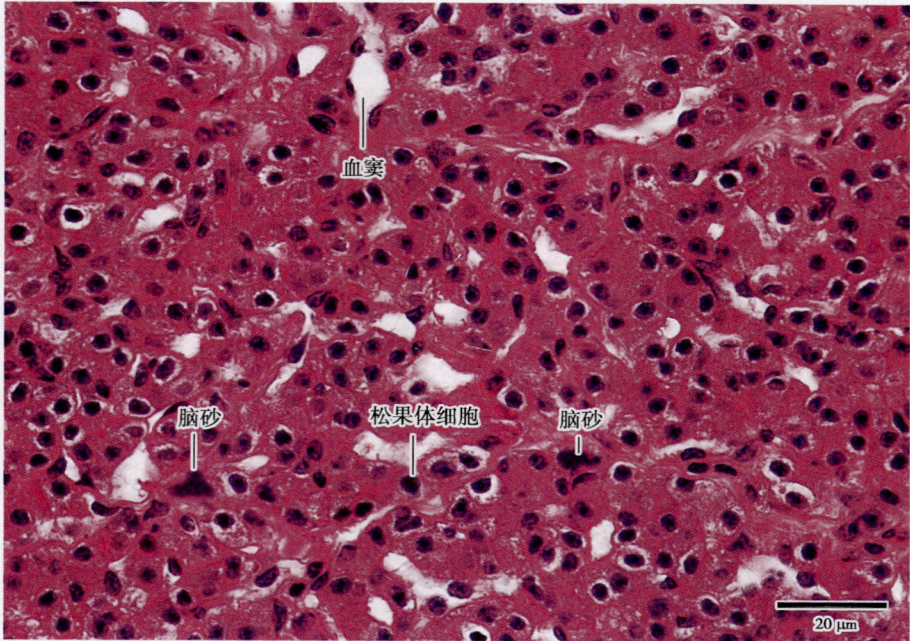

(b)

图 12-19　松果体高倍像（HE 染色）

4 绘图作业

4.1 绘制高倍镜下脑垂体各部结构图。
4.2 绘制高倍镜下肾上腺各部结构图。
4.3 软件采集甲状腺、甲状旁腺和松果体的高倍电子图像。

实验 13 消化管

1 实验目的

1.1 掌握消化管管壁的基本组织结构。
1.2 掌握食管、胃、小肠和大肠的组织结构。

2 实验内容

2.1 食管（图 13-1）

观察切片：食管横切面，HE 染色。

肉眼观察：断面呈扁圆形，中央有不规则的管腔，管壁很厚。腔面显深红色的部分为黏膜上皮，上皮的深层染成淡红色，即固有层、黏膜肌层和黏膜下层，外层为深红色的肌层。

低—中倍镜观察：靠近管腔有几条纵行皱襞。移动切片，自腔面依次分辨黏膜、黏膜下层、肌层和外膜（图 13-2）。

2.1.1 **黏膜** 管壁的最内层，由内向外分为 3 层：

（1）上皮：复层扁平上皮，较厚。局部浅层细胞无核，并有轻度角化，有时可见表层细胞分离和脱落的现象。

（2）固有层：位于上皮深层，较薄，由疏松结缔组织构成，内有小血管、食管腺的导管和淋巴细胞，偶尔见有孤立淋巴小结。

（3）黏膜肌层：位于固有层的深层，为分散、纵行的平滑肌束或平滑肌纤维。切面上所见为肌纤维横切面，显深红色。

2.1.2 **黏膜下层** 与固有层无明显分界，疏松结缔组织中有发达的食管腺（黏液腺）、孤立淋巴小结和较大的血管。食管腺的导管为复层上皮，腔内有沉积的分泌物。

2.1.3 **肌层** 为骨骼肌，很厚，显紫红色。肌纤维走向不规则，可分为内环和外纵两层，偶尔有内斜、外环行，两层之间有少量的结缔组织和血管，有时可见到肌间神经丛。

2.1.4 **外膜** 颈段食管为纤维膜，由疏松结缔组织构成，内有较大的血管。

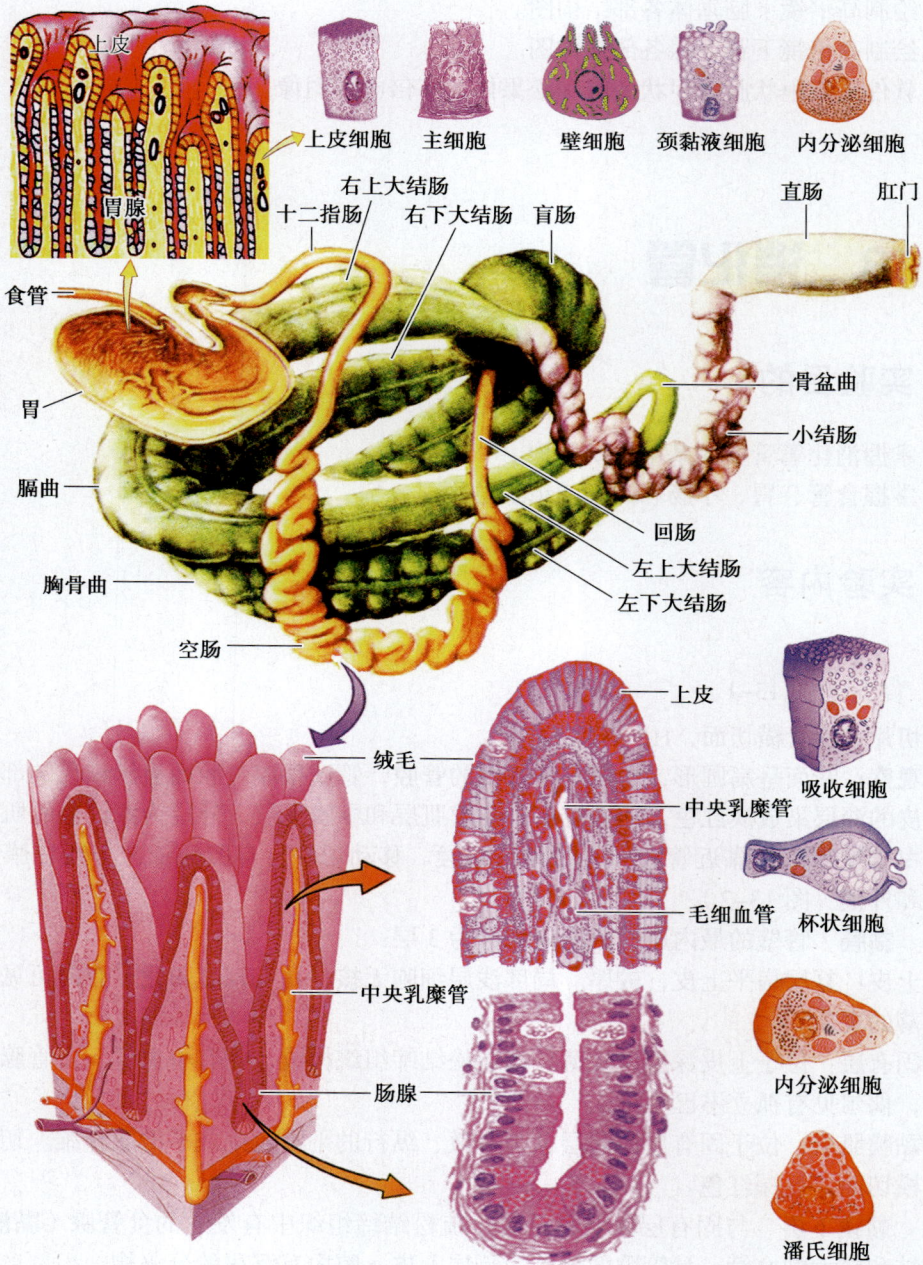

上皮

胃腺

上皮细胞　主细胞　壁细胞　颈黏液细胞　内分泌细胞

食管

胃

膈曲

胸骨曲

空肠

十二指肠

右上大结肠　右下大结肠　盲肠

直肠　肛门

骨盆曲

小结肠

回肠

左上大结肠

左下大结肠

绒毛

上皮

中央乳糜管

毛细血管

吸收细胞

杯状细胞

中央乳糜管

肠腺

内分泌细胞

潘氏细胞

图 13-1　马消化管模式图

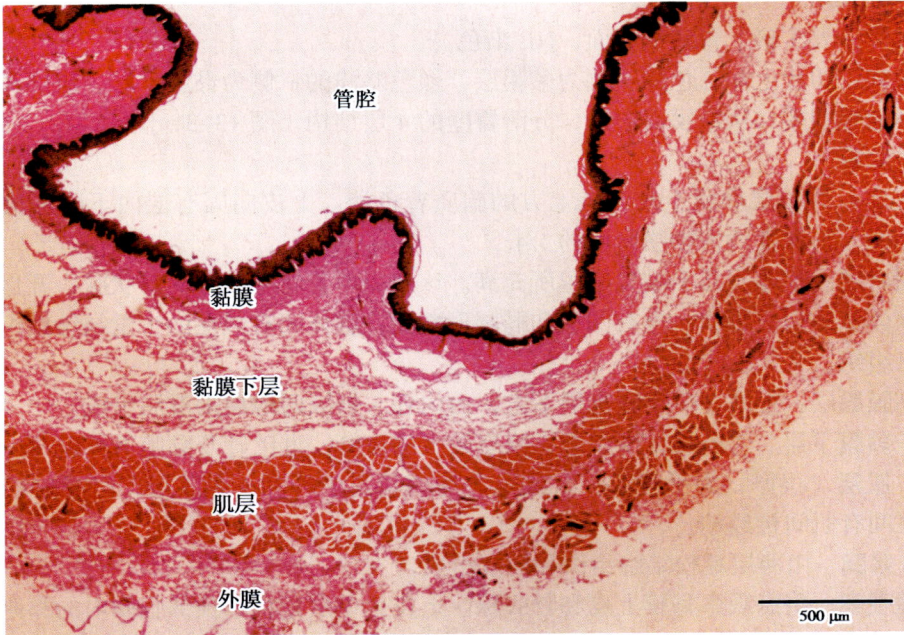

(a)

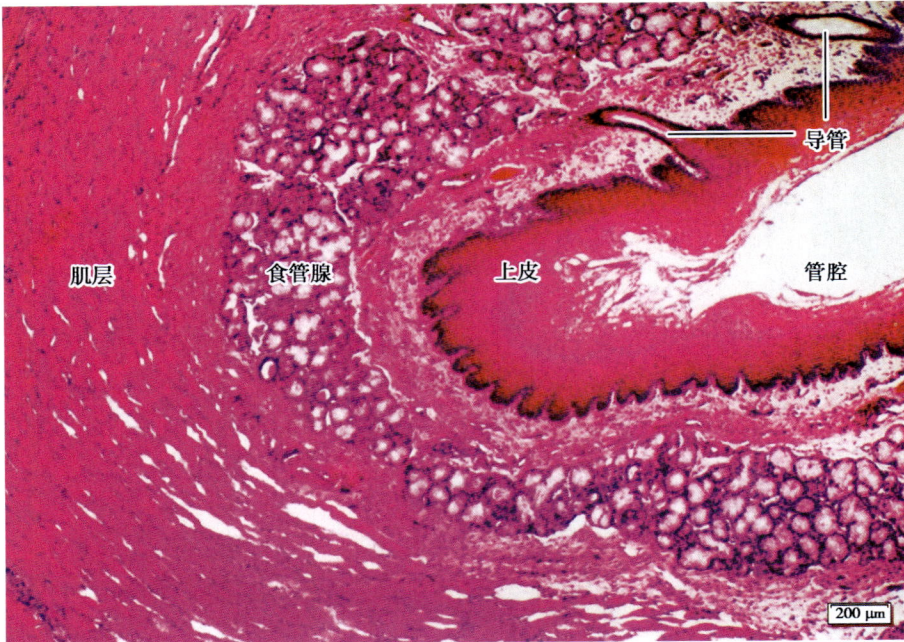

(b)

图 13-2　食管低倍像（HE 染色）

2.2 胃底腺

观察切片：犬（猪）胃底横切面，HE 染色。

肉眼观察：切片上深红色的一侧为黏膜层，颜色略浅的一侧为黏膜下层、肌层和浆膜。

低—中倍镜观察：从黏膜面向外，分清胃壁的 4 层结构（图 13-3，图 13-4）。

2.2.1 黏膜

（1）上皮：为单层柱状上皮，核上方的胞质着色淡。上皮向固有层内下陷形成许多小凹窝，即胃小凹，其深度约占黏膜厚度的 1/4。

（2）固有层：很厚，几乎被胃底腺所充满。该腺为单管状腺或分支管状腺，开口于胃小凹的底部。腺体多被切成管状，也有圆形和椭圆形断面。腺体间有散在的少量结缔组织、平滑肌纤维和淋巴组织。

（3）黏膜肌层：很薄，位于固有层下方，由内环、外纵两薄层平滑肌组成。

2.2.2 黏膜下层 为疏松结缔组织，内有较大的血管、淋巴管及黏膜下神经丛。

2.2.3 肌层 很厚，为平滑肌，大致可分为内斜、中环和外纵 3 层，但有时层次不很明显。肌层之间有肌间神经丛。

2.2.4 浆膜 由薄层疏松结缔组织和间皮组成。

高倍镜观察：重点观察黏膜上皮和胃底腺。上皮为单层柱状，顶部胞质内的黏原颗粒因在制片过程中被溶解，故着色浅，呈透明状。核椭圆形，位于细胞基部。胃底腺腺腔狭窄，多不明显。腺体由浅入深可分为颈、体和底 3 部分，重点识别 3 种主要的细胞（图 13-5 至图 13-12）：

（1）主细胞（胃酶细胞）：位于腺体部和腺底部，数量多。细胞呈柱状，圆形核位于细胞基部。因酶原颗粒在制片中溶解消失，故顶部胞质颜色较淡。基部胞质嗜碱性较强，

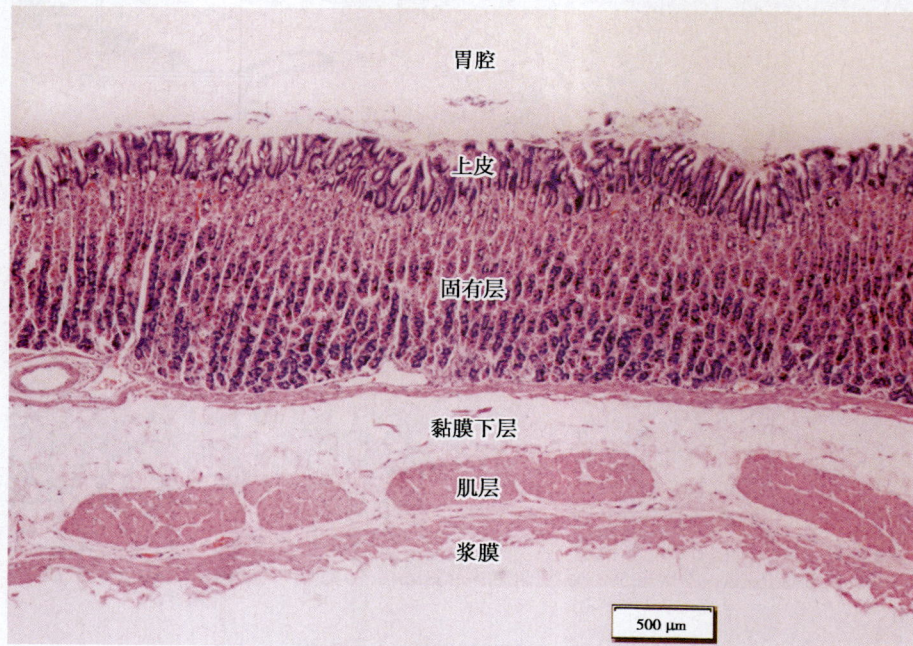

图 13-3　胃底部低倍像（HE 染色）

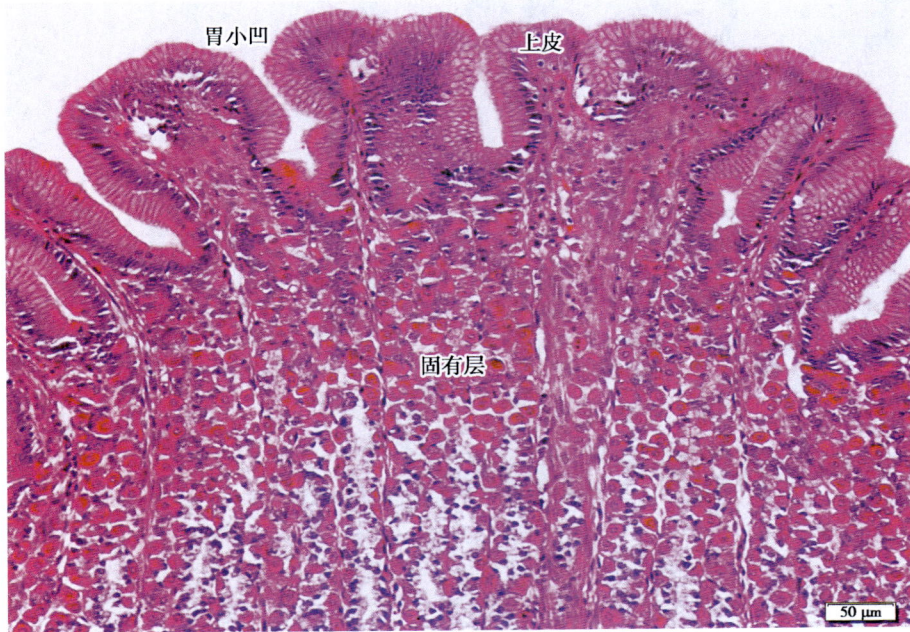

(a)

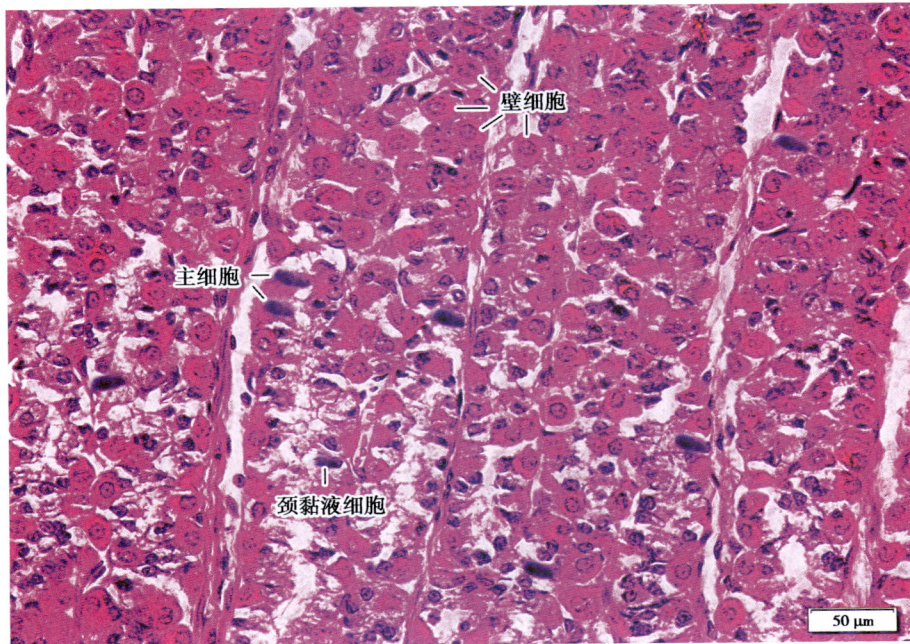

(b)

图 13-4 胃底腺中倍像（HE 染色）

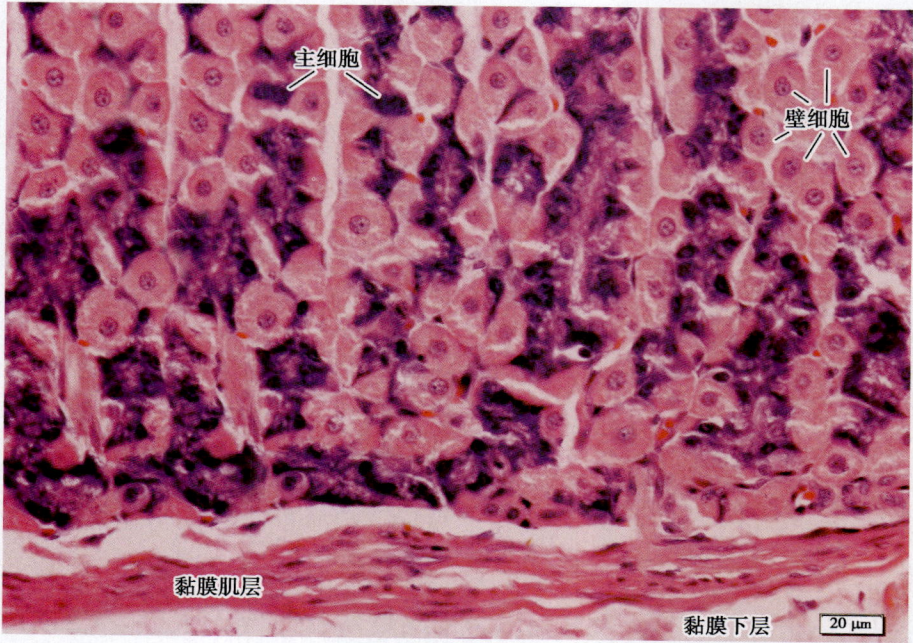

主细胞

壁细胞

黏膜肌层

黏膜下层

20 μm

图 13-5　胃底腺底部高倍像（HE 染色）

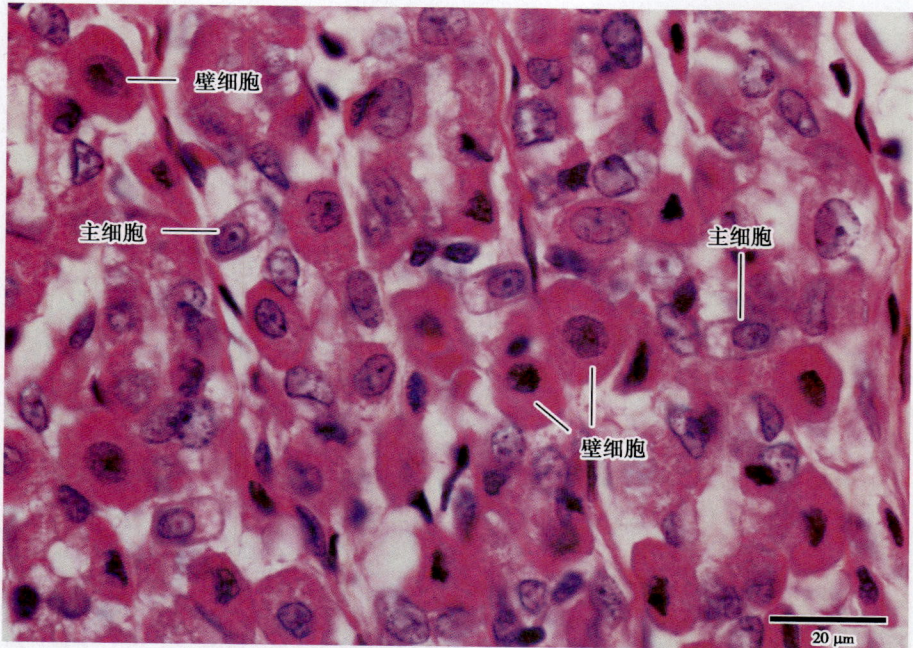

壁细胞

主细胞

主细胞

壁细胞

20 μm

图 13-6　胃底腺主细胞、壁细胞高倍像（HE 染色）

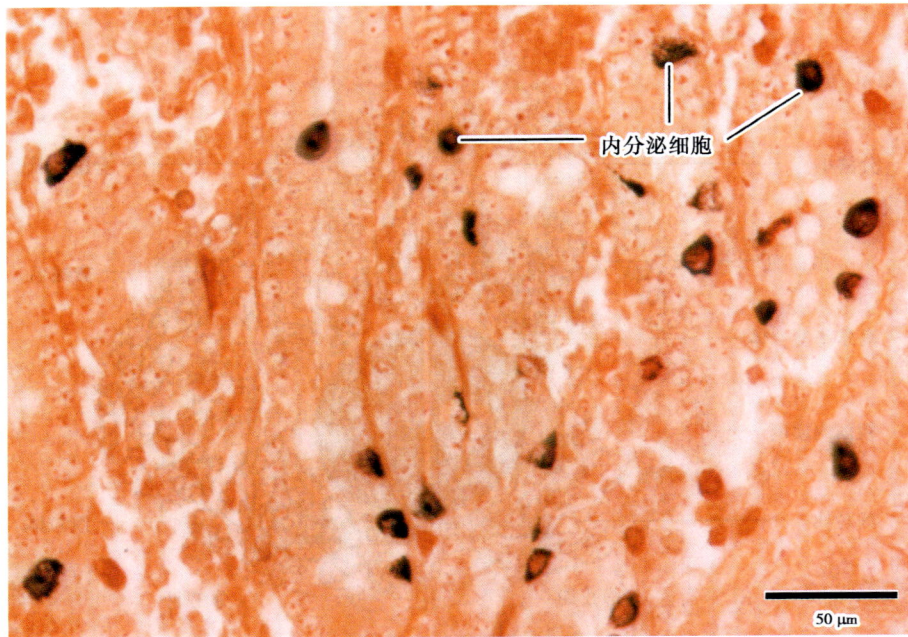

图 13-7　胃腺中的内分泌细胞（镀银＋中性红染色）

内分泌细胞

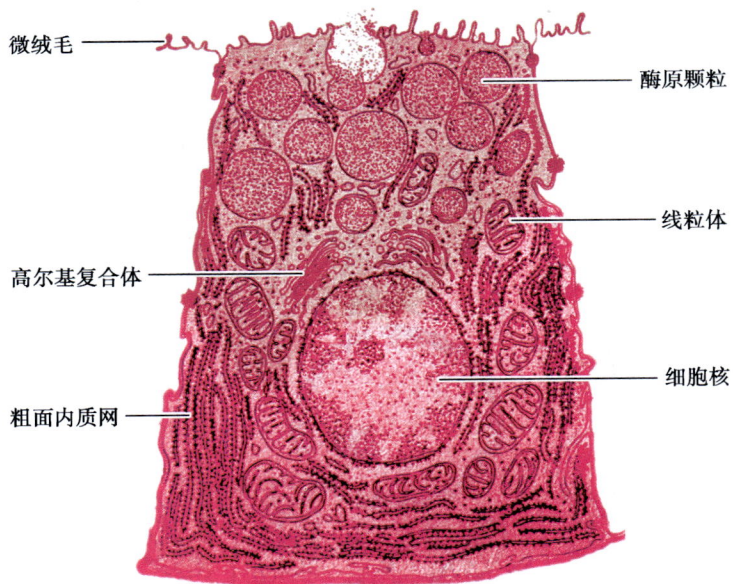

微绒毛

酶原颗粒

线粒体

高尔基复合体

细胞核

粗面内质网

图 13-8　主细胞超微结构模式图

分泌小管 —

微管泡 —

高尔基复合体 —

粗面内质网 —

线粒体 —

— 分泌小管

— 微绒毛

— 线粒体

静止期

分泌期

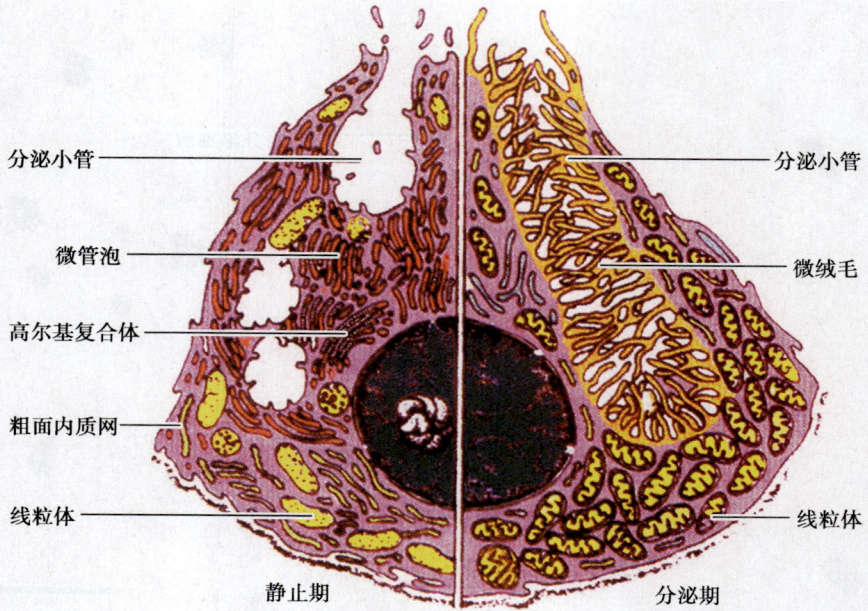

图 13-9 壁细胞超微结构模式图

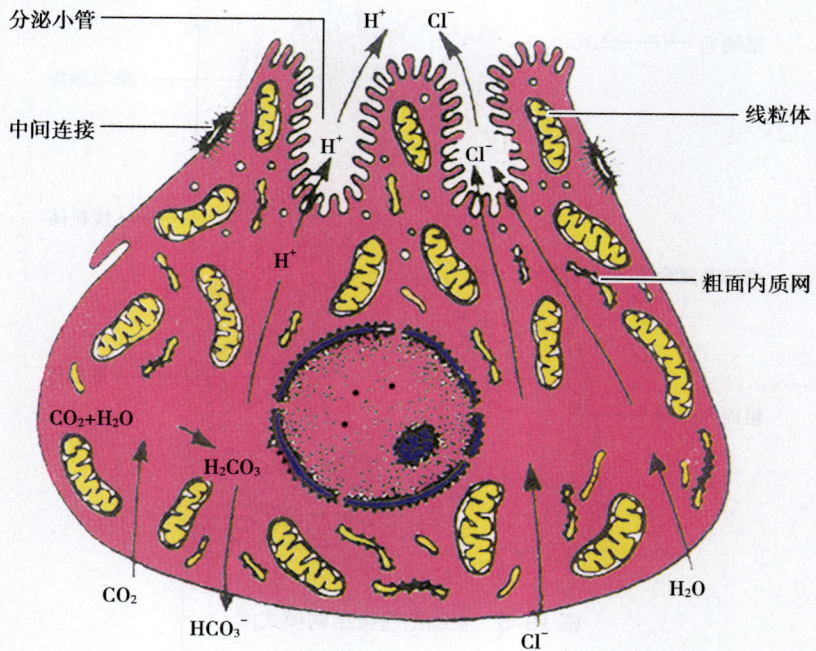

分泌小管 —

H^+ Cl^-

中间连接 —

H^+

Cl^-

— 线粒体

— 粗面内质网

H^+

CO_2+H_2O

H_2CO_3

CO_2

HCO_3^-

Cl^-

H_2O

图 13-10 盐酸合成示意图

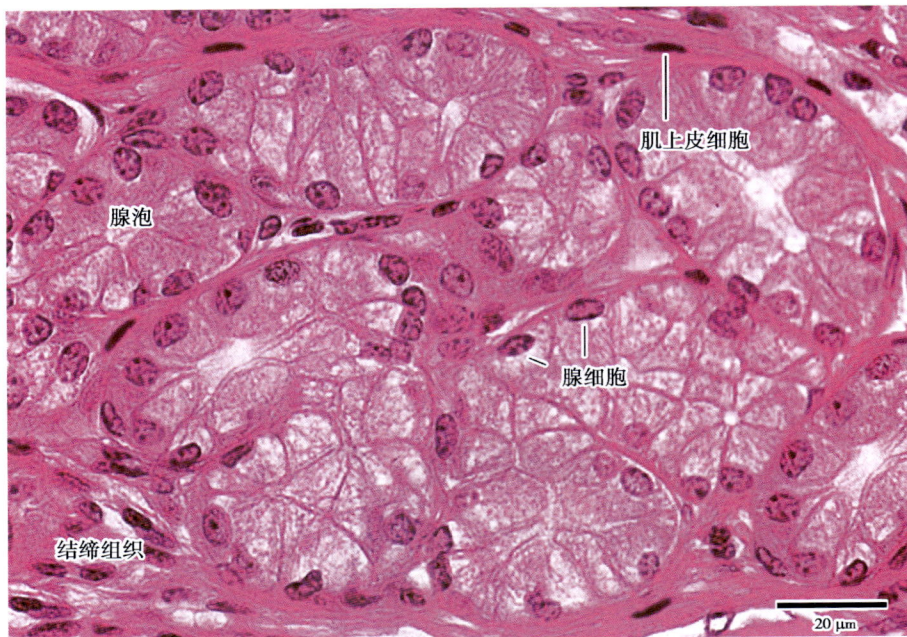

图 13-11　贲门腺高倍像（HE 染色）

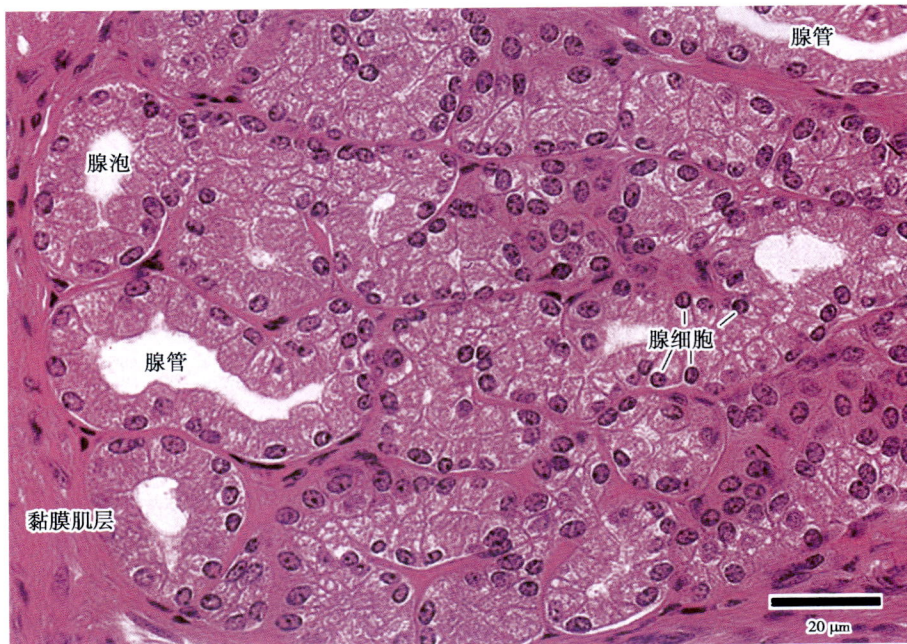

图 13-12　幽门腺高倍像（HE 染色）

显蓝紫色。

（2）壁细胞（盐酸细胞）：腺颈部和腺体部多见。细胞较大，呈圆形或锥体形。核圆、居中，核仁明显。胞质呈较强的嗜酸性，染成鲜红色。

（3）颈黏液细胞：数量少，切片上不易与主细胞区分。细胞较小，呈矮柱状或三角形，核扁圆，位于细胞基部。胞质弱嗜碱性，着色较浅。大多数动物的该细胞仅见于颈部，但猪和犬却分布于腺体的各部。

2.3 反刍动物前胃

观察切片： 牛（羊）的瘤胃、网胃和瓣胃壁切片，HE 染色（图 13-13 至图 13-17）。

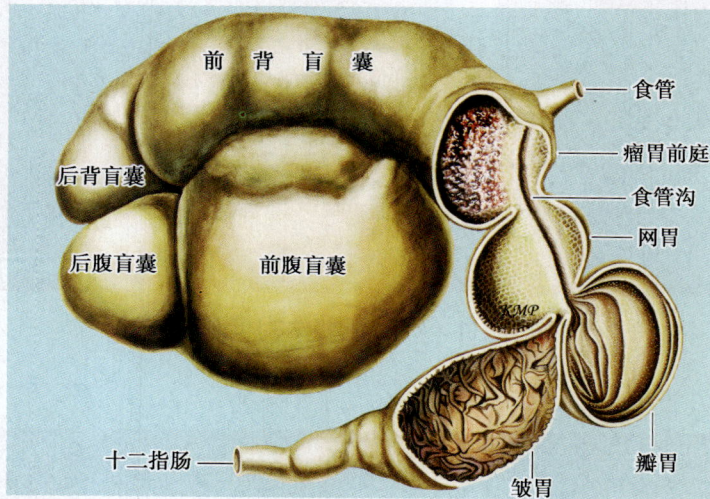

图 13-13　多室胃示意图

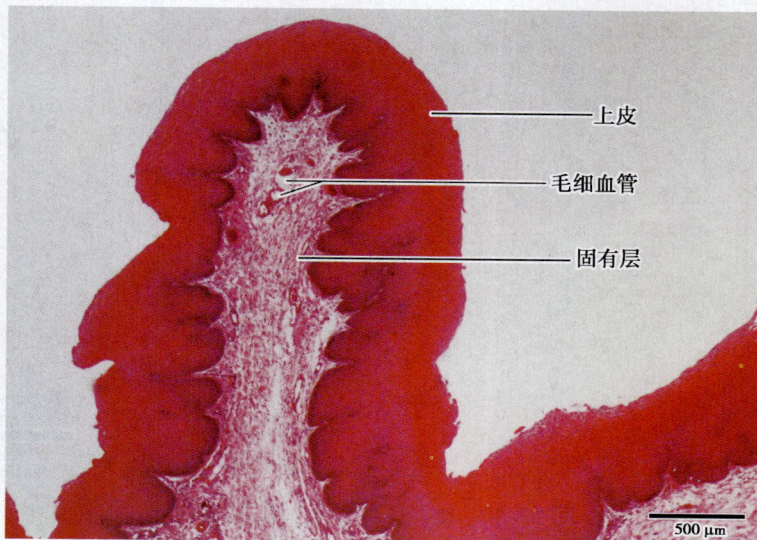

图 13-14　瘤胃乳头低倍像（HE 染色）

　　肉眼观察：瘤胃内表面为黑褐色，有密集的、大小不等的锥状乳头；网胃内表面上有许多带小乳头的网格；瓣胃内表面上有很多带小乳头的瓣叶。

　　低—中倍镜观察：前胃黏膜表面为复层扁平上皮，浅层细胞角化，固有层内无腺体，结缔组织与上皮突向胃腔，形成锥状或叶状乳头。无黏膜肌层。

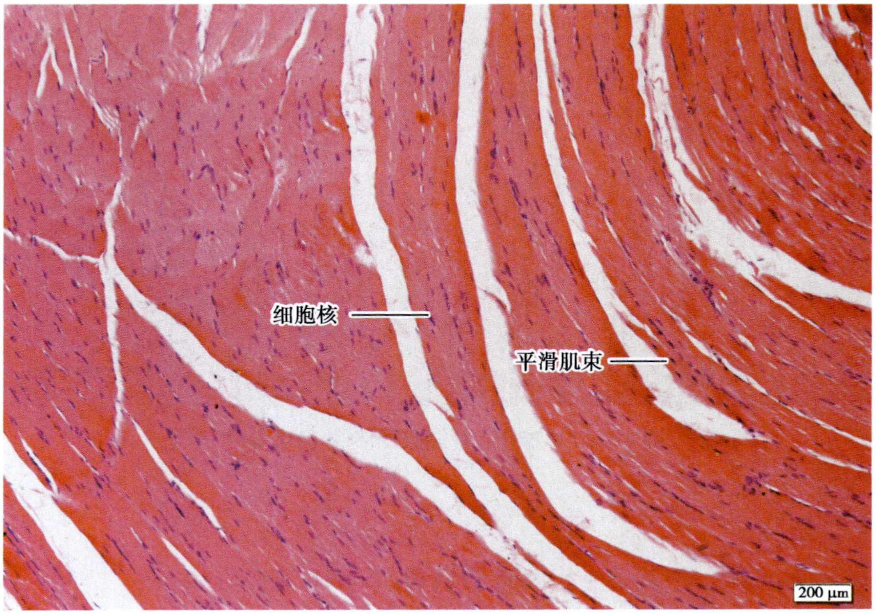

图 13-15 瘤胃肌层低倍像（HE 染色）

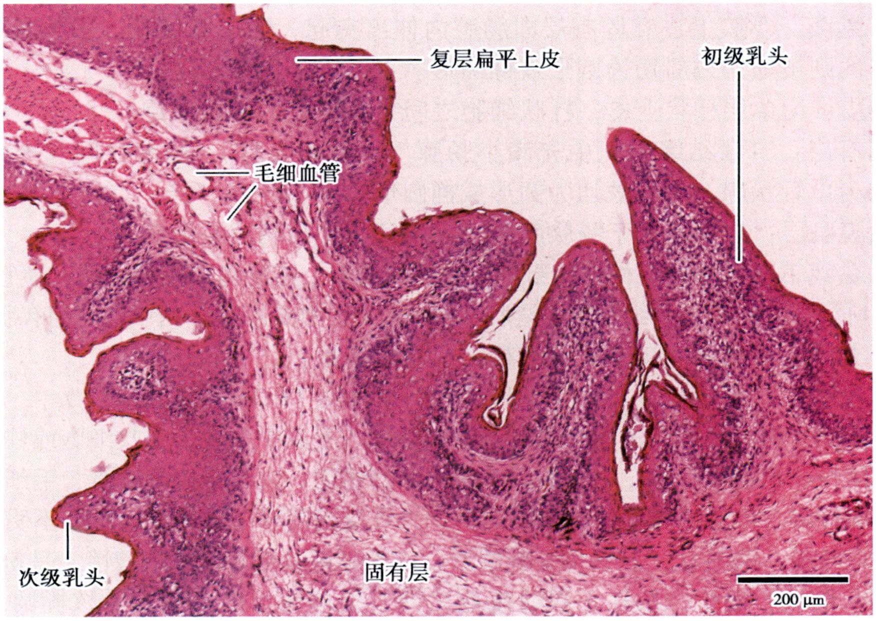

图 13-16 网胃黏膜峰低倍像（HE 染色）

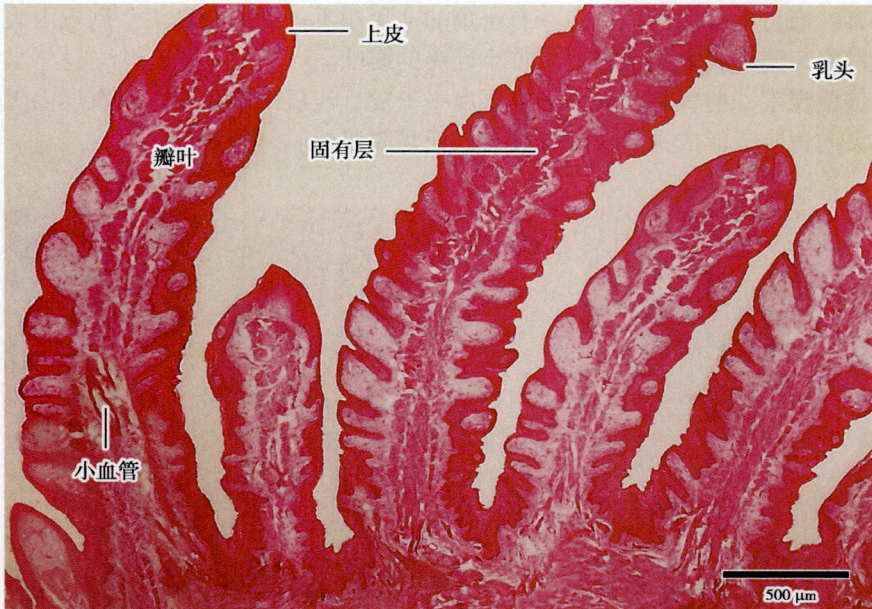

图 13-17 瓣胃叶片黏膜低倍像（HE 染色）

2.4 十二指肠

观察切片： 犬（猪、牛、羊）十二指肠横切面，HE 染色。

肉眼观察： 切片分蓝紫色和粉红色两层，前者为黏膜和黏膜下层，后者为肌层和浆膜。

低倍镜观察： 腔面有皱襞。移动切片，自腔面向外，依次分清肠壁的 4 层结构（图 13-18）。

2.4.1 黏膜 黏膜上皮和固有层向肠腔内伸出突起，形成肠绒毛。多数肠绒毛被纵切成指状，有的则被横切或斜切为圆形或椭圆形。

（1）上皮：为单层柱状上皮，柱状细胞之间夹有散在的杯状细胞。

（2）固有层：少量结缔组织中充满小肠腺（又称肠隐窝），肠腺之间有丰富的毛细血管。小肠腺为单管状腺，有的被切为圆形或椭圆形。

（3）黏膜肌层：很薄，位于肠腺底部，为内环、外纵两层平滑肌。

2.4.2 黏膜下层 厚的疏松结缔组织中有发达的十二指肠腺以及神经丛和血管、淋巴管。

2.4.3 肌层 为内环、外纵两层平滑肌。内环肌厚，外纵肌薄，两肌层之间有肌间神经丛。

2.4.4 浆膜 很薄，间皮和少量疏松结缔组织构成。

高倍镜观察： 以肠绒毛、上皮和小肠腺为重点（图 13-19 至图 13-22）。

（1）肠绒毛 由单层柱状上皮和固有层中轴构成。上皮中多数为吸收细胞或柱状细胞，其游离面有一层粉红色的纹状缘。中轴的固有层为结缔组织，内有中央乳糜管、毛细血管和散在纵行的平滑肌纤维。因绒毛延伸的方向不同，中央乳糜管的管壁为内皮，管腔不明显。

（2）吸收细胞 高柱状，胞核呈长椭圆形，位于细胞基部。胞质嗜酸性，呈粉红色。

（3）杯状细胞 较少，散在于吸收细胞之间，呈椭圆形的空泡状。核椭圆，位于基部（图 13-23）。

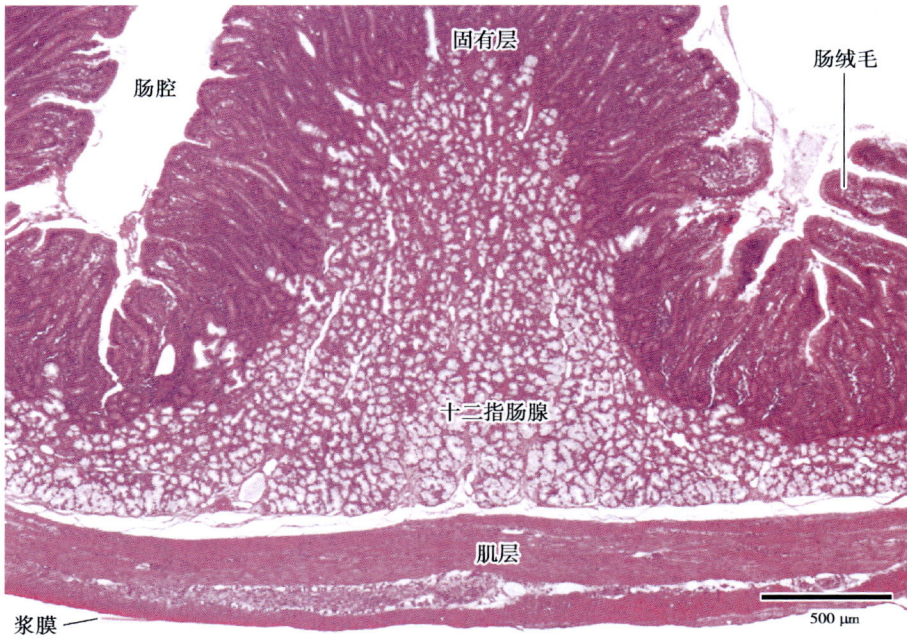

图 13-18　十二指肠低倍像（HE 染色）

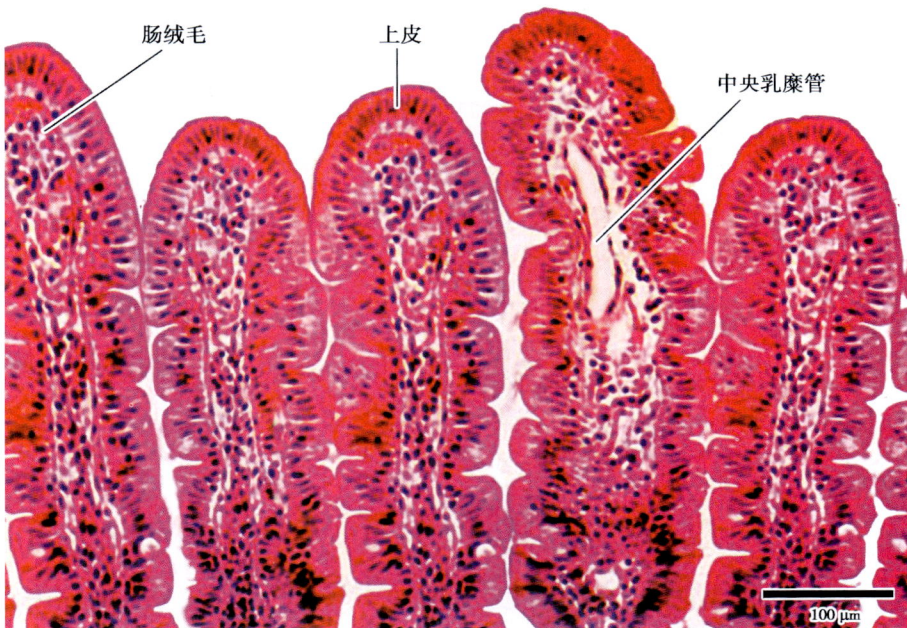

图 13-19　小肠绒毛中倍像（HE 染色）

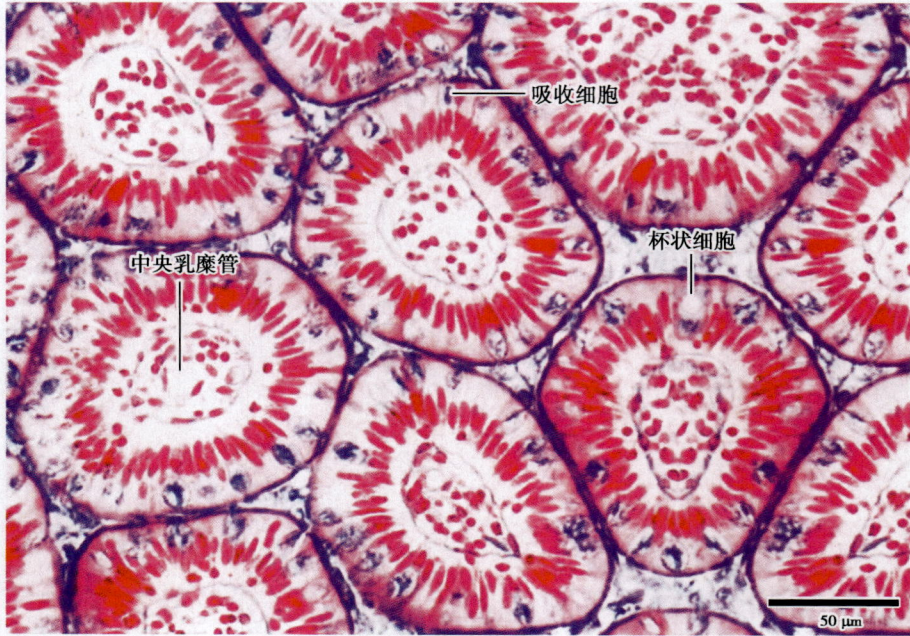

图 13-20 小肠绒毛横切高倍像（HE 染色）

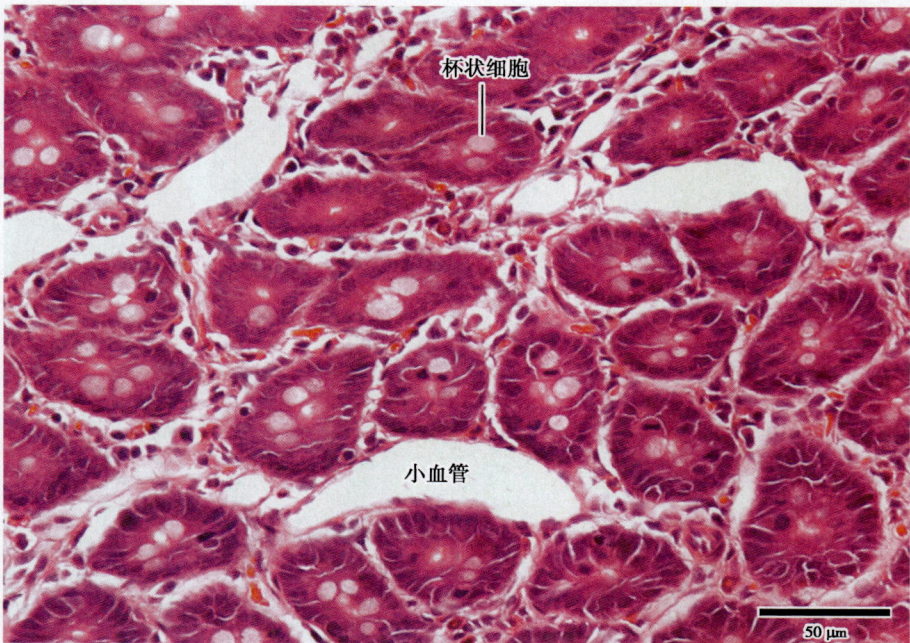

图 13-21 小肠腺高倍像（HE 染色）

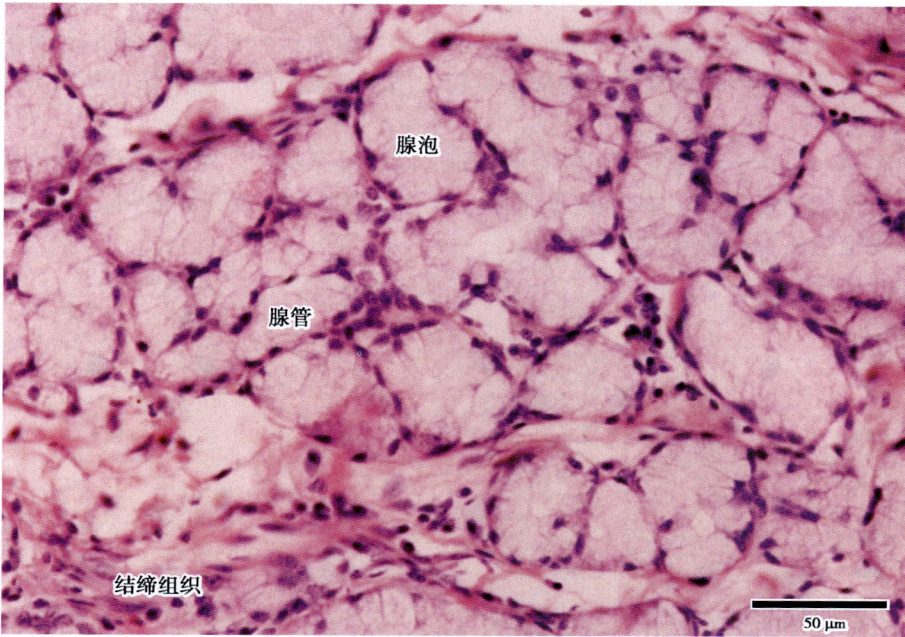

图 13-22　十二指肠腺高倍像（HE 染色）

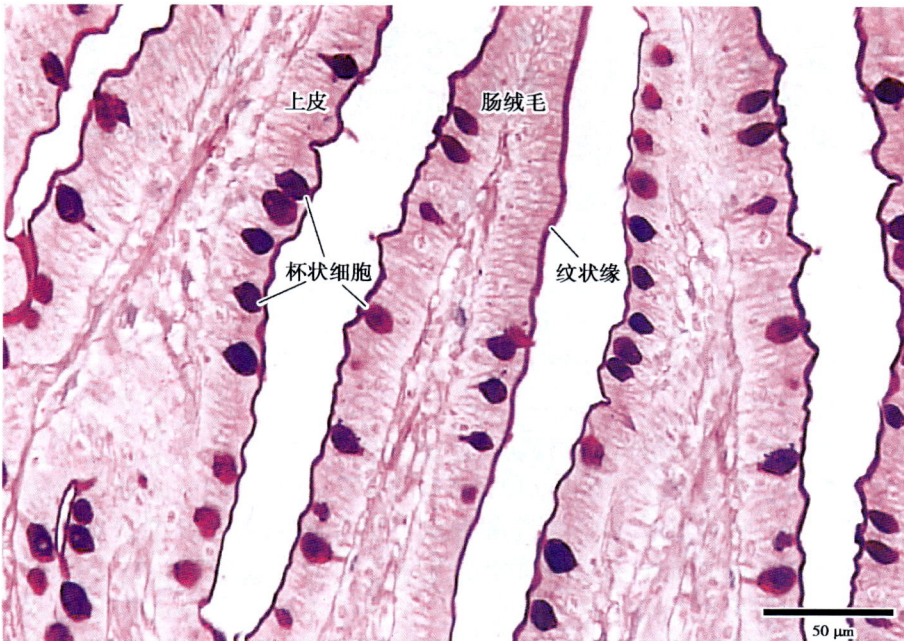

图 13-23　肠绒毛中的杯状细胞（PAS 染色）

（4）银亲和细胞　分散在吸收细胞之间，可分泌激素，用硝酸银浸染方法可清晰显示。

（5）小肠腺　上皮向固有层内凹陷形成的单管状腺，由柱状细胞、杯状细胞和潘氏细胞组成。但猪、猫和犬的肠腺内无潘氏细胞；牛、羊等反刍动物和马的潘氏细胞位于肠腺底部，细胞呈锥体形，顶部胞质内充满红色的嗜酸性颗粒，用卡红等特殊染色方法可清晰显示（图13-24，图13-25）。

（6）神经丛　分布于黏膜下层和两层平滑肌之间，形态不一。外有结缔组织包裹，其内有神经元胞体、无髓神经纤维和神经胶质细胞。神经元胞体大，核圆或椭圆，着色浅，核仁清晰。神经胶质细胞核小而深染（图13-26）。

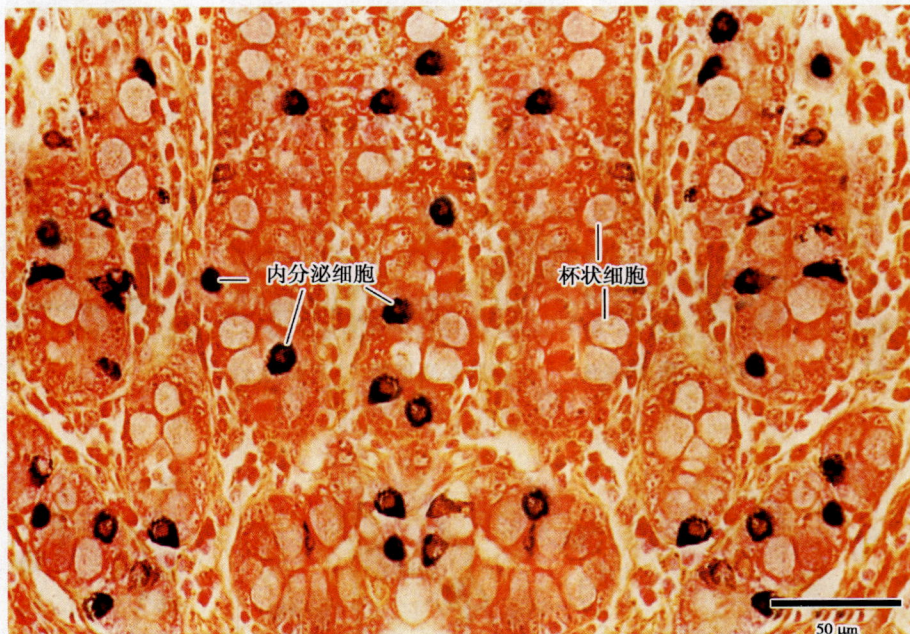

图 13-24　肠腺中的内分泌细胞（镀银＋中性红染色）

3　示教切片

3.1　空肠和回肠

观察切片：猪（犬）的空肠和回肠横切片，HE 染色。

低—中倍镜观察：空肠和回肠的肠壁具有典型的 4 层结构，与十二指肠相比，其特点是黏膜下层没有黏膜下腺，杯状细胞增多。回肠的黏膜下层内分布有发达的集合淋巴小结，有的淋巴小结隔断黏膜肌层，伸至固有层内，杯状细胞更多（图13-27，图13-28）。

3.2　大肠的结构特点

观察切片：猪（犬）的盲肠、结肠和直肠横切片，HE 染色。

低—中倍镜观察：肠壁具有典型的 4 层结构（图13-29 至图13-31），腔面有多个皱襞，黏

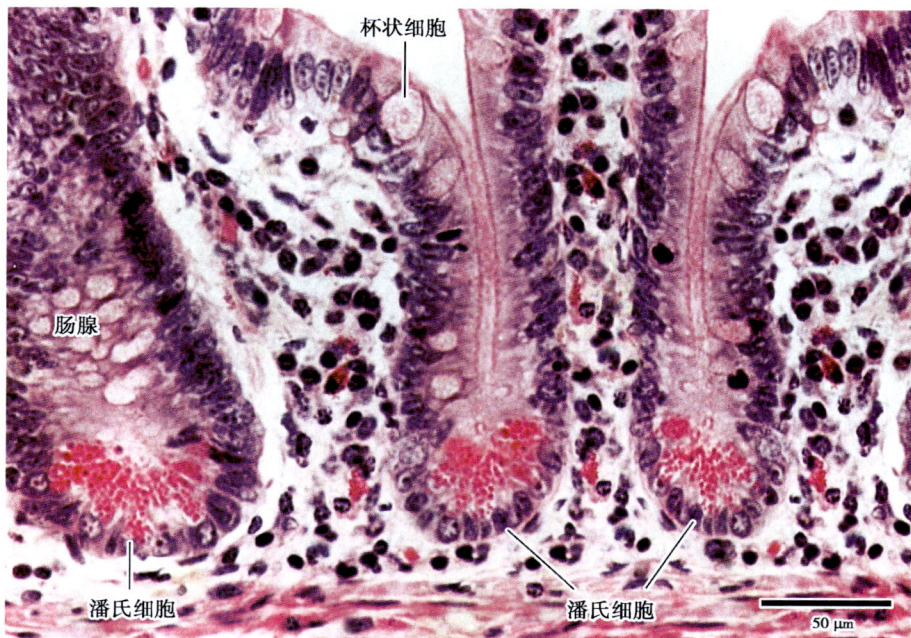

图 13-25　肠腺中的潘氏细胞（苏木精＋卡红染色）

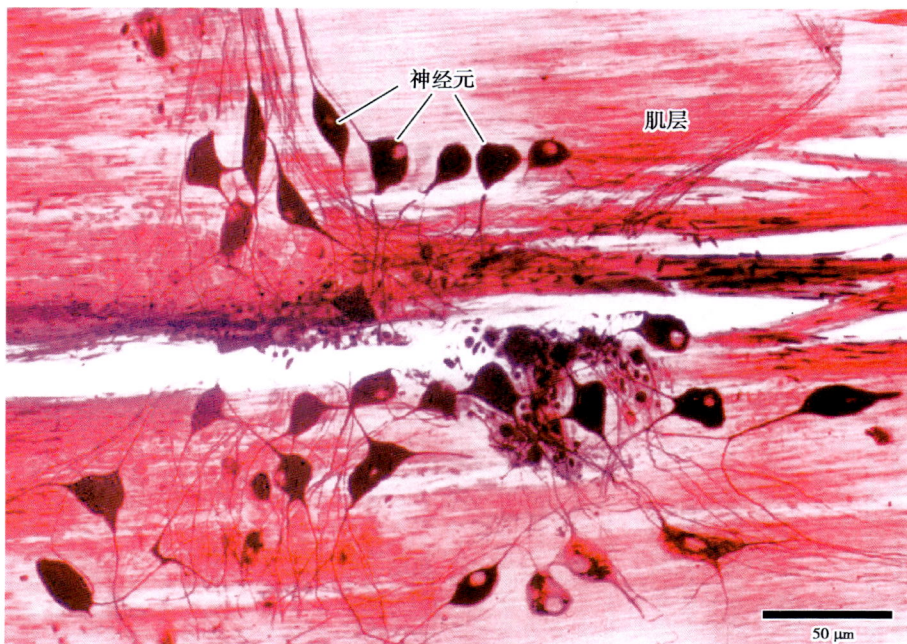

图 13-26　肠肌间神经丛（镀银＋中性红染色）

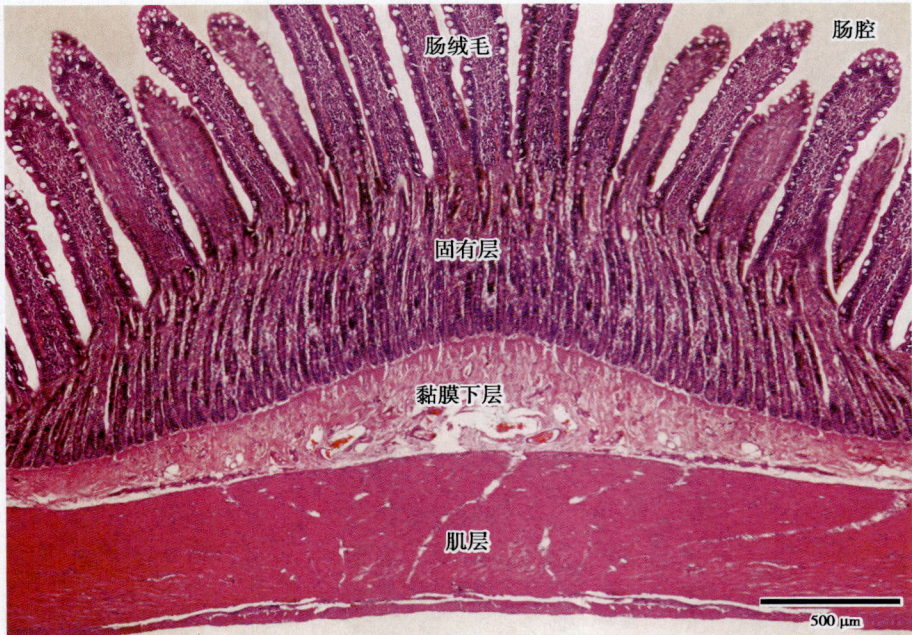

图 13-27　空肠低倍像（HE 染色）

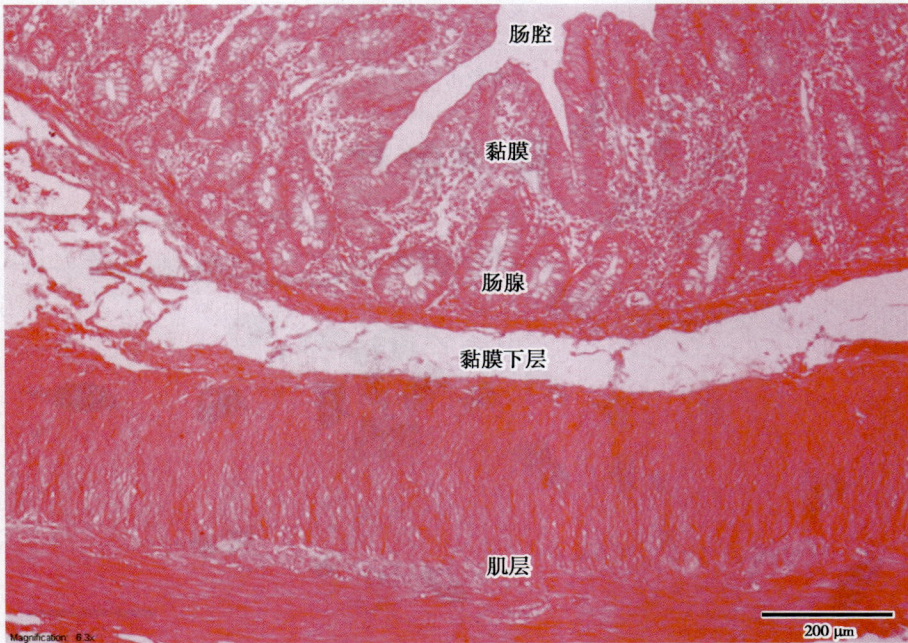

图 13-28　回肠低倍像（HE 染色）

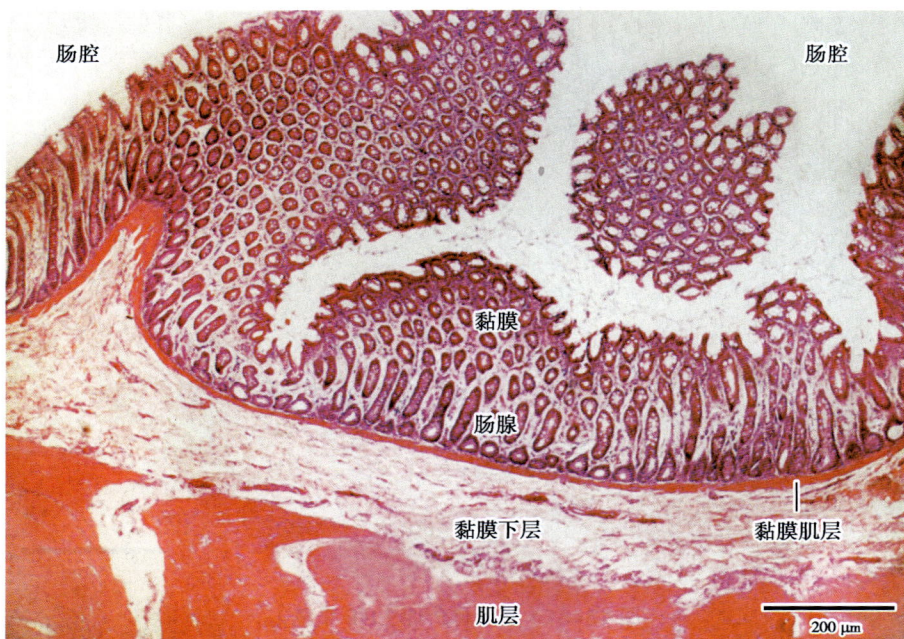

图 13-29　盲肠低倍像（HE 染色）

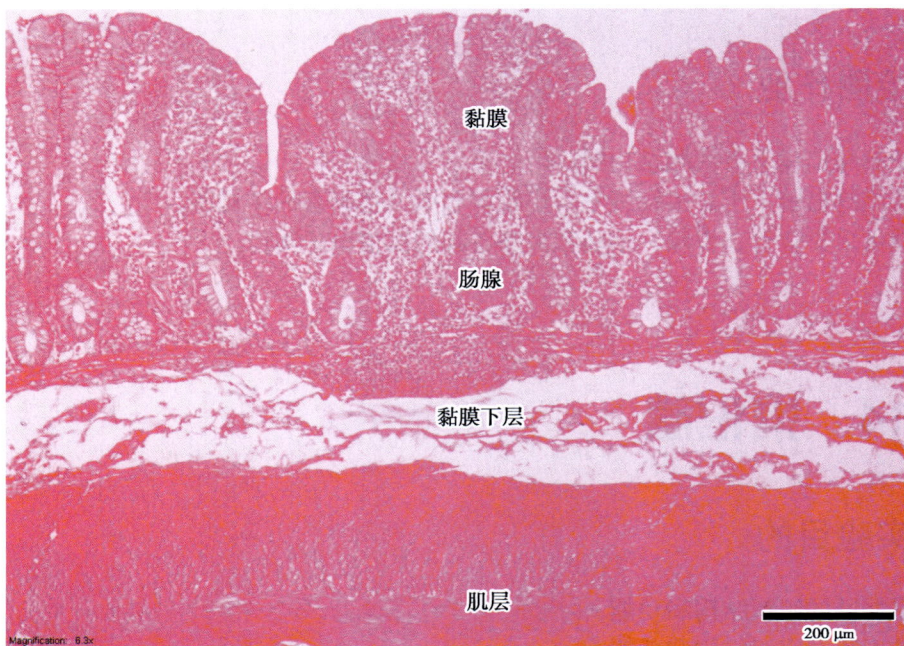

图 13-30　结肠低倍像（HE 染色）

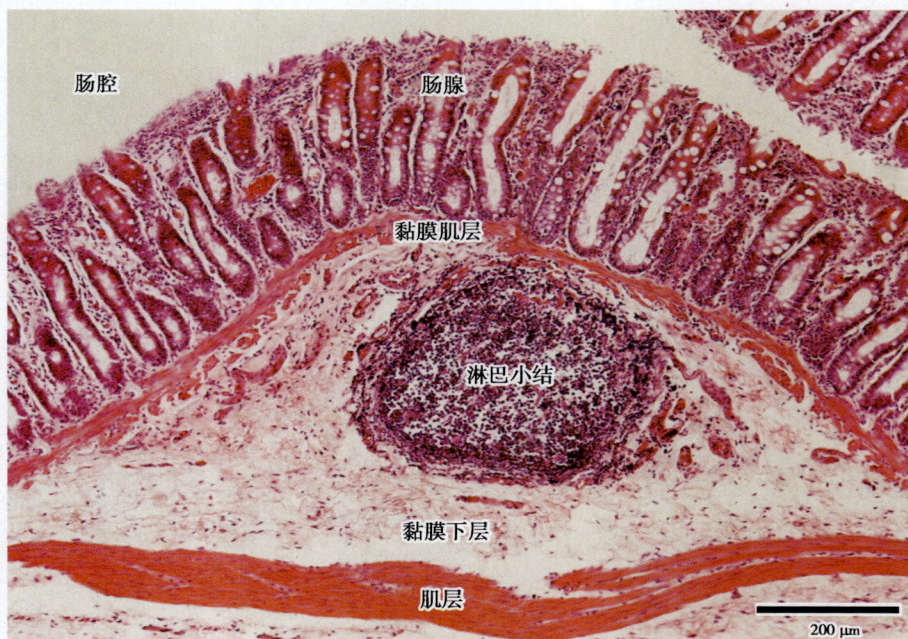

图 13-31 直肠低倍像（HE 染色）

膜表面有黏液，但无肠绒毛。固有层内有发达的大肠腺，被切成管状、圆形或椭圆形。杯状细胞特别多，没有潘氏细胞。肌层很发达。

4 绘图作业

4.1 绘制高倍镜下胃底腺结构图。

4.2 绘制高倍镜下十二指肠绒毛、小肠腺和十二指肠腺的结构图。

4.3 软件采集食管、胃腺、小肠和大肠各部的高倍电子图像。

实验 14 消化腺

1 实验目的

1.1 掌握肝的组织结构和功能。

1.2 掌握胰的组织结构和功能。

1.3 掌握唾液腺的组织结构。

2 实验内容

2.1 肝

观察切片：猪（牛）肝切片，HE 染色。

低倍镜观察：

2.1.1 被膜 由致密结缔组织和间皮构成。

2.1.2 肝小叶 猪的小叶间结缔组织最发达，因此肝小叶轮廓很清晰。肝小叶呈大小不一的多边形，中央有圆形或椭圆形的腔，为中央静脉，周围是肝细胞呈放射状排列的条索状结构，染为粉红色，称为肝板（肝索）。肝板之间狭窄的间隙为肝血窦（图 14-1 至图 14-6）。

2.1.3 门管区 位于相邻几个肝小叶之间，伴行有小叶间动脉、小叶间静脉和小叶间胆管的区域，呈三角形或多角形。

中—高倍镜观察：重点观察肝小叶和门管区（图 14-7 至图 14-9）。

（1）中央静脉：位于肝小叶的中央，壁薄，由内皮和少量结缔组织构成，管壁上有肝血窦的开口。因切面的关系，有的肝小叶未能显示出中央静脉。

（2）肝板（肝细胞索）：在中央静脉周围，由单行肝细胞排成索状，以中央静脉为中心，呈放射状排列。肝细胞呈多边形，胞质嗜酸性。胞核较大，圆形，位于细胞中央，偶见双核。

（3）肝血窦：位于肝细胞索之间，形状不规则，在小叶的断面上呈放射状，开口于中央静脉。窦壁：由内皮细胞组成，内皮细胞紧贴肝细胞索，胞质很少，核扁而深染。窦腔：可见有血细胞和库普弗细胞。后者细胞较大，形态不规则，核卵圆形，染色深，胞质嗜酸性。

（4）小叶间动脉：管腔小而圆，管壁较厚，内皮外有环行的平滑肌。

（5）小叶间静脉：管壁较薄，管腔大而不规则，内皮外有少量的结缔组织。

（6）小叶间胆管：管腔较规则，由单层立方上皮围成。

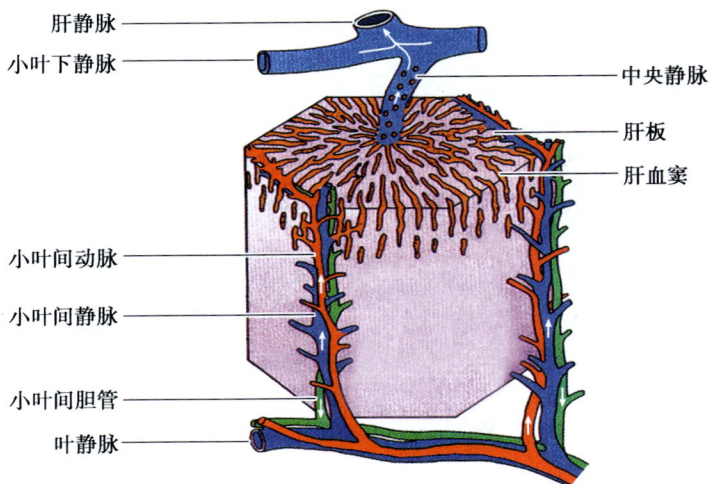

图 14-1 肝小叶立体结构模式图

2.2　胰

观察切片：猪（犬）胰切片，HE 和免疫组化染色。

低倍镜观察：被膜为薄层结缔组织，显粉红色。结缔组织伸入实质，将实质分隔成大小不等的胰腺小叶。小叶内有紫红色的腺泡、导管以及着色浅且分布不规则的胰岛。

中—高倍镜观察：重点观察腺泡、导管和胰岛（图 14-10 至图 14-13）。

2.2.1　腺泡　由浆液型腺细胞围成，腺腔狭小，有的几乎看不清。腺细胞呈锥体形，核圆，位于细胞基部。顶部胞质内充满细小的、嗜酸性酶原颗粒，显红色；基部胞质嗜碱性，显蓝紫色。腺腔内有几个扁平的泡心细胞，轮廓不明显，核扁圆，染色淡。

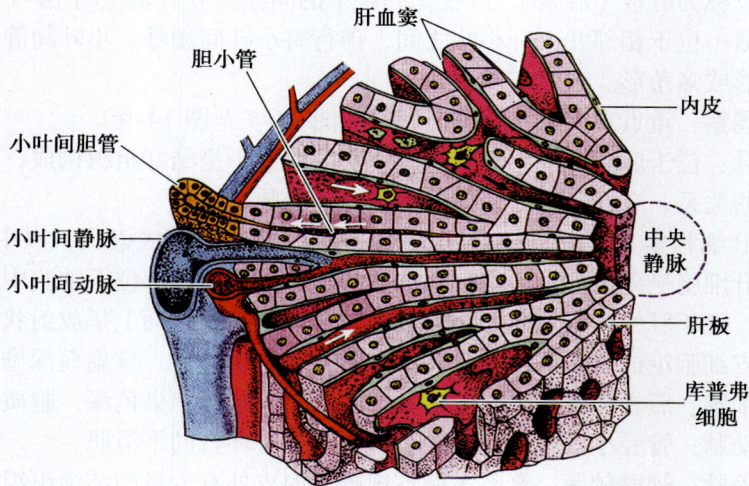

图 14-2　肝板、肝窦和胆小管的立体结构

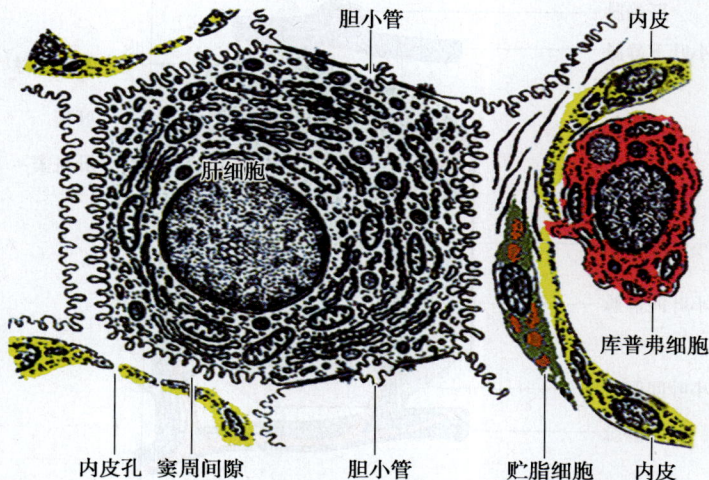

图 14-3　肝细胞、肝窦和胆小管的关系

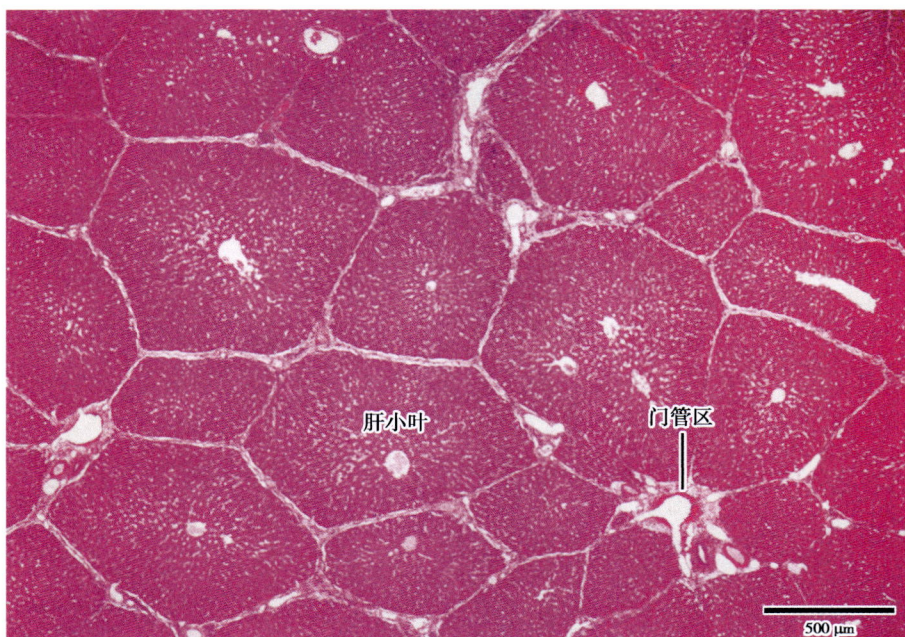

图 14-4　肝低倍像（HE 染色）

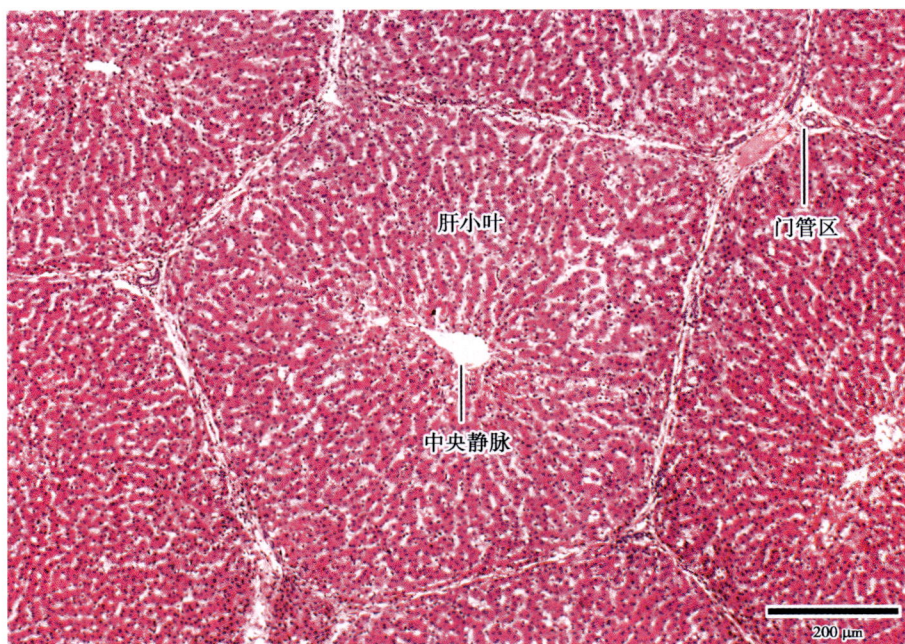

图 14-5　猪肝小叶低倍像（HE 染色）

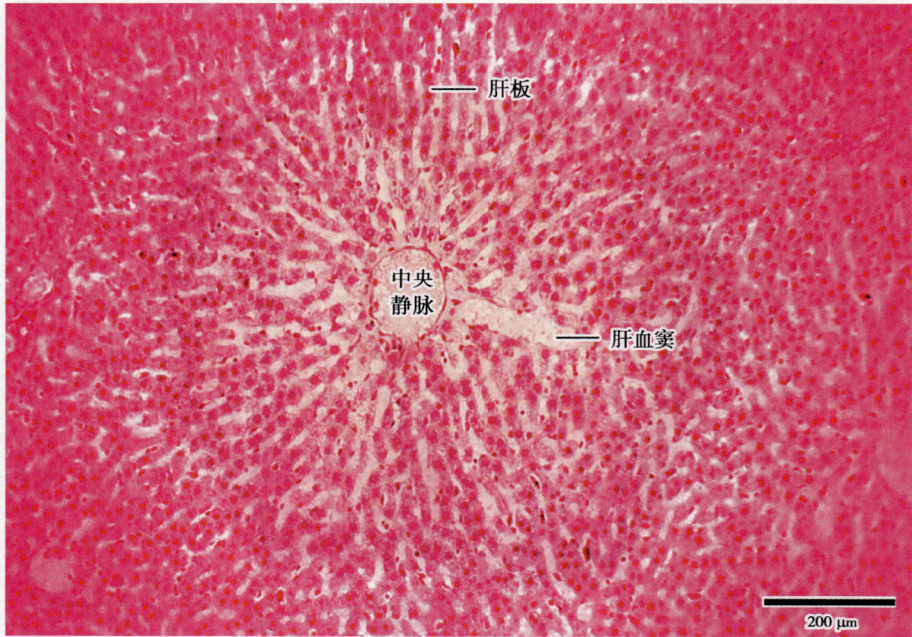

图 14-6　牛肝小叶低倍像（HE 染色）

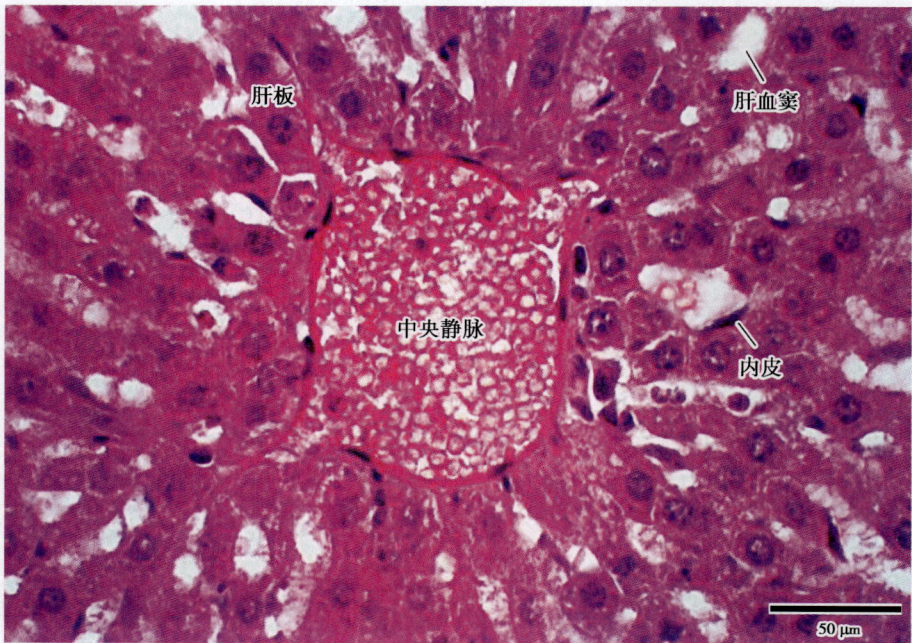

图 14-7　牛肝小叶高倍像（HE 染色）

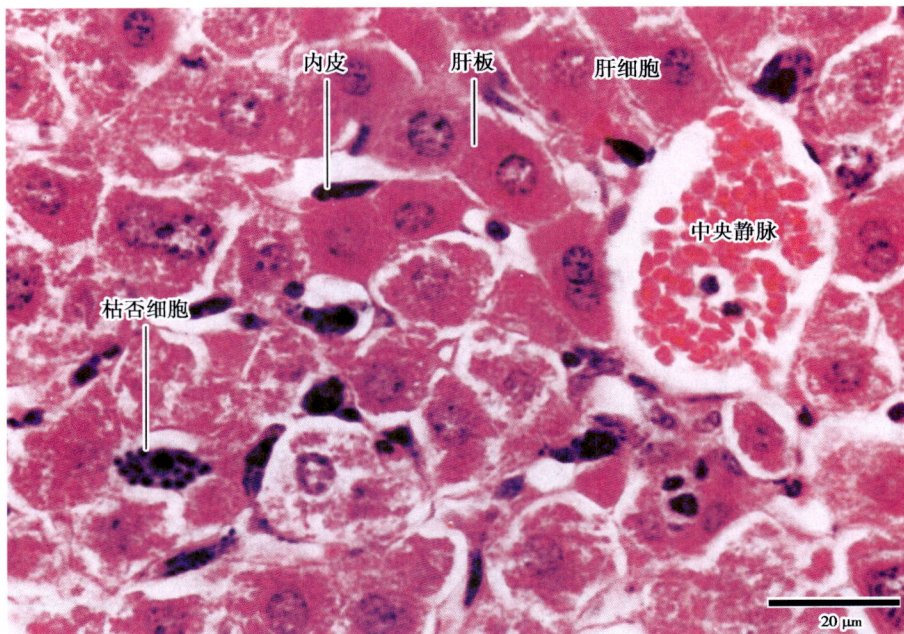

图 14-8 库普弗细胞高倍像（HE 染色）

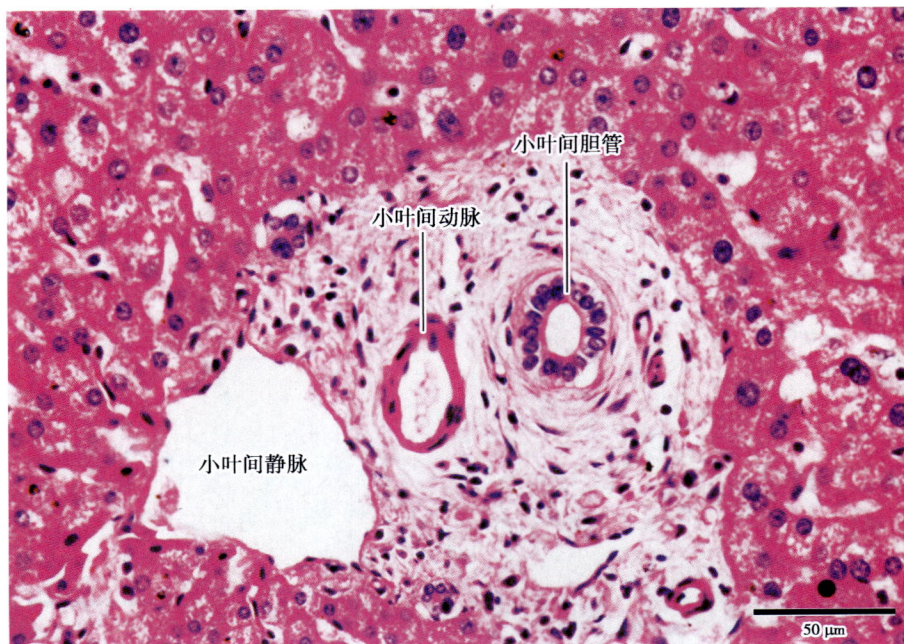

图 14-9 门管区高倍像（HE 染色）

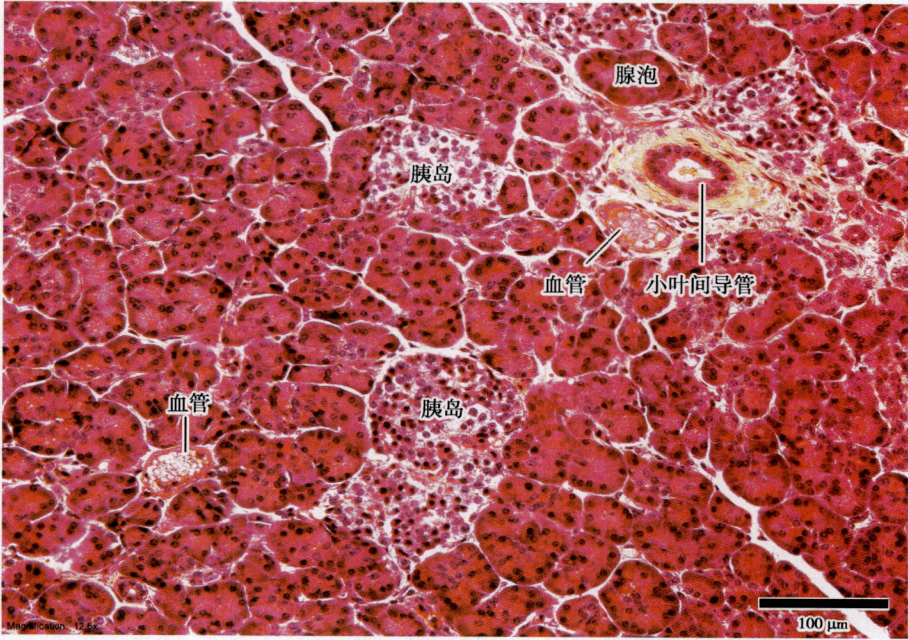

图 14-10　胰中倍像（HE 染色）

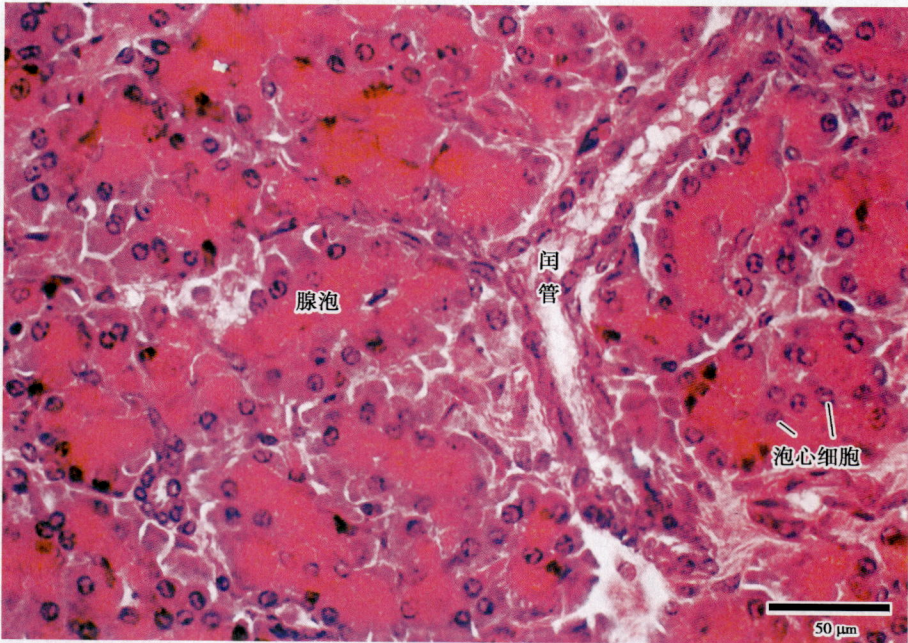

图 14-11　胰腺高倍像（HE 染色）

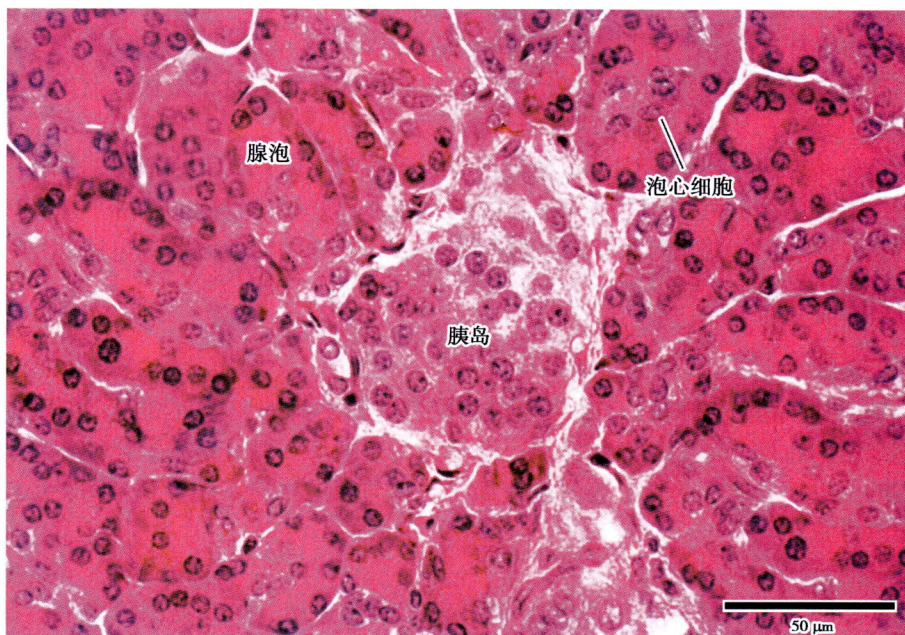

图 14-12　胰岛高倍像（HE 染色）

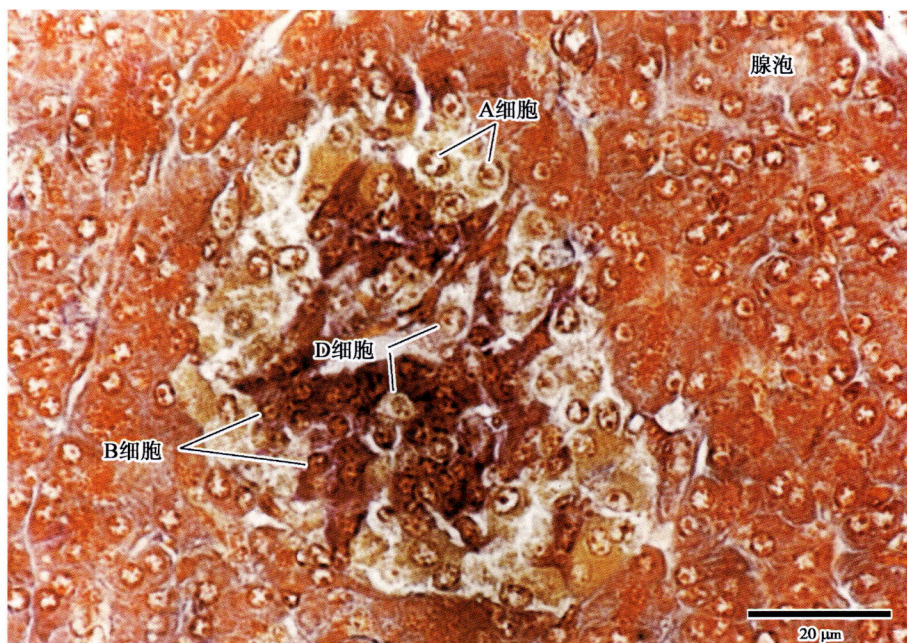

图 14-13　胰岛高倍像（PAP 染色）

2.2.2 导管　是输送胰液至十二指肠的管道，分以下 3 级：

（1）闰管：位于腺泡附近，管径很小，管壁为单层扁平上皮。

（2）小叶内导管：位于小叶内，管腔圆或椭圆形，由单层立方上皮围成。

（3）小叶间导管：位于小叶间结缔组织内，管腔较大，管壁为单层柱状上皮，之间夹有散在的杯状细胞。

2.2.3 胰岛　为内分泌细胞团，不规则地分布于腺泡之间，其大小不一，形状不定，染色较浅。胰岛内的细胞多排列成团，之间有丰富的毛细血管。胰岛细胞的轮廓不清晰，核圆或椭圆，核仁明显；胞质呈弱嗜酸性，染成淡粉红色。采用特殊的染色方法或电镜观察，可以显示 A 细胞、B 细胞、D 细胞和 PP 细胞。

2.3　唾液腺

腺泡是腺细胞与基膜之间以及部分导管上皮与基膜之间的肌上皮细胞，细胞扁平，有突起。肌上皮细胞的收缩有助于分泌物排出。腺泡分为浆液型、黏液型和混合型 3 种类型。导管是反复分支的上皮性管道，为唾液腺的排泄部，末端与腺泡相连。导管分为闰管、纹状管、小叶间导管和总导管。

2.3.1　腮腺（图 14-14）

观察切片：猪（犬）腮腺，HE 染色。多为纯浆液腺，猪、犬和猫的腮腺中，有少量黏液型细胞群，闰管较长，分泌管较短。

2.3.2　颌下腺（图 14-15）

观察切片：猪（犬）颌下腺，HE 染色。腺泡的类型因动物而异。犬、猫的为黏液腺，啮

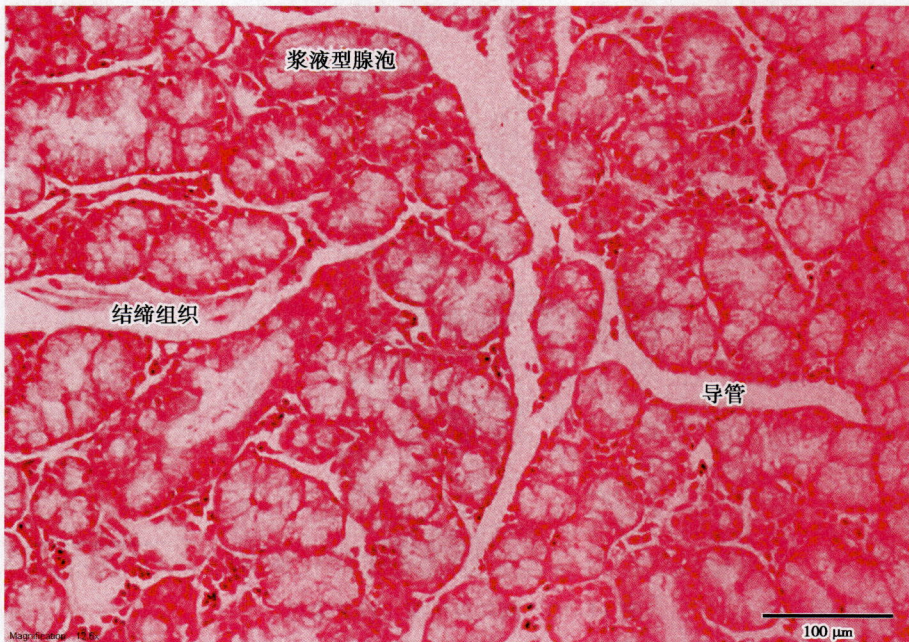

图 14-14　腮腺中倍像（HE 染色）

齿类为浆液腺，反刍动物和马的为混合腺。闰管较短，分泌管较长。

2.3.3 舌下腺（图14-16）

观察切片： 猪（犬）舌下腺，HE染色。反刍动物、啮齿类和猪的几乎全是黏液腺。犬和

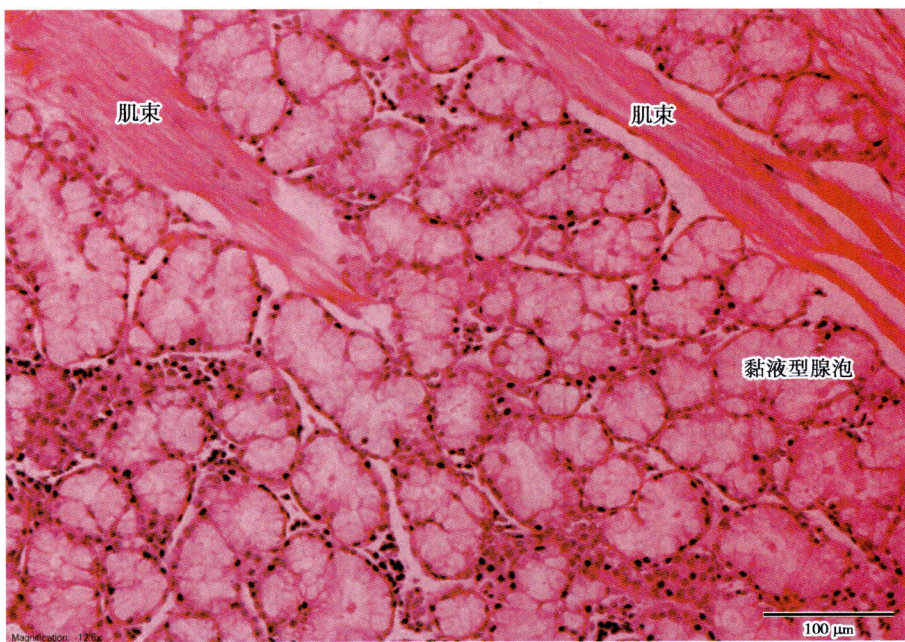

图 14-15 颌下腺中倍像（HE染色）

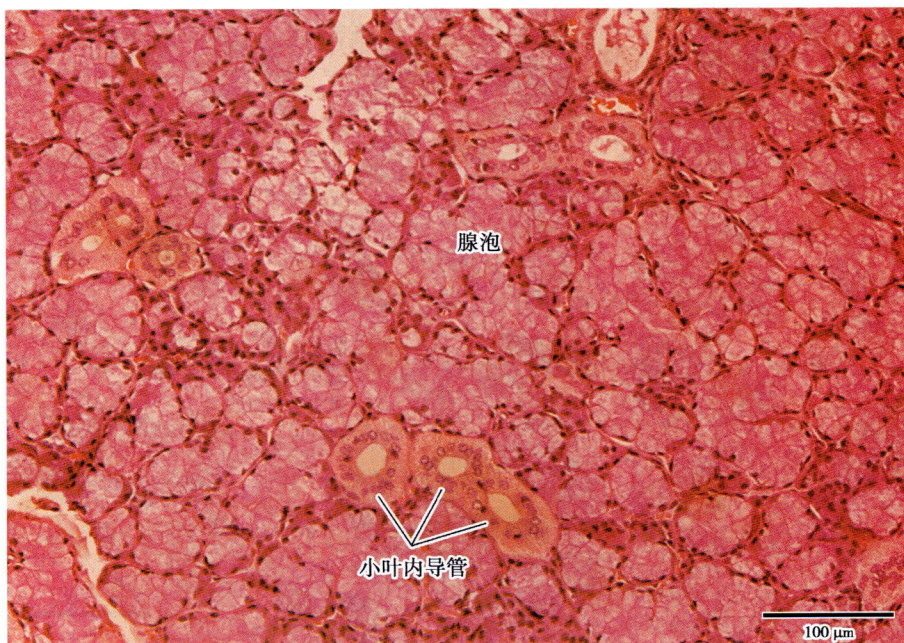

图 14-16 舌下腺中倍像（HE染色）

猫除了典型的黏液型腺泡和少量的浆半月外，尚有浆液型腺泡。犬和猫的闰管和分泌管不发达，但反刍动物、猪和马的则相当发达。

3 示教切片

3.1 肝糖原

观察切片：猪肝切片，PAS 染色显示糖原，苏木素复染。

高倍镜观察：肝细胞呈多边形，圆形的细胞核位于中央，细胞质中有许多大小不等的紫红色糖原颗粒（图 14-17）。

3.2 胆小管

观察切片：墨汁灌注猪肝切片，中性红复染。

中倍镜观察：胆小管由相邻肝细胞膜间局部凹陷对接而成，肝细胞分泌的胆汁直接排入胆小管。胆小管在肝板内相互连成网，并在肝小叶边缘汇集成小叶内胆管，汇入小叶间胆管（图 14-18）。

3.3 胆囊

观察切片：猪胆囊切片，HE 染色。

低—高倍镜观察：胆囊的结构分为黏膜、肌层和外膜。黏膜常形成有分支的皱襞。上皮细胞为单层柱状（图 14-19，图 14-20）。

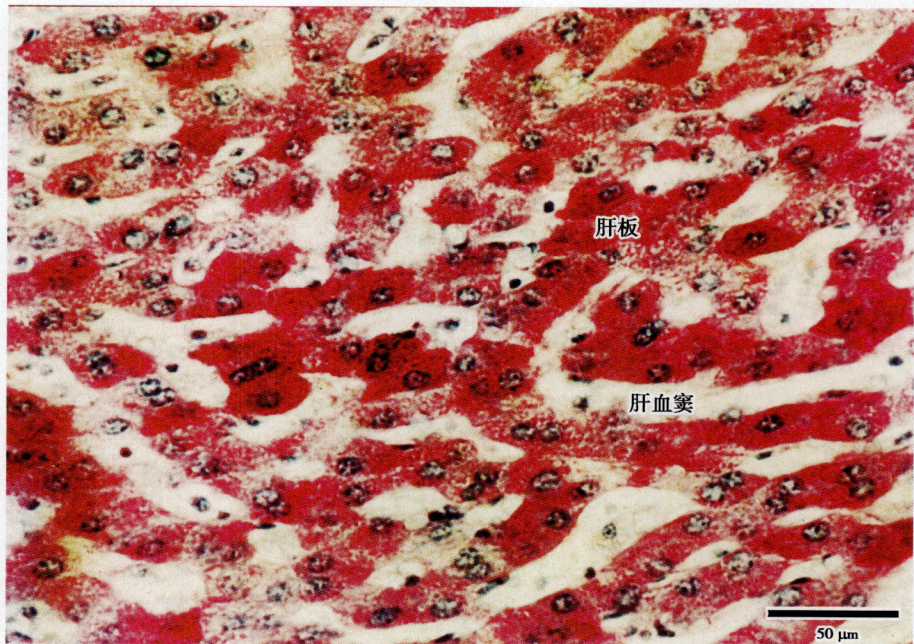

图 14-17 肝糖原高倍像（PAS+ 苏木素染色）

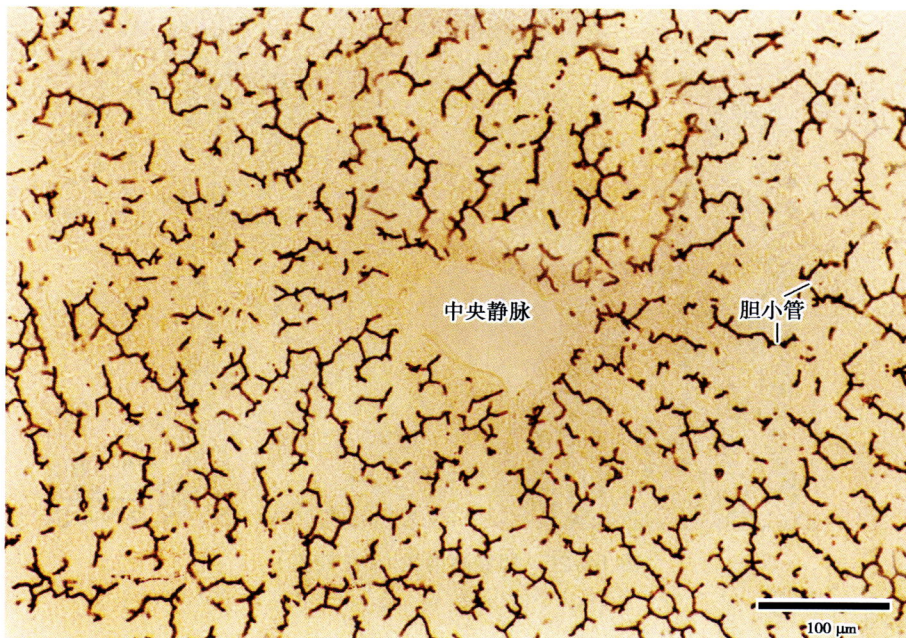

图 14-18 胆小管中倍像（墨汁灌注 + 中性红染色）

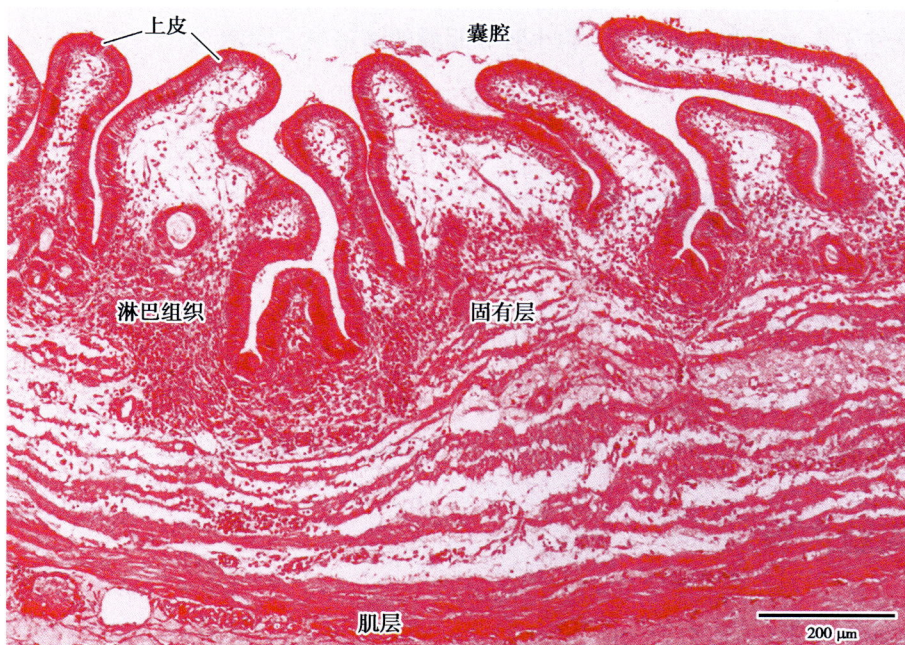

图 14-19 胆囊低倍像（HE 染色）

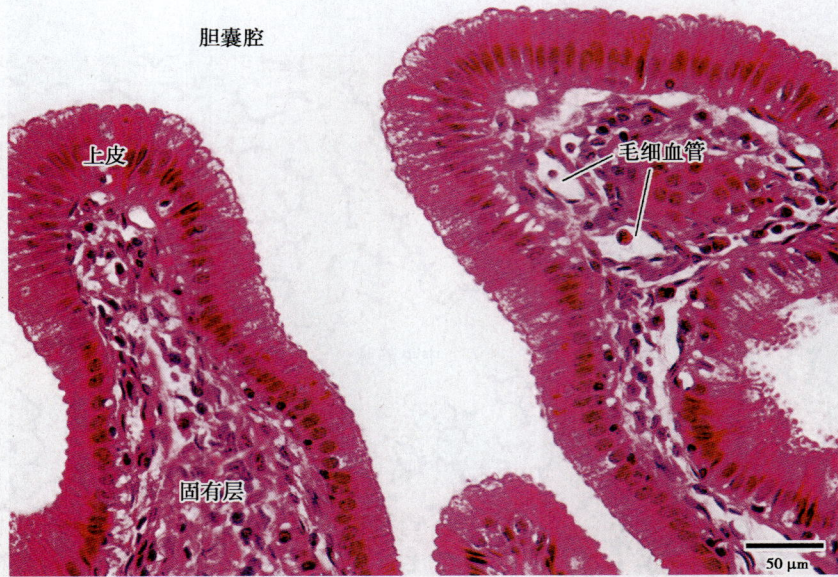

胆囊腔

上皮

毛细血管

固有层

50 μm

图 14-20　胆囊高倍像（HE 染色）

4　绘图作业

4.1　绘制高倍镜下猪肝小叶局部及门管区结构图。

4.2　绘制高倍镜下胰岛及其周边部分外分泌部的结构图。

4.3　软件采集唾液腺、肝糖原、胆小管和胆囊的高倍电子图像。

实验 15　呼吸系统

1　实验目的

1.1　掌握气管的组织结构和功能。

1.2　掌握肺的导气部和呼吸部各种管壁组织结构的变化规律和功能。

2　实验内容

2.1　气管

观察切片：气管横切面，HE 染色。

低倍镜观察：管壁的结构分 3 层，依次为黏膜、黏膜下层和外膜，3 层间无明显界线

（图 15–1）。

　　中—高倍镜观察（图 15–2，图 15–3）：

2.1.1　黏膜

　　（1）上皮：为假复层纤毛柱状上皮，衬于腔面。纤毛细胞数量多，呈柱状，其游离面有纤毛，核椭圆形，位于细胞的中央。杯状细胞散在于纤毛细胞之间，细胞顶部膨大，呈空泡状。基细胞位于上皮的深层，呈锥体形，核圆形，深染。上皮基部有明显的基膜，显紫红色。

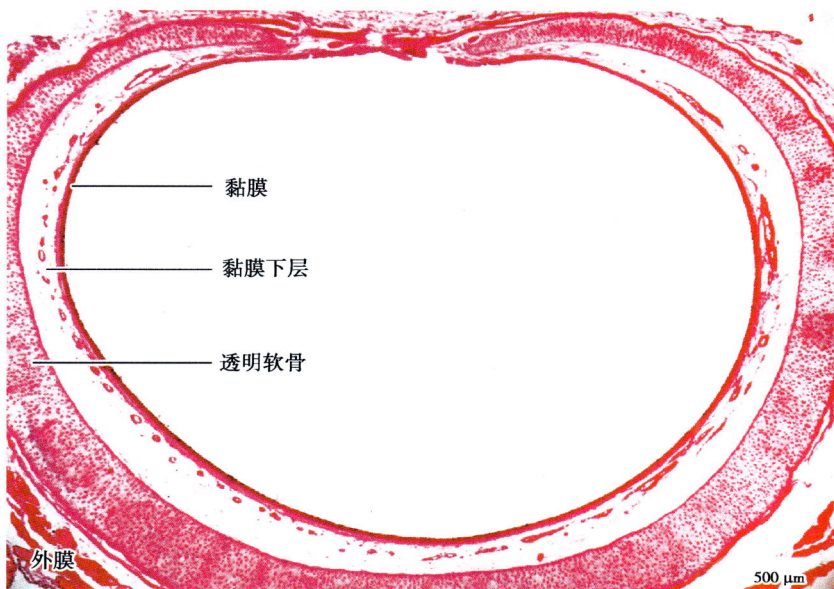

黏膜

黏膜下层

透明软骨

外膜

500 μm

图 15–1　气管低倍像（HE 染色）

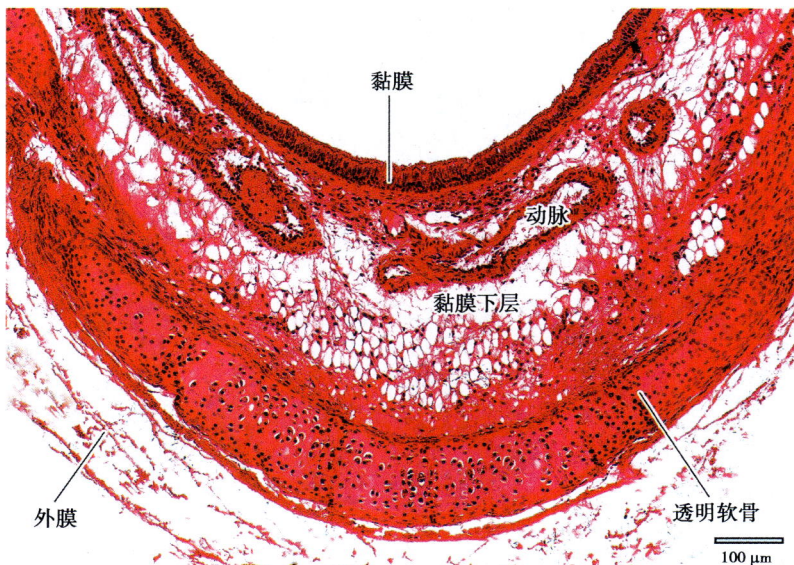

黏膜

动脉

黏膜下层

外膜

透明软骨

100 μm

图 15–2　气管中倍像（HE 染色）

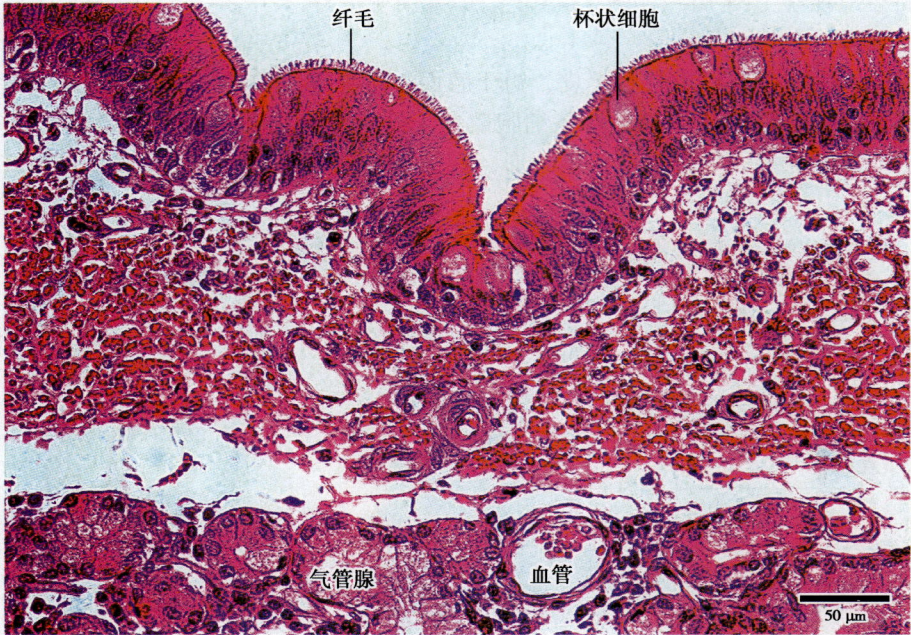

(a)

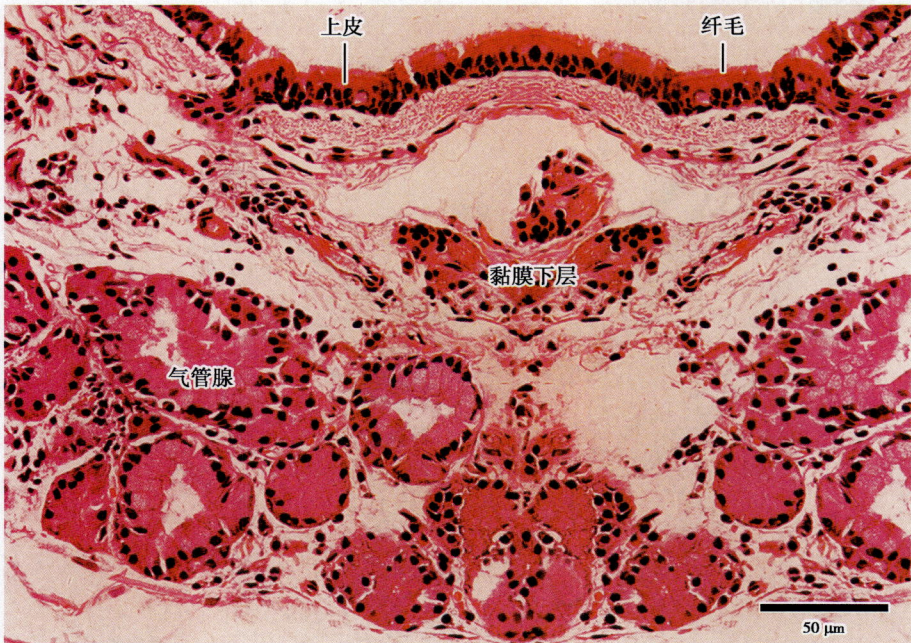

(b)

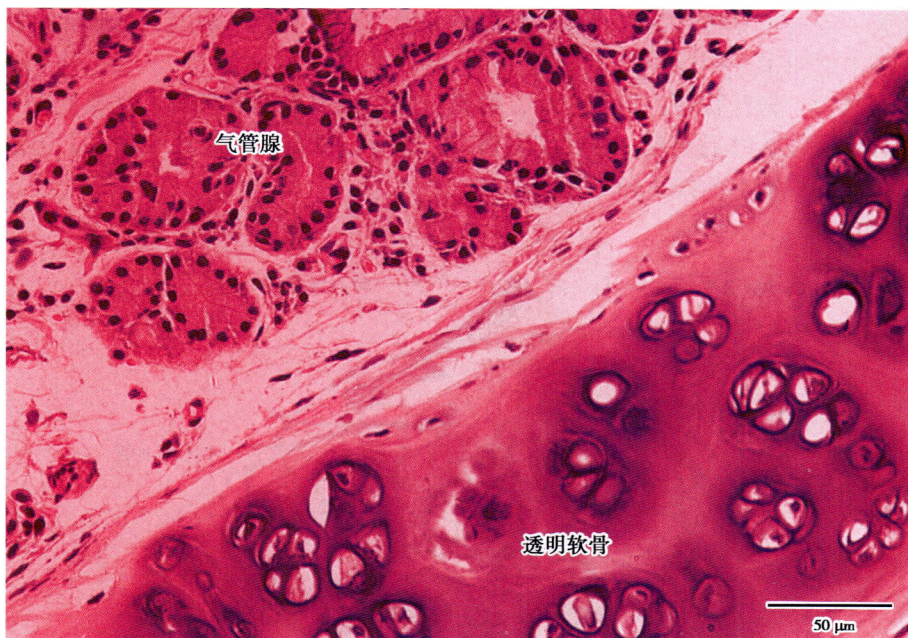

(c)

图 15-3 气管高倍像（HE 染色）

（2）固有层：位于上皮深层，较薄，与黏膜下层分界不明显。此层由较细密的结缔组织构成，其内分布有气管腺的导管、小血管、神经和淋巴组织等。

2.1.2　黏膜下层　位于固有层深层，为排列松散的疏松结缔组织，内有较大的血管、神经、淋巴组织以及较多的混合腺，即气管腺。

2.1.3　外膜　最厚，由 C 形透明软骨环、结缔组织以及脂肪细胞所构成。在软骨环的缺口处，填充有平滑肌纤维和结缔组织。

2.2　肺

观察切片：牛（羊、猪）肺，HE 染色。

肉眼观察：肺内有很多呈海绵状的肺小叶（图 15-4）。

低倍镜观察：肺表面有浆膜即胸膜脏层，称为肺胸膜。实质内可见有大小不等、形态不规则的管腔及空泡。根据管腔的大小、管壁的厚薄和管壁的结构，区分小支气管、细支气管、肺泡管、肺泡囊以及小动脉和小静脉等（图 15-5）。

2.2.1　导气部　管腔较大，管壁完整，腔面有皱襞的为肺的导气部。

2.2.2　呼吸部　管腔较小且不规则、管壁薄而有肺泡开口的为呼吸性细支气管。肺泡管和肺泡囊均由肺泡所围成，但前者在相邻肺泡开口处有结节状膨大，而后者无结节状膨大。其余空泡状结构均为肺泡。

2.2.3　小动脉和小静脉　小动脉管壁厚管腔规则，而小静脉管壁薄管腔不规则。

中—高倍镜观察（图 15-6 至图 15-9）：

（1）肺内小支气管　管壁较厚，管腔较大。黏膜表面为假复层柱状纤毛上皮，其中夹有杯状细胞。黏膜下层内可见散在的混合腺，外膜内的软骨片较大且不规则，黏膜和黏膜下层之间分布有散在的平滑肌束。

（2）细支气管　管壁较薄，管腔较小，黏膜向管腔内突出形成皱襞。黏膜上皮为假复层柱状纤毛上皮或单层柱状纤毛上皮，杯状细胞极少。固有层深部的平滑肌束增多，形成较完整的一层。腺体和软骨片基本消失（图 15-10）。

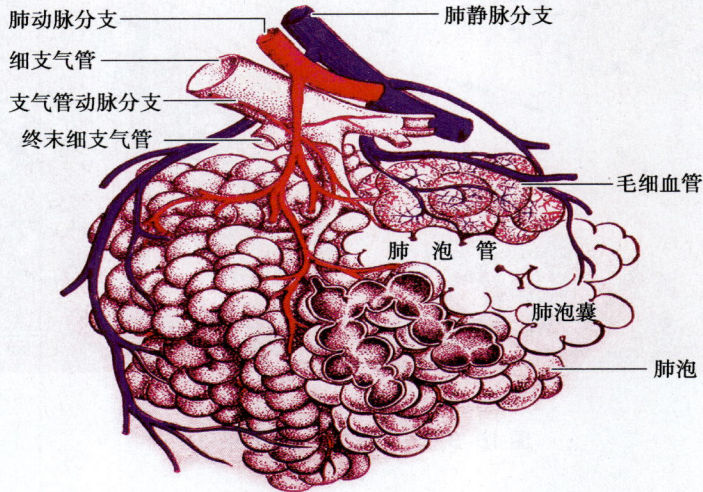

图 15-4 肺小叶模式图

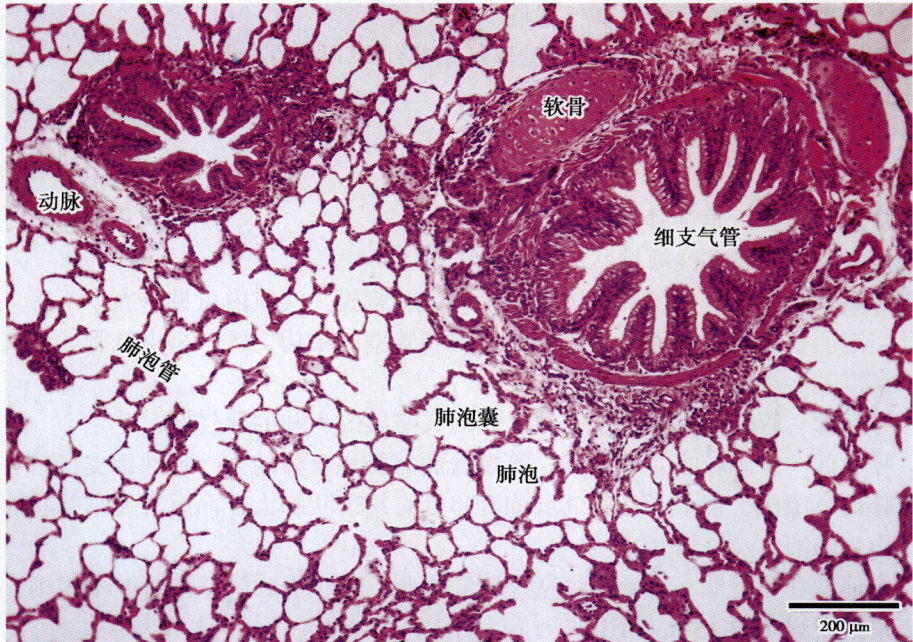

图 15-5 肺低倍像（HE 染色）

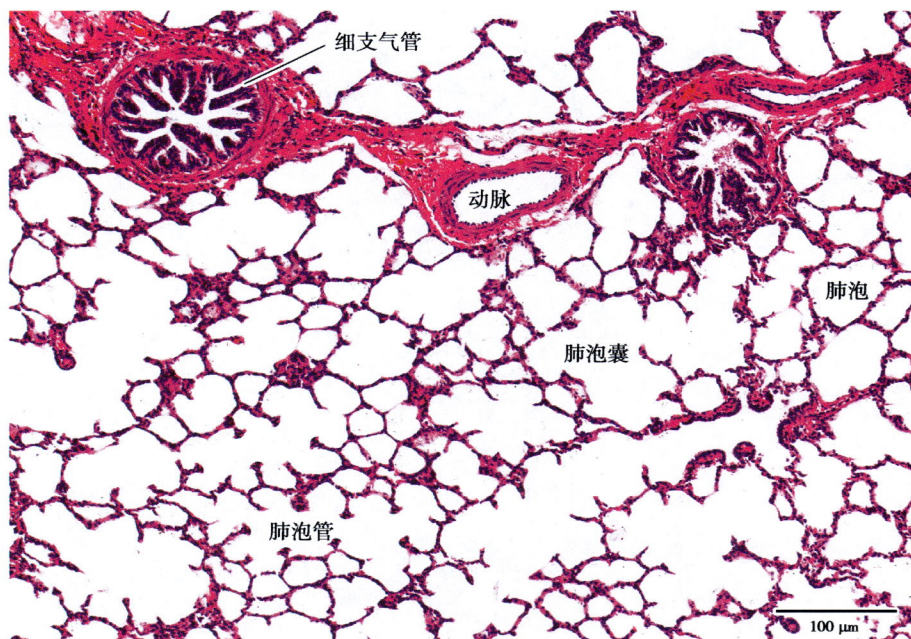

图 15-6 肺中倍像（HE 染色）

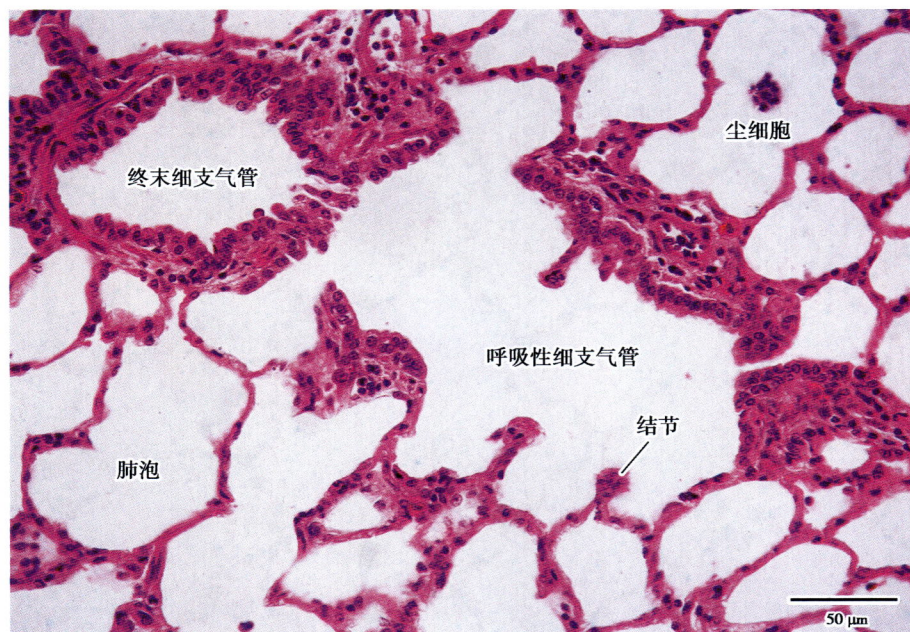

图 15-7 肺高倍像（HE 染色）

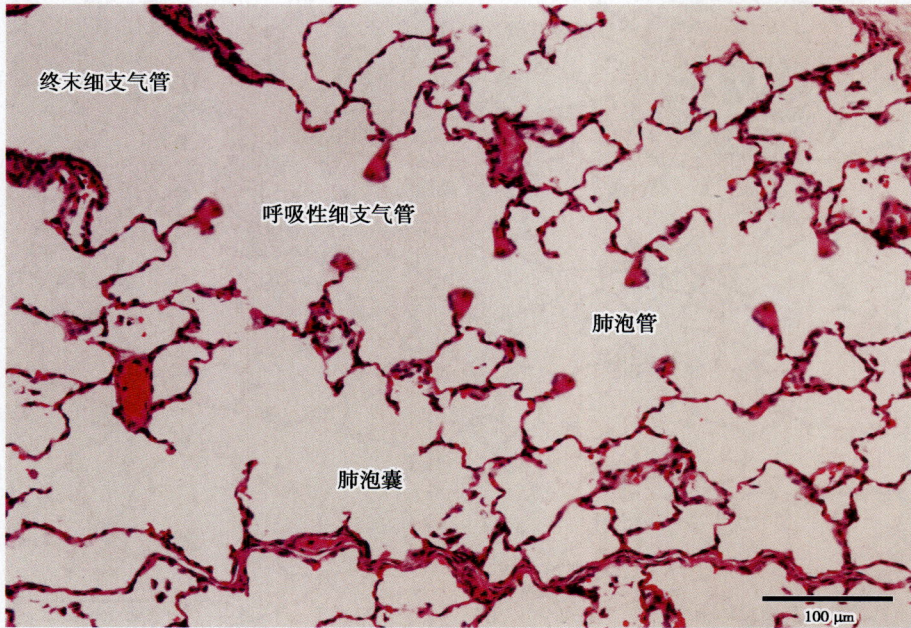

图 15-8 肺呼吸部中倍像（HE 染色）

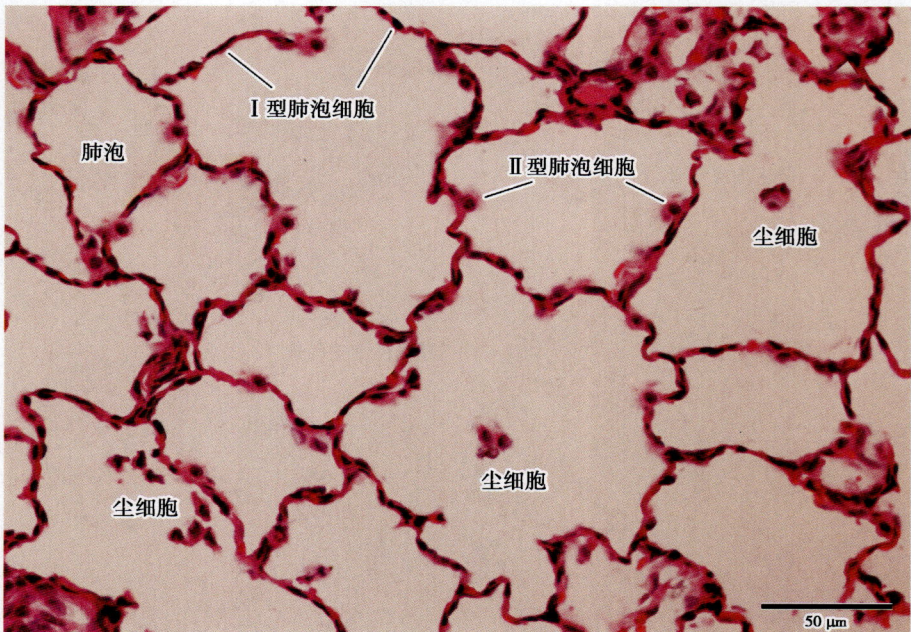

图 15-9 肺呼吸部高倍像（HE 染色）

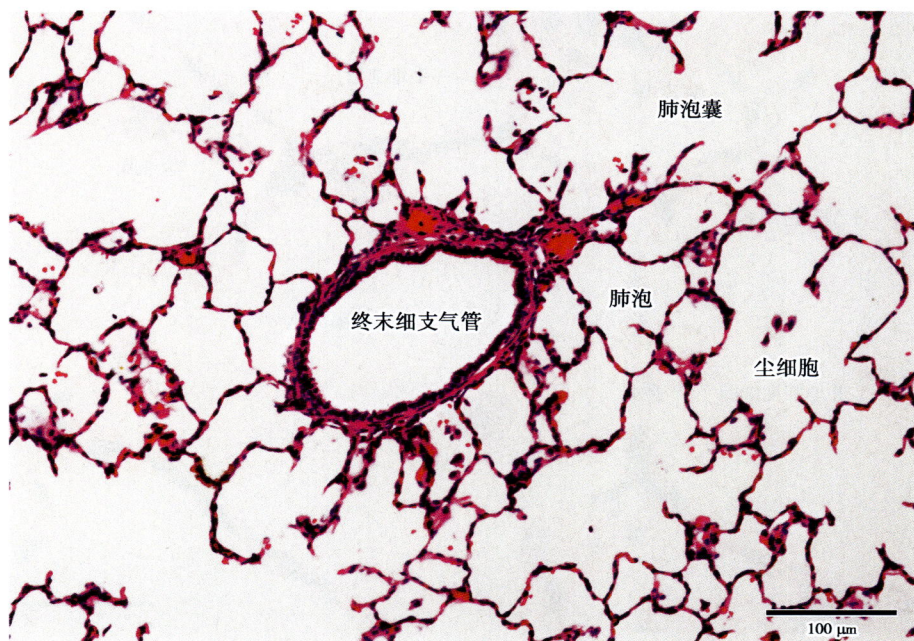

图 15-10 终末细支气管中倍像（HE 染色）

（3）终末细支气管 管壁很薄，管腔更小，无皱襞。上皮为单层柱状或单层立方上皮，平滑肌形成薄而完整的一层，杯状细胞、腺体和软骨片完全消失。

（4）呼吸性细支气管 管壁上有肺泡的开口，因而管壁不完整。上皮为单层柱状或立方上皮，在肺泡开口处为单层扁平状。上皮深层有少许的结缔组织和散在的平滑肌纤维。

（5）肺泡管 由多个肺泡围成，无完整的管壁。在相邻肺泡开口处，肺泡隔末端平滑肌纤维呈结节状膨大，着粉红色。

（6）肺泡囊 亦由肺泡围成，但相邻肺泡处无结节状膨大。

（7）肺泡 大小不等、半球形的薄壁囊泡，开口于呼吸性细支气管、肺泡管或肺泡囊。肺泡上皮分Ⅰ型肺泡细胞和Ⅱ型肺泡细胞：Ⅰ型肺泡细胞呈扁平形，核扁而深染；Ⅱ型肺泡细胞立方形，核圆，质淡（图 15-11 至图 15-13）。

（8）肺泡隔 相邻肺泡之间的薄层结缔组织，内有丰富的毛细血管。血管内皮难以与Ⅰ型肺泡细胞区分，可根据毛细血管内有无血细胞来区别二者。

（9）尘细胞 位于肺泡腔或肺泡隔内。细胞体积较大，形状不规则。核椭圆，多偏于细胞的一侧。胞质内有许多吞噬的棕黑色颗粒。

3 示教切片

鼻黏膜的结构特点
观察切片：嗅部黏膜和呼吸部黏膜的切片和电镜图片。

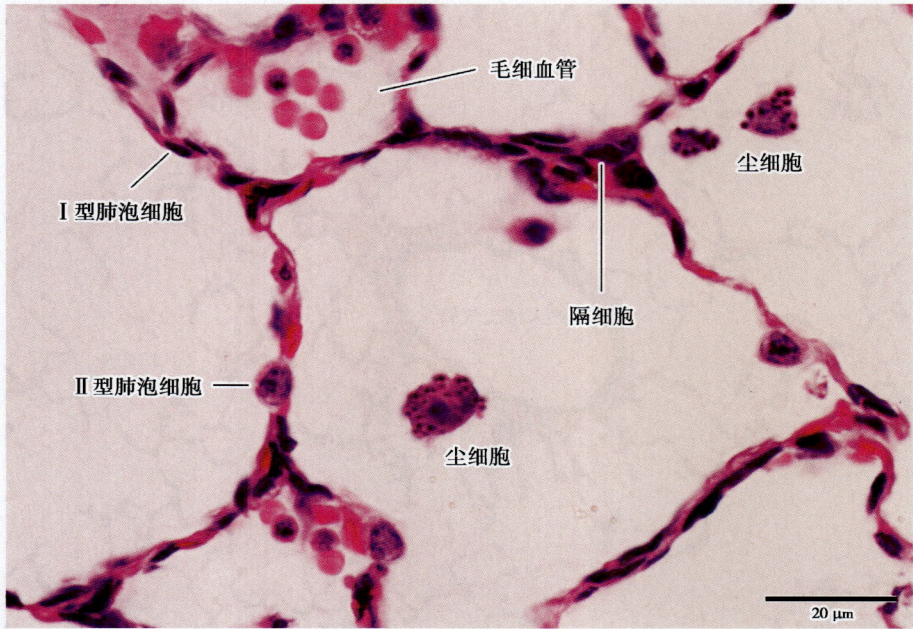

图 15-11　肺泡高倍像（HE 染色）

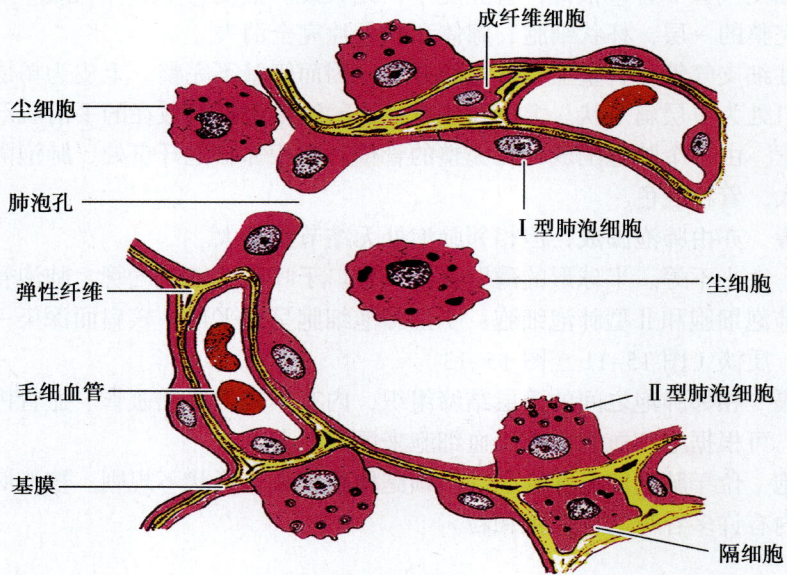

图 15-12　肺泡与肺泡隔模式图

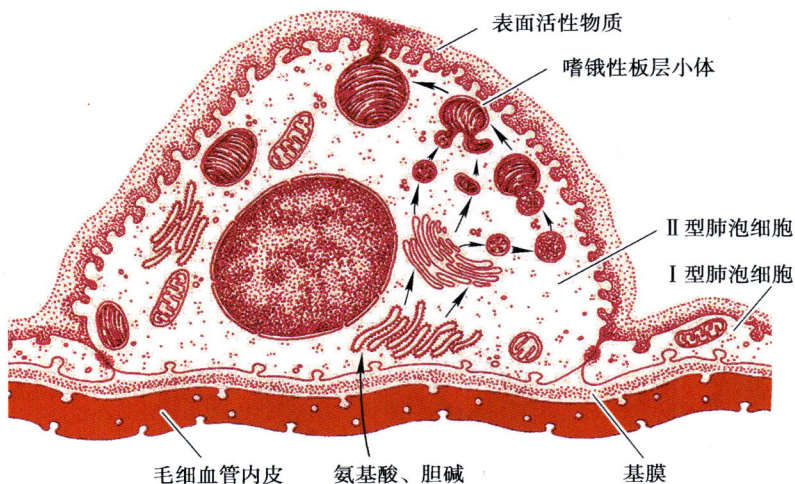

图 15-13 肺泡 Ⅱ 型细胞超微结构模式图

上皮细胞为柱状，游离端有大量纤毛。

3.1 嗅黏膜的结构特点

嗅黏膜上皮为假复层纤毛柱状上皮，有以下 3 种细胞（图 15-14，图 15-15）：

支持细胞： 呈高柱状，基部较细，常见有分支，核呈椭圆形。细胞游离面有许多微绒毛。

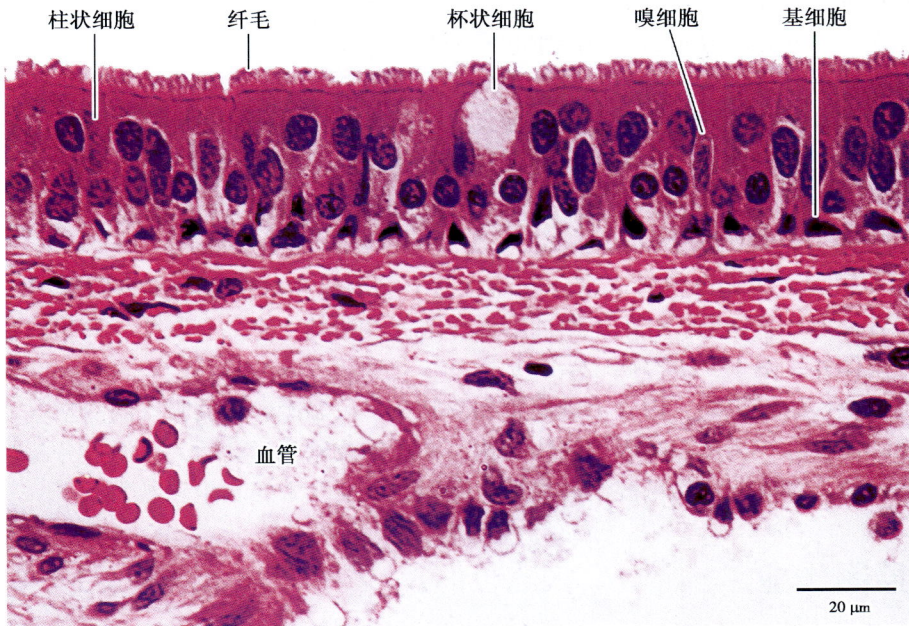

图 15-14 嗅黏膜高倍像（HE 染色）

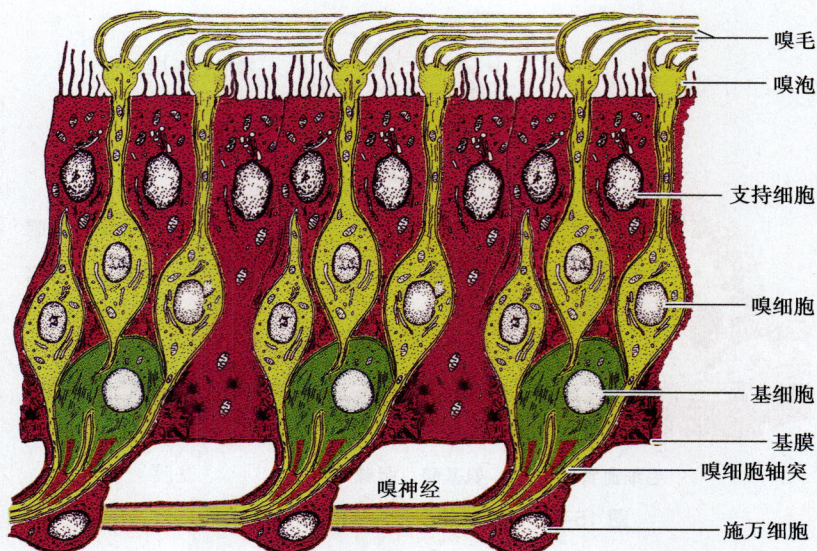

图 15-15　嗅上皮超微结构模式图

嗅细胞：为双极感觉神经元，执行嗅觉机能。细胞呈梭形，圆形核位于细胞中部，核仁明显。树突伸向上皮表面，末端膨大，称嗅泡。从嗅泡发出数条嗅毛。嗅毛能感受有气味物质的刺激。细胞基部伸出一条细长轴突，在固有层内形成无髓神经纤维，组成嗅神经。犬的嗅黏膜有许多皱褶，约有 2 亿个嗅细胞，为人类的 40 倍，嗅细胞表面有许多微绒毛，大大增加了与气味物质的接触面积。因此，犬的嗅觉非常灵敏。

基细胞：呈锥形或圆形，位于上皮深部，核小呈圆形。细胞基底面有许多突起。基细胞有分裂和分化能力，能分裂分化成支持细胞和嗅细胞。

固有层为薄层结缔组织，含丰富的毛细血管、淋巴管、神经和弥散性淋巴组织，并有许多浆液型嗅腺，其分泌物经导管排至黏膜表面，以溶解空气中有气味的化学物质，刺激嗅毛。嗅腺不断分泌浆液，以清洗上皮表面，从而保持嗅觉的敏感性。

3.2　呼吸部黏膜的结构特点

呼吸部面积大，因毛细血管丰富，生活状态下黏膜呈粉红色。上皮为假复层纤毛柱状上皮，其间夹有许多杯状细胞。纤毛不断向咽部作节律性摆动，将黏有灰尘、异物的黏液推向咽喉，随痰排出体外（图 15-16 至图 15-18）。

固有层为疏松结缔组织，内含毛细血管和静脉丛，可温暖和湿润吸入的冷空气，还有黏液腺、浆液腺和混合腺。犬鼻腔呼吸部腺体发达，在夏季或剧烈运动后，可通过分泌物中水分蒸发达到降温目的。腺体分泌物可湿润鼻黏膜，黏附吸入空气中的灰尘和异物。

4　绘图作业

3.1　绘制中倍镜下部分气管壁的结构图。

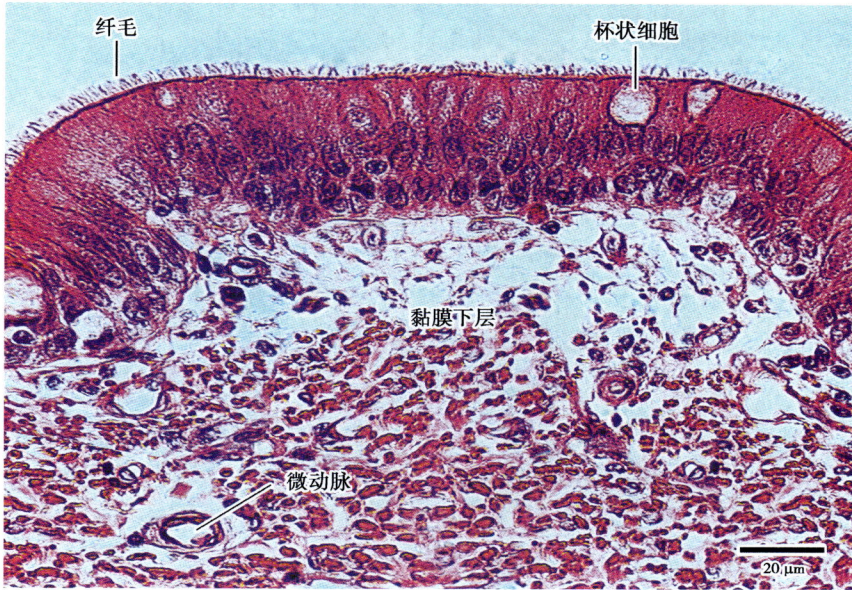

图 15-16 咽黏膜高倍像（HE 染色）

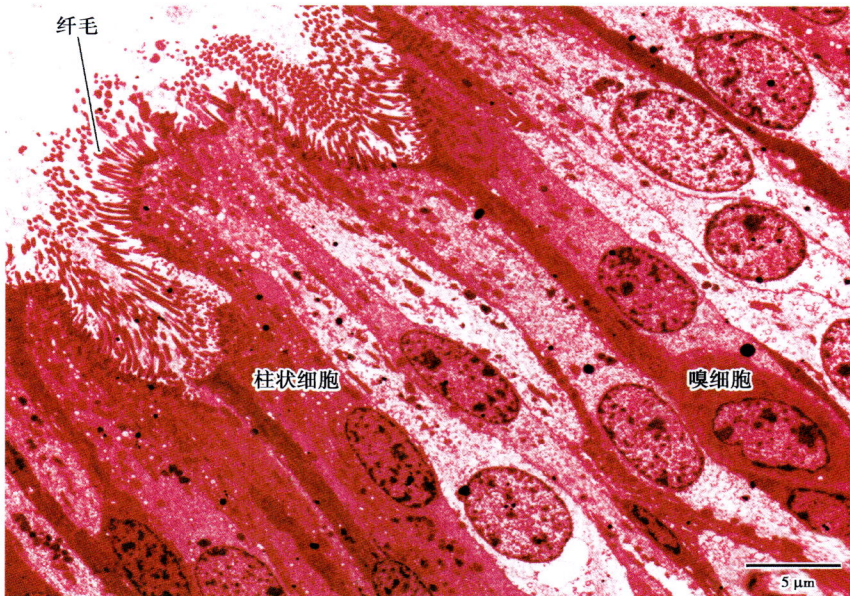

图 15-17 气管黏膜上皮超微结构

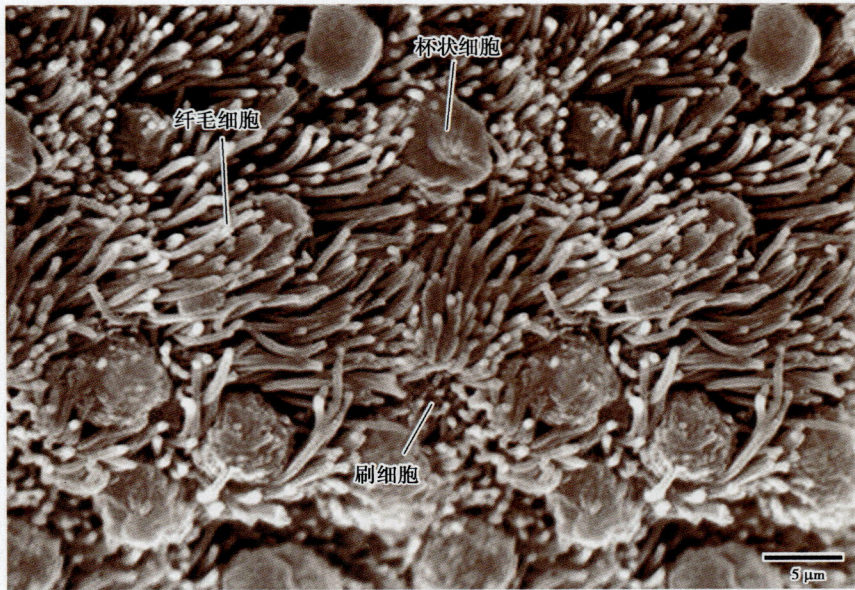

图 15-18　气管纤毛超微结构

3.2　绘制高倍镜下部分肺的组织结构图。

3.3　软件采集气管和肺泡的高倍电子图像。

实验 16　泌尿系统

1　实验目的

1.1　掌握肾的组织结构的组成、特点及相互关系。

1.2　掌握膀胱在不同功能状态下的结构特点。

2　实验内容

2.1　肾

观察切片： 猪（马、犬、兔）肾，HE 染色。

肉眼观察： 肾的实质组织呈深浅不同的两部分，外围紫红色的部分是皮质，中央浅红色的部分是髓质（图 16-1）。

低倍镜观察： 被膜位于肾的表层，由致密结缔组织构成。皮质在被膜的深面，有粗细不等、形状不一的小管断面和分布于其间的圆形肾小体（图 16-2）。主要由皮质迷路和髓放线构成。

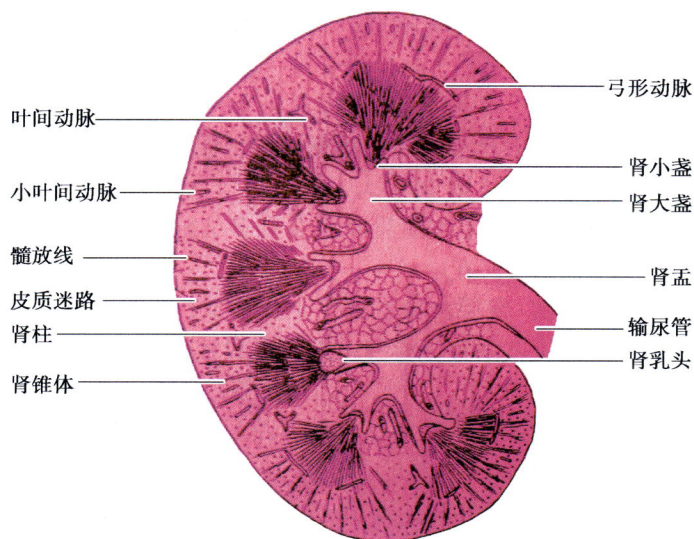

图 16-1 猪肾纵切结构模式图

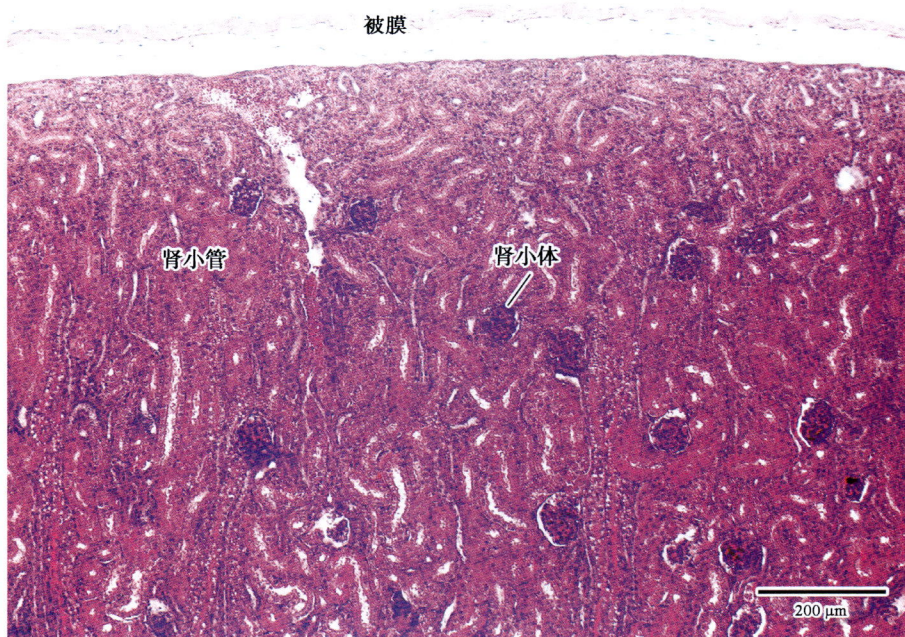

图 16-2 肾皮质低倍像（HE 染色）

2.1.1 皮质迷路： 由肾小体、近端小管、远端小管和其间的肾间质构成。肾小体散在分布于肾小管之间，呈圆形，由肾小球和肾小囊构成；近端小管和远端小管的断面呈圆形和弓形等形状。肾间质由疏松结缔组织构成，内有毛细血管、小动脉和小静脉的断面。

2.1.2 髓放线： 由许多直行的小管平行排列而成，位于皮质迷路之间，包括近端小管直部、远端小管直部和集合小管，向外不达皮质表面，向内伸入髓质并参与构成肾锥体。

髓质主要由直行的肾小管和集合小管构成，有许多粗细不等的小管断面。

高倍镜观察：

2.1.3 皮质（图 16-3）

（1）肾小体：断面呈圆形，由肾小球和肾小囊构成，偶见有入球小动脉或出球小动脉出入的血管极或与近端小管相连的尿极（图 16-4）。

① 肾小球：可见盘曲成球状的毛细血管断面及许多细胞核，但难以辨认内皮、肾小囊脏层和球内系膜细胞（图 16-5，图 16-6）。

② 肾小囊：分脏、壁两层。壁层由单层扁平上皮构成；脏层由足细胞构成，紧贴于毛细血管壁，难以辨认。脏、壁两层之间有一囊腔，即肾小囊腔。

③ 致密斑：在肾小体的血管极处，可见一远端小管的断面，其靠近肾小体一侧的管壁上皮细胞变高、变窄，排列整齐，细胞核密集，且靠近腔面，即为致密斑（图 16-3a）。

（2）肾小管：可见位于皮质迷路内的近端小管、远端小管和位于髓放线内的近端小管直部、远端小管直部以及髓质内（图 16-3a，图 16-7）。

① 近端小管曲部：断面数目较多，管径较粗，管腔较小，腔面凹凸不平。上皮细胞呈锥体形，细胞界限不清，核圆形，靠细胞基部，细胞质呈强嗜酸性，在细胞的游离面有刷状缘。

② 远端小管曲部：与近端小管相比，断面数目较少。管径较小，管腔较大，立方上皮细胞界限清楚，细胞质嗜酸性，染色较浅，细胞核圆形，位于细胞中央，腔面无刷状缘。

③ 近端小管直部：结构与近端小管曲部相似。

④ 远端小管直部：结构与远端小管曲部相似。

2.1.4 髓质

（1）细段：由单层扁平上皮构成，管径细，管腔小，管壁薄，胞核扁突向管腔。胞质染色

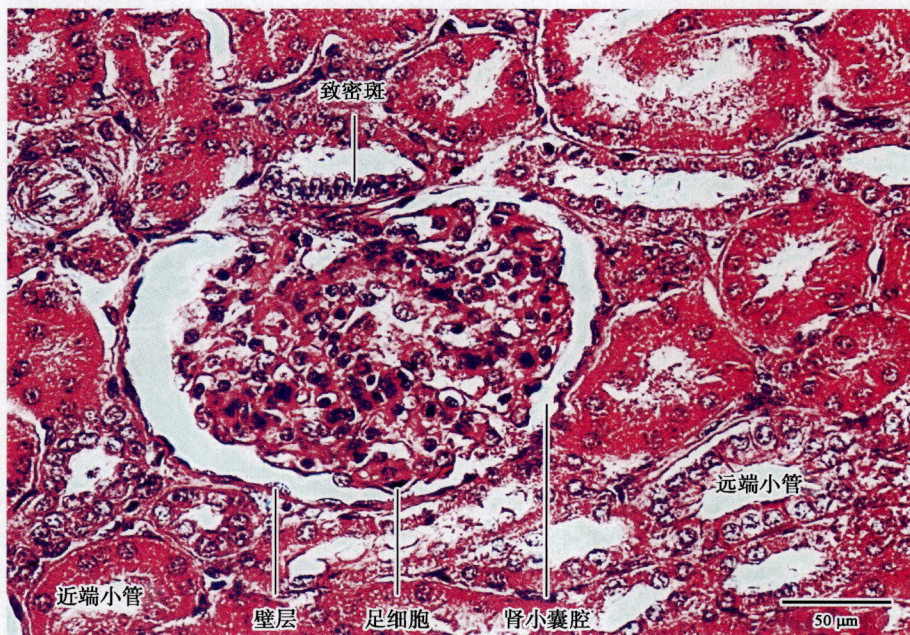

(a)

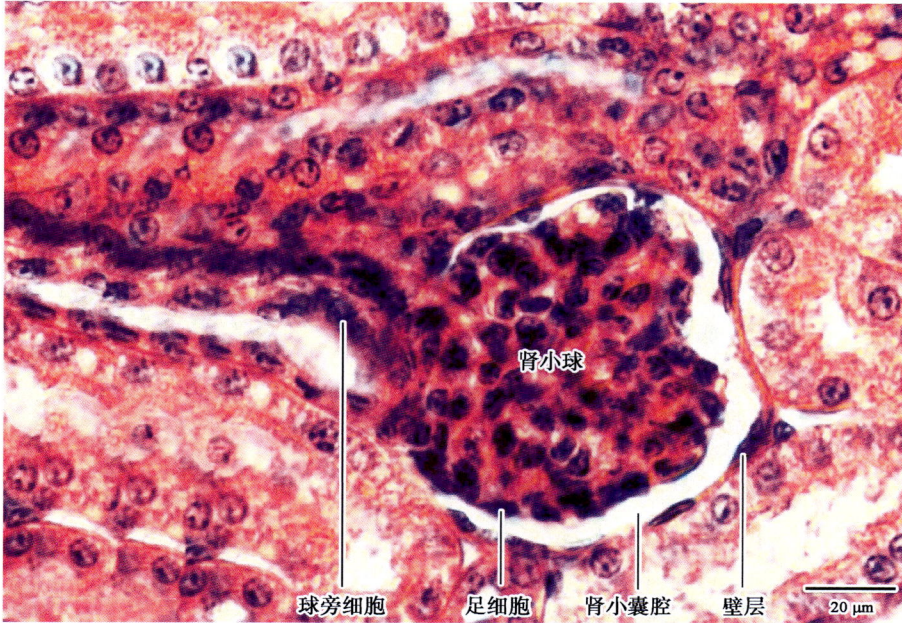

(b)

图 16-3　肾皮质高倍像（HE 染色）

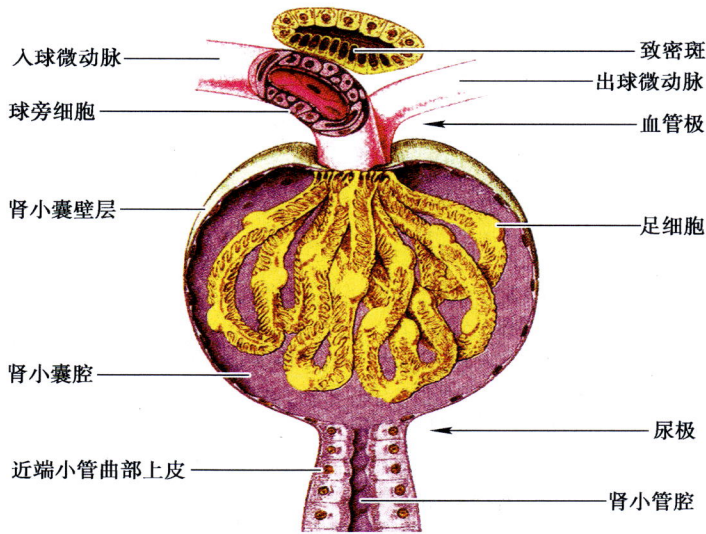

图 16-4　肾小体结构模式图

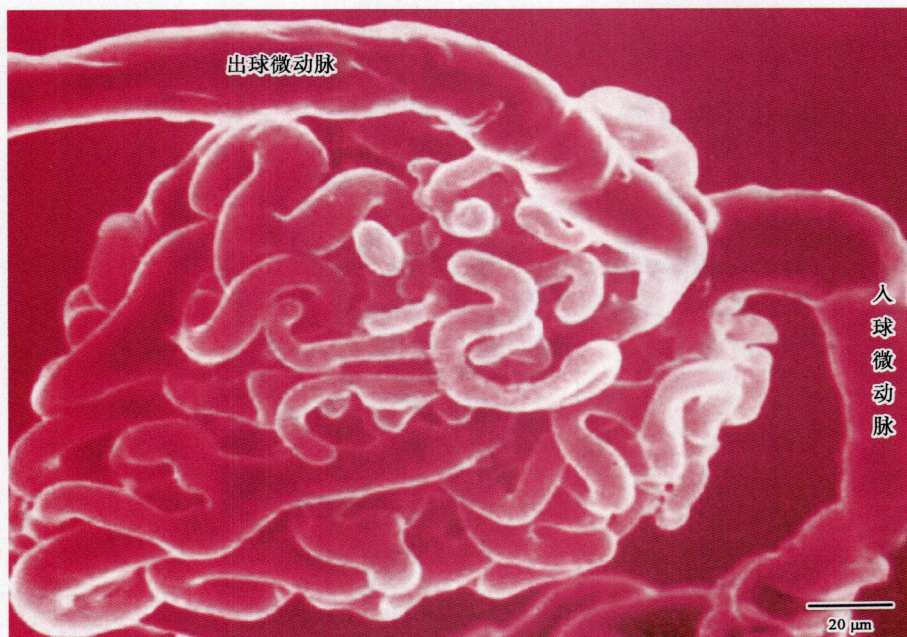

图 16-5　肾小球血管铸型扫描电镜像

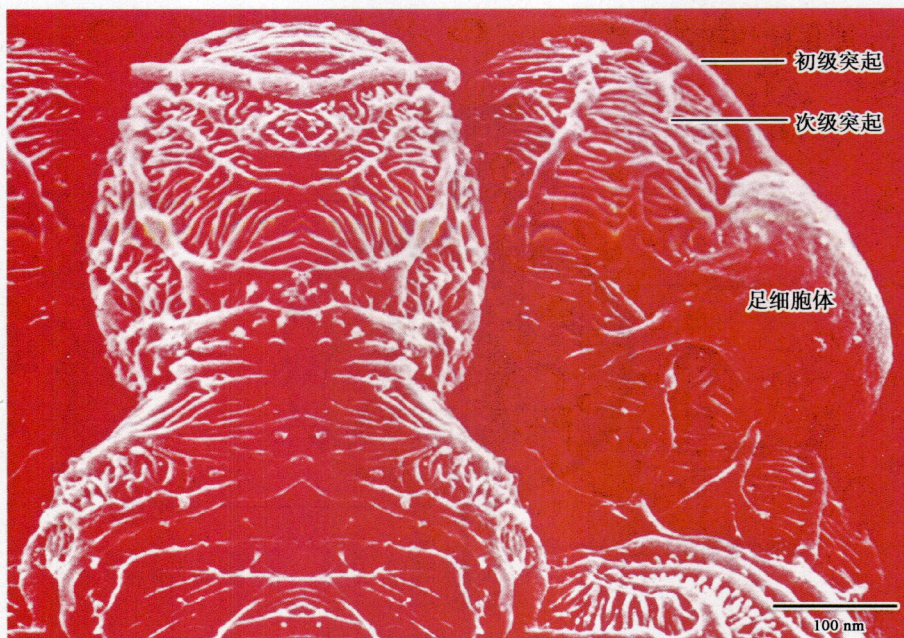

图 16-6　肾小球与足细胞扫描电镜像

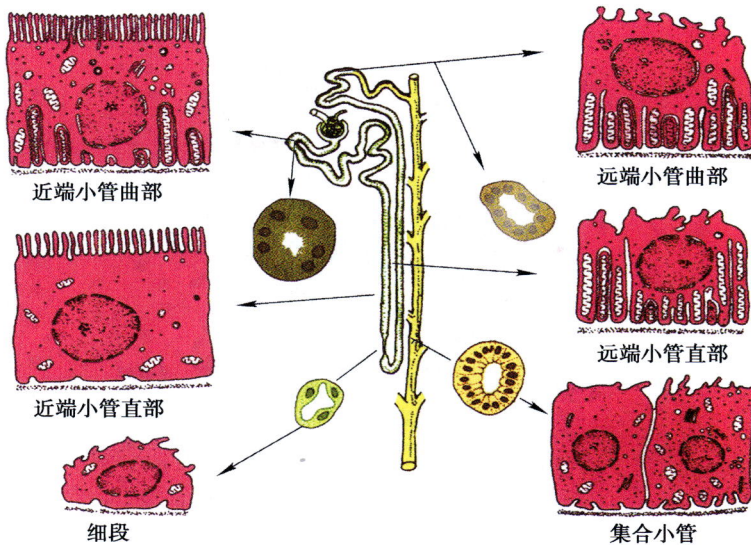

图 16-7　肾小管结构模式图

浅，细胞界线不清。注意区分毛细血管、近端小管直部、远端小管直部（图 16-7 至图 16-13）。

（2）集合小管：管径粗细不等，管壁上皮细胞由单层立方移行为单层高柱状，细胞质染色较淡，细胞界线清楚，细胞核圆形，位于细胞中央或靠近基部。

血管灌注的红色小球状结构均为肾小球。在皮质和髓质内均可见到较大的红色血管为动脉，显蓝绿色的血管为静脉（图 16-14）。

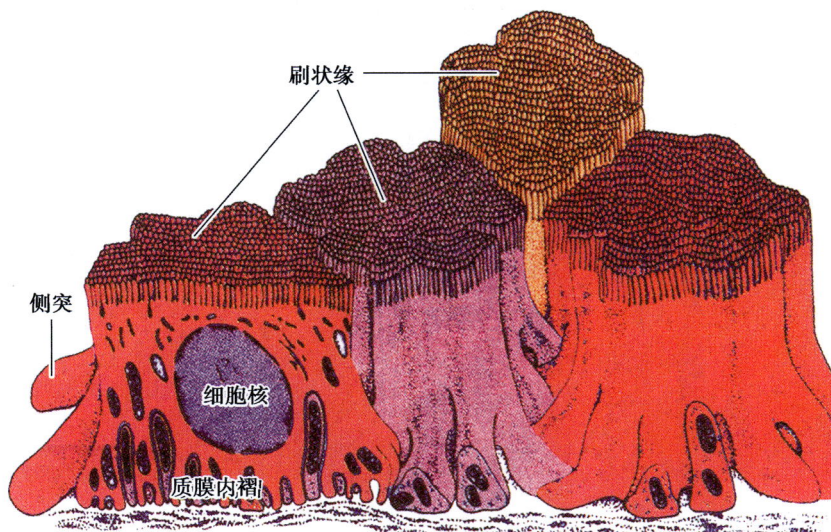

图 16-8　近端小管上皮细胞超微结构模式图

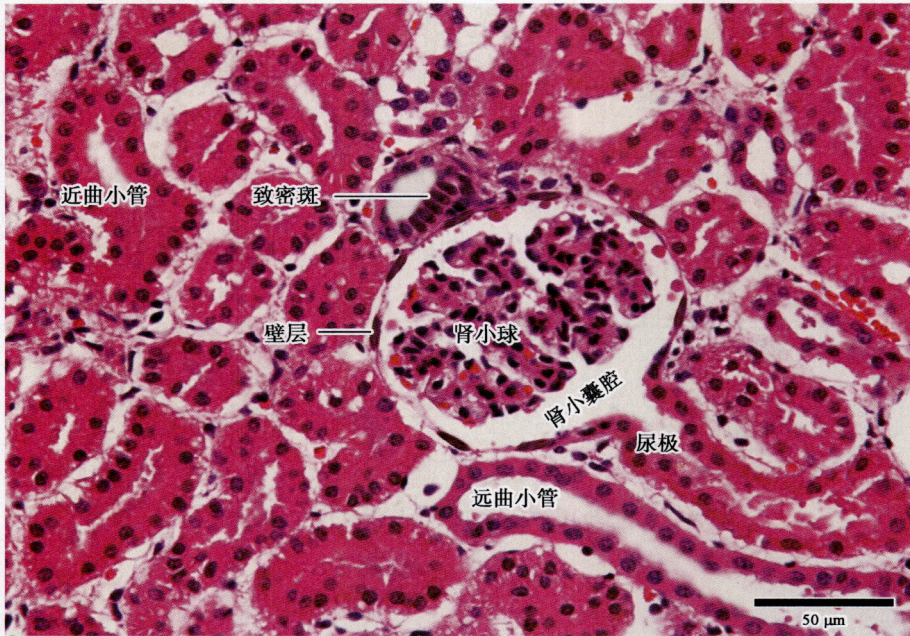

图 16-9　肾小体和肾小管高倍像（HE 染色）

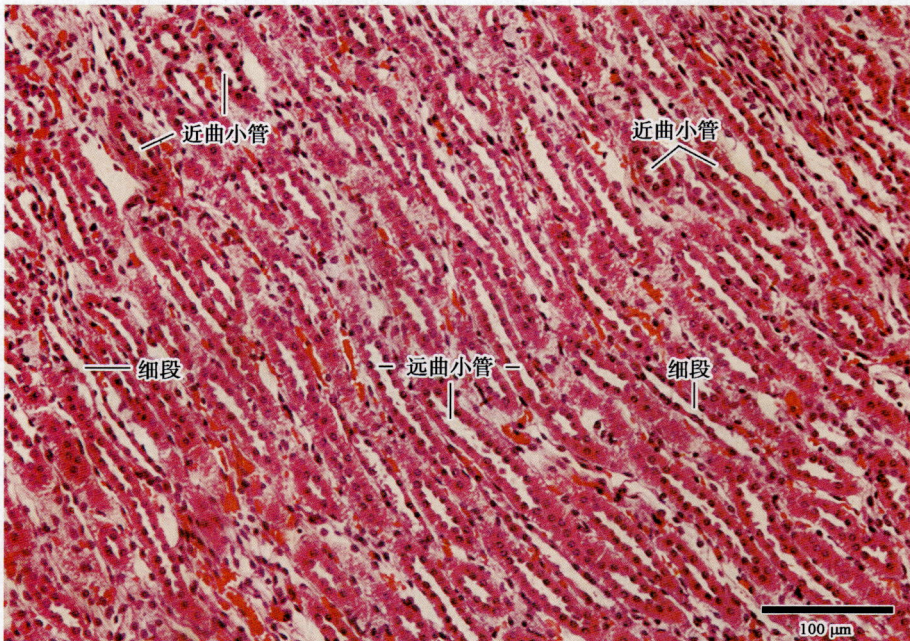

图 16-10　肾小管纵切中倍像（HE 染色）

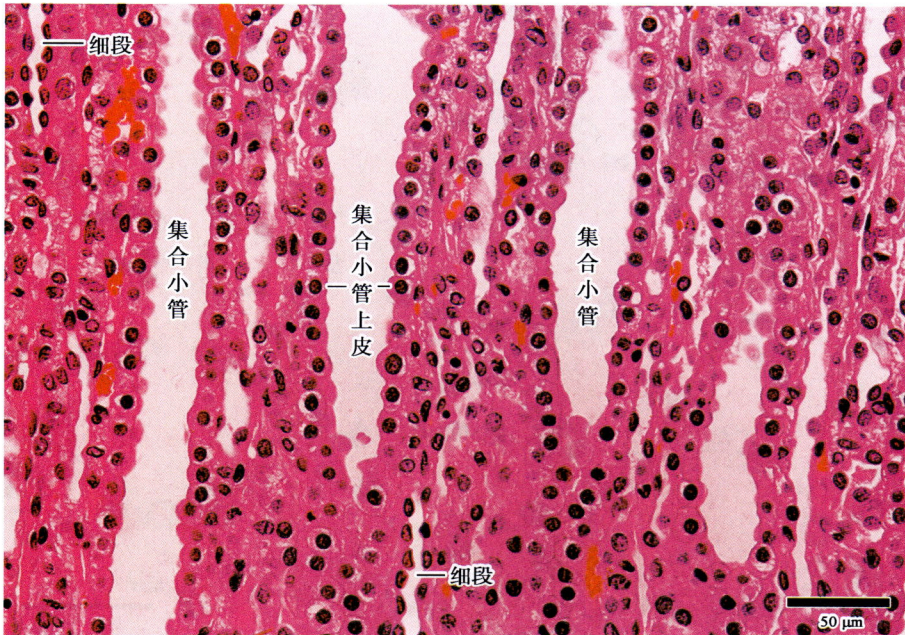

图 16-11　肾小管纵切高倍像（HE 染色）

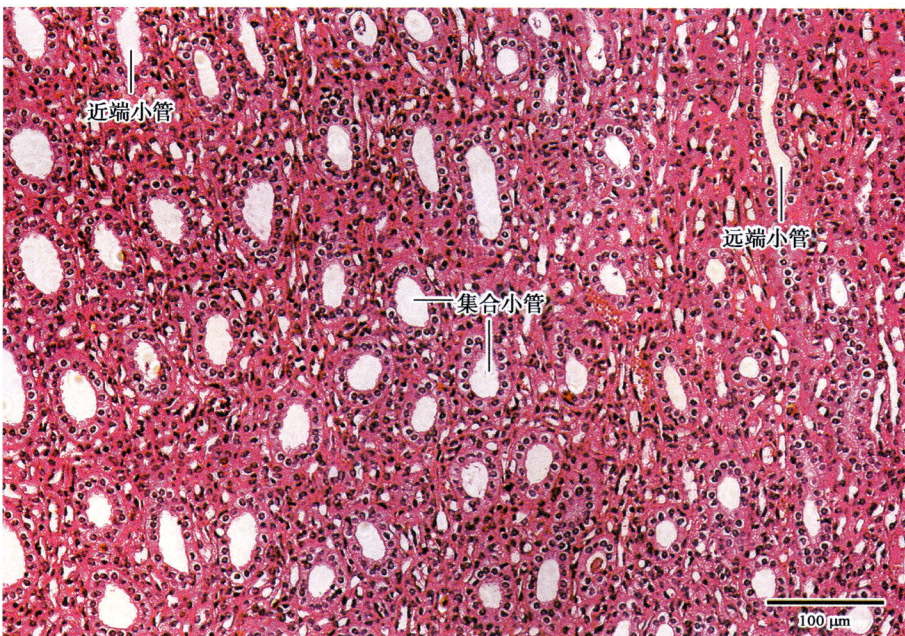

图 16-12　肾小管横切中倍像（HE 染色）

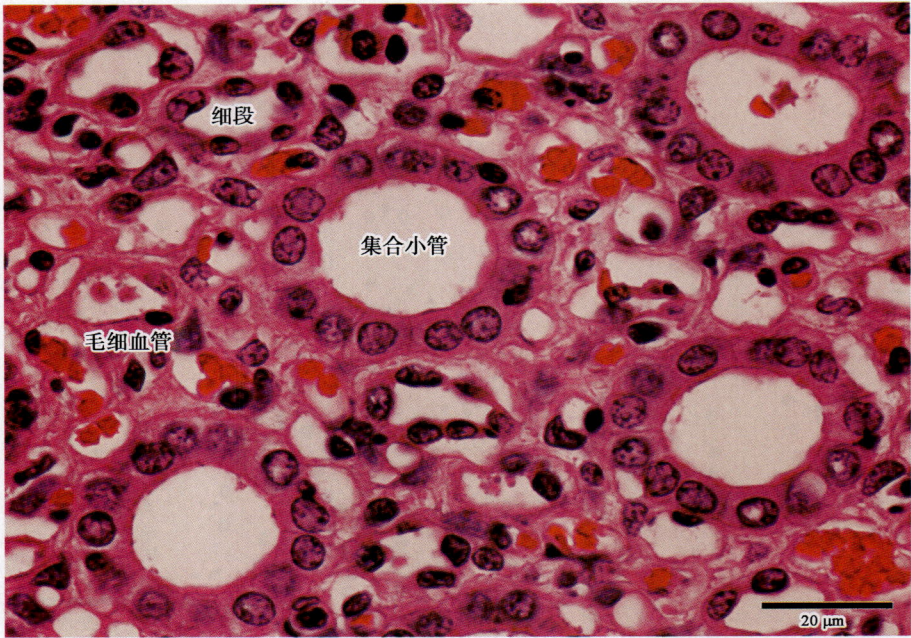

图 16-13　肾小管横切高倍像（HE 染色）

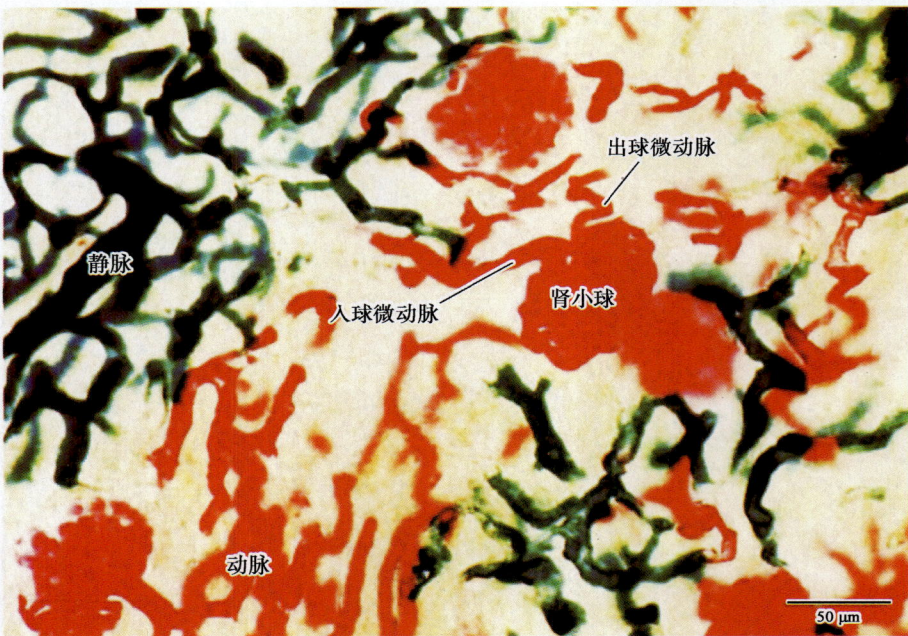

图 16-14　肾血管灌注高倍像（明胶卡红染色）

2.2 输尿管

观察切片：兔（猪）输尿管横切片，HE 染色（图 16-15 至图 16-17）。

低倍镜观察：管壁结构分为 3 层，由内向外依次为黏膜、肌层和外膜。

中—高倍镜观察：

2.2.1 黏膜 形成许多纵行皱襞突向腔内，上皮为变移上皮，固有层由结缔组织构成。

2.2.2 肌层 由平滑肌构成，可分为内纵、外环两层。

2.2.3 外膜 为结缔组织构成的纤维膜。

2.3 膀胱

观察切片：兔（猪）膀胱收缩期和充盈期切片，HE 染色。

肉眼观察：切片上有两块组织，厚的取自膀胱的收缩状态，薄的取自膀胱的充盈状态（图 16-18，图 16-19）。

低倍镜观察：膀胱壁的结构由内向外分为 3 层，依次是黏膜、肌层和外膜。黏膜又分为上皮和固有层，并突向管腔形成高低不等的黏膜皱襞。

中—高倍镜观察：

2.3.1 黏膜

（1）上皮：为变移上皮，收缩期细胞有 4～7 层，表层细胞较大，细胞核圆形，位于中央，偶见双核；充盈期细胞有 2～3 层，细胞变得扁平。

（2）固有层：由致密结缔组织构成。

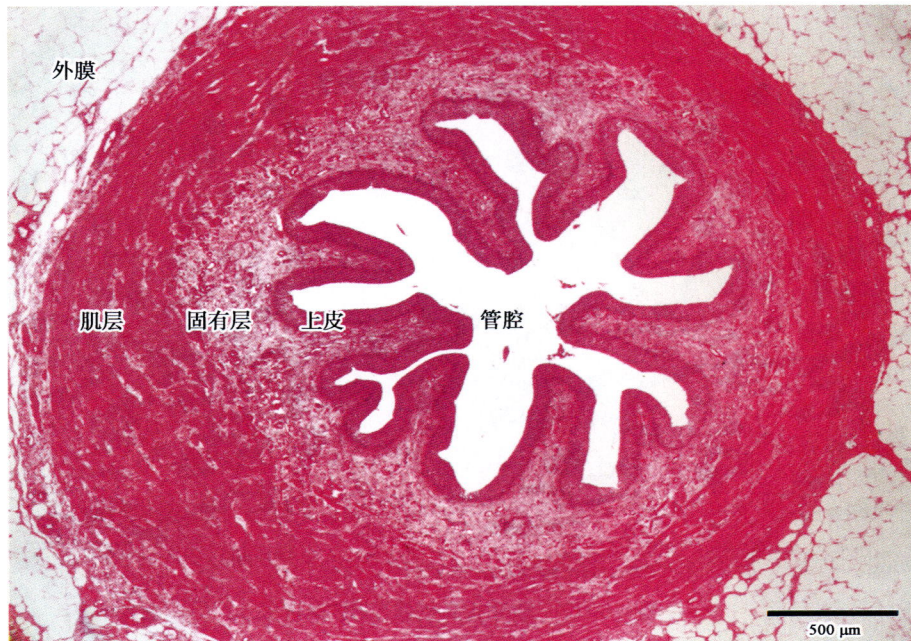

图 16-15 输尿管低倍像（HE 染色）

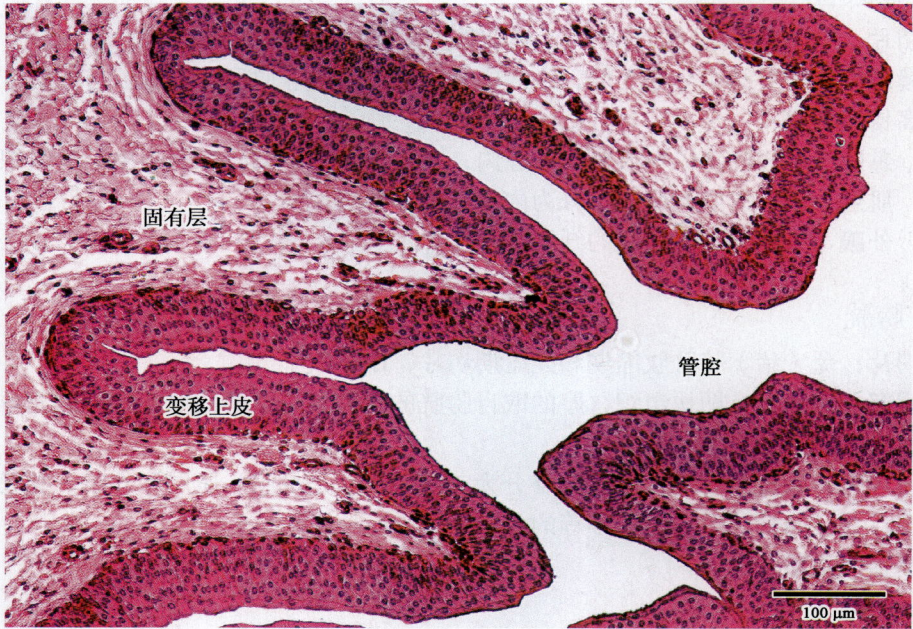

固有层

变移上皮

管腔

100 μm

图 16-16 输尿管中倍像（HE 染色）

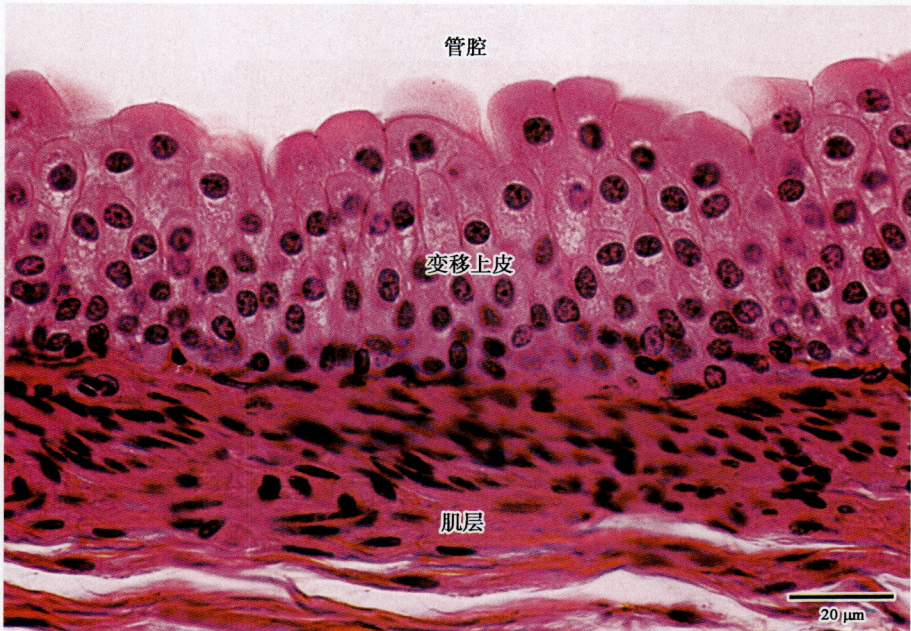

管腔

变移上皮

肌层

20 μm

图 16-17 输尿管高倍像（HE 染色）

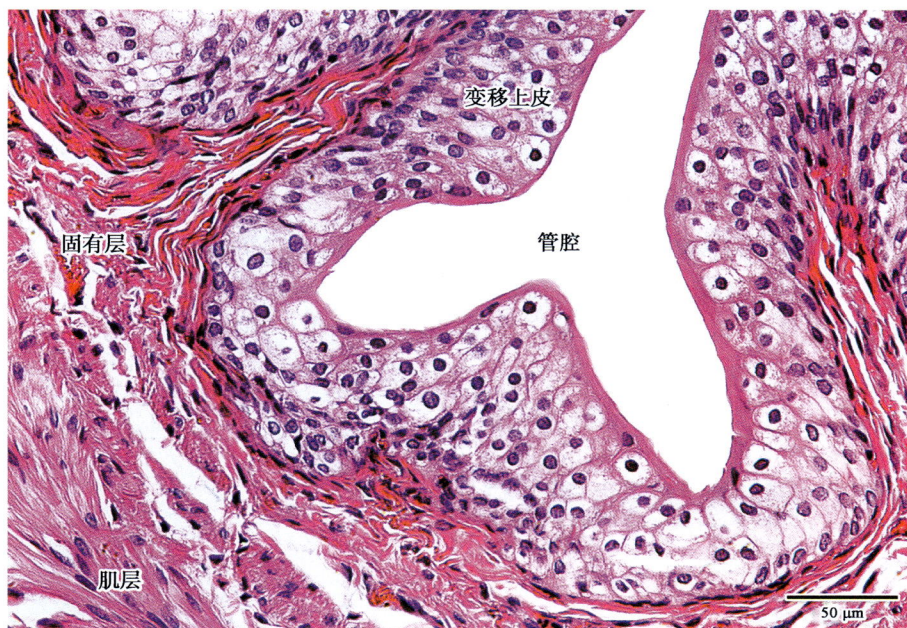

图 16-18　膀胱收缩期的中倍像（HE 染色）

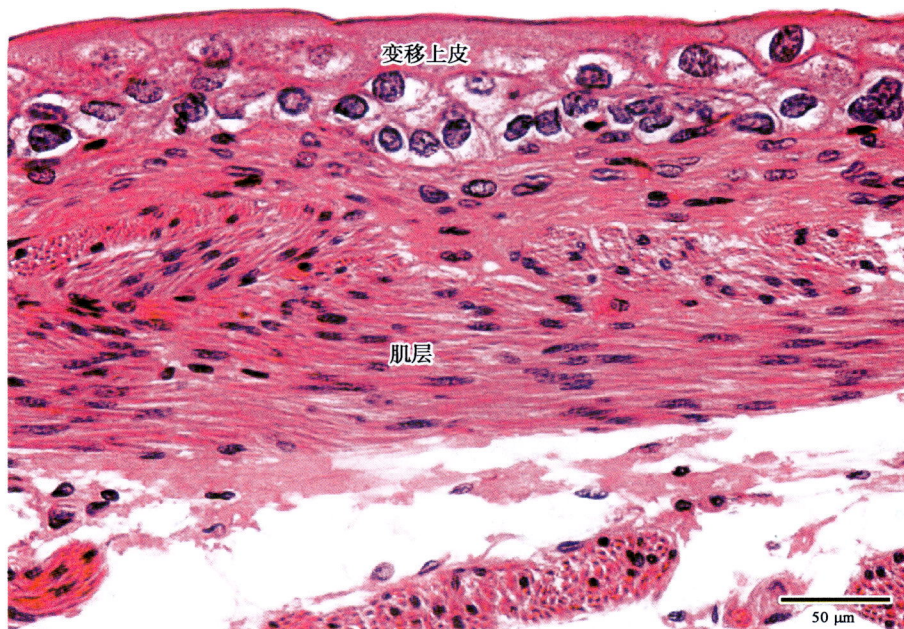

图 16-19　膀胱充盈期的高倍像（HE 染色）

2.3.2 肌层 较厚，由平滑肌构成，其层次多不规则，有的大致可分为内纵、中环、外纵3层。

2.3.3 外膜 在膀胱顶和膀胱体处，为间皮构成的浆膜，膀胱颈处则为结缔组织构成的纤维膜。

3 绘图作业

3.1 绘制高倍镜下肾皮质结构图，显示典型的肾小体及其周围的肾小管。

3.2 绘制高倍镜下肾髓质结构图，显示集合小管、髓袢细段等结构。

3.3 软件采集肾小体、致密斑、输尿管和膀胱的高倍电子图像。

实验 17　雌性生殖系统

1 实验目的

1.1 掌握卵巢的组织结构。

1.2 掌握卵泡的发育和变化过程。

1.3 掌握子宫的组织结构和功能特点。

2 实验内容

2.1 卵巢（图 17-1）

观察切片：猫（犬、猪）卵巢切片，HE 染色。

肉眼观察：标本切面为圆形或长椭圆形，显紫红色。含有大小不等的泡状结构，为不同发育时期的卵泡。

低倍镜观察：卵巢表面有一层立方形或扁平状的生殖上皮，上皮深层是致密结缔组织构成的白膜。白膜深面是卵巢的实质，可分为外周的皮质和中央的髓质。皮质由结缔组织基质和不同发育阶段的卵泡组成；髓质由疏松结缔组织构成，其中含有丰富的血管、神经和淋巴管，与皮质无明显界线（图 17-2）。

高倍镜观察：皮质中含有大量处于不同发育阶段的卵泡。卵泡呈球状，但大小、形状和结构各异（图 17-3）。

2.1.1 原始卵泡 位于白膜下的皮质浅层，数量很多，排列成层或成群。卵泡体积小，由中央的一个初级卵母细胞和周围一层扁平的卵泡细胞组成。卵母细胞呈泡状，核大，染色质细小分散，核仁明显，胞质内富含卵黄颗粒，染成粉红色。

2.1.2 初级卵泡 在原始卵泡的深层，由原始卵泡发育而来，卵泡体积随着发育而逐步增大。在初级卵母细胞体积增大的同时，其周围出现均质红色的透明带。卵泡细胞由扁平变成立方形或柱状，由单层细胞变成多层。卵泡周围的结缔组织包围着卵泡，逐渐形成卵泡膜（图17-4）。

2.1.3 次级卵泡

由初级卵泡继续发育增大而成。次级卵泡体积更大，在多层卵泡细胞之间出现小腔隙，以后逐渐汇合成大的卵泡腔，腔内充满卵泡液。由于卵泡腔的形成和不断扩大，使卵母细胞及包在外面的卵泡细胞一起突入卵泡腔，形成丘状隆起，称为卵丘。紧贴卵母细胞和透明带的一层卵泡细胞呈高柱状，排列松散并呈放射状，称放射冠。其余的卵泡细胞沿

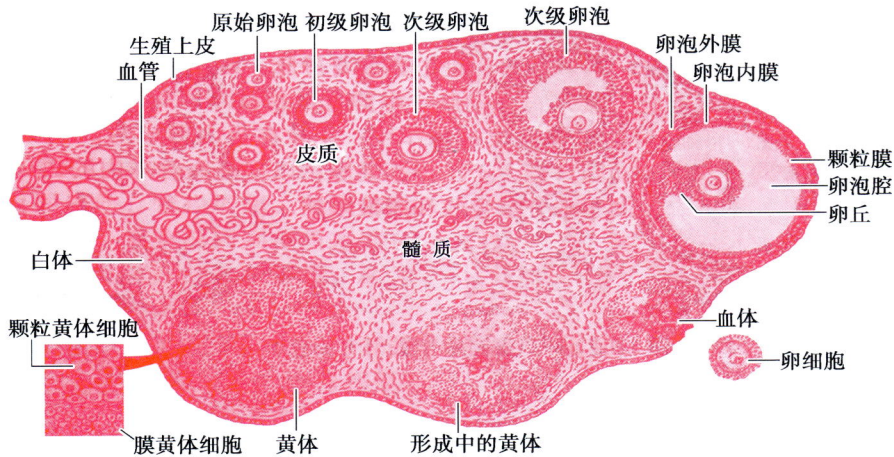

图 17-1　卵巢结构模式图

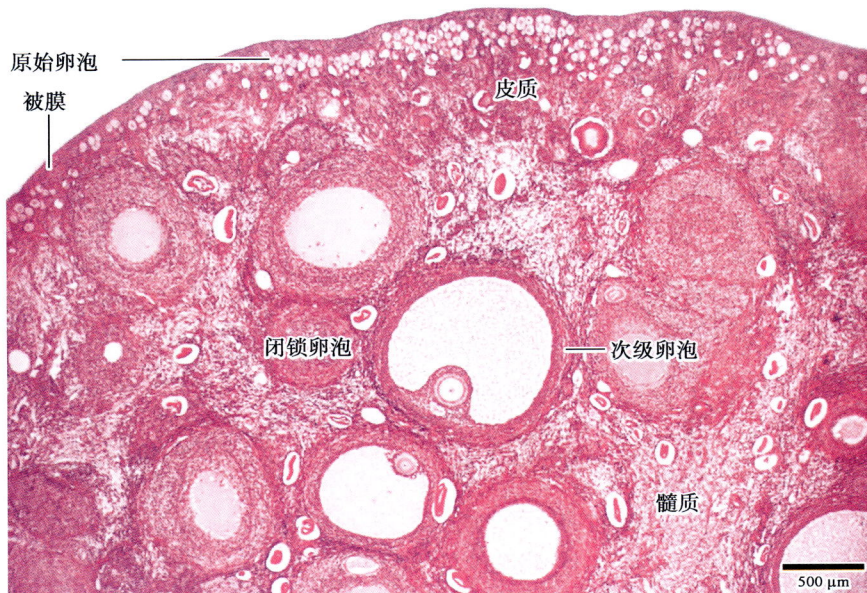

图 17-2　卵巢低倍像（HE 染色）

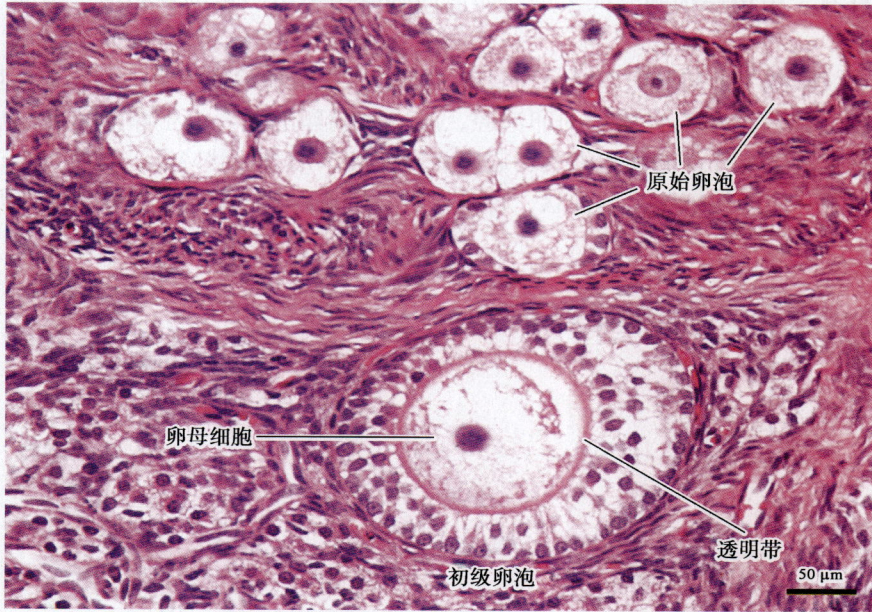

图 17-3　卵巢皮质高倍像（HE 染色）

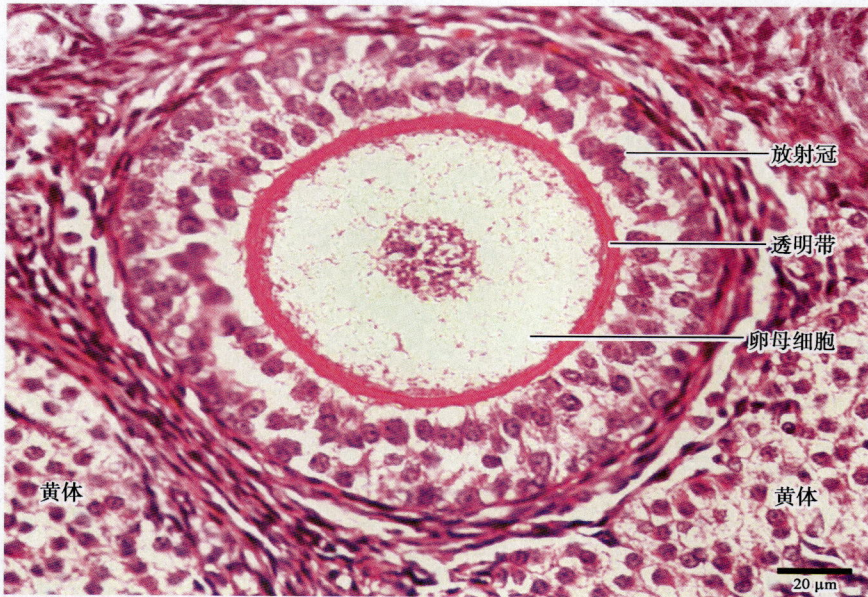

图 17-4　初级卵泡高倍像（HE 染色）

卵泡腔周围分布，形成密集的颗粒层。如果切面未经过中央的卵母细胞，则卵泡内只能看到一些卵泡细胞或颗粒层以及卵泡腔。此时卵泡膜明显地分为内、外两层。内层含较多的细胞和血管，称卵泡内膜；外层纤维成分较多，并与基质相连续，称为卵泡外膜（图 17-5，图 17-6）。

2.1.4　成熟卵泡　卵泡体积达到最大，并逐渐突出于卵巢表面，成熟卵泡存在的时间很短，随即就会破裂排卵。因此，通常情况下切片中只能见到接近成熟的卵泡（图 17-7，图 17-8）。

2.1.5　闭锁卵泡　是尚未发育到成熟排卵而退化的卵泡。卵泡闭锁可发生于卵泡发育的各个阶段，表现为卵母细胞萎缩或消失，透明带皱缩并与周围的卵泡细胞分离，卵泡壁的卵泡细胞离散，卵泡壁塌陷等。在啮齿动物的卵巢内，可见散在于结缔组织间的间质腺。

2.1.6　黄体

观察切片：猫卵巢切片，HE 染色。

低—高倍镜观察：黄体为圆形的细胞团，外包致密结缔组织被膜，内部由粒性黄体细胞和膜性黄体细胞及丰富的血管构成。粒性黄体细胞由颗粒层细胞分化而来，细胞数量多、较大，呈多角形，着色较浅，胞核圆形，染色较深，细胞界线清楚。膜性黄体细胞由卵泡膜内膜细胞分化而来，数量少，细胞体积较小，着色较深，夹在粒性黄体细胞之间或外围部分。两种黄体细胞的胞质内都含有类脂颗粒，因制片时类脂颗粒被溶解而呈空泡状（图 17-9 至图 17-11）。

2.2　输卵管

观察切片：猪（兔）输卵管切片，HE 染色。

低倍镜观察：输卵管的结构从内向外可分为黏膜、肌层和外膜 3 层（图 17-12，图 17-13）。

高倍镜观察：黏膜由单层柱状上皮和固有层构成。黏膜壁形成许多纵行的皱襞，上皮由纤毛细胞和分泌细胞组成。纤毛的摆动有利于卵细胞和早期胚胎向子宫方向运送（图 17-14）。

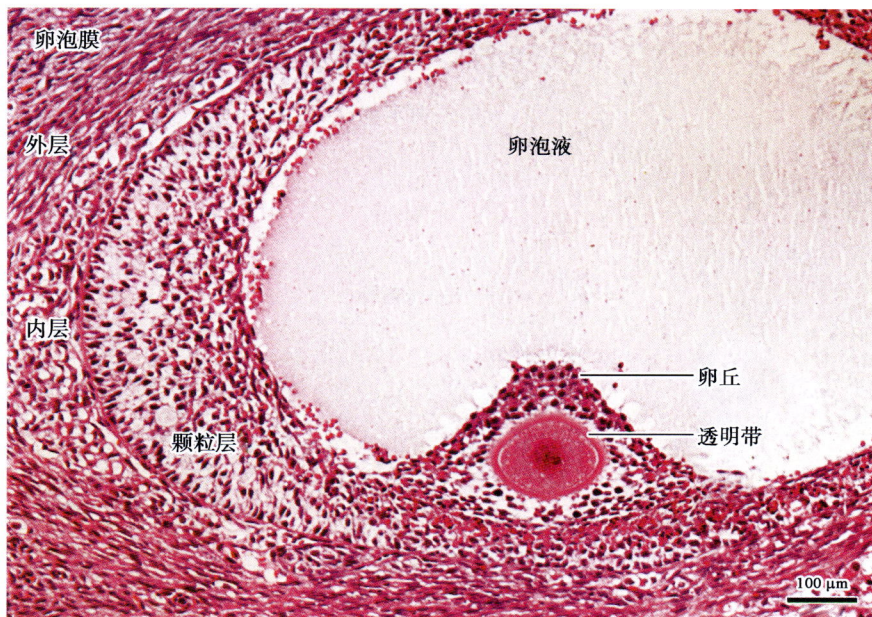

图 17-5　次级卵泡低倍像（HE 染色）

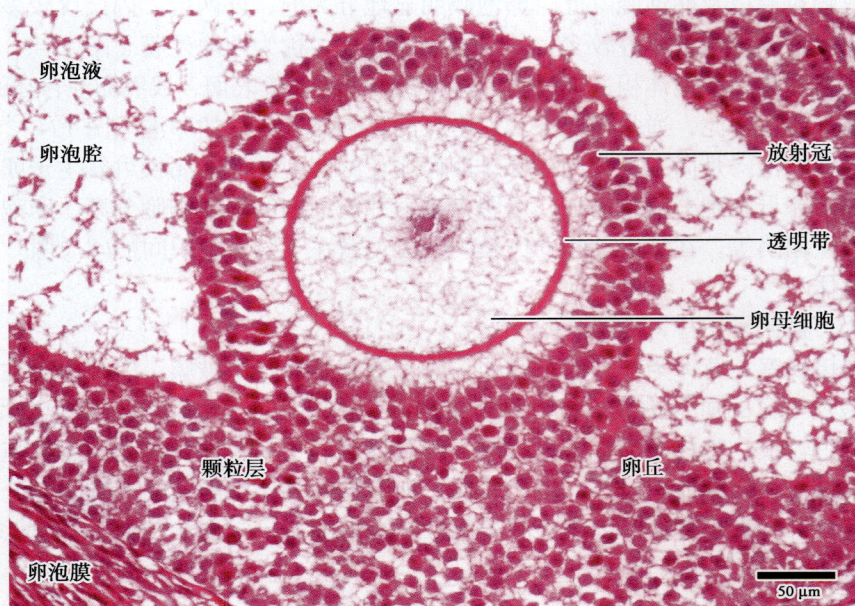

图 17-6　次级卵泡高倍像（HE 染色）

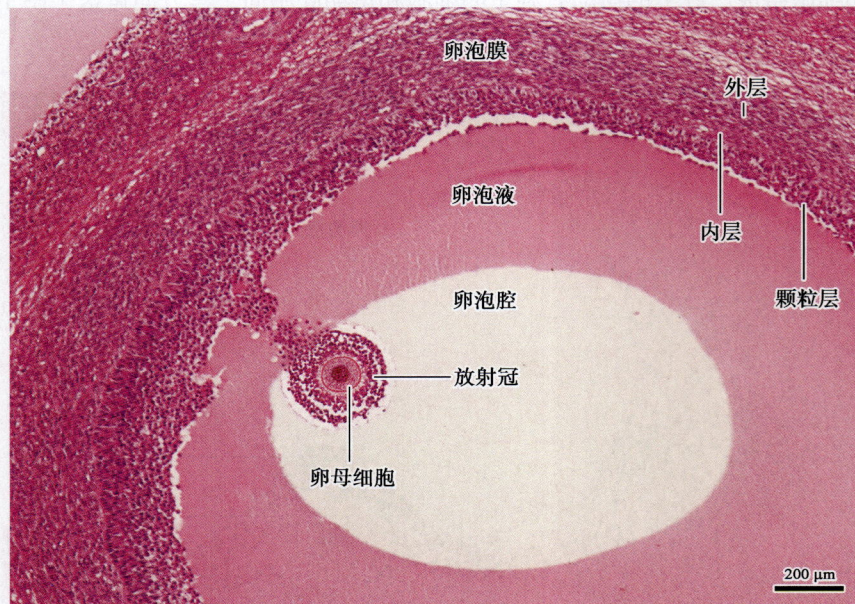

图 17-7　近成熟卵泡低倍像（HE 染色）

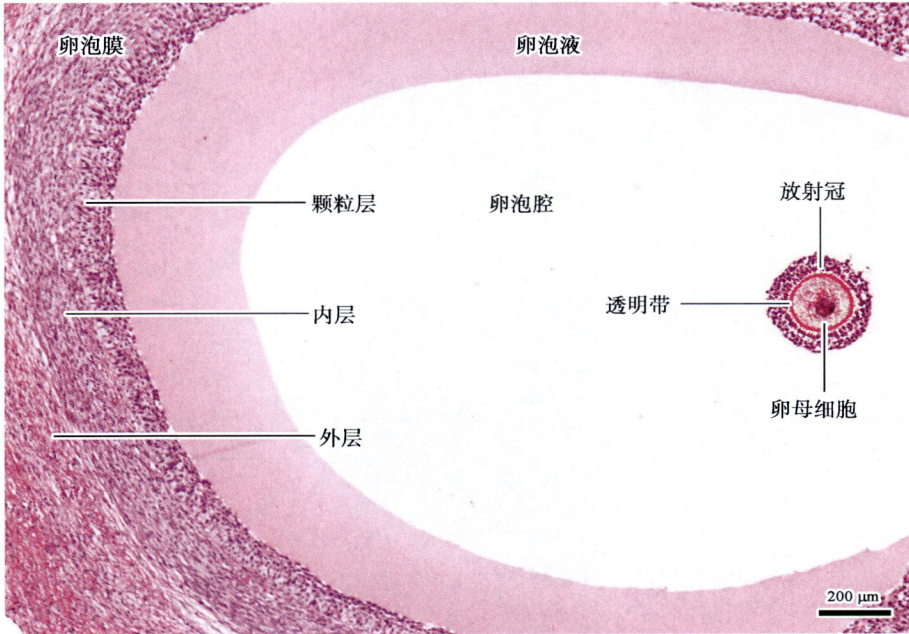

图 17-8　卵细胞游离即将排卵（HE 染色）

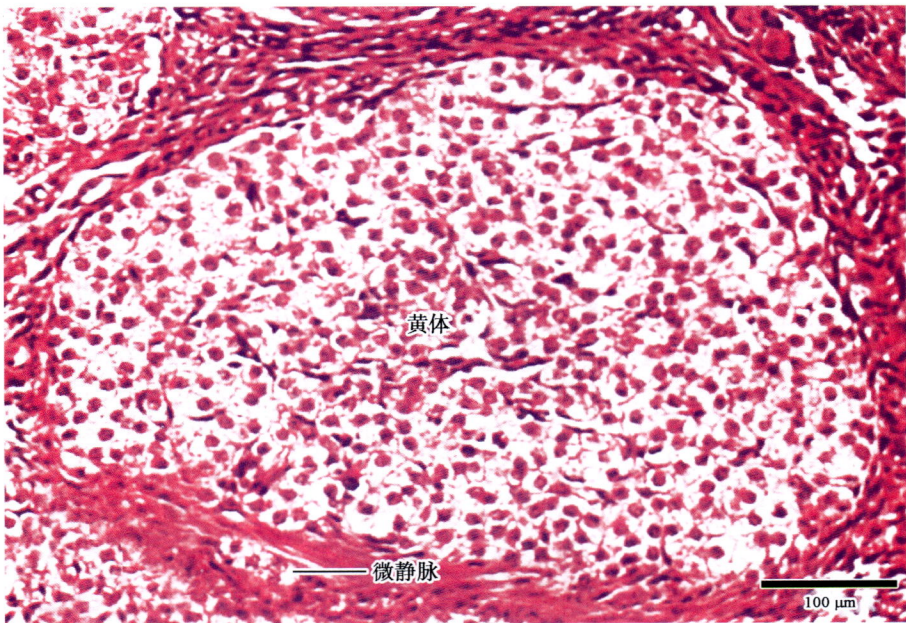

图 17-9　黄体中倍像（HE 染色）

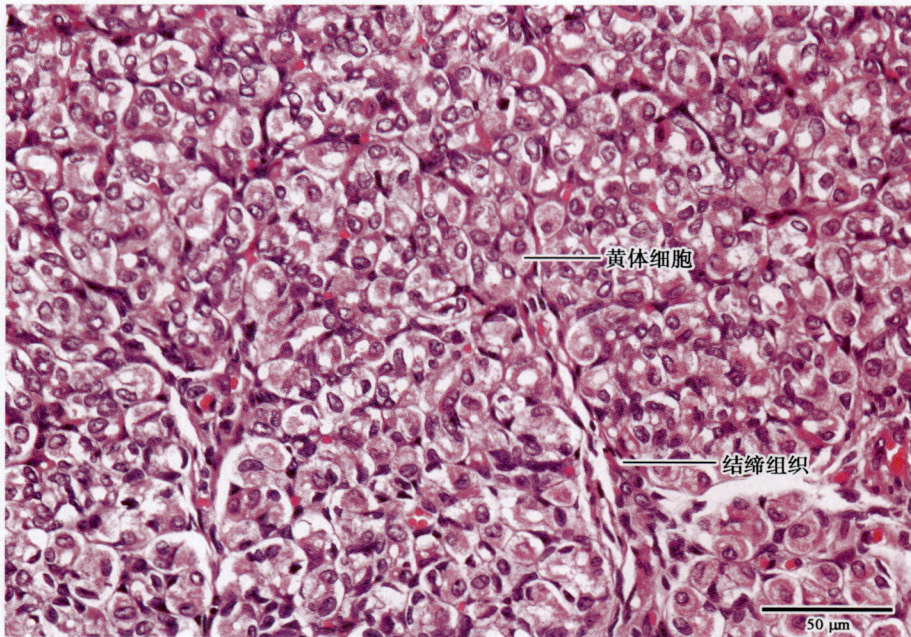

图 17-10 黄体高倍像（HE 染色）

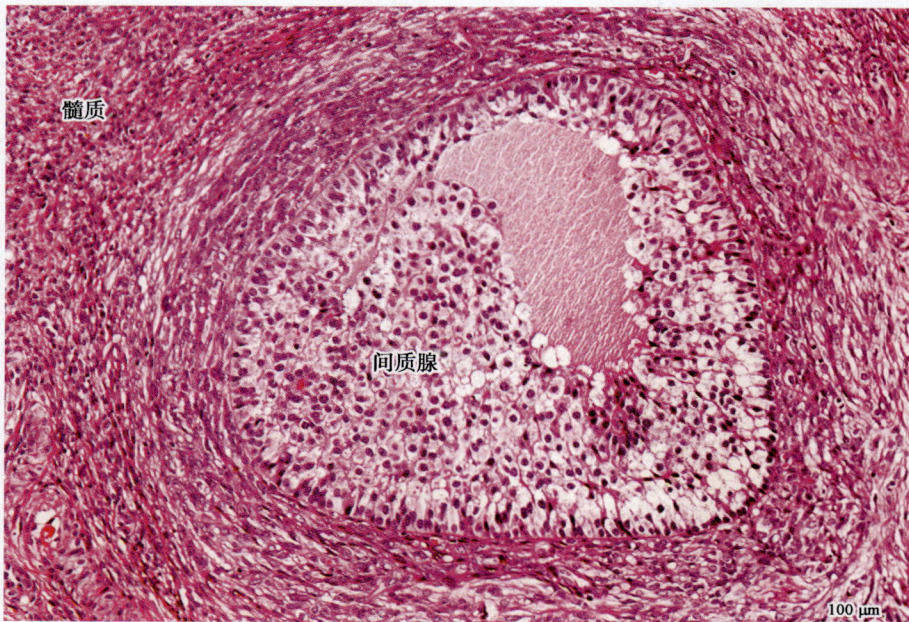

图 17-11 间质腺中倍像（HE 染色）

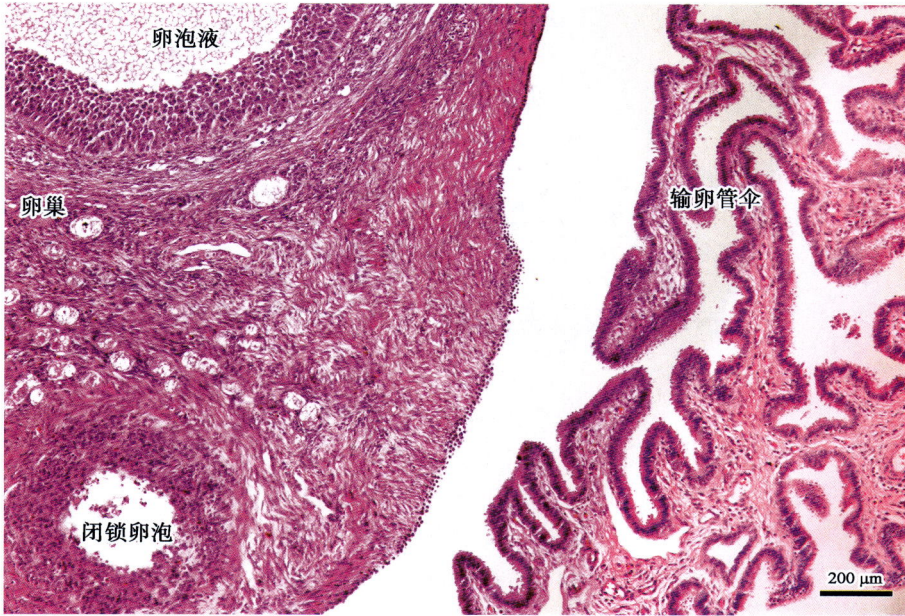

图 17-12 卵巢与输卵管伞低倍像（HE 染色）

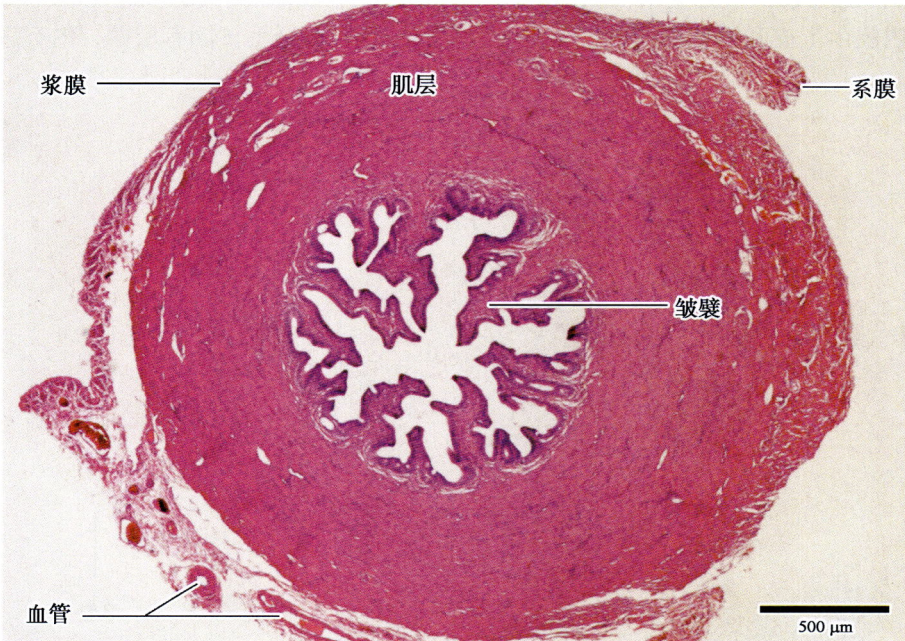

图 17-13 输卵管横切低倍像（HE 染色）

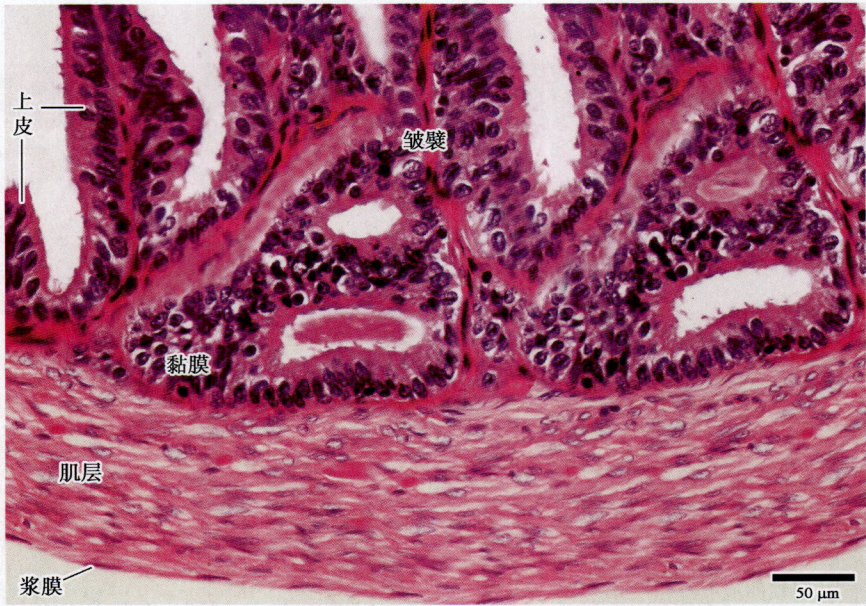

图 17-14 输卵管高倍像（HE 染色）

2.3　子宫

观察切片： 猪（羊）子宫切片，HE 染色。

低—高倍镜观察： 子宫壁结构从内向外可分为内膜、肌层和外膜 3 层（图 17-15，图 17-16）。子宫内膜由上皮和固有层构成：上皮为假复层柱状，有纤毛；固有层厚，内有许多长、短

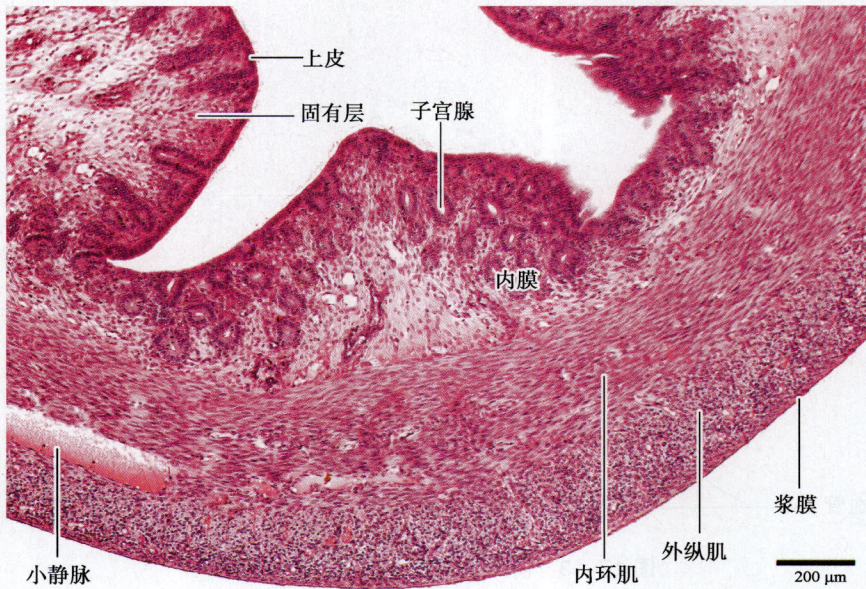

图 17-15 子宫低倍像（HE 染色）

不等管状的子宫腺，由上皮下陷而来（图 17-17）；肌层很厚，由内环行和外纵行的平滑肌构成。注意两肌层之间有一厚层疏松结缔组织，富含较大的血管，因此又称血管层，此为子宫壁结构的特点。血管层内常含有斜行肌。最外层是浆膜。

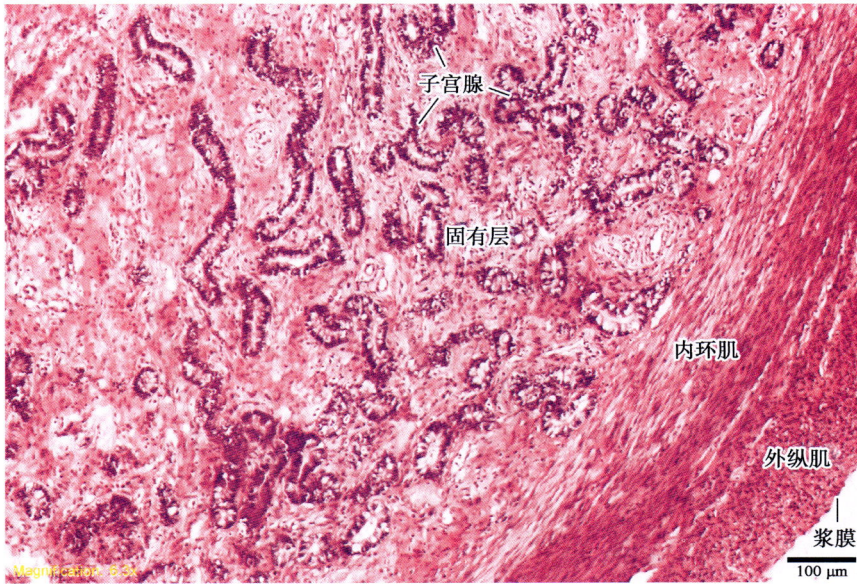

图 17-16　子宫中倍像（HE 染色）

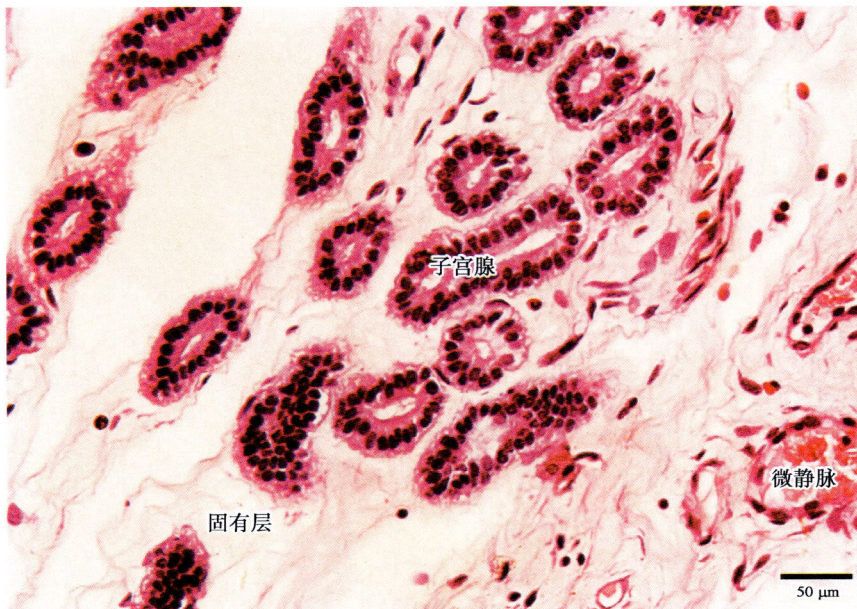

图 17-17　子宫腺高倍像（HE 染色）

2.4 阴道

观察切片：猪（兔）阴道切片，HE 染色。

低—高倍镜观察：阴道的结构分为黏膜、肌层和外膜 3 层（图 17-18）。黏膜上皮为复层扁平上皮（图 17-19）。

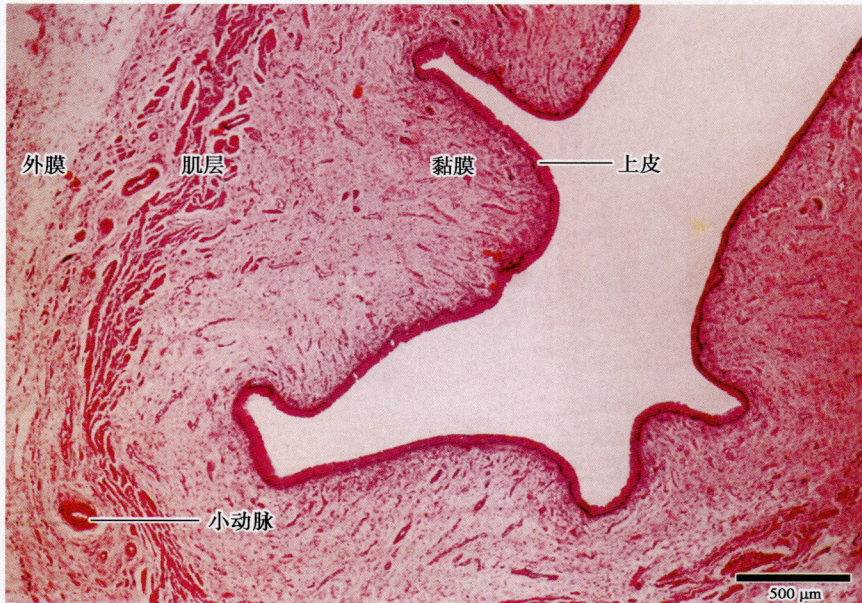

图 17-18 阴道低倍像（HE 染色）

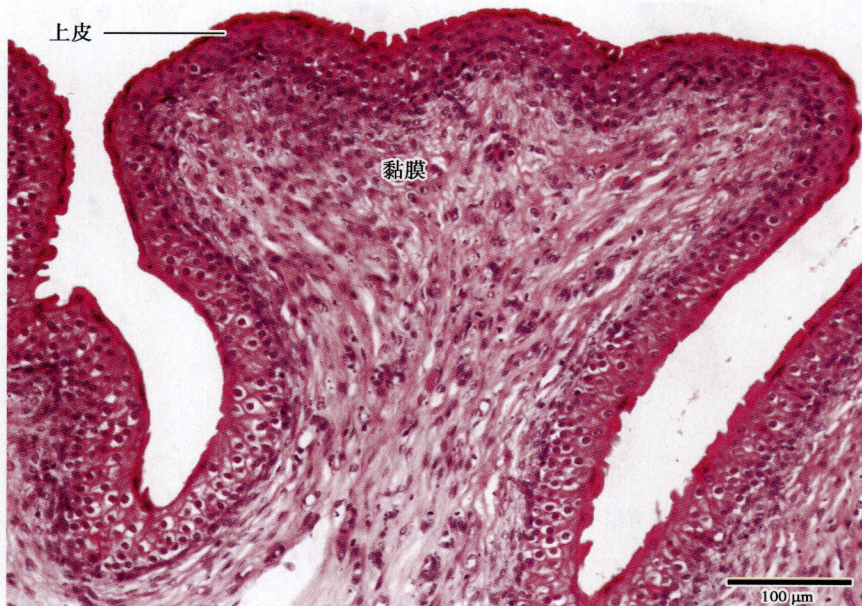

图 17-19 阴道高倍像（HE 染色）

3 绘图作业

3.1 绘制高倍镜下卵巢内各级卵泡结构图。
3.2 绘制中倍镜下子宫组织结构图。
3.3 软件采集各级卵泡、黄体、子宫腺和输卵管的高倍电子图像。

实验 18 雄性生殖系统

1 实验目的

1.1 掌握睾丸的组织结构。
1.2 掌握精子的形成过程、发育和变化过程。
1.3 了解附睾的组织结构和功能特点。

2 实验内容

2.1 睾丸（图 18-1）

观察切片： 猪（兔、羊）睾丸切片，HE 染色。

肉眼观察： 标本切片上睾丸组织呈紫红色，有时旁边常有部分附睾组织相连。

低倍镜观察： 睾丸表面被覆浆膜，其深层是较厚的致密结缔组织白膜，白膜的浅层含有较多的血管断面。浆膜和白膜共同构成睾丸的被膜，被膜的深层是睾丸实质，其中有大量横切或斜切的呈圆形、椭圆形或不规则的小管，即曲精小管。有的曲精小管只切到管壁而看不到管腔。曲精小管之间少量的结缔组织为睾丸间质（图 18-2 至图 18-5）。

高倍镜观察：

2.1.1 **被膜** 浅层为浆膜，即固有鞘膜，深层为致密结缔组织白膜，白膜深面是薄的血管层。

2.1.2 **曲精小管** 管壁上皮为特殊的复层生精上皮。上皮外面有红色的基膜，基膜周围有一层肌样细胞，核呈梭形，细胞界线不清。从基膜向内，是不同发育阶段的生精细胞和支持细胞。

（1）生精细胞：根据其发育阶段分为 5 种：

精原细胞：紧贴基膜的 1~2 层，细胞较小，圆形或椭圆形，细胞质着色较浅；细胞核圆形或椭圆形，着色有深浅不同的两种。

初级精母细胞：在精原细胞内侧，由精原细胞分裂而来，有 1~3 层。细胞体积大，圆形。因处于细胞分裂状态，故可见到粗线状或密集成团的染色体，着色深，细胞质不清晰。

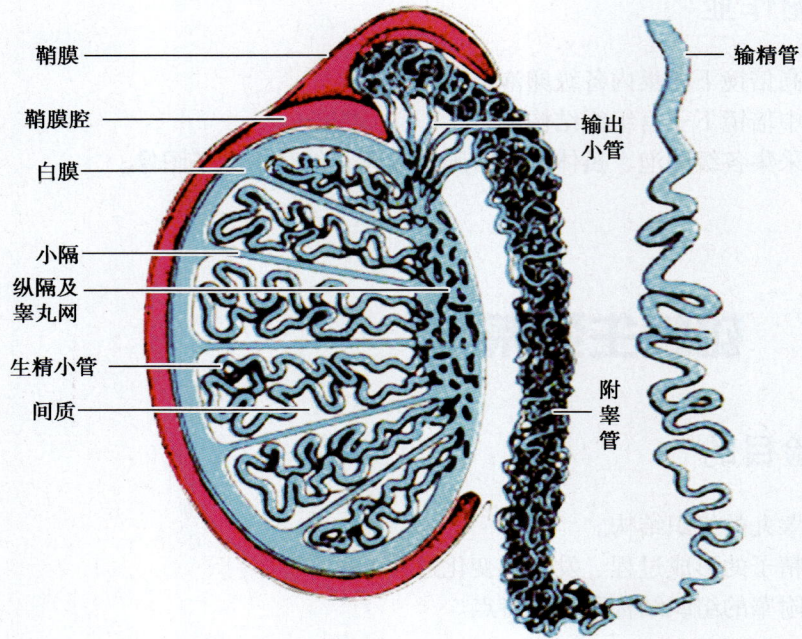

图 18-1 睾丸和附睾结构模式图

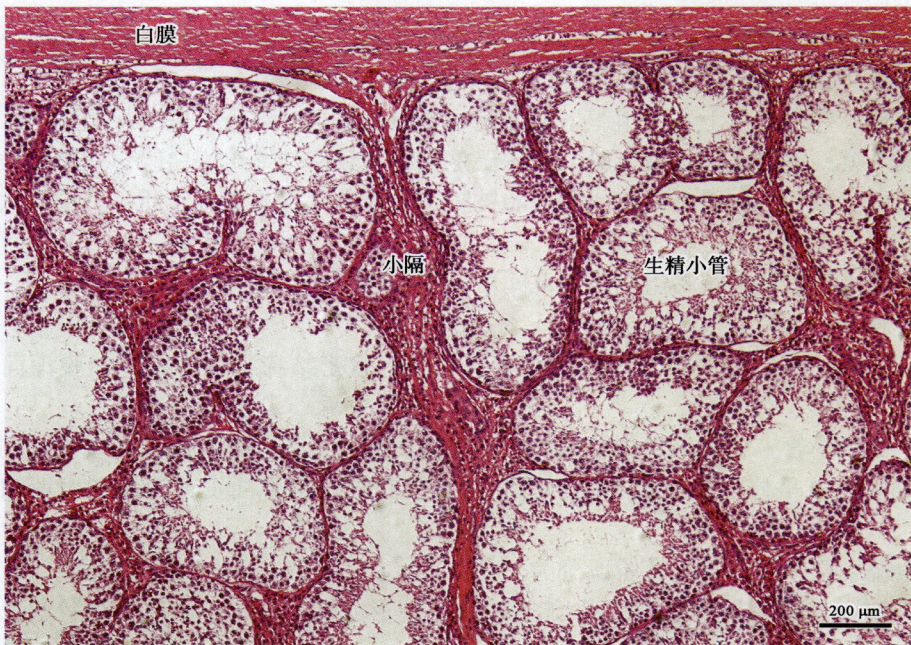

图 18-2 睾丸低倍像（HE 染色）

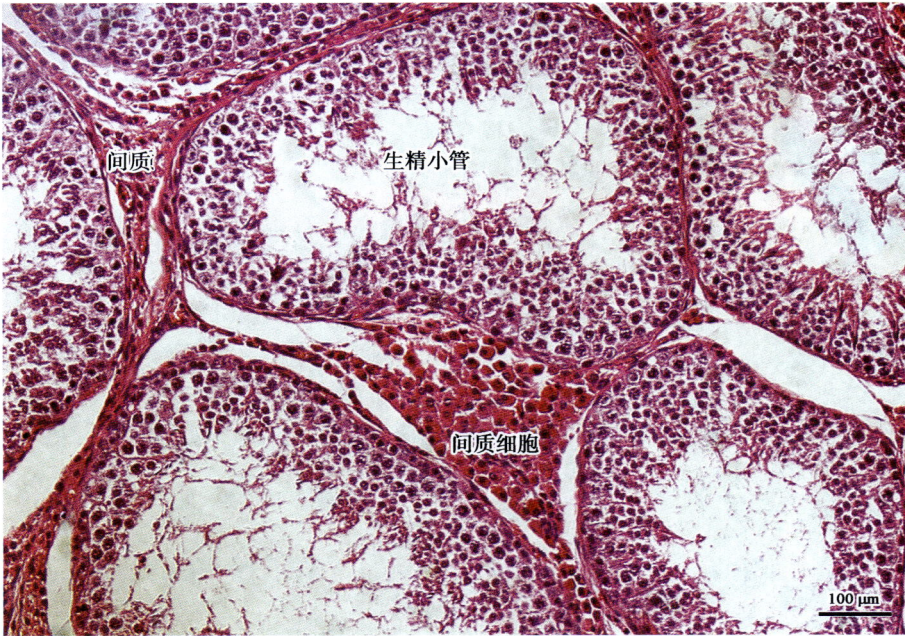

图 18-3 睾丸中倍像（HE 染色）

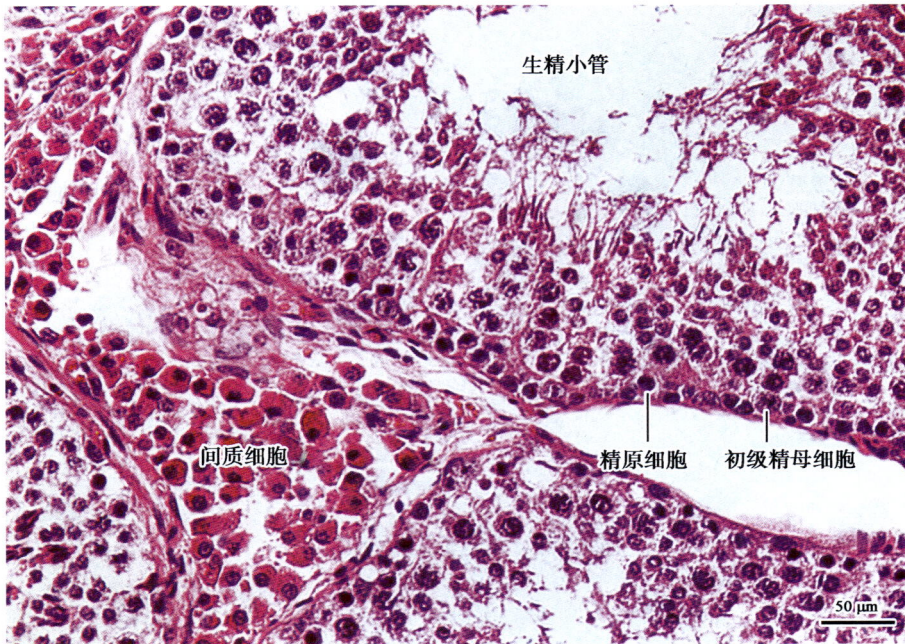

(a)

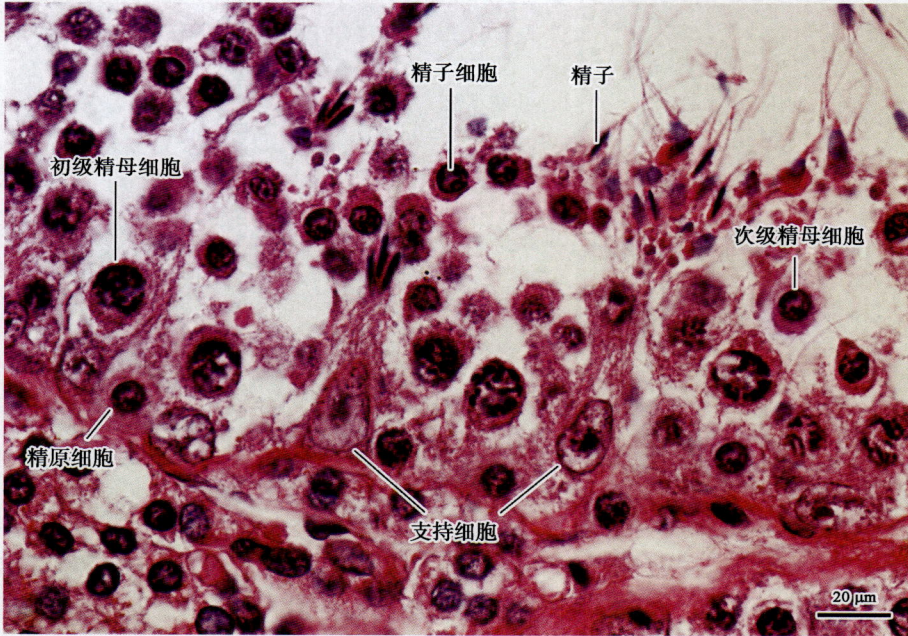

(b)

图 18-4 睾丸高倍像（HE 染色）

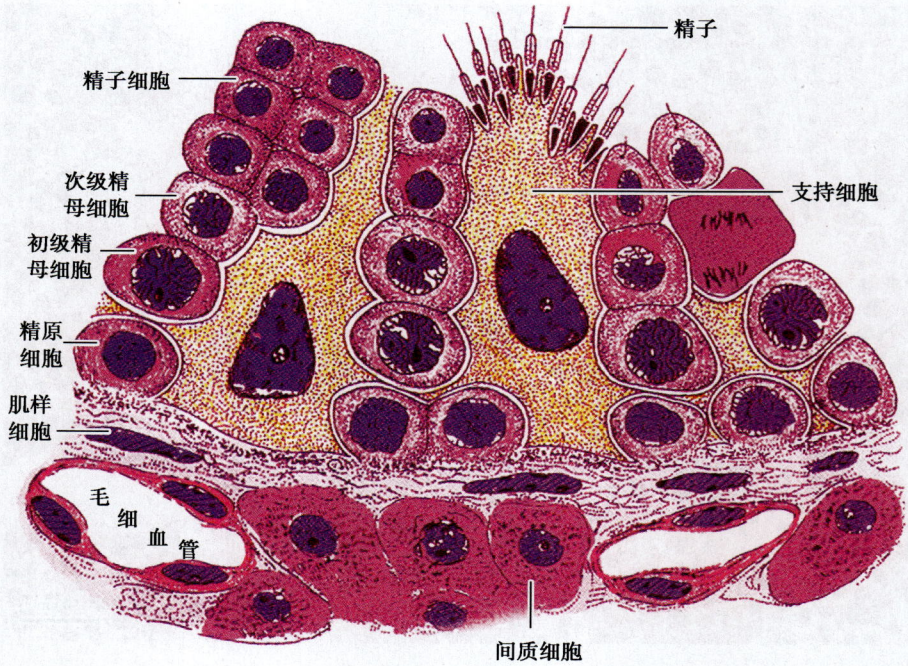

图 18-5 曲精小管上皮和睾丸间质模式图

次级精母细胞：在初级精母细胞的内侧，细胞体积比前者小，但比近腔面的精子细胞大，圆形，胞质染色较深，核圆形，染色质呈细粒状。次级精母细胞存在时间短，很快进行第二次减数分裂，因此在切片上不易找到，需要观察多个曲精小管切面。

精子细胞：靠近管腔面，有数层细胞，体积小，呈圆形，细胞核圆形，核仁和染色质明显。切片上还可见到许多正处于变态过程中的精子细胞。

精子：蝌蚪状，头部被染成深蓝色，尾部为淡红色的细丝状，三五成群地将头部插在支持细胞顶部或两侧面，尾部朝向管腔。有的曲精小管内看不到精子细胞或精子，这是因为曲精小管内精子发生时期不同步，每期细胞发育所需时间也长短不一，因此曲精小管内生精细胞的排列和组合也不相同（图18-6，图18-7）。

（2）支持细胞：又称足细胞、塞托利细胞，数量少，分散在生精细胞之间。细胞呈高柱状或锥状，底部宽大附于基膜上，顶部直达管腔。由于支持细胞的顶部和侧面都镶嵌着生精细胞，所以细胞轮廓不清；而在基部可见到大而色浅的细胞核，核形态不规则，呈圆形、椭圆形或三角形，核膜与核仁均很明显。

2.1.3　间质细胞　在曲精小管之间的睾丸间质中，除了一般的结缔组织细胞外，可见一种胞体较大、成群分布的睾丸间质细胞。间质细胞呈多角形或圆形，细胞质嗜酸性，染成红色，含有脂滴和色素颗粒。细胞核大而圆，染色质少，常偏于细胞的一侧。

2.2　附睾

观察切片：猪（猫、犬、兔）附睾切片，HE染色。

低—高倍镜观察：附睾包括输出小管和附睾管，可见大量圆形或椭圆形断面。输出小管的

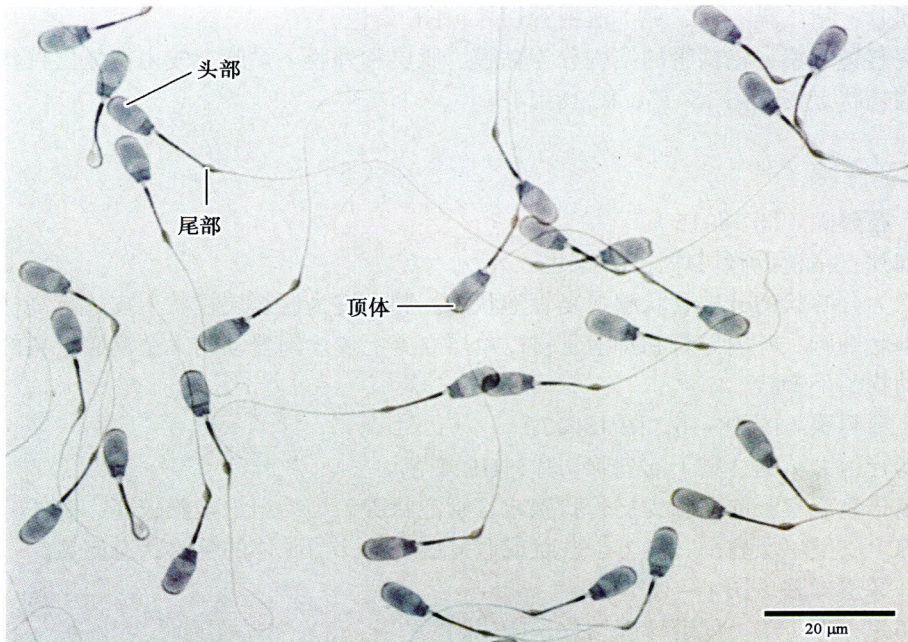

头部

尾部

顶体

20 μm

图 18-6　精子涂片高倍像（铁苏木精染色）

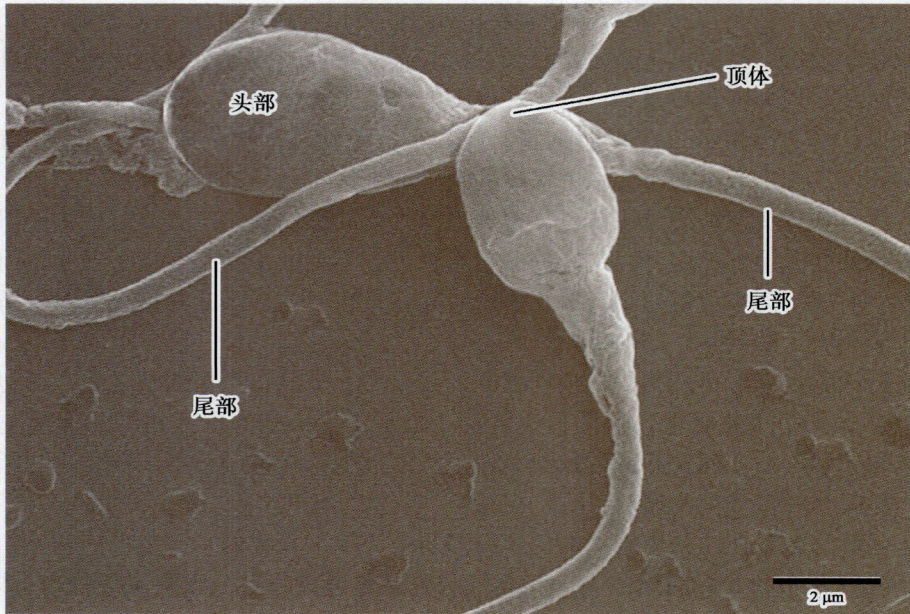

图 18-7　精子扫描电镜像

上皮为单层纤毛柱状上皮，纤毛的摆动有利于精子的运行；附睾管内常聚集大量精子，附睾管的上皮为假复层纤毛柱状上皮，其纤毛不能摆动故称静纤毛（图 18-8 至图 18-12）。

2.3　输精管

观察切片：猪（猫、犬、兔）输精管切片，HE 染色。

低—高倍镜观察：输精管的结构分为黏膜、肌层和外膜。黏膜上皮由假复层柱状上皮逐渐过渡到单层柱状上皮（图 18-13，图 18-14）。

2.4　副性腺

2.4.1　精囊腺（图 18-15）

观察切片：猪精囊腺切片，HE 染色。

精囊腺为分叶状的分枝管状腺或复管泡状腺。腺上皮为假复层柱状上皮，有高柱状细胞及小而圆的基底细胞。叶内导管和排泄管衬以单层立方上皮。肉食动物无精囊腺，猪的精囊腺发达，马属动物的呈囊状。

2.4.2　前列腺（图 18-16，图 18-17）

观察切片：犬（猫、猪）前列腺切片，HE 染色。

低—高倍镜观察：前列腺为复管状腺或复管泡状腺。结缔组织被膜较厚，腺体分泌部的管腔较大。腺上皮呈单层扁平、立方、柱状或假复层柱状，与腺体的分泌状态有关。

2.4.3　尿道球腺（图 18-18）

观察切片：牛（羊）尿道球腺切片，HE 染色。

为复管状腺（猪、猫）或复管泡状腺（马、牛、羊），外包结缔组织的被膜，被膜伸入实质分出若干小叶。腺泡衬以单层柱状上皮，腺内导管衬以假复层柱状上皮，腺导管则衬以变移上皮。

2.5 阴茎

观察切片：猪阴茎切片，HE 染色（图 18-19）。

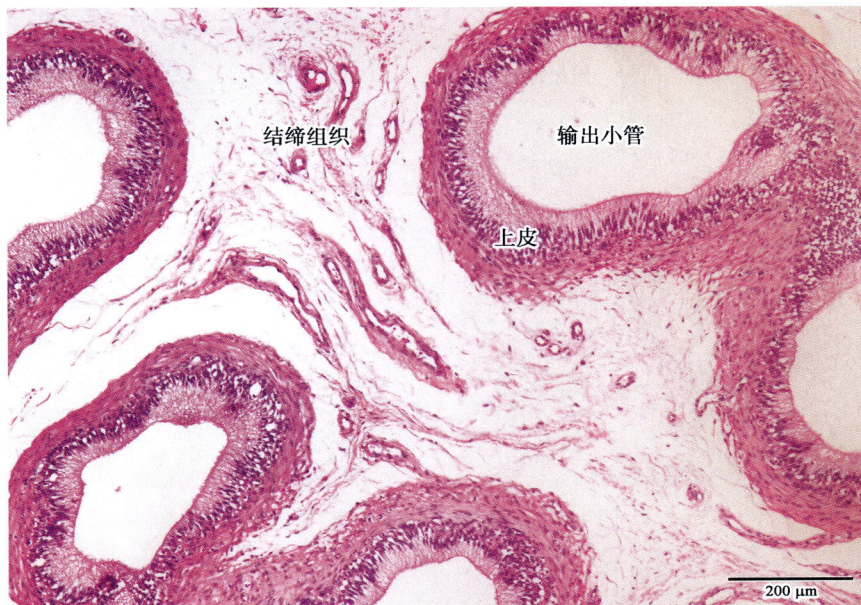

图 18-8 输出小管低倍像（HE 染色）

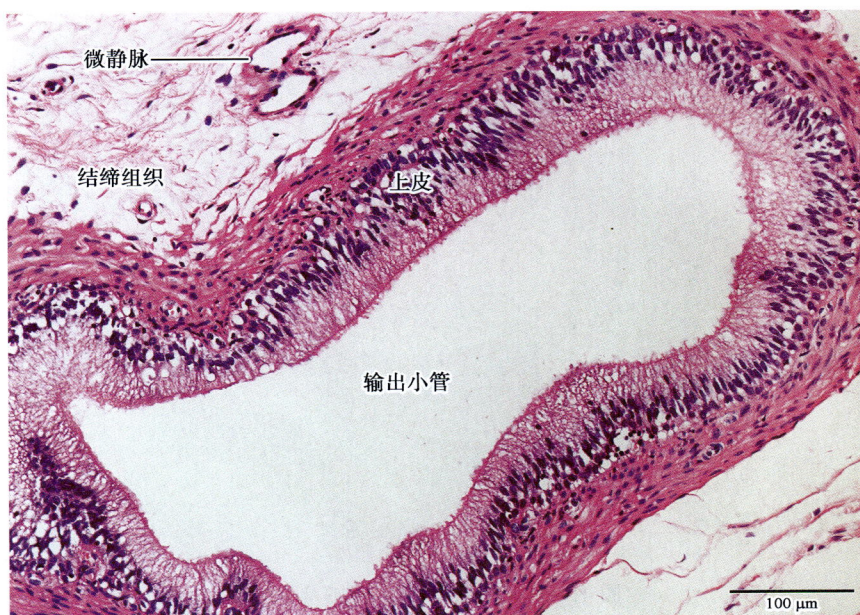

图 18-9 输出小管高倍像（HE 染色）

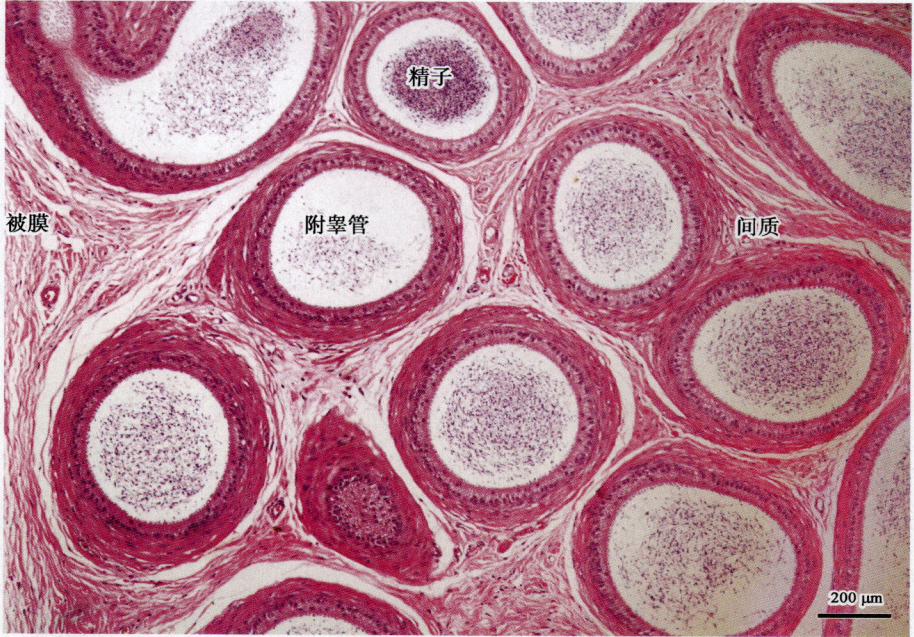

图 18-10　附睾低倍像（HE 染色）

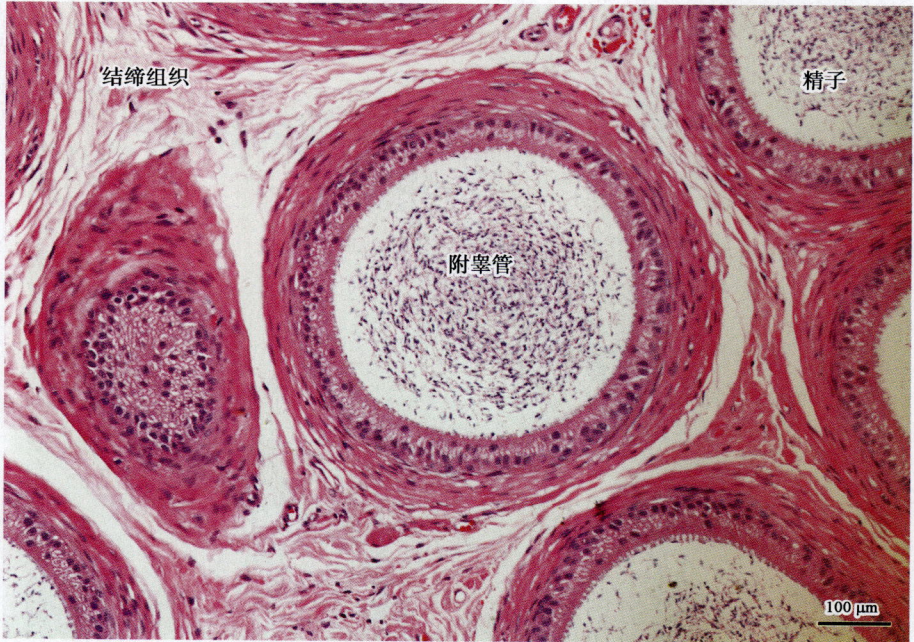

图 18-11　附睾中倍像（HE 染色）

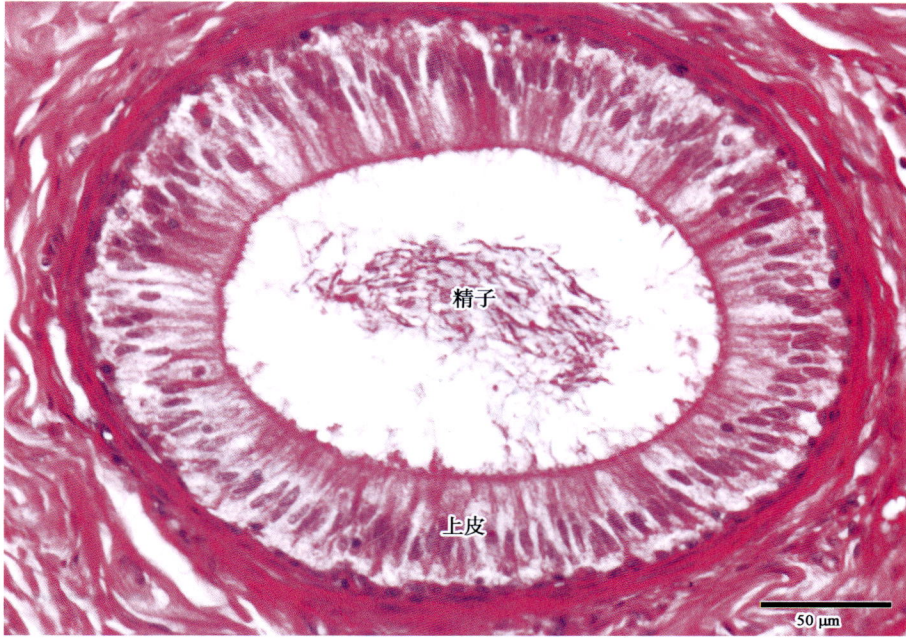

图 18-12 附睾高倍像（HE 染色）

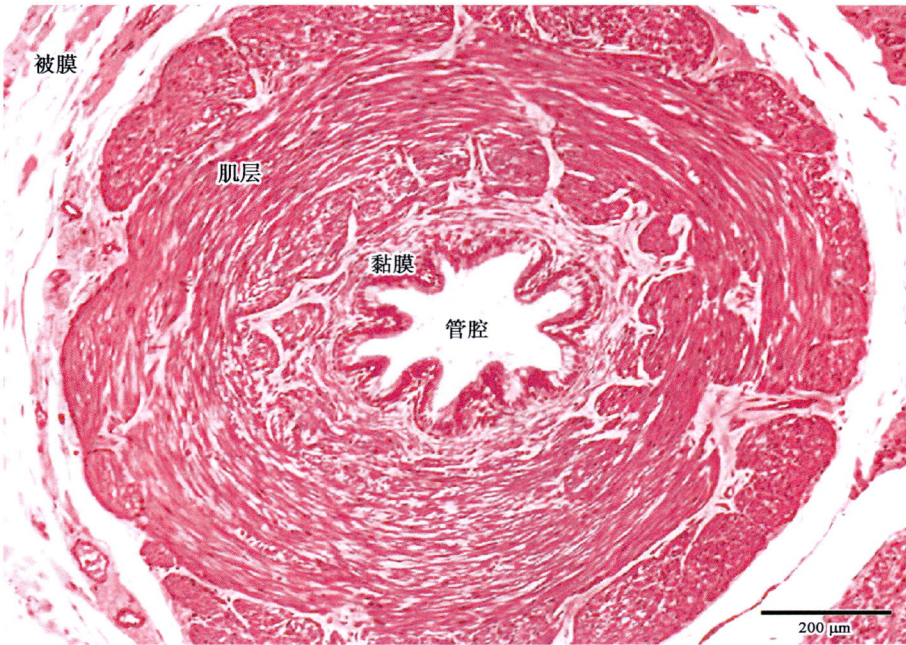

图 18-13 输精管低倍像（HE 染色）

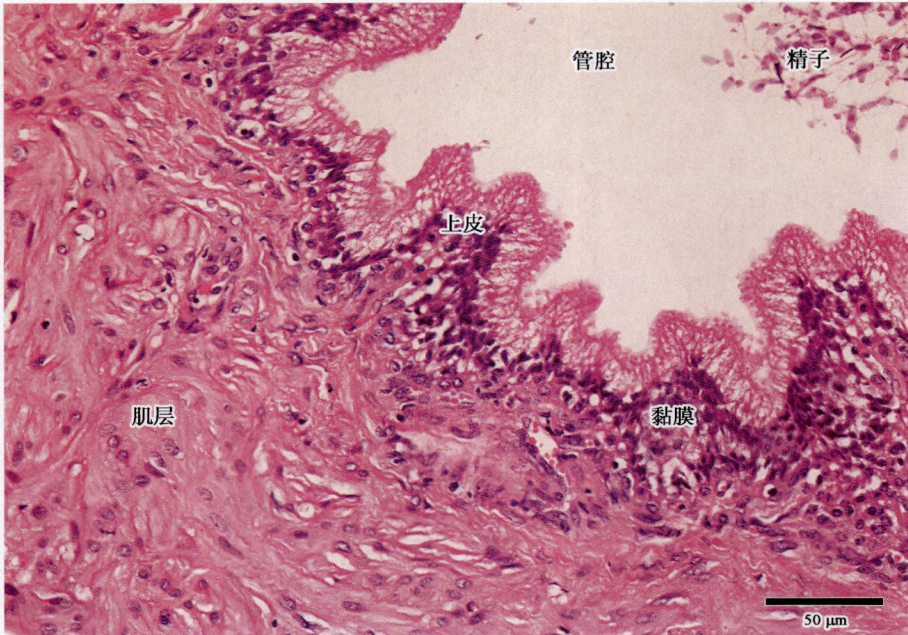

图 18-14　输精管高倍像（HE 染色）

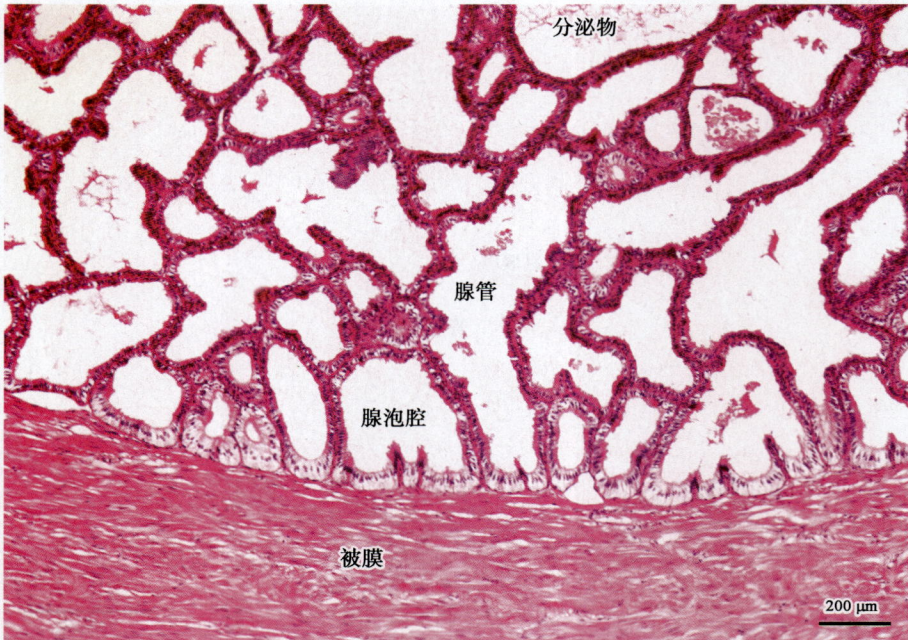

图 18-15　精囊腺低倍像（HE 染色）

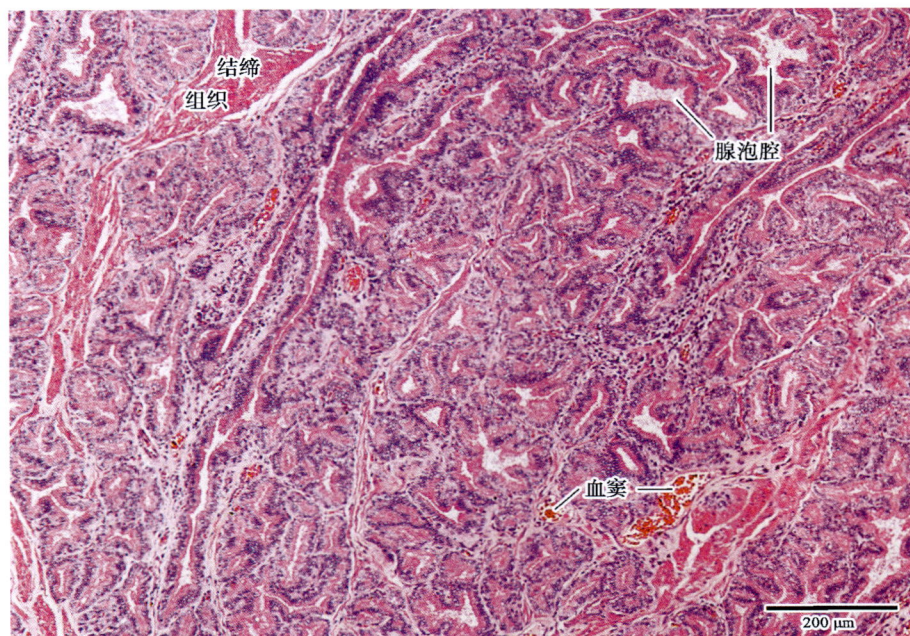

图 18-16 马前列腺低倍像（HE 染色）

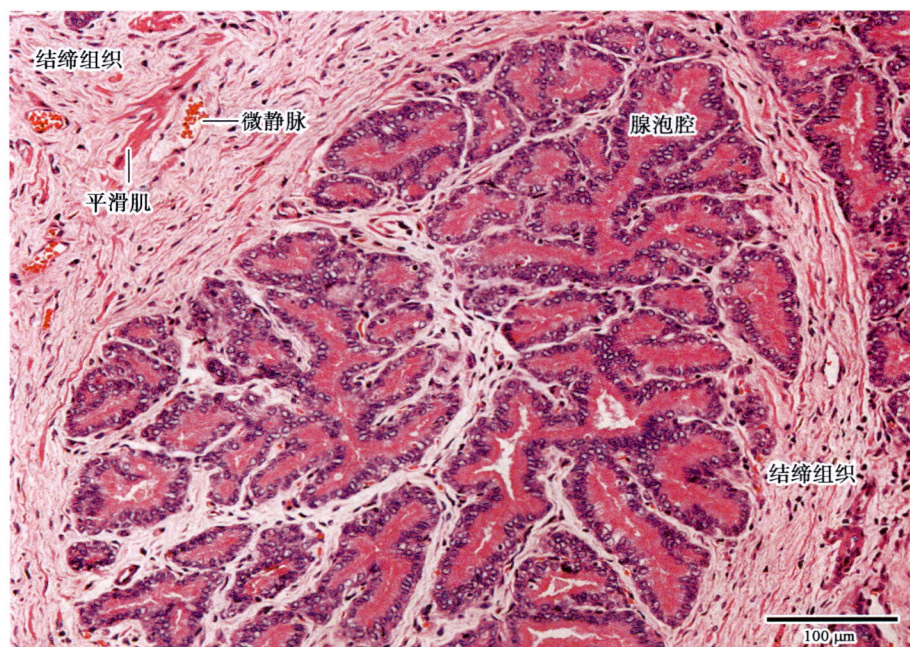

图 18-17 猪前列腺中倍像（HE 染色）

为交媾器官，分为阴茎体、阴茎头两部分。阴茎体外包皮肤，深部的疏松结缔组织包着阴茎海绵体和尿道海绵体。海绵体是勃起组织。马和犬的阴茎头发达，狗的有阴茎骨。表面为复层扁平上皮，阴茎海绵体与尿道海绵体相连。阴茎头处的皮肤叠成双层，称为包皮。

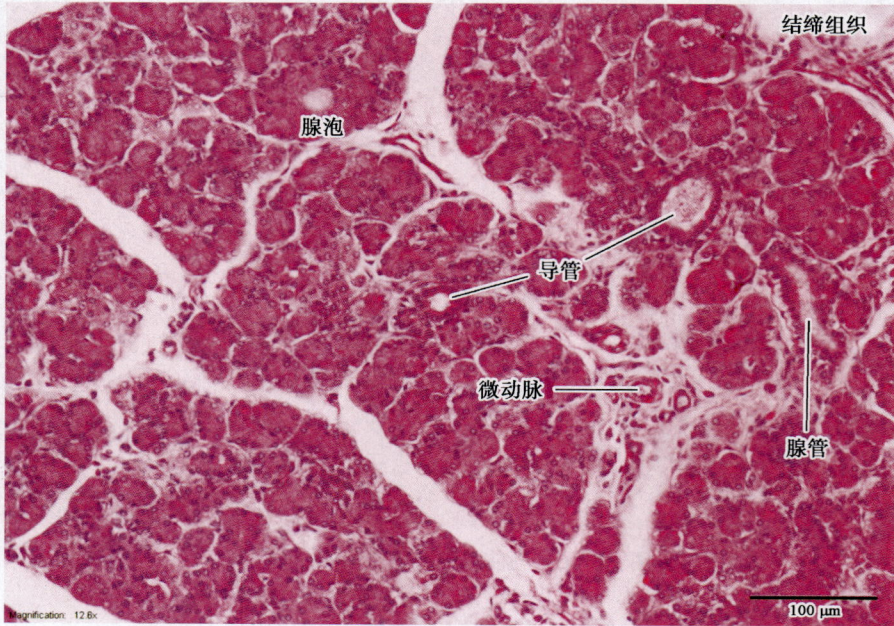

图 18-18 牛尿道球腺中倍像（HE 染色）

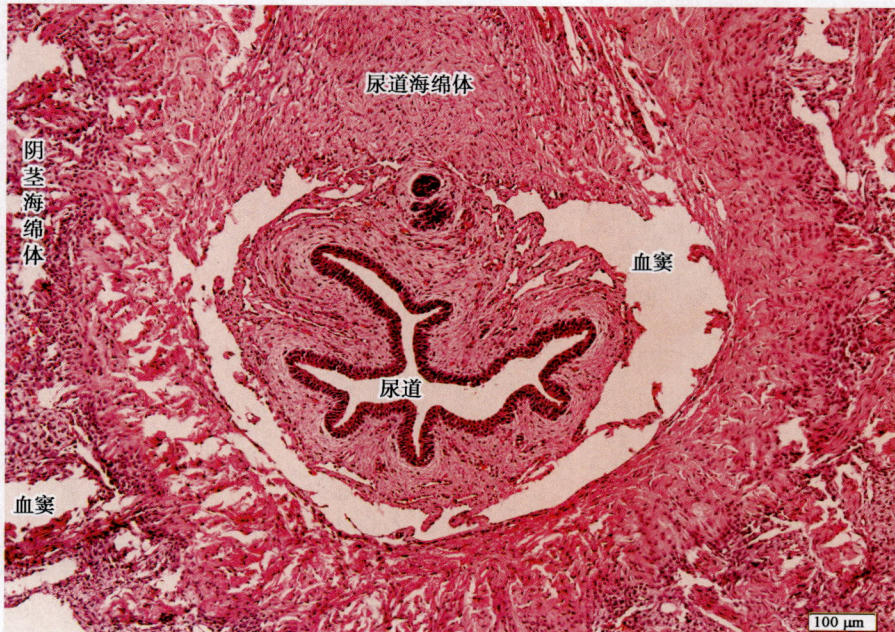

图 18-19 猪阴茎横切中倍像（HE 染色）

3 绘图作业

3.1 绘制高倍镜下曲精小管及其间质的组织结构图。

3.2 绘制高倍镜下附睾的组织结构图。

3.3 软件采集睾丸支持细胞、间质细胞、附睾管和副性腺的高倍电子图像。

实验 19 被皮系统

1 实验目的

掌握动物皮肤及其衍生物，即被毛、皮脂腺、汗腺和乳腺等的组织结构。

2 实验内容

2.1 皮肤（图 19-1）

观察切片： 牛（马、猪）皮肤切片，HE 染色（图 19-2 至图 19-4）。

肉眼观察： 表面呈紫色部分为皮肤的表皮，中部红色的是真皮，深层淡红色部分是皮

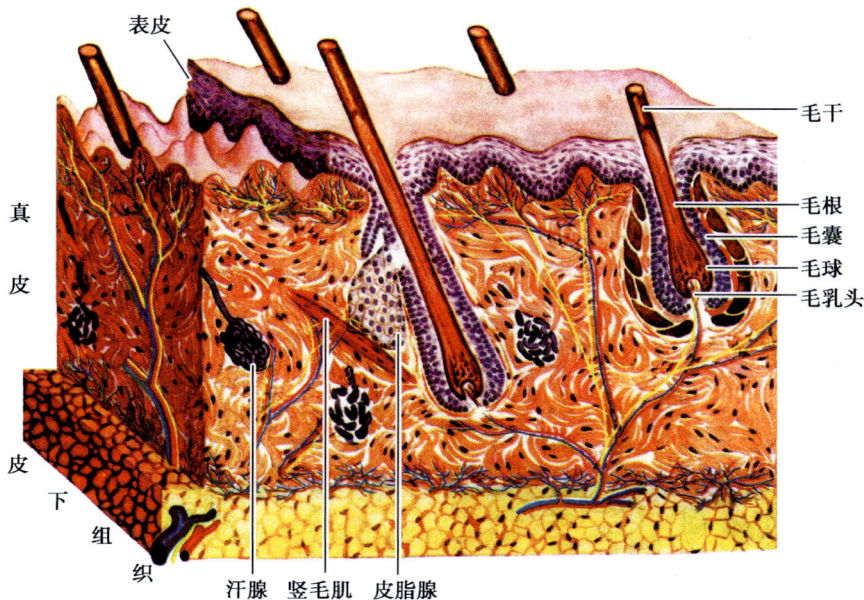

图 19-1 皮肤结构模式图

下组织层。

　　低倍镜观察：区分表皮、真皮和皮下组织的结构特征。注意各层的厚度、着色深浅和结构的差异。表皮和真皮交界处，两层组织交错镶嵌。在真皮内有圆柱状的毛，毛周围有皮脂腺、汗腺和竖毛肌。

　　高倍镜观察：

　　2.1.1　表皮　为角化的复层扁平上皮，由内向外可分为3层：

　　（1）生发层：位于表皮的最深层，增生能力强，不断分裂出新的表皮细胞，故可见到有丝分裂相。该层又分为两层：

　　基底层：由一层矮柱状或立方形细胞构成。胞核椭圆形或圆形，着色深，胞质少，呈弱嗜碱性，该层内有黑素细胞，细胞内含黑色素颗粒（图19-5）。

　　棘层：位于颗粒层的深面，由多层菱形或多边形细胞构成，细胞较大，胞核大而圆，染色浅。细胞质内也含有色素颗粒。

　　（2）颗粒层：位于角质层的深面，由2~3层扁平的梭形细胞构成。胞质内含有粗大、深蓝紫色的透明角质颗粒。

　　（3）角质层：染色较红，为多层扁平的无核细胞。细胞已死亡并角质化，脱落成皮屑。

　　2.1.2　真皮　由致密结缔组织构成，细胞成分少。该层又分为两层：

　　（1）乳头层：染色较浅，纤维较细密，内含丰富的血管。乳头层向表皮深层形成乳头状隆起，即真皮乳头，与表皮层彼此凸凹镶合呈波纹状。

　　（2）网状层：染色较深，含有粗大的胶原纤维束和弹性纤维，彼此交织成网，还可见到斜向排列的毛和毛囊、皮脂腺、汗腺及其导管（图19-6）。

　　2.1.3　皮下组织　此层较厚，为疏松结缔组织，内有大量脂肪细胞。

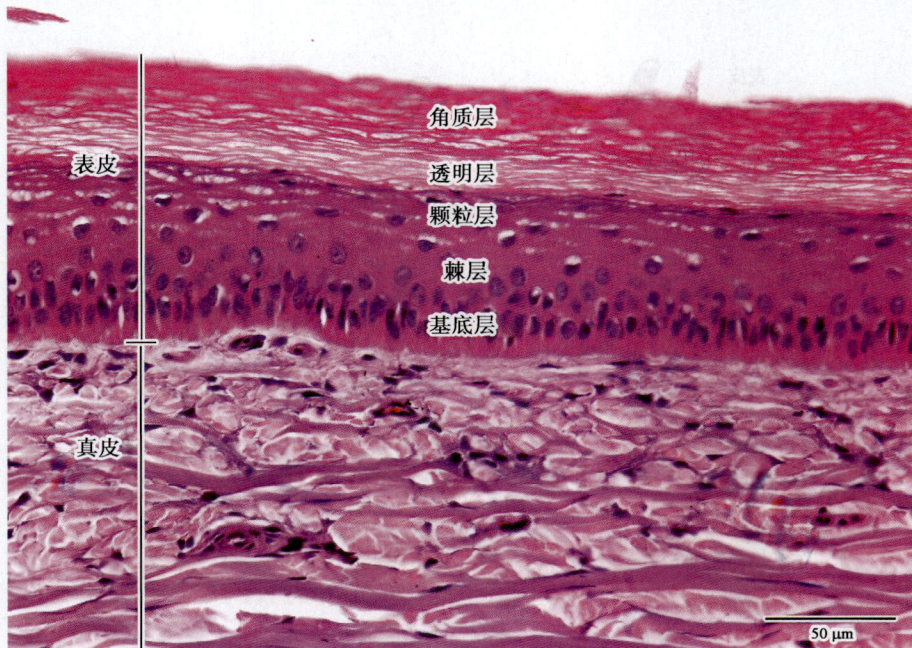

图19-2　无毛皮肤结构高倍像（HE染色）

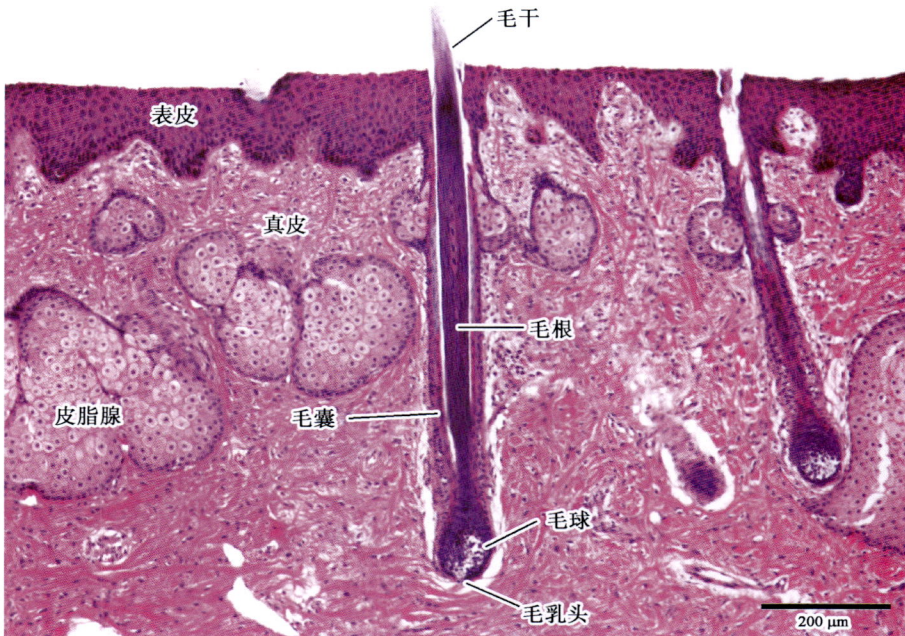

图 19-3 有毛皮肤结构低倍像（HE 染色）

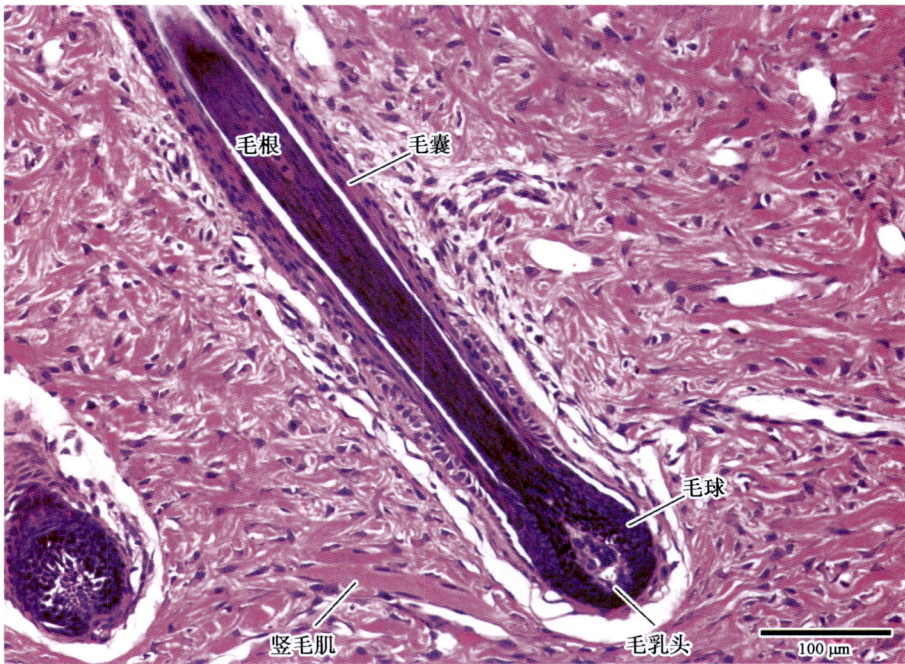

图 19-4 有毛皮肤结构中倍像（HE 染色）

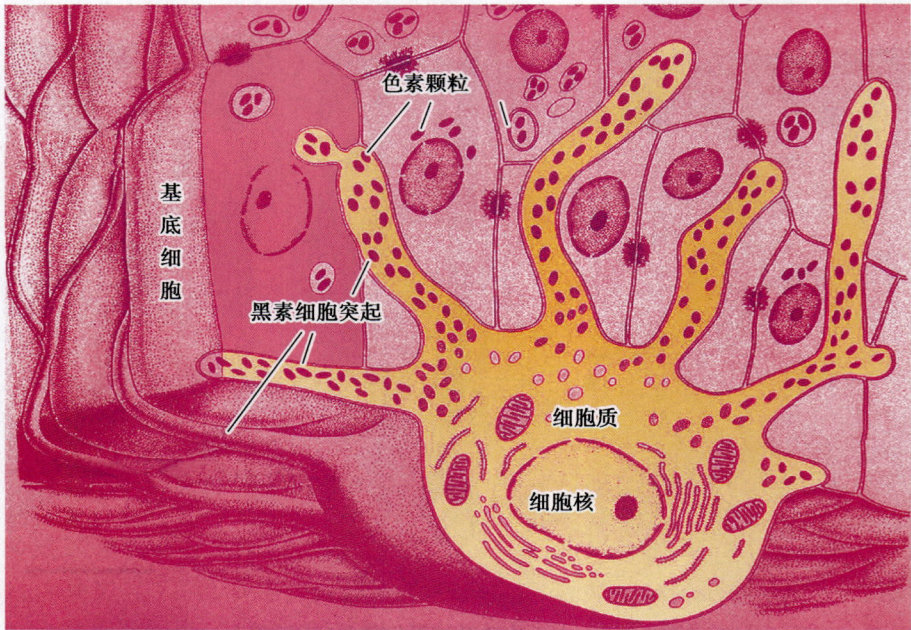

图 19-5 黑素细胞超微结构模式图

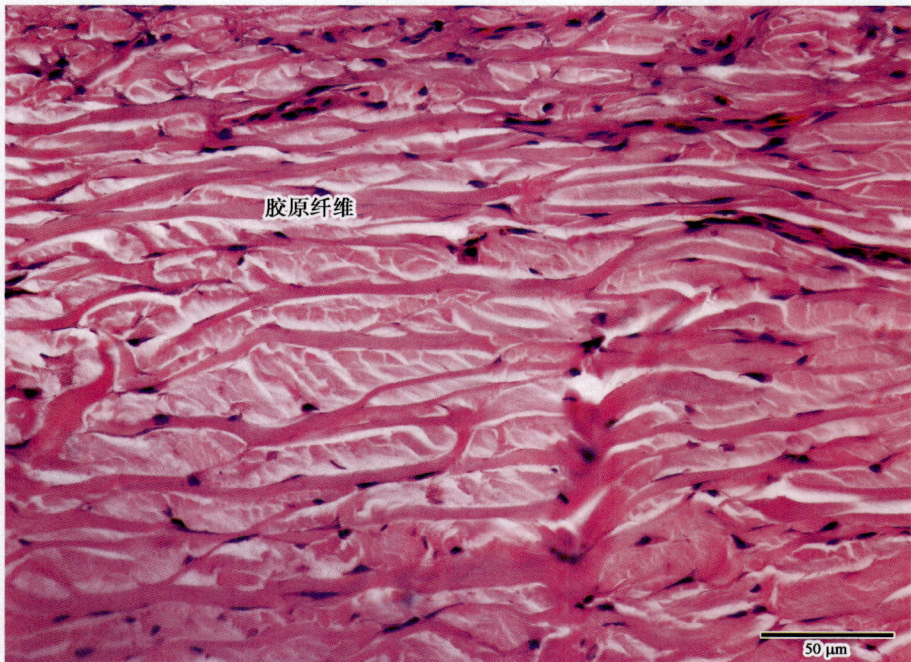

图 19-6 真皮中胶原纤维高倍像（HE 染色）

2.2　皮肤的衍生物

观察切片：牛（羊）有毛皮肤、汗腺、皮脂腺、乳腺和蹄壁切片，HE 染色。

2.2.1　**毛与毛囊**　毛的纵切面呈长圆柱状。露于皮肤外的部分为毛干，埋于皮肤内的部分为毛根，毛根外包有深色的毛囊，毛根及毛囊末端膨大部为毛球，其底部内凹，嵌入的结缔组织为毛乳头，内有丰富的血管和神经。毛中央呈红色的部分为髓质，周围浅黄色部分是皮质，皮质边缘淡红色的薄层结构为毛小皮。毛囊包在毛根外面，由内面的毛根鞘（多层上皮细胞）和外面的结缔组织鞘构成。有时标本上还可见到毛及毛囊的横切面和斜切面，有的切面中毛已脱落，仅留有单个毛囊或毛囊群。竖毛肌位于毛的一侧，为一束斜行的平滑肌，呈红色，连于毛囊的基部，斜向终止于真皮浅部（图 19-7 至图 19-11）。

2.2.2　**皮肤腺**

（1）汗腺：为单管状腺，由分泌部和导管部构成。分泌部的管腔较大。腺上皮细胞呈矮柱状或立方形。细胞底部与基膜之间有深染的肌上皮细胞，其核呈长杆状。由于腺体分泌部盘曲成团，故在切片上见到汗腺成群分布于真皮深部，有时可伸至皮下结缔组织内。导管管腔窄，由两层立方形细胞围成，开口于毛囊或穿过表皮开口于体表（图 19-12）。

（2）皮脂腺：为分支的泡状腺，位于毛囊与竖毛肌之间。腺体由分泌部和导管部构成。分泌部近基膜的细胞较小，着色深，有增殖能力。靠中央的细胞大，呈多角形，胞质中脂滴被溶解而呈空泡状。腺腔狭窄，导管很短，开口于毛囊（图 19-13）。

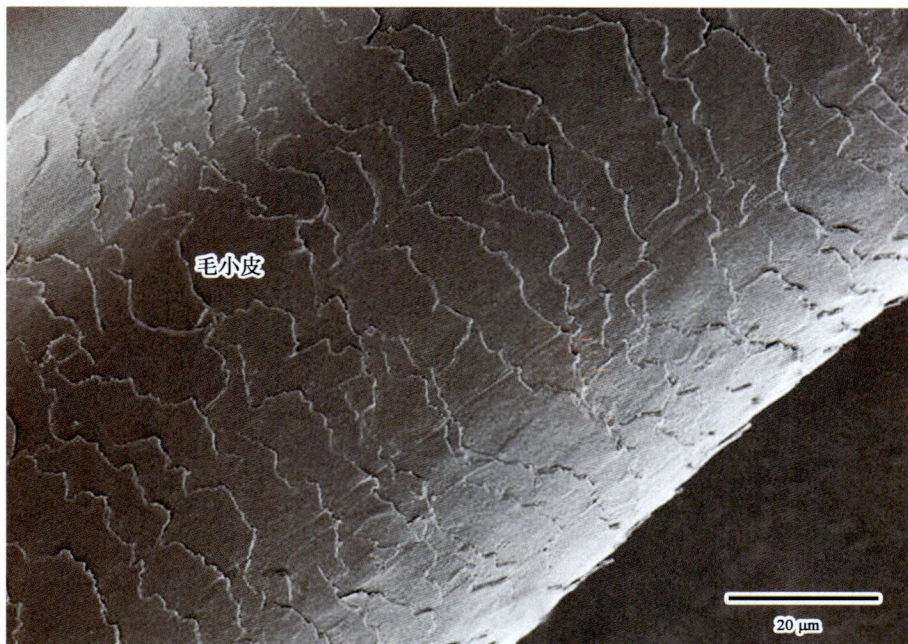

20 µm

图 19-7　毛干扫描电镜像

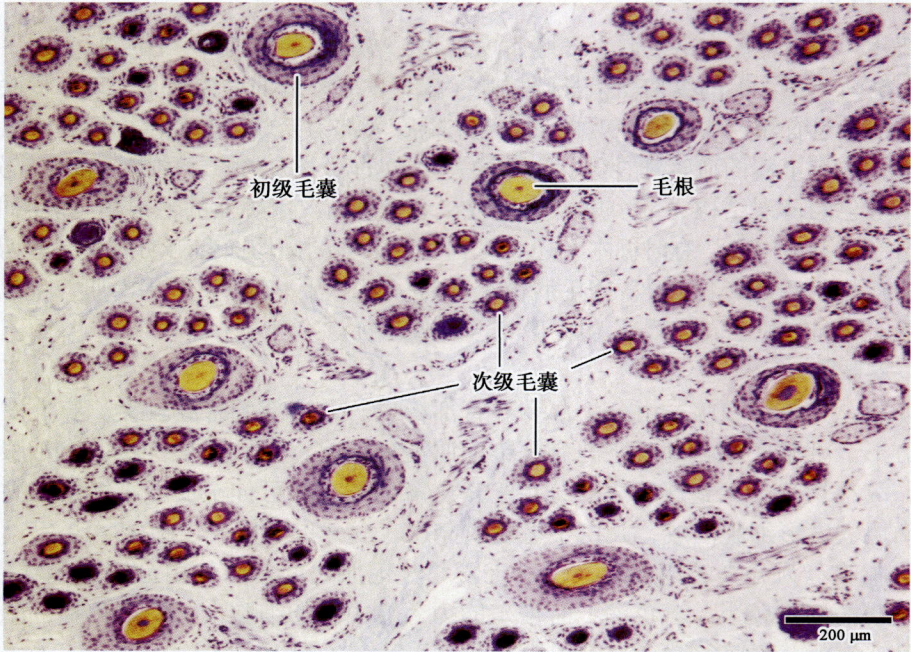

图 19-8 复合毛囊水平切面低倍像（HE 染色）

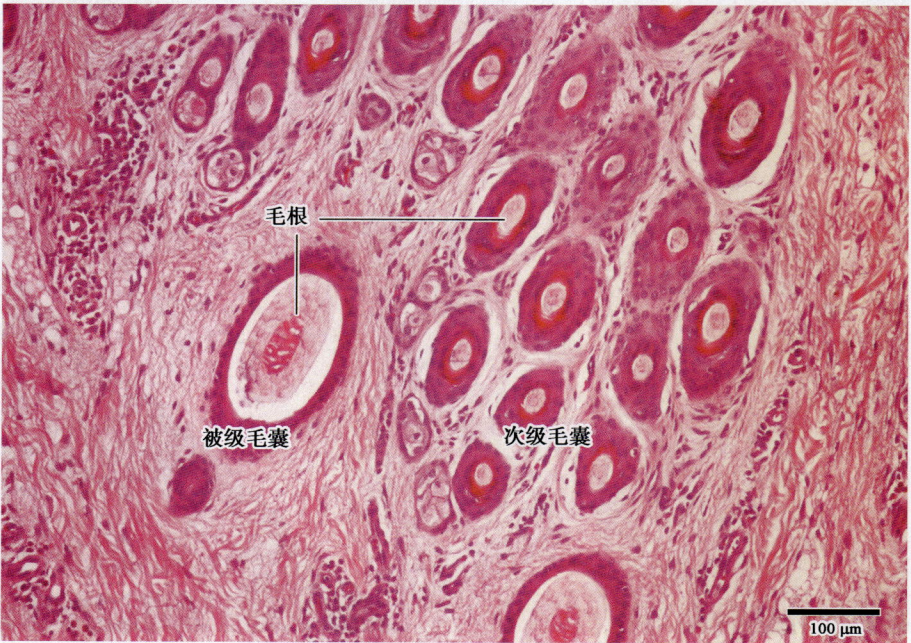

图 19-9 复合毛囊水平切面中倍像（HE 染色）

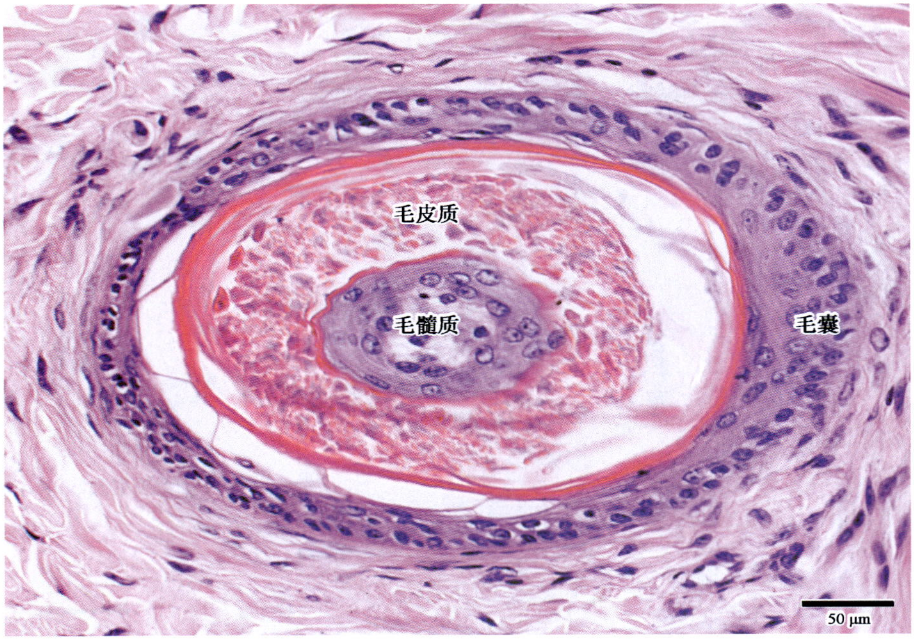

图 19-10 毛囊水平切面高倍像（HE 染色）

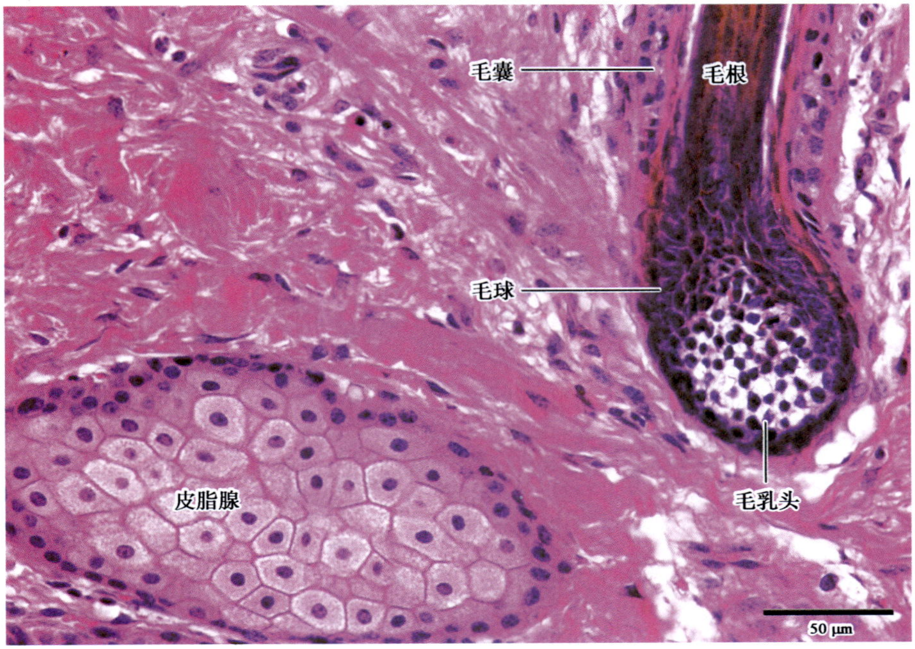

图 19-11 真皮高倍像（HE 染色）

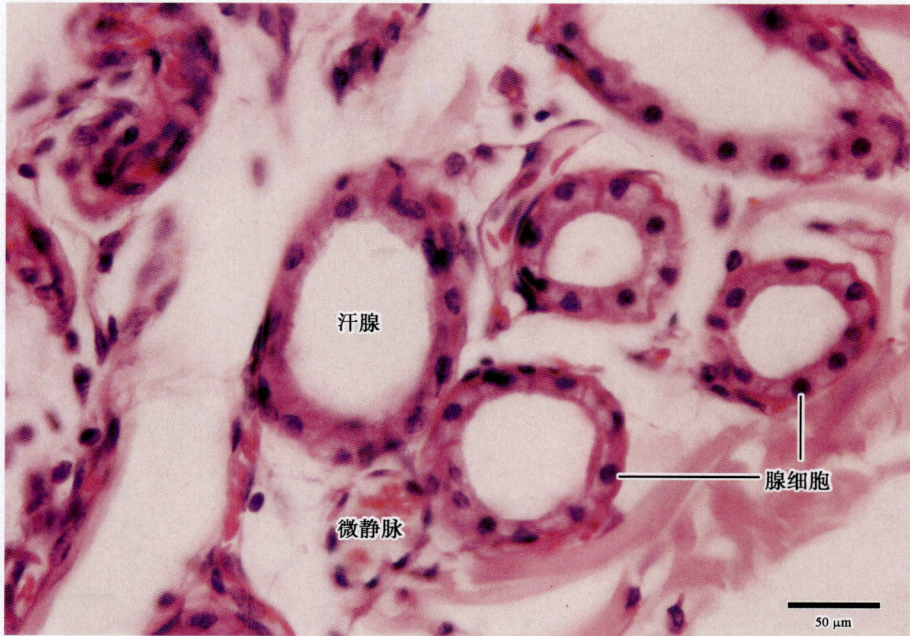

图 19-12 汗腺高倍像（HE 染色）

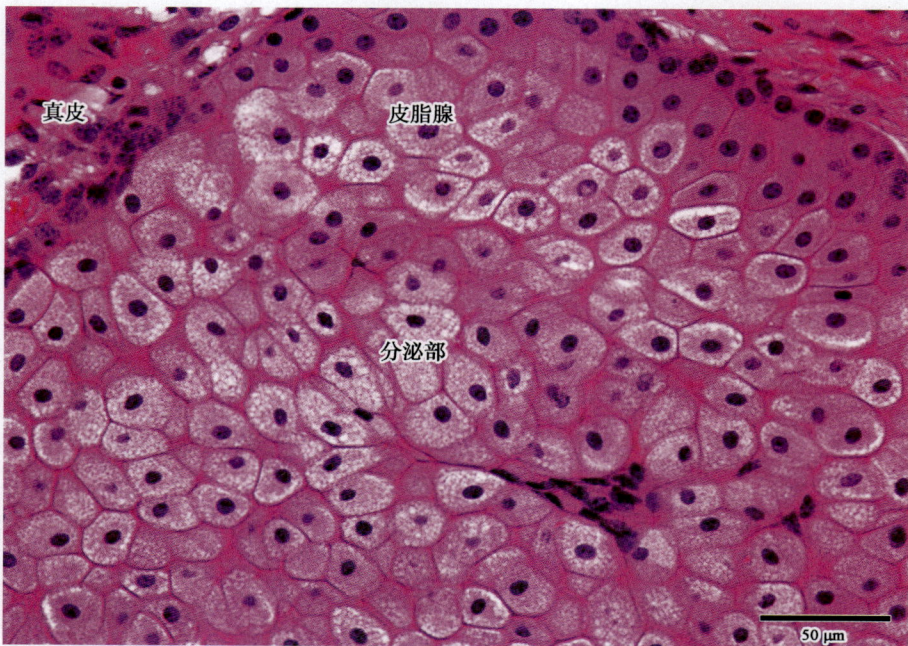

图 19-13 皮脂腺高倍像（HE 染色）

（3）乳腺：

① 泌乳期乳腺

观察切片： 羊（兔）泌乳期乳腺，HE 染色。

肉眼观察： 乳腺切片呈淡紫红色，内含许多着色较深的块状物，即乳腺小叶，腺小叶间淡红色的组织为小叶间结缔组织。

低—高倍镜观察： 乳腺实质被结缔组织分隔成许多大小不等的腺小叶。每个腺小叶内有很多被切成圆形或椭圆形的腺泡。腺泡排列紧密，腺泡间结缔组织很少（图 19-14 至图 19-17）。

腺泡 由单层腺上皮细胞围成。腺细胞的形态可因分泌周期的不同而有变化，有的呈高柱状，细胞顶部充满分泌物，有的则呈立方形或扁平状。胞核椭圆形或圆形，位于细胞基部。腺泡腔较大，腔内的乳汁被染成淡红色。腺上皮细胞与基膜之间也有肌上皮细胞。有的腺泡由于切面的不同，因切面通过腺泡壁，只见到一些细胞团，看不到腺泡腔。

导管 小叶内导管管壁由立方上皮构成。小叶间导管的管壁由立方上皮或柱状上皮构成，管腔较大。

② 静止期（非泌乳期）乳腺

观察切片： 羊（兔）非泌乳期乳腺，HE 染色。

低—高倍镜观察： 与泌乳期乳腺结构相比较，其特点是：只有少量腺泡和导管，分散在大量的腺间结缔组织中；腺泡小，腺腔很小，腺细胞呈立方形，胞核圆形，着色较深（图 19-18）。

3 示教切片

观察切片： 马蹄壁横切片，HE 染色。

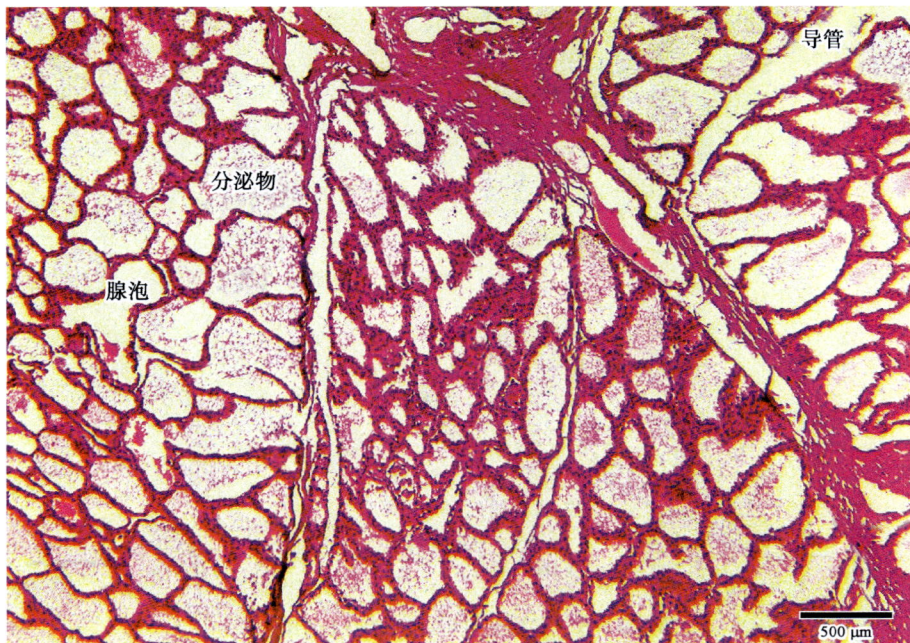

图 19-14 泌乳期乳腺低倍像（HE 染色）

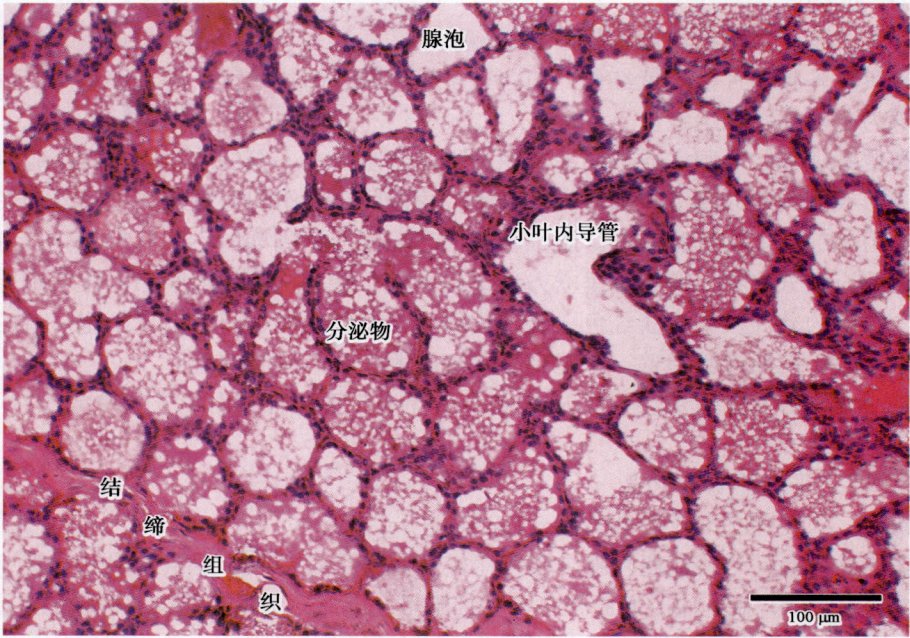

图 19-15 泌乳期乳腺中倍像（HE 染色）

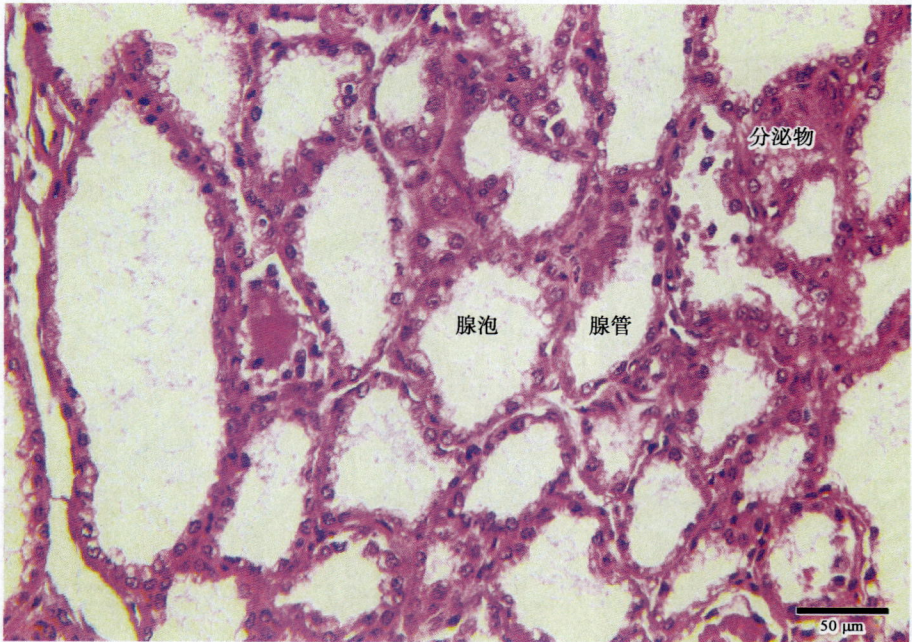

图 19-16 泌乳期乳腺高倍像（HE 染色）

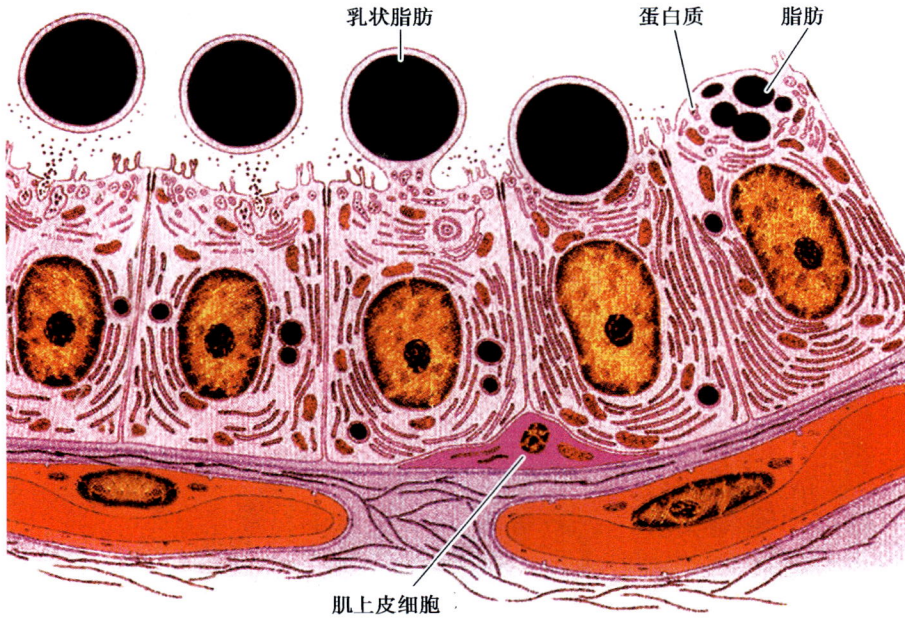

乳状脂肪　　蛋白质　脂肪

肌上皮细胞

图 19-17　泌乳期乳腺细胞超微结构模式图

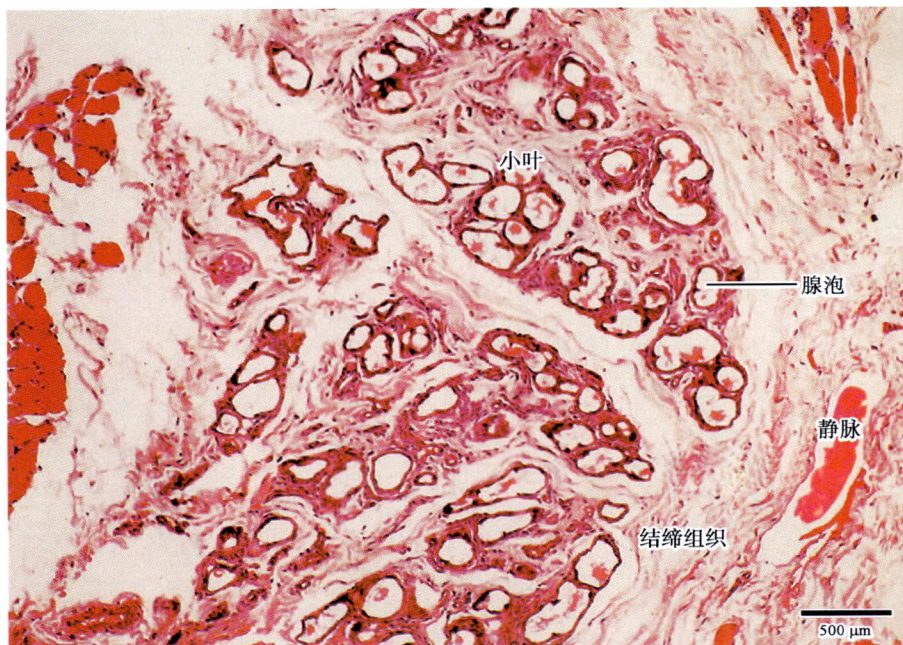

小叶

腺泡

静脉

结缔组织

500 μm

图 19-18　静止期乳腺低倍像（HE 染色）

马蹄分蹄缘、蹄冠、蹄壁和蹄底 4 部分。蹄底缘是由蹄底外缘、白线和蹄壁冠状层的下缘共同构成。蹄壁的表皮最厚，支持体重，分为 3 层：釉层、保护层（冠状层）和角质小叶层（图 19-19，图 19-20）。

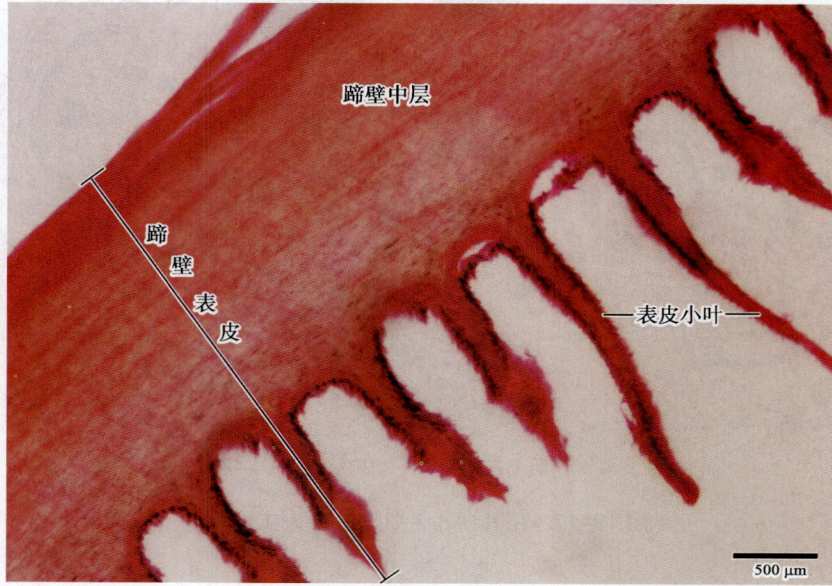

蹄壁中层

蹄壁表皮

表皮小叶

500 μm

图 19-19 蹄壁横切低倍像（HE 染色）

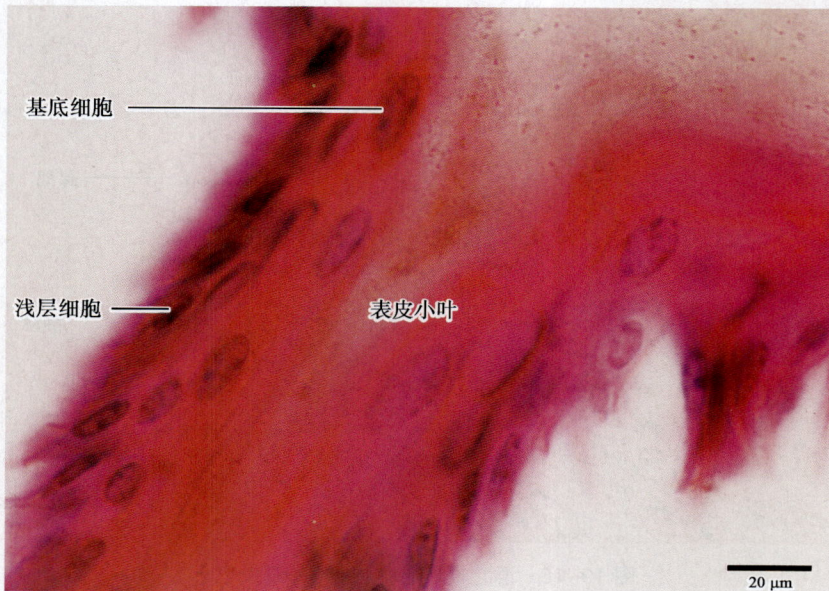

基底细胞

浅层细胞

表皮小叶

20 μm

图 19-20 蹄壁小叶横切高倍像（HE 染色）

4 绘图作业

4.1 绘制中倍镜下皮肤及毛、皮脂腺及汗腺的结构图。

4.2 绘制高倍镜下授乳期乳腺结构图。

4.3 软件采集有毛皮肤、毛囊、汗腺、皮脂腺、乳腺的高倍电子图像。

实验 20 感觉器官

1 实验目的

1.1 掌握眼球壁 3 层膜的组织结构。

1.2 掌握内耳的组织结构。

2 实验内容

2.1 眼

观察切片：眼球切片，HE 染色。

肉眼观察：眼球由眼球壁及其包裹的内容物组成（图 20-1，图 20-2）。

低倍镜观察：眼球壁由外向内依次分为纤维膜、血管膜和视网膜。纤维膜的前 1/6 透明，称角膜；后 5/6，称巩膜；血管膜自前向后分为虹膜、睫状体和脉络膜。视网膜是眼球壁的最内层，柔软而透明。衬于睫状体和虹膜内面者没有感光作用，称视网膜盲部；衬于脉络膜内面者，有感光作用，称视网膜视部。两部分在锯齿缘相移行。一般所说的视网膜是指视部而言。

高倍镜观察：主要观察角膜和视网膜的分层结构。

2.1.1 角膜：由前向后分为 5 层（图 20-3）。

（1）角膜上皮　是未角化的复层扁平上皮，5～6 层细胞排列紧密整齐，互相嵌合而成。

（2）前界膜　是一层无细胞的透明均质膜，主要由胶原原纤维和基质构成。

（3）角膜基质　是角膜最厚的一层，约占角膜全厚的 90%，由层数不定的胶原原纤维板层所组成。板层间有扁平的成纤维细胞。

（4）后界膜　是一层无细胞的均质薄膜，由胶原原纤维和基质组成，有一定的弹性。

（5）角膜内皮　为单层扁平上皮或立方上皮。

2.1.2 视网膜：是眼球壁的最内层，视网膜属高度特化的神经组织。在 HE 染色切片上可分为 10 层结构，是由 4 种细胞形成，即色素上皮细胞、视细胞、双极细胞和节细胞（图 20-4 至图 20-8）。

（1）色素上皮层：由色素细胞构成的单层立方上皮。细胞顶部有大量突起伸入视细胞的外节之间，但并不与其相连。胞核圆形，位于细胞中央；胞质内含大量黑素颗粒。

（2）感光层：由视杆细胞和视锥细胞突起组成，浅红色纵纹状，二者的突起不易区分。

（3）外界层：由米勒细胞外侧端之间的连接复合体构成，HE切片中只能看到一条红线。

（4）外核层：由视杆细胞和视锥细胞的胞体组成。视锥细胞的核较大，显深蓝色，在表面

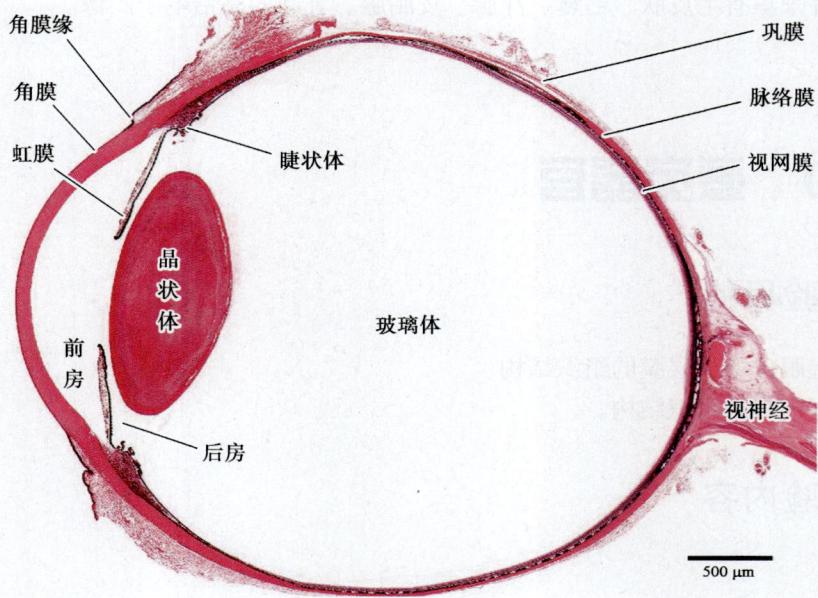

图 20-1　眼球纵切低倍像（HE染色）

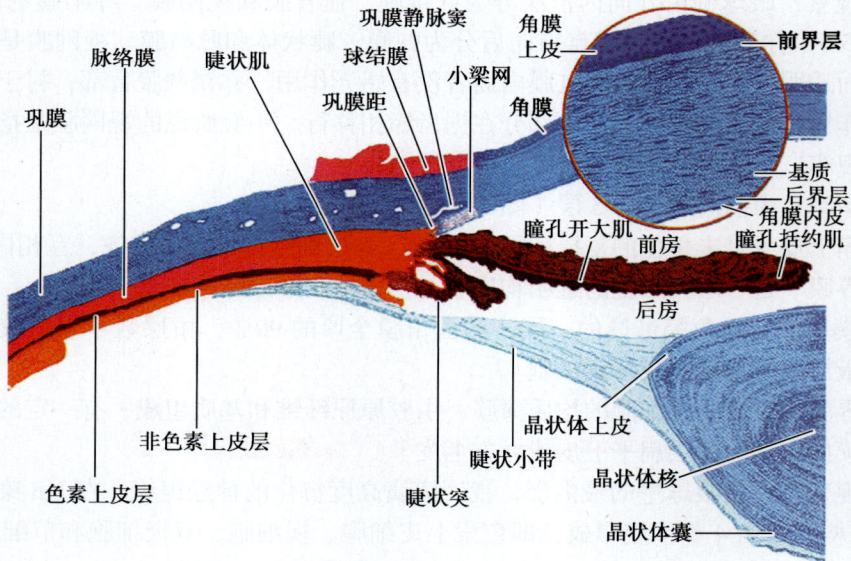

图 20-2　眼球前半部的结构模式图

图 20-3 眼角膜低倍像（HE 染色）

角膜上皮
前界层
角膜基质
后界层
200 μm
角膜内皮

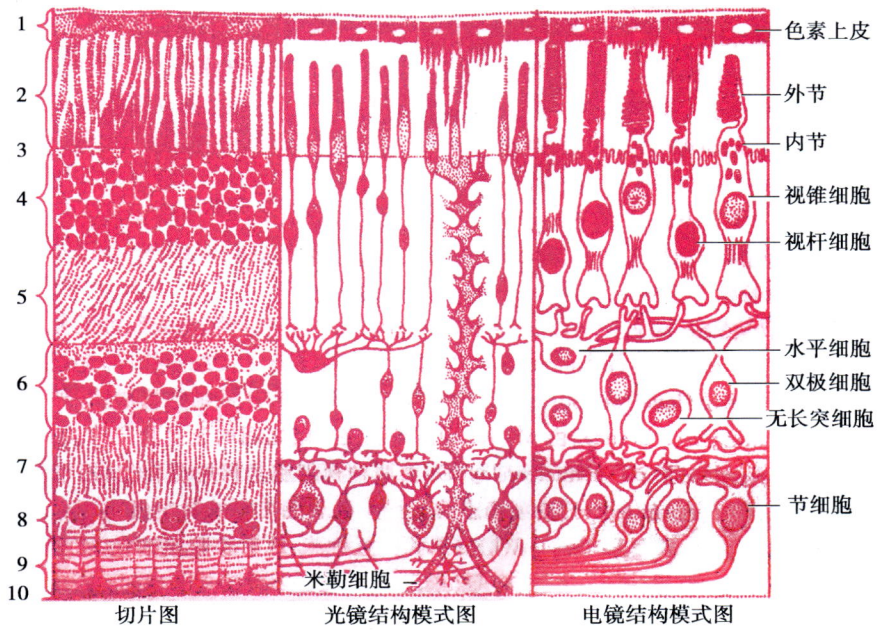

图 20-4 视网膜结构模式图

色素上皮
外节
内节
视锥细胞
视杆细胞
水平细胞
双极细胞
无长突细胞
节细胞
米勒细胞

切片图　　　　光镜结构模式图　　　　电镜结构模式图

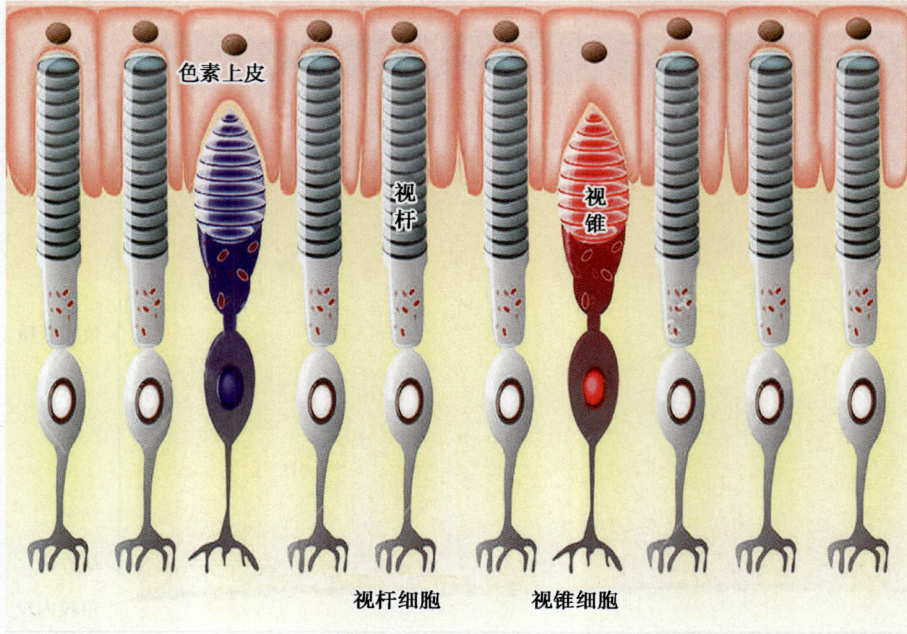

图 20-5 感光细胞结构模式图

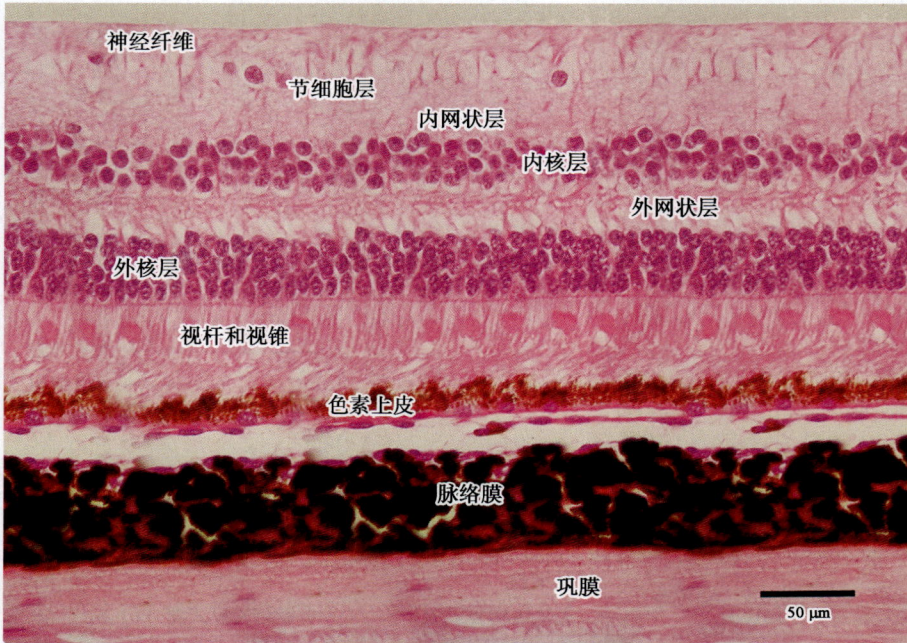

图 20-6 牛视网膜高倍像（HE 染色）

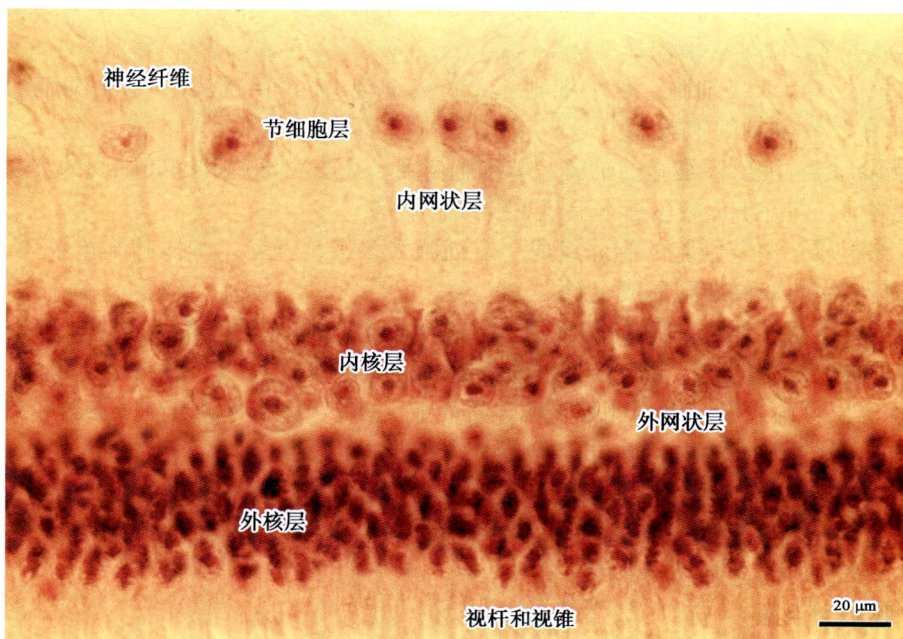

图 20-7　猫视网膜高倍像（镀银染色）

神经纤维
节细胞层
内网状层
内核层
外网状层
外核层
视杆和视锥
20 μm

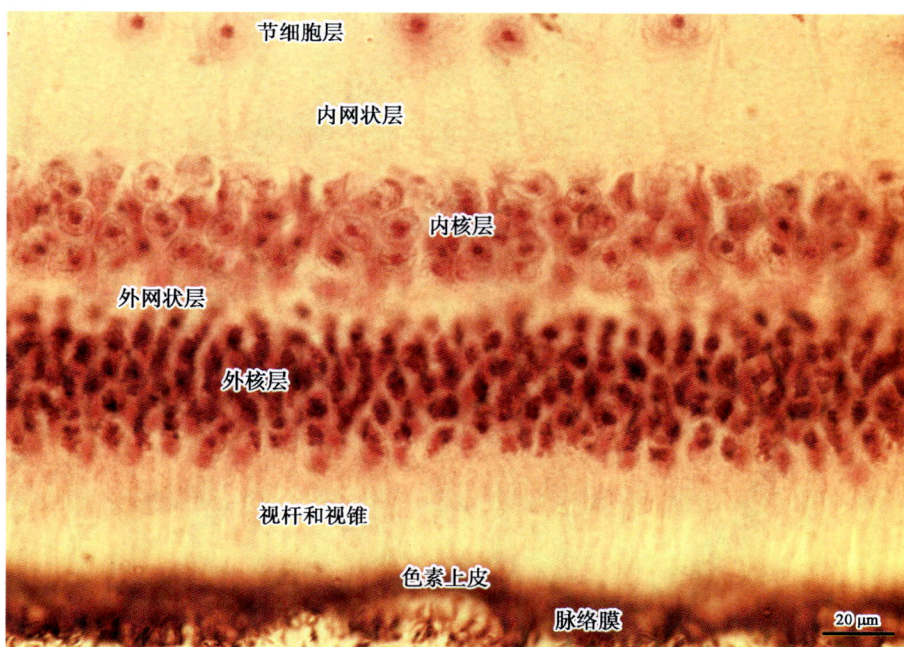

图 20-8　猪视网膜高倍像（镀银染色）

节细胞层
内网状层
内核层
外网状层
外核层
视杆和视锥
色素上皮
脉络膜
20 μm

排成一层；视杆细胞的核稍小，着色较深，位于视锥细胞的下方，排列紧密。

（5）外网状层：由视杆细胞和视锥细胞的轴突及双极细胞的胞突组成，呈浅红色网状结构，在 HE 切片中为纤维状结构。

（6）内核层：由双极细胞、水平细胞、无长突细胞、网间细胞以及米勒细胞胞体共同组成，HE 切片中不易鉴别细胞类型。

（7）内网状层：由双极细胞的轴突、节细胞树突、无长突细胞和网间细胞的突起组成，呈浅红色网状结构，但在 HE 染色标本上只见纤维状结构。

（8）节细胞层：由节细胞的胞体组成。节细胞为多极神经元，胞体和胞核较大，染色浅，核仁明显，其树突与双极细胞形成突触。

（9）神经纤维层：由节细胞的轴突组成。视神经纤维向视神经乳头集中，并由此离开眼球。视神经乳头处没有细胞成分，只是纵横交错的神经纤维。

（10）内界层：由米勒细胞内侧端互相连接而成。HE 切片中只能看到一条红色线。

2.1.3　**内容物**：眼球的内容物包括晶状体、玻璃体和房水。

晶状体是有弹性的双凸透明体，由睫状小带连于睫状体。

玻璃体是位于晶状体和视网膜之间的无色透明胶状物。

房水是含蛋白质的无色透明液体。

2.1.4　**眼睑和泪腺**

（1）眼睑：盖在眼球前的皮肤褶，内衬睑结膜，外被皮肤，中间的结缔组织内有眼轮匝肌（图 20–9）。

（2）泪腺：由管状腺和导管组成，是分泌泪液的器官（图 20–10）。

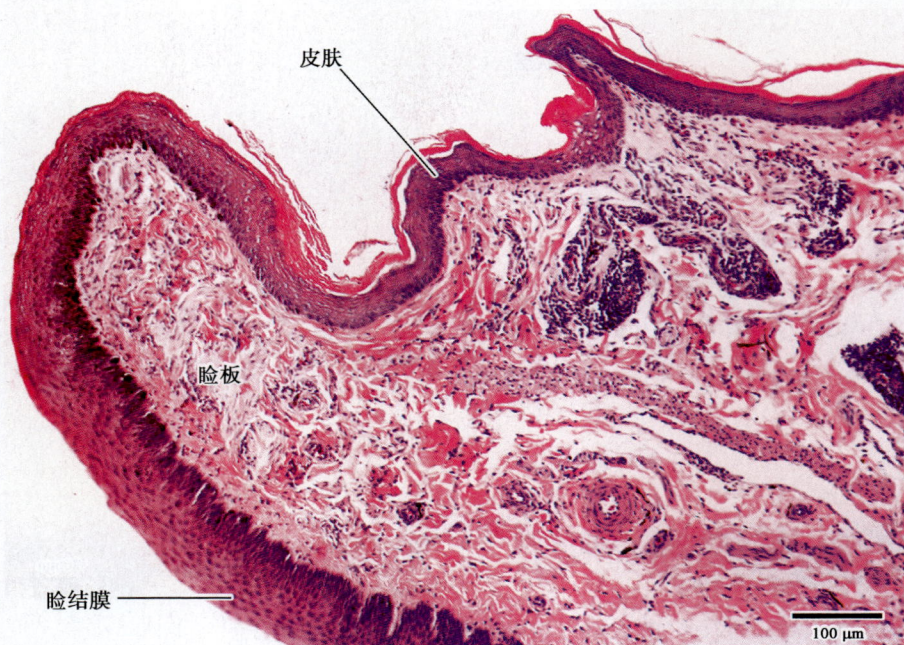

图 20-9　眼睑高倍像（HE 染色）

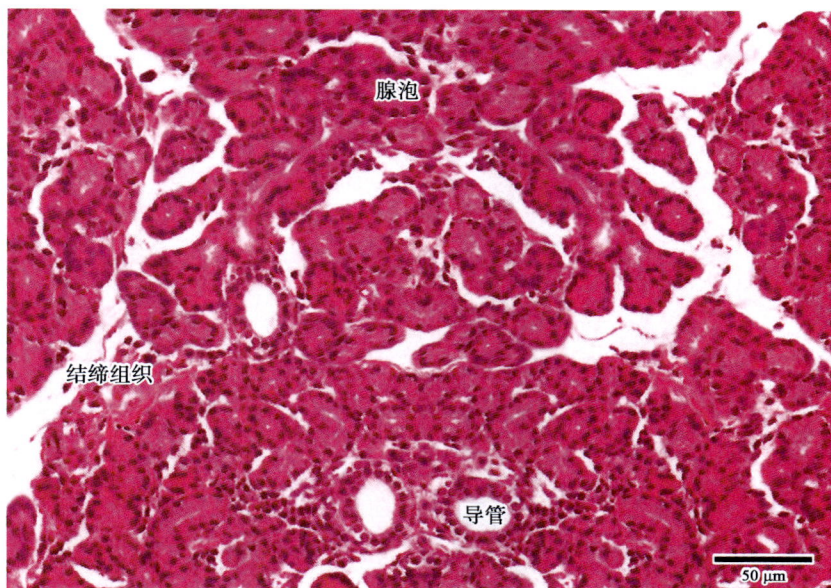

图 20-10　泪腺高倍像（HE 染色）

2.2　耳

耳分为外耳、中耳和内耳。

2.2.1　外耳

观察切片：犬（兔）外耳切片，HE 染色。

低—中倍镜观察：外耳的内、外两面为带毛的皮肤，中间有弹性软骨（图 20-11，图 20-12）。

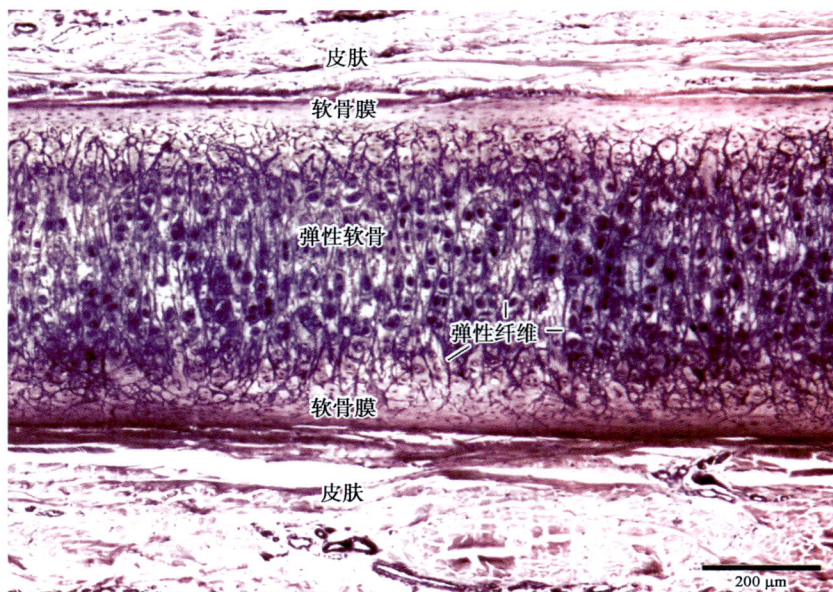

图 20-11　外耳低倍像（弹性纤维染色）

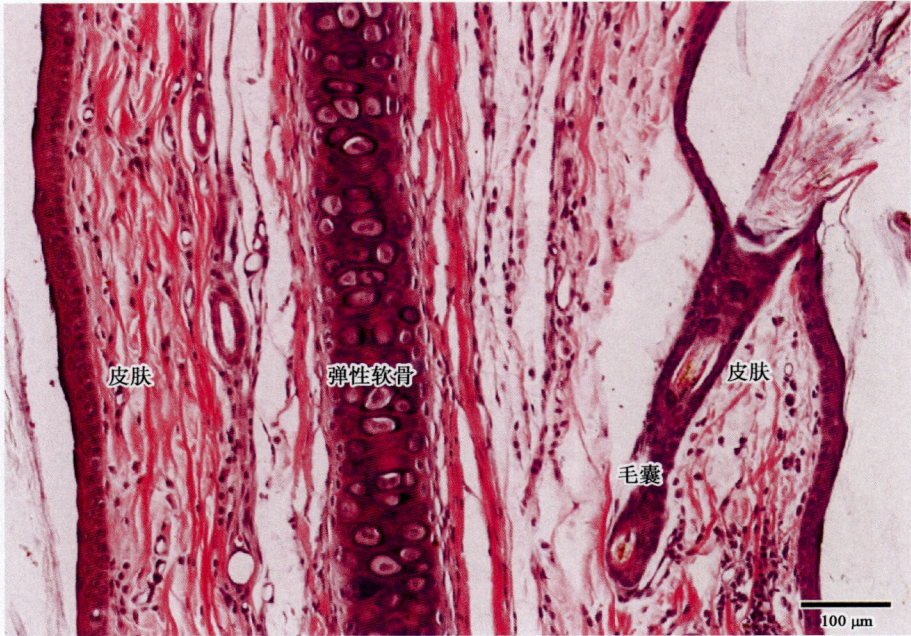

图 20-12 外耳中倍像（HE 染色）

2.2.1 内耳 内耳位于颞骨岩部，是一系列结构复杂的弯曲管道，故又称迷路，包括骨迷路和膜迷路。骨迷路由前至后分为耳蜗、前庭和半规管。膜迷路悬系在骨迷路内，形态与骨迷路相似，相应地分为膜耳蜗管、椭圆囊和球囊以及膜半规管三部分（图 20-13 至图 20-15）。

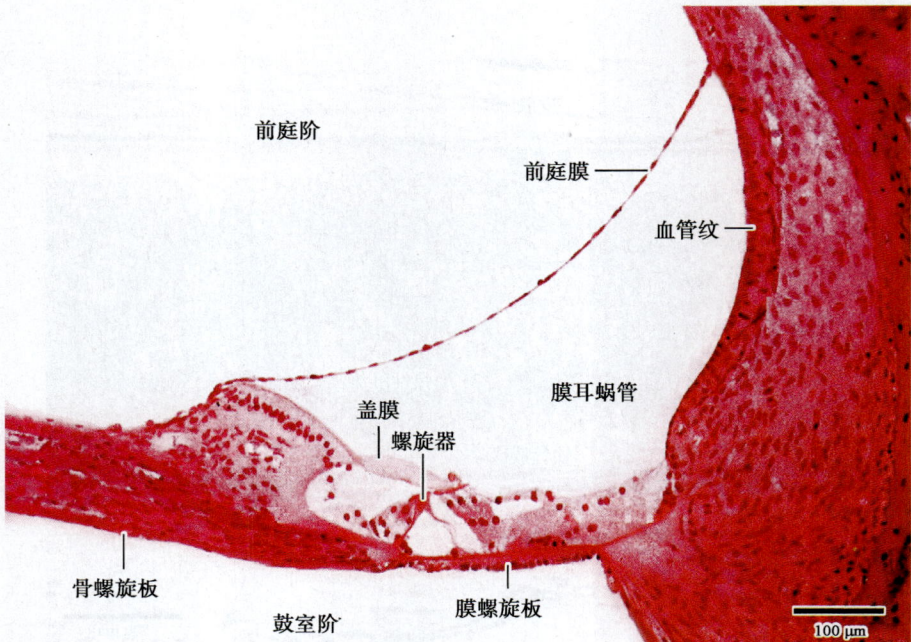

图 20-13 耳蜗、膜耳蜗管和螺旋器的中倍像（HE 染色）

（1）椭圆囊斑和球囊斑：膜前庭由椭圆囊和球囊组成。椭圆囊外侧壁和球囊前壁的黏膜局部增厚，呈斑块状，分别称为椭圆囊斑和球囊斑。二者合称位觉斑。位觉斑由支持细胞和毛细胞组成。支持细胞分泌胶状的糖蛋白，在位觉斑表面形成位砂膜，内有细小的碳酸钙结晶，即位砂。毛细胞位于支持细胞之间，细胞顶部有纤毛。

（2）壶腹嵴：膜半规管壶腹底部黏膜局部增厚，形成横行的山嵴状隆起，称壶腹嵴。壶腹嵴上皮由支持细胞和毛细胞构成。

（3）听觉感受器——螺旋器：螺旋器是膜耳蜗管底部上呈螺旋状走行的膨隆结构，由支持细胞和毛细胞组成（图20-16）。

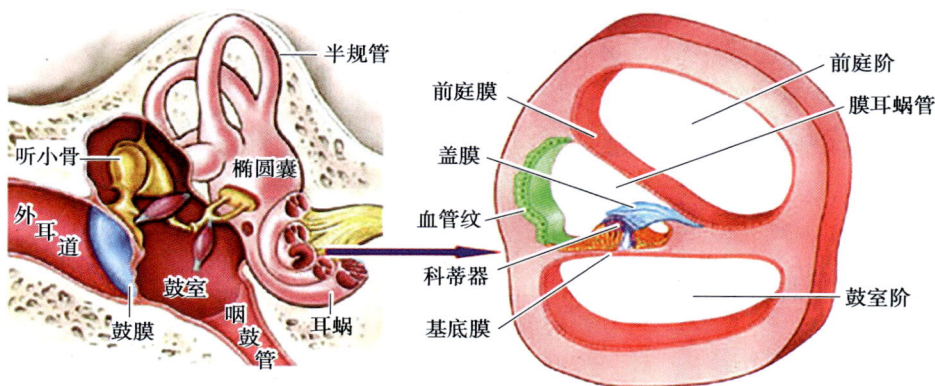

图 20-14　耳的结构模式图（示内耳）

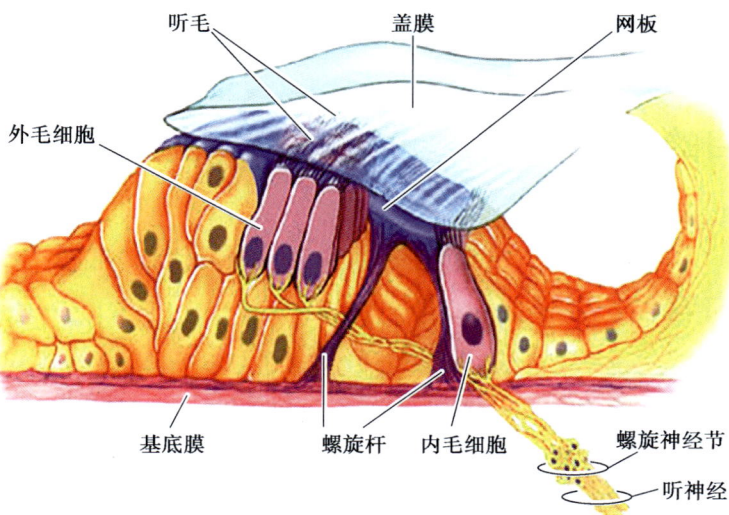

图 20-15　耳蜗管结构模式图

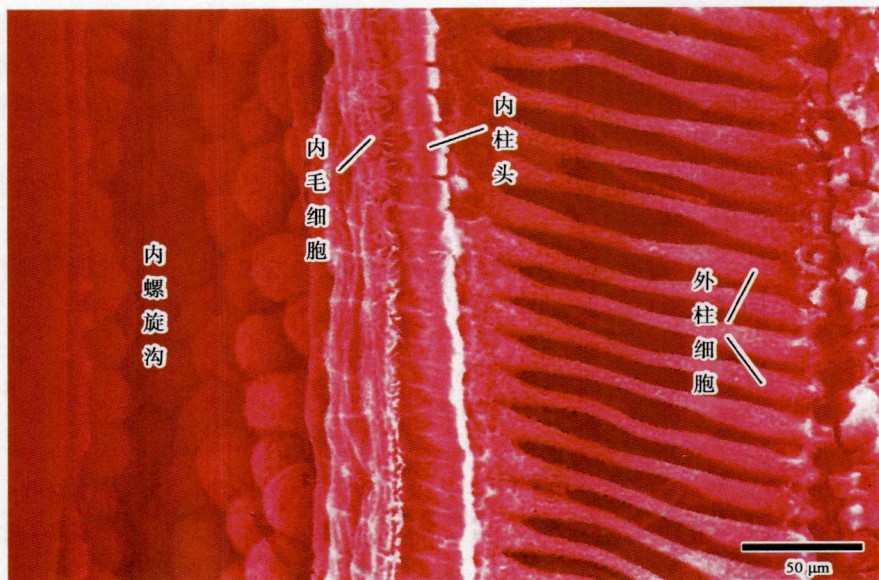

图 20-16　螺旋器局部扫描电镜像

3　绘图作业

3.1　绘制眼球的结构图。

3.2　绘制高倍镜下视网膜的结构图。

3.3　软件采集眼球、视网膜、睑板腺、外耳的高倍电子图像。

实验 21　家禽组织结构特征

1　实验目的

掌握家禽各器官的组织结构特征。

2　实验内容

2.1　血液

观察切片：鸡（鸭、鹅）血液涂片，瑞特染色（图 21-1 至图 21-3）。

肉眼观察：选取血膜厚薄适度的部位，在显微镜下观察。

低倍镜观察：可见到大量椭圆形，有细胞核的红细胞。白细胞很少，分散在红细胞之间，细胞核呈蓝紫色。选白细胞较多的部位，换高倍镜或油镜观察。

高倍镜—油镜观察：鸡血的有形成分与哺乳动物的比较有以下不同：

2.1.1　红细胞　呈椭圆形，中央有一深染的椭圆形细胞核，无核仁，胞质呈均质的淡红色。

2.1.2　中性粒细胞　又称异嗜性粒细胞，圆形，核具有 2～5 个分叶，胞质内嗜酸性的特殊颗粒呈杆状或纺锤形。

2.1.3　凝血细胞　又称血栓细胞，相当于哺乳动物的血小板。凝血细胞具有典型的细胞形态和结构，比红细胞小，两端钝圆，核呈椭圆形，染色质致密。胞质微嗜碱性，内有 1～2 个紫红色的嗜天青颗粒。其他血细胞与哺乳动物的血细胞形态相似。

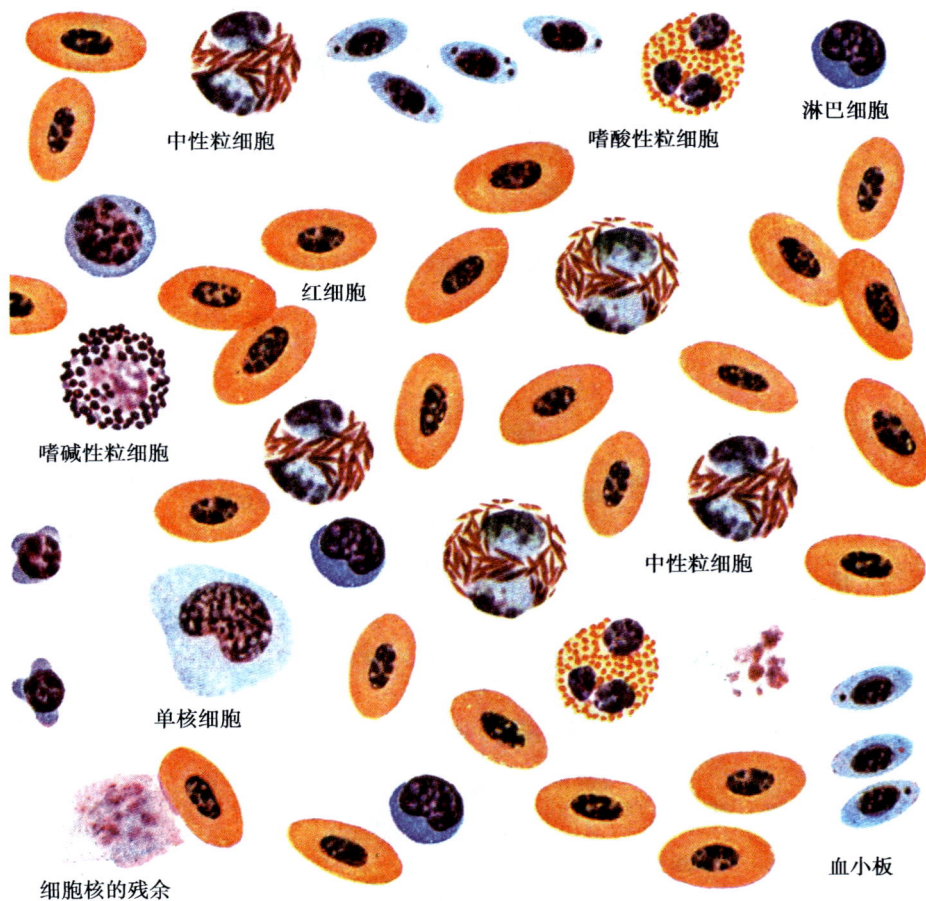

中性粒细胞　　嗜酸性粒细胞　　淋巴细胞
红细胞
嗜碱性粒细胞
中性粒细胞
单核细胞
细胞核的残余　　　　　　　　　　血小板

图 21-1　鸡血涂片模式图

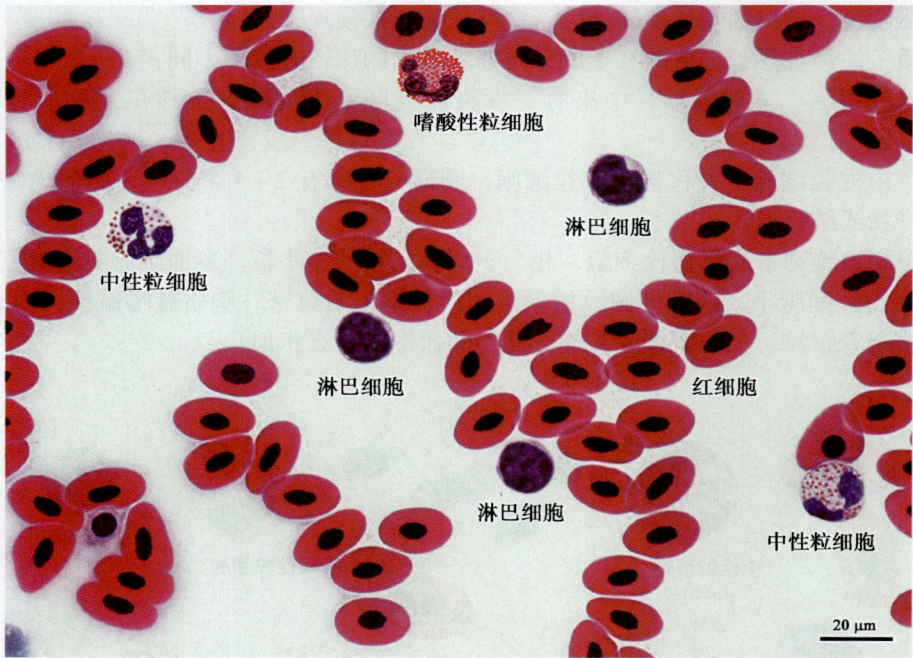

图 21-2 鸭血涂片高倍像（瑞特染色）

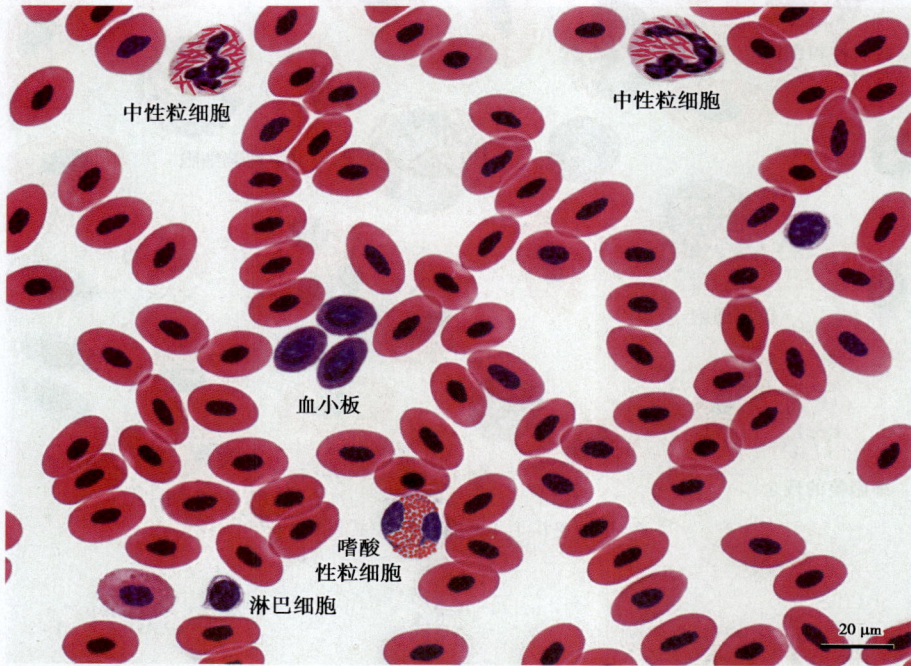

图 21-3 鹅血涂片高倍像（瑞特染色）

2.2 腔上囊（法氏囊）

观察切片：鸡（鸭）腔上囊横切片，HE 染色。

低倍镜观察：从内向外可见囊壁由黏膜层、黏膜下层、肌层和外膜构成。黏膜层较厚，黏膜下层、肌层和外膜较薄。黏膜向囊腔形成两个纵行大皱襞（图 21-4，图 21-5）。

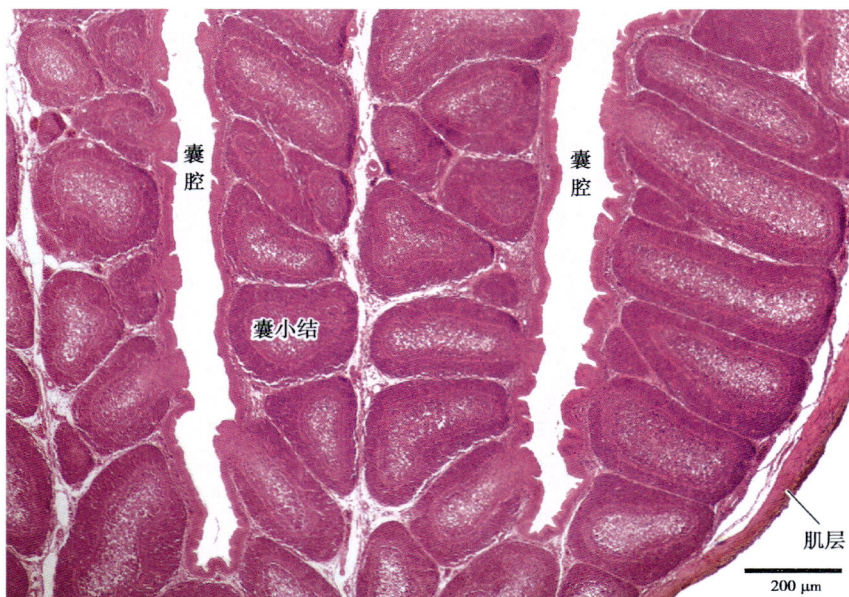

图 21-4 腔上囊低倍像（HE 染色）

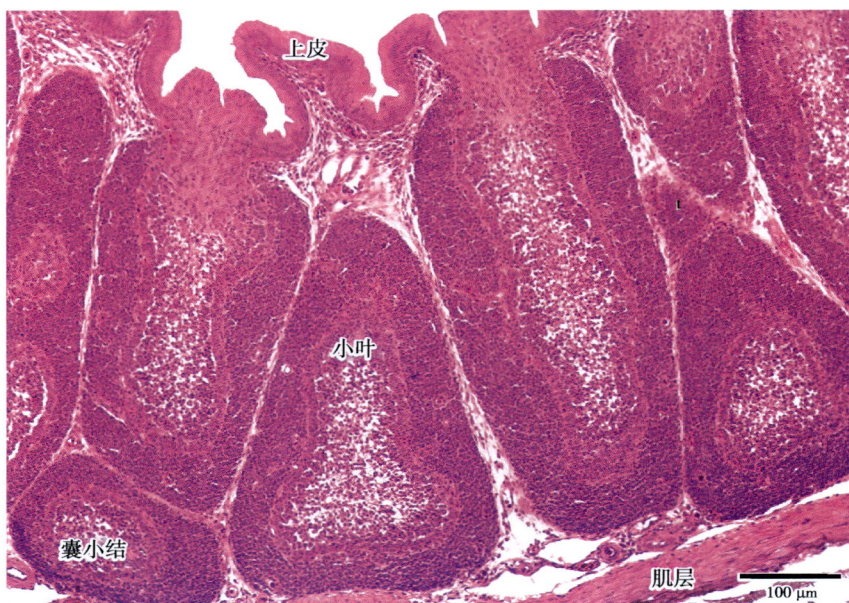

图 21-5 腔上囊中倍像（HE 染色）

中—高倍镜观察：从内向外观察，可见皱襞黏膜上皮为假复层柱状上皮。固有层的疏松结缔组织中有许多椭圆形或不规则多边形的淋巴小结样结构，称为腔上囊小结或史丹纽滤泡。每个腔上囊小结由外周染色深的皮质和中间染色浅的髓质构成。皮质由稠密的中小淋巴细胞、巨噬细胞和上皮性网状细胞构成。髓质由上皮性网状细胞、大中淋巴细胞和巨噬细胞组成（图21-6）。

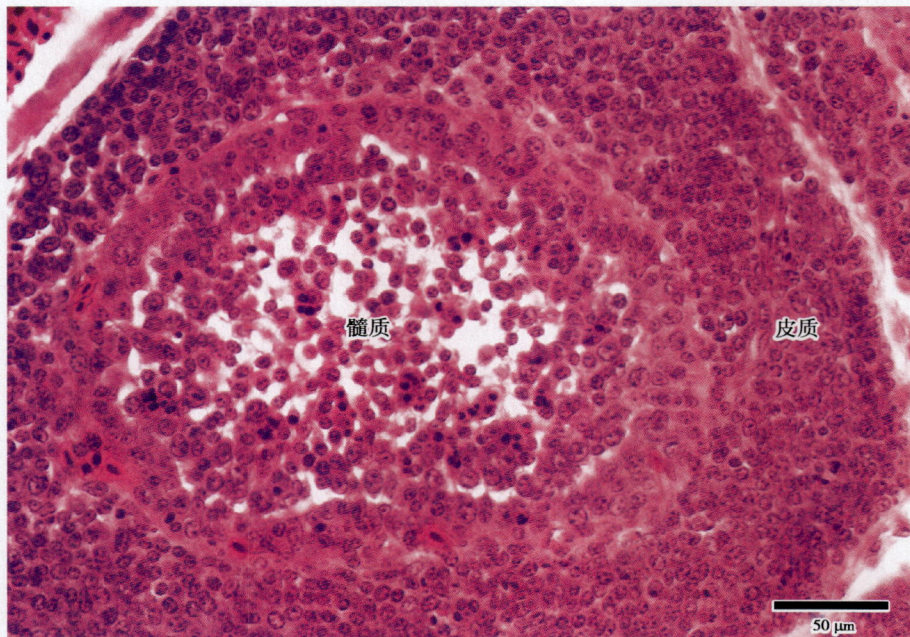

图 21-6　腔上囊小结高倍像（HE 染色）

2.3　嗉囊

观察切片：鸡或鸽的嗉囊切片，HE 染色。

低—中倍镜观察：嗉囊壁具有典型的 4 层结构，腔面有皱襞，黏膜上皮为复层扁平上皮；黏膜下层内有发达的嗉囊腺（图21-7）。

2.4　腺胃

观察切片：鸡（鸭、鹅）腺胃切片，HE 染色。

低—高倍镜观察：腺胃壁也分黏膜、黏膜下层、肌层和浆膜。黏膜的特点：表面有许多乳头，其中央有深层复管腺的开口。上皮为单层柱状上皮，胞质弱嗜碱性。上皮与固有层共同形成黏膜皱襞。固有层含大量腺体。腺体分浅层单管腺和深层复管腺。前者较短，由黏膜上皮向固有层下陷形成，管壁衬以单层立方或柱状上皮。腺管开口于黏膜皱襞之间的凹陷处。后者体积大，位于黏膜肌的两层之间。腺体呈圆形或椭圆形，中央为集合窦，窦的周围有呈辐射状排列的腺小管（图21-8，图21-9）。

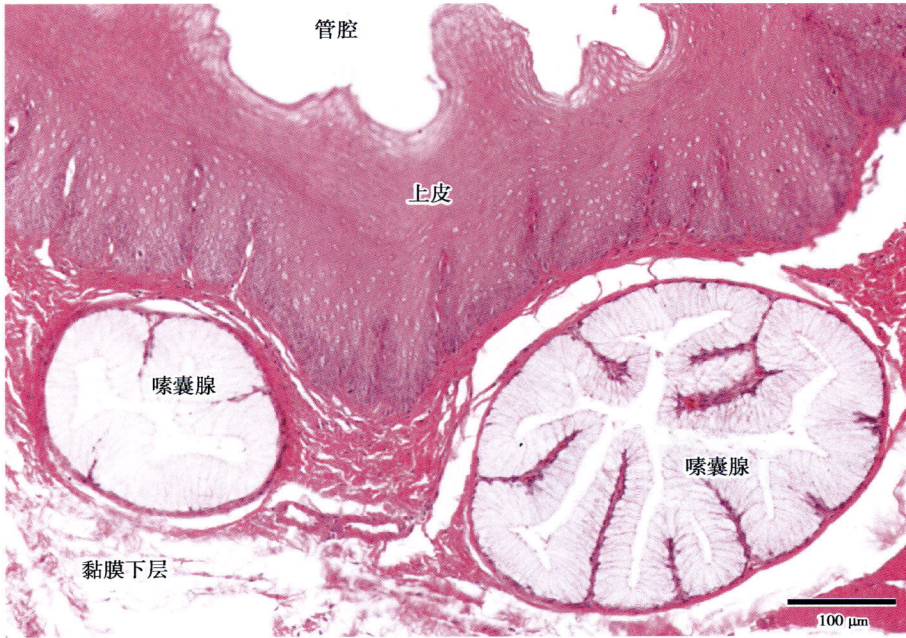

图 21-7　嗉囊中倍像（HE 染色）

管腔

上皮

嗉囊腺

嗉囊腺

黏膜下层

100 μm

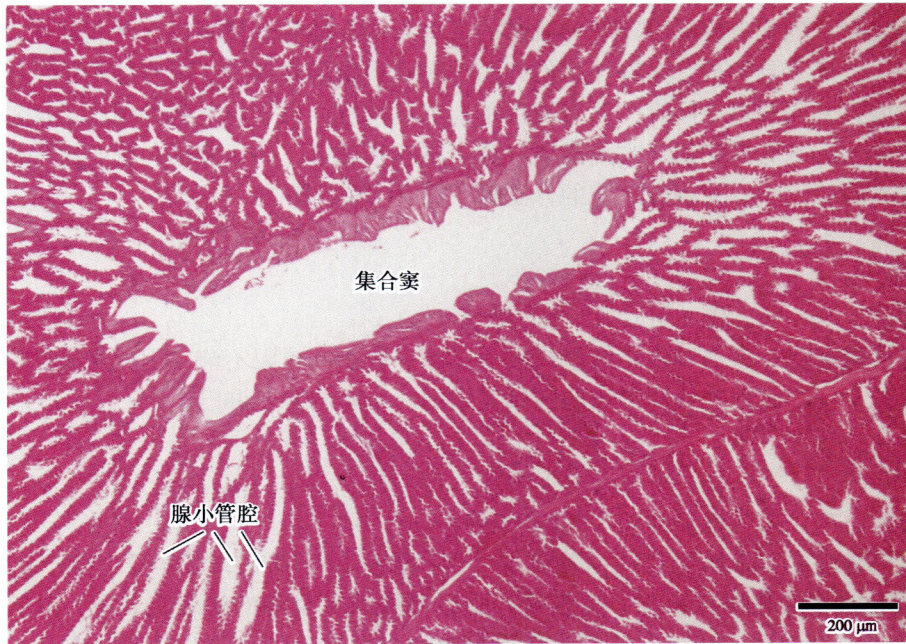

图 21-8　鸡腺胃低倍像（HE 染色）

集合窦

腺小管腔

200 μm

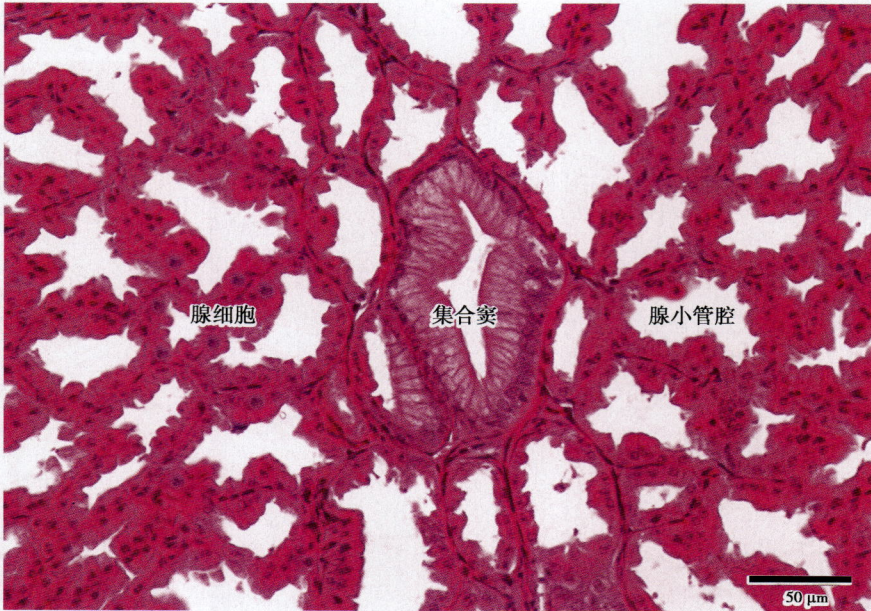

图 21-9　鸡腺胃高倍像（HE 染色）

2.5　肌胃

观察切片：鸡（鸭、鹅）肌胃切片，HE 染色。

低—高倍镜观察：肌胃很厚，黏膜的表面覆盖一层厚而多皱襞的类角质膜即鸡内金，是由肌胃腺的分泌物、黏膜上皮的分泌物和脱落的上皮共同在酸性环境下黏合硬化而成。上皮为单层柱状上皮。上皮下陷形成许多漏斗状的隐窝，是肌胃腺的开口处。固有层的结缔组织内有许多单管肌胃腺，共同开口于隐窝。肌胃腺由单层上皮构成，位于腺上部的细胞呈矮柱状，腺中部的呈立方形，近腺底部的呈立方形或矮柱状。胞核呈球形，位于基部；胞质嗜酸性，内含许多细小颗粒。腺腔狭小，充满腺细胞的分泌物（图 21-10，图 21-11）。

2.6　肝

观察切片：鸡（鸭、鹅）肝切片，HE 染色。

低—高倍镜观察：家禽肝内结缔组织极少，相邻肝小叶界限不清，因此在确定肝小叶的范围时，多以几个门管区的连线所形成的区域为依据。小叶内常有淋巴组织。

2.7　肺

观察切片：鸡（鸭、鹅）肺切片，HE 染色。

低—中倍镜观察：禽肺的实质由各级支气管、肺房及呼吸毛细管组成，不形成支气管树，而是形成相互通连的迷路状结构。支气管入肺后形成纵贯全肺的初级支气管，其管径逐渐变小，末端与腹气囊相通。初级支气管沿途发出 4 组粗细不等的次级支气管，次级支气管除了与颈部和胸部的气囊相通外，还发出许多分支，称三级支气管。三级支气管遍布全肺，相互吻合，与次级支气管相通，少数直接与初级支气管相通，三级支气管与周围呈辐射状排列的肺

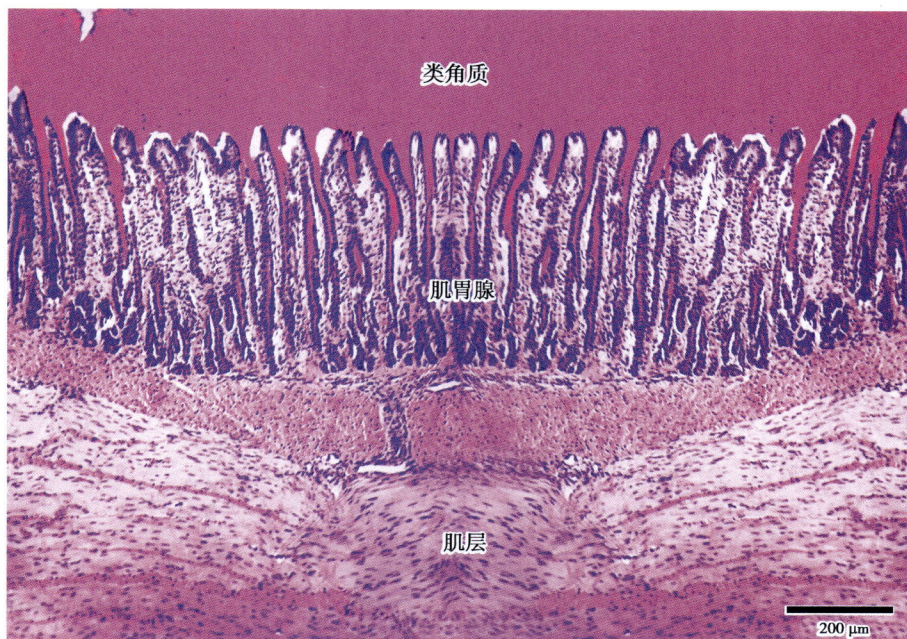

图 21-10　鸡肌胃低倍像（HE 染色）

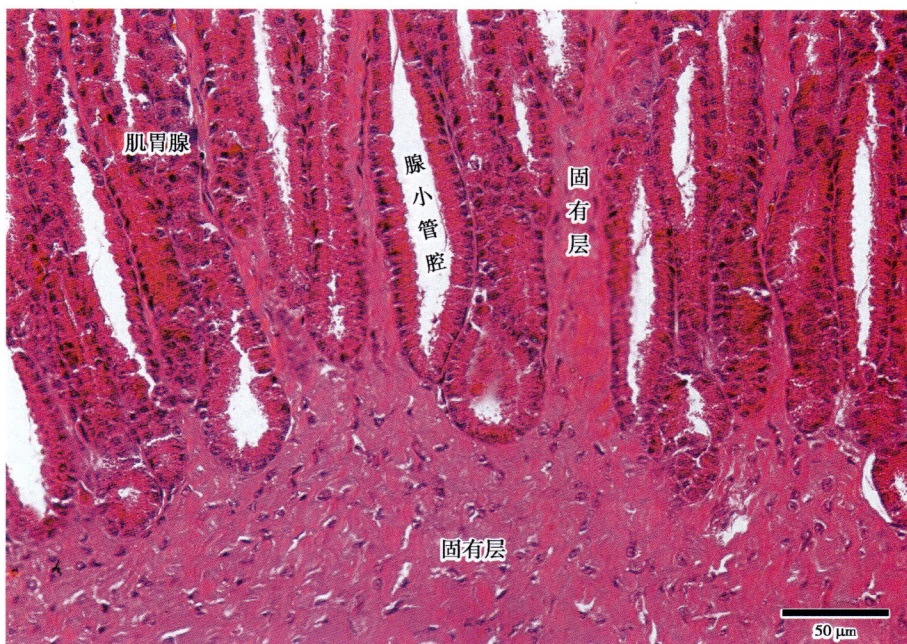

图 21-11　鸡肌胃高倍像（HE 染色）

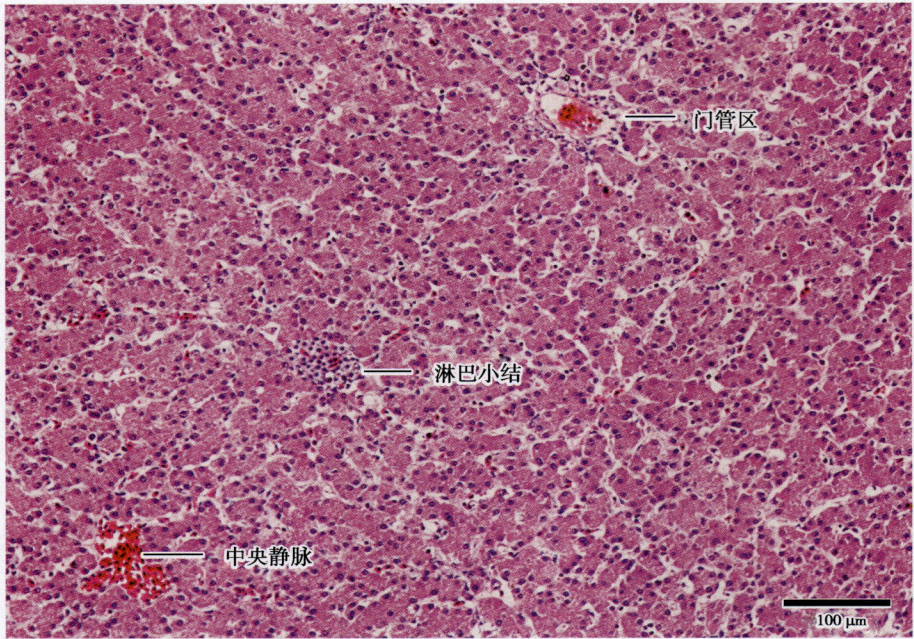

图 21-12　鸡肝中倍像（HE 染色）

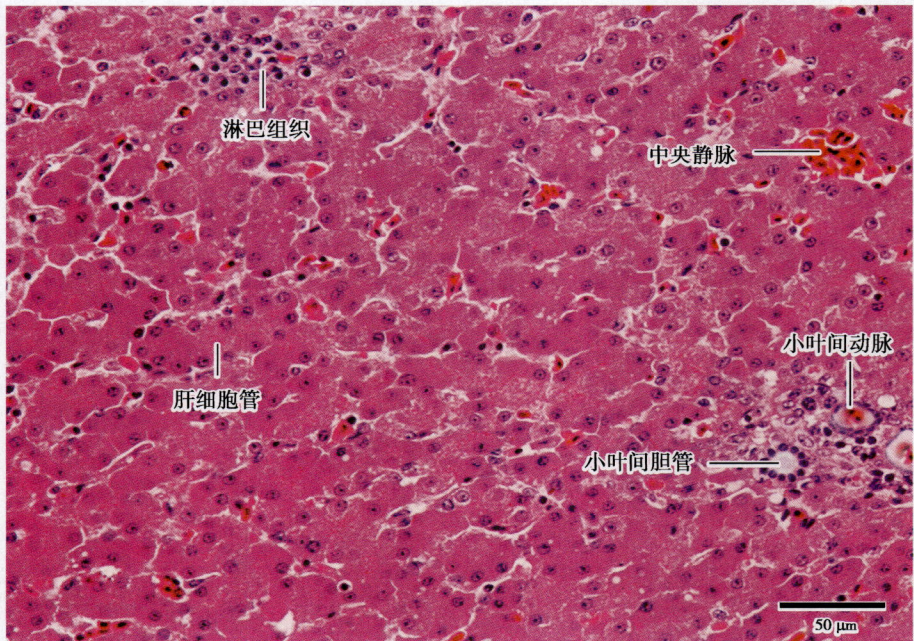

图 21-13　鹅肝高倍像（HE 染色）

房相通，管壁被肺房所中断，因而三级支气管的管壁不完整。每一肺房又连着很多个呼吸毛细管。三级支气管与肺房、呼吸毛细管共同组成肺小叶（图 21-14，图 21-15）。

2.8　肾

观察切片：鸡（鸭、鹅）肾切片，HE 染色。

低—高倍镜观察：禽肾呈长条状，分前、中、后 3 段，表面无脂肪囊和完整的被膜，无典型的肾锥体和肾叶，皮质和髓质分界不清，没有肾盏、肾盂和肾门。结缔组织伸入肾实质，内有淋巴组织和丰富的毛细血管。肾单位分皮质肾单位和髓质肾单位，两者的主要区别是有无髓袢（图 21-16，图 21-17）。

2.9　卵巢

·**观察切片：**鸡卵巢切片，HE 染色。

低—高倍镜观察：禽类只有左侧卵巢。性成熟时体积剧增。产卵期的卵巢有很多大小不一的卵泡。产卵停止后卵巢回缩，恢复到静止期的形状及大小。卵巢表面被覆单层生殖上皮，其下方由致密结缔组织白膜。卵巢皮质内含有不同发育阶段的卵泡和闭锁卵泡，髓质内含有丰富的血管、神经和平滑肌纤维（图 21-18，图 21-19）。禽类卵巢结构特点：①次级卵泡和成熟卵泡不在卵巢基质内，而是突出于卵巢表面，仅借卵泡柄与其相连；②卵泡内无卵泡腔，也无卵泡液；③卵泡膜内富含毛细血管；④排卵后的卵泡壁很快退化，不形成黄体。

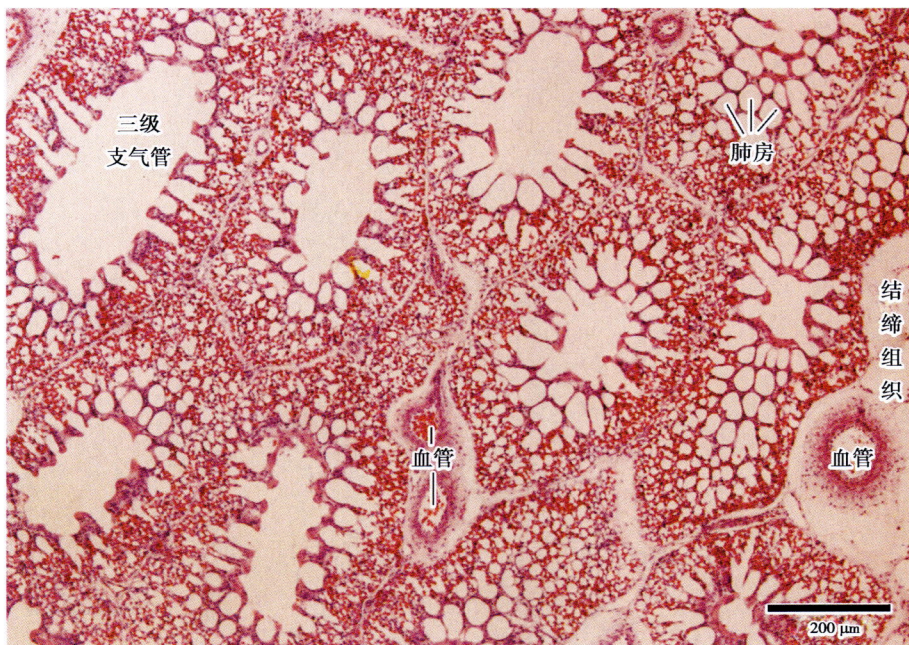

图 21-14　禽肺低倍像（HE 染色）

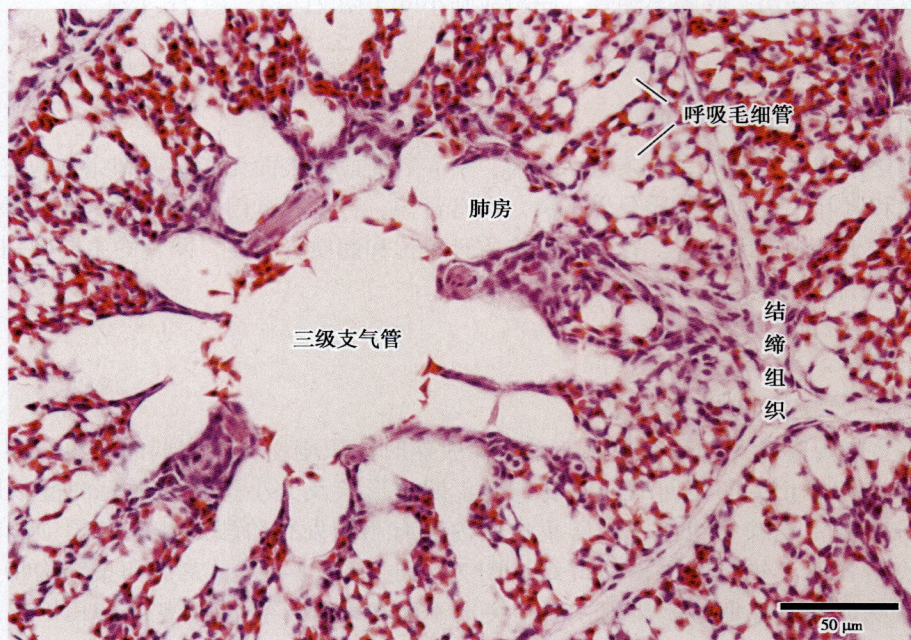

图 21-15　禽肺中倍像（HE 染色）

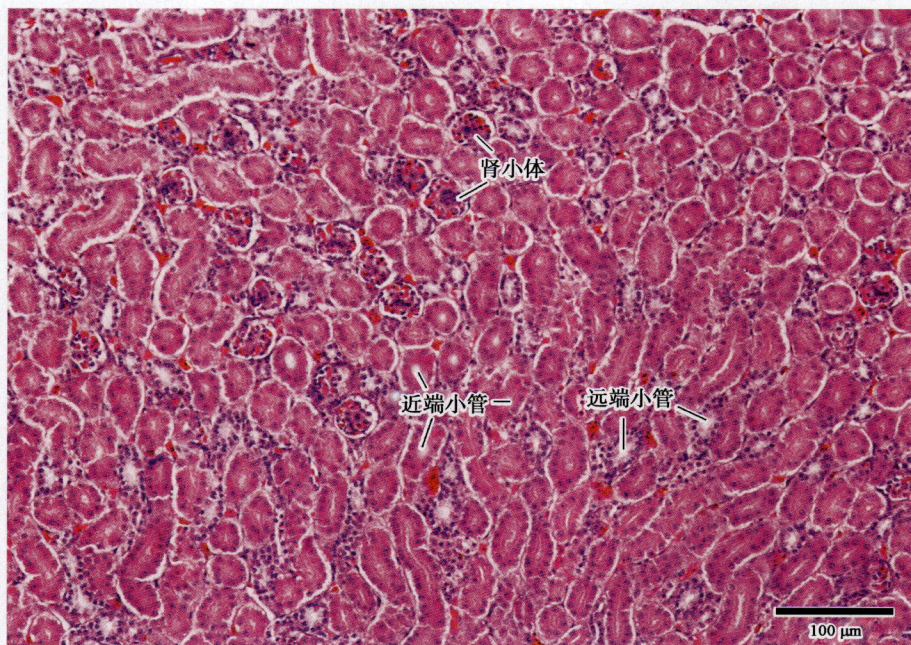

图 21-16　鸡肾中倍像（HE 染色）

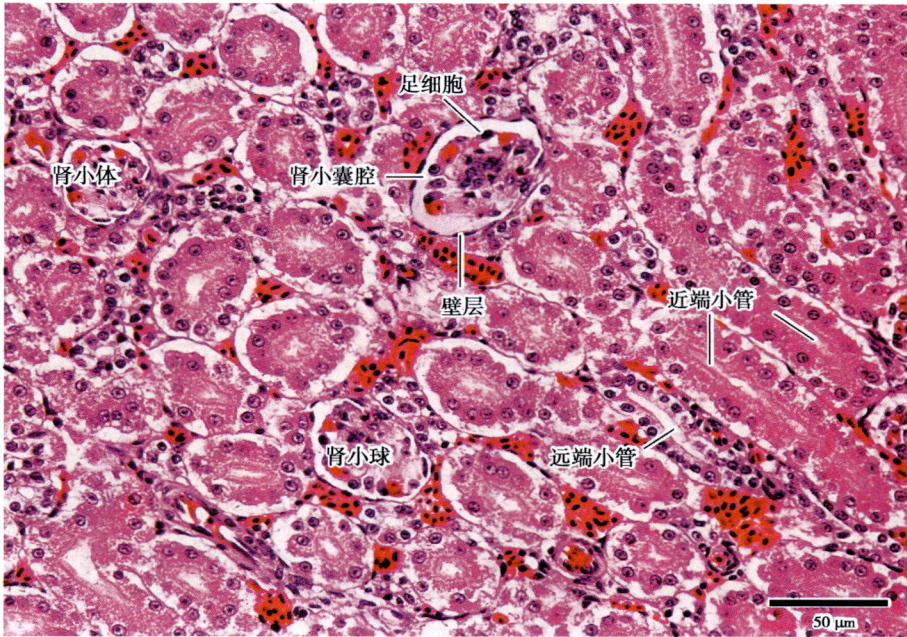

图 21–17 鸡肾皮质高倍像（HE 染色）

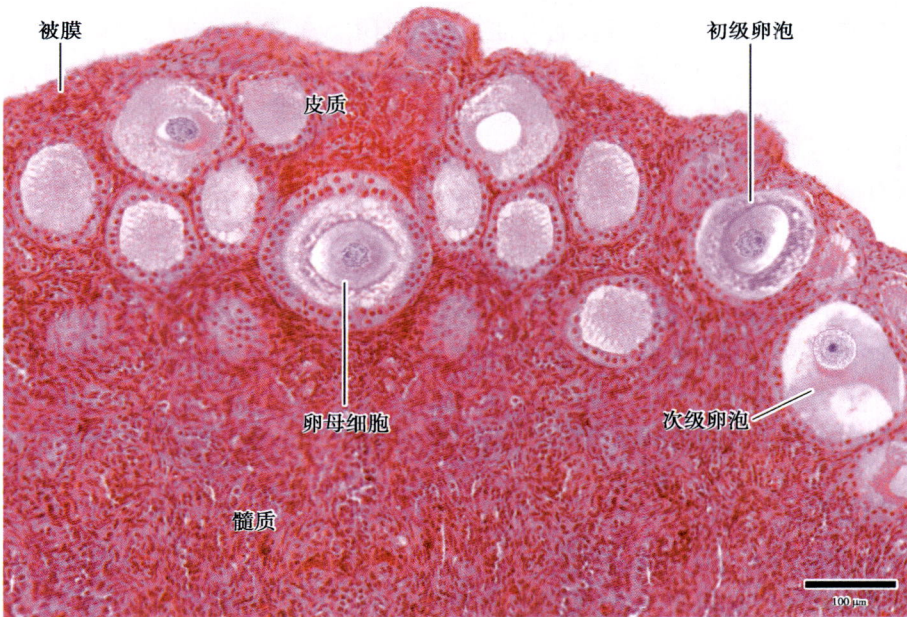

图 21–18 禽卵巢低倍像（HE 染色）

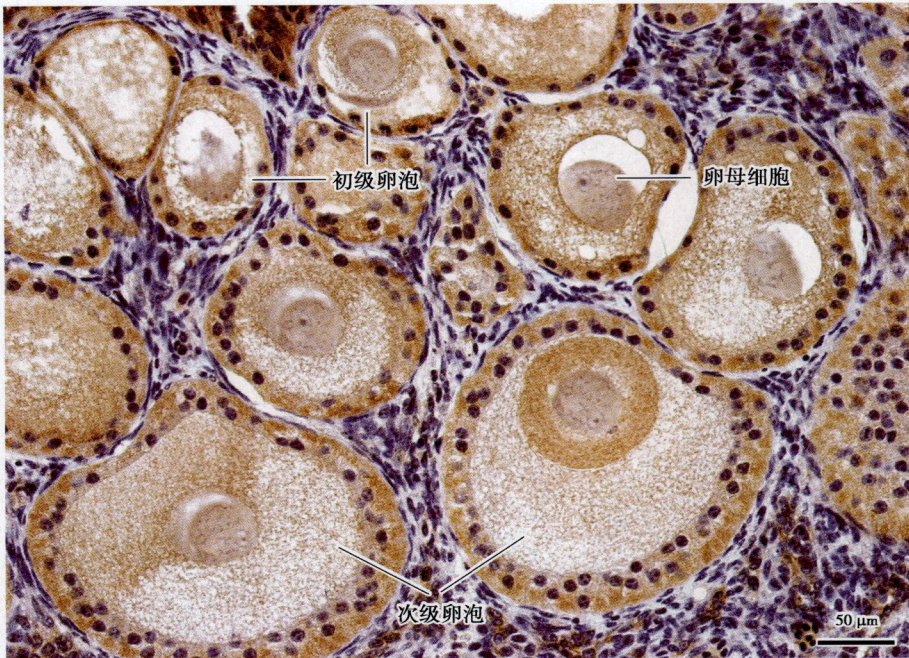

图 21-19　禽卵巢高倍像（免疫组化染色）

2.10　输卵管

观察切片：鸡输卵管切片，HE 染色。

低—高倍镜观察：禽类输卵管长而弯曲，产蛋期增粗变长，管壁肥厚；休产期则缩短变细。依据其结构与功能从前向后分为 5 段：漏斗部、膨大部、峡部、子宫部和阴道部。各段均由黏膜、肌层和外膜构成。各段的黏膜表面均有皱襞，黏膜上皮有纤毛，大部分固有层内有腺体和免疫组织，无黏膜肌层；肌层由内环、外纵两层平滑肌构成；外膜全为浆膜（图 21-20 至图 21-23）。

2.11　冠

观察切片：鸡冠、HE 染色。

低倍镜观察：冠的表皮薄，真皮厚，富含毛细血管丛。性成熟公鸡和产卵母鸡的冠毛细血管高度充血，颜色鲜红且肥厚。真皮深层的结缔组织富含纤维，黏液性物质充填于间隙中，使冠直立。冠的中央层由致密结缔组织构成，富含血管和胶原纤维（图 21-24）。

2.12　尾脂腺

观察切片：尾脂腺，HE 染色。

低—高倍镜观察：禽类唯一的皮肤腺，腺体的中央有初级腺腔，充满分泌物。周围有呈辐射状排列的分支腺小管，其盲端位于近被膜或叶间隔处。腺小管分皮脂区和糖原区，皮脂区在外，位于腺小管的外 2/3；糖原区在内，位于腺小管的内 1/3。管壁为角化的复层扁平上皮（图 21-25，图 21-26）。

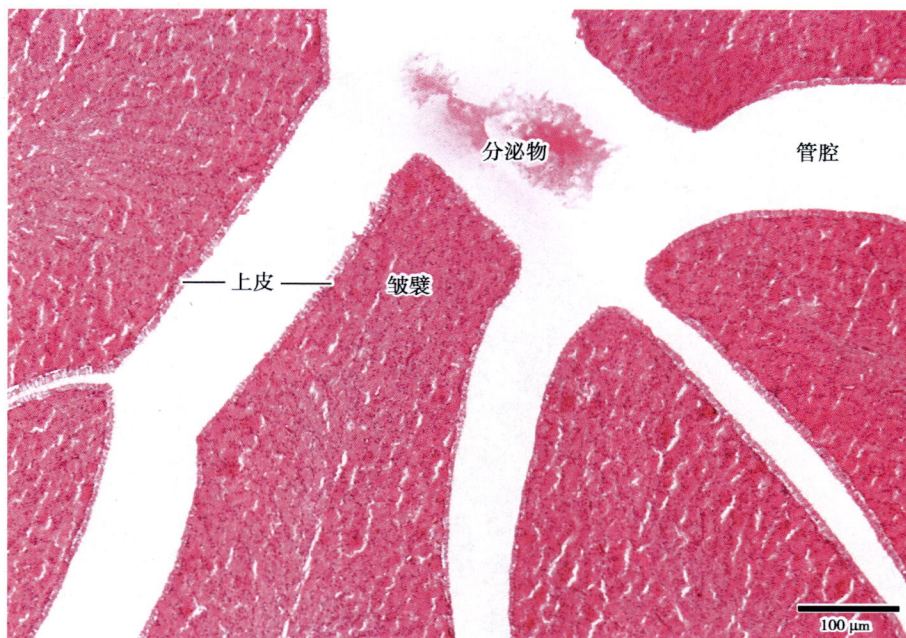

图 21-20　鸡输卵管膨大部中倍像（HE 染色）

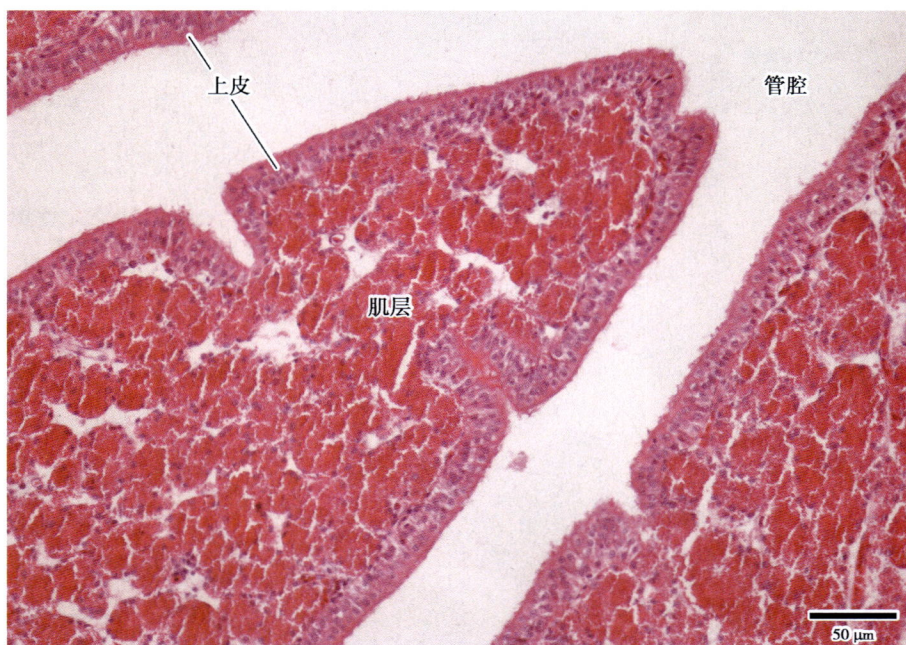

图 21-21　鸡输卵管峡部高倍像（HE 染色）

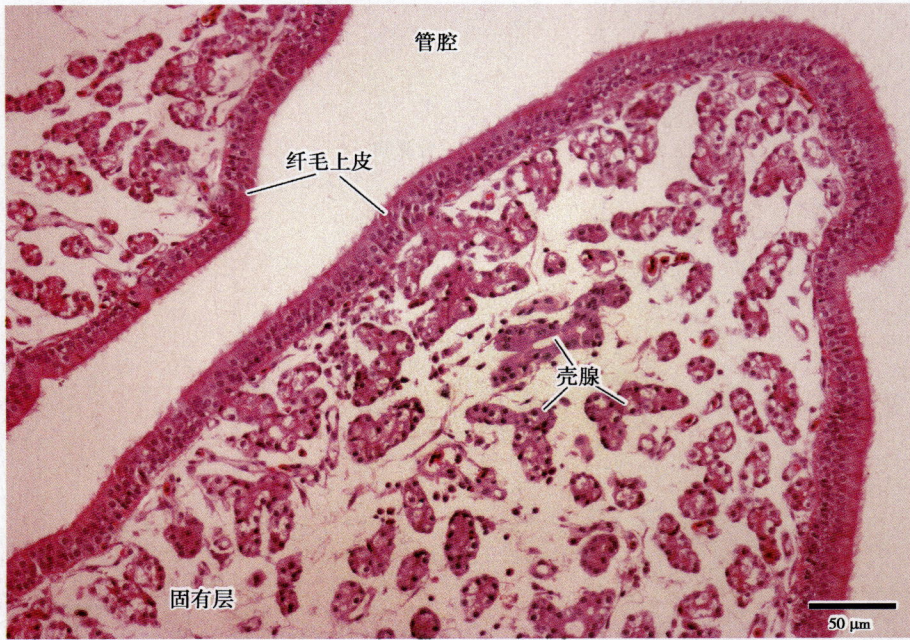

图 21-22　鹅输卵管子宫部高倍像（HE 染色）

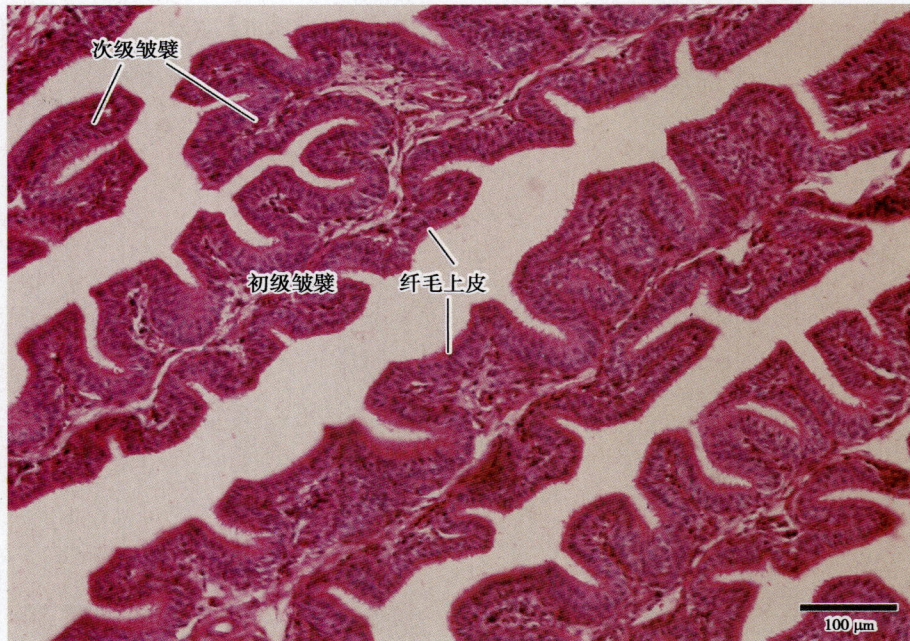

图 21-23　鹅输卵管阴道部中倍像（HE 染色）

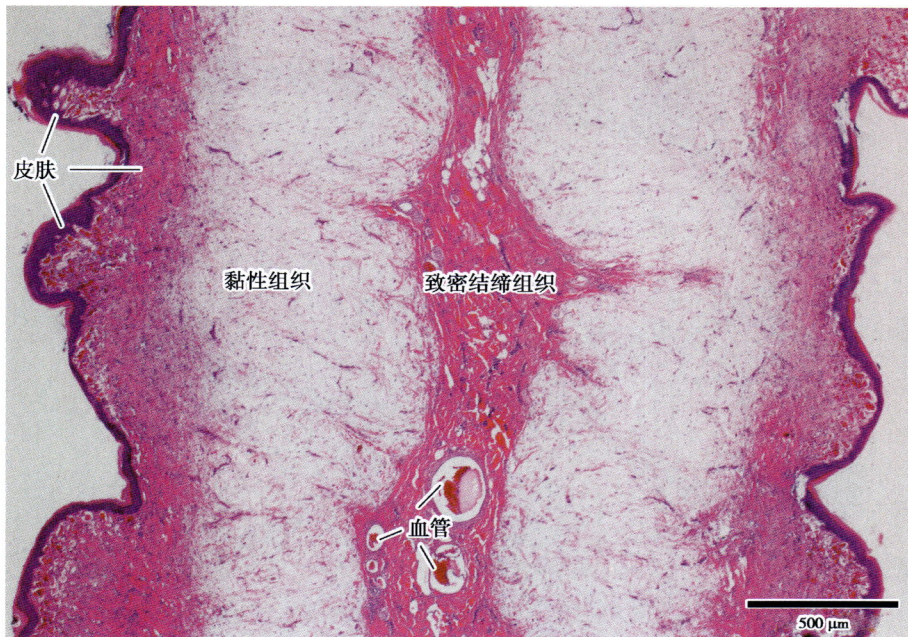

图 21-24　鸡冠低倍像（HE 染色）

皮肤

黏性组织　　致密结缔组织

血管

500 μm

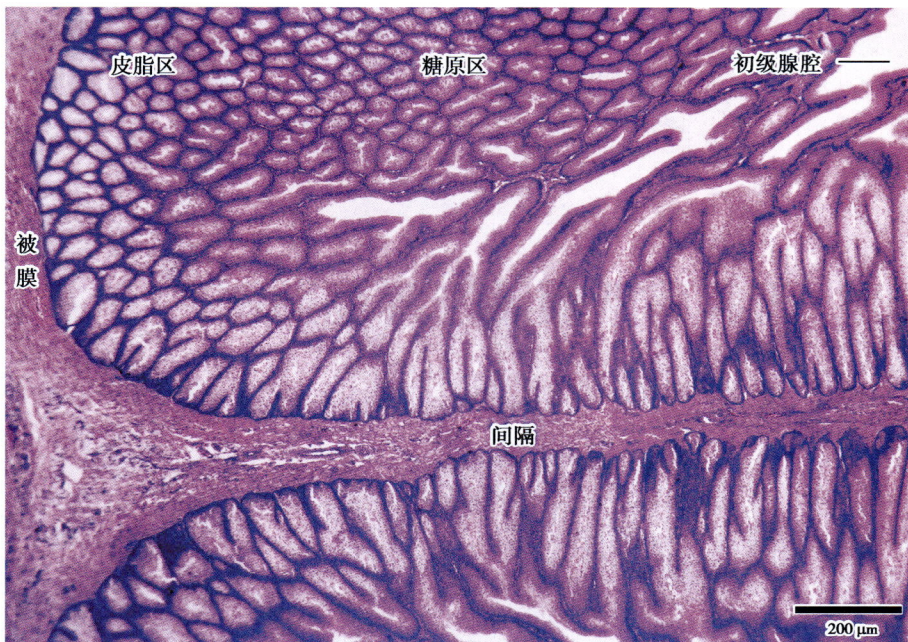

图 21-25　尾脂腺低倍像（HE 染色）

皮脂区　　糖原区　　初级腺腔

被膜

间隔

200 μm

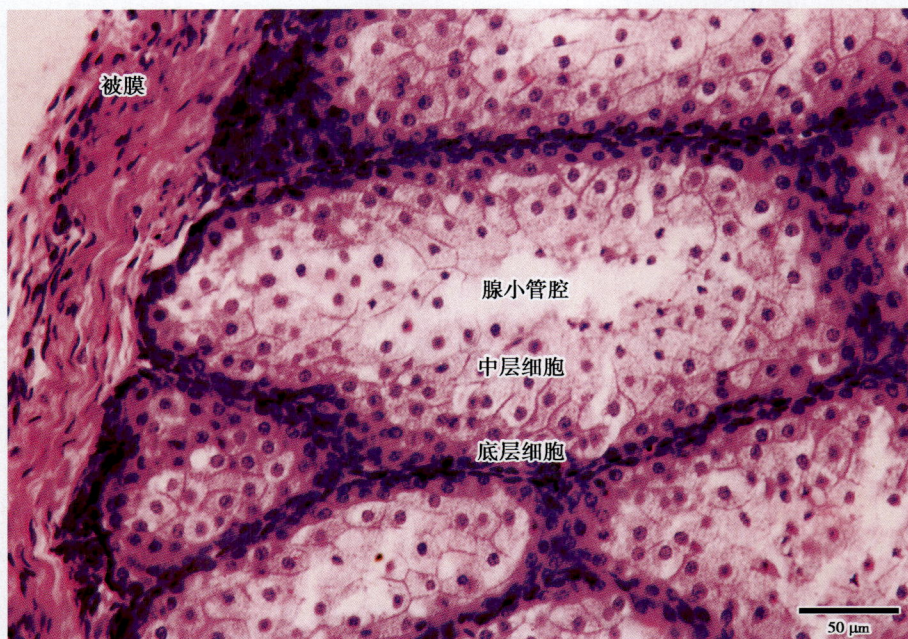

图 21-26 尾脂腺高倍像（HE 染色）

3 绘图作业

3.1 绘制中倍镜下腺胃的组织结构图。

3.2 绘制高倍镜下输卵管的组织结构图。

3.3 软件采集法氏囊、嗉囊、腺胃、肺和输卵管的高倍电子图像。

实验 22 家禽早期胚胎发育和胎膜

1 实验目的

1.1 掌握家禽早期胚胎发育的主要过程和特点。

1.2 掌握禽类胎膜的形成和构造。

2 实验内容

2.1 观看鸡胚胎发育教学片

2.2 观察鸡早期胚胎发育模型

2.2.1 卵裂 卵裂仅在胚珠处进行，其深部的卵黄并不参与分裂，这种卵裂方式称盘状卵裂。卵裂结果形成圆盘状的胚盘（图 22-1）。

2.2.2 囊胚 随着胚胎发育，胚盘中部的卵裂完整，其深部出现囊胚腔，腔内有液体而较透明，称为明区。胚盘周围由于卵裂不完整而与卵黄相贴，比较暗淡，故称暗区。暗区不断与卵黄分离并加入明区，明区逐渐扩大。明区将发育分化为胚体和大部分胎膜（图 22-1）。

2.2.3 原肠胚、胚层形成及分化 随着囊胚的继续发育，胚盘明区表层细胞集中增厚，形成胚盾。胚盾的一部分细胞下沉与胚盘前端深层分离出来的零散细胞共同形成内胚层。内胚层向下包围卵黄形成原肠。胚盘中央表面的细胞形成外胚层，此时的胚胎即原肠胚。胚胎继续发育，在明区中央的一端中线上的外胚层细胞增殖形成原条，并诱导中胚层和脊索形成。随后，在脊索的诱导下，各胚层分化形成中轴器官等（图 22-2）。

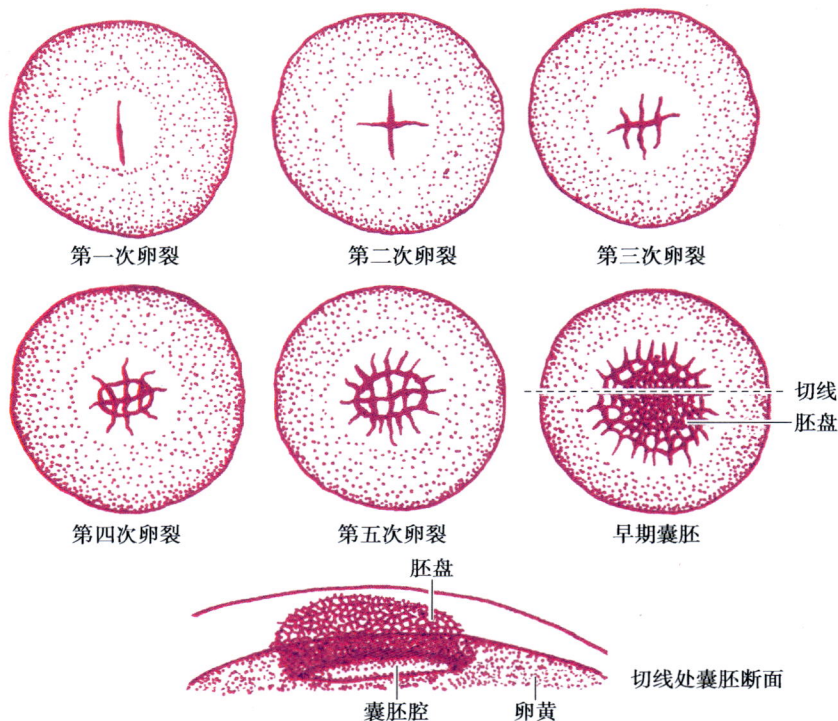

第一次卵裂   第二次卵裂   第三次卵裂

第四次卵裂   第五次卵裂   早期囊胚

切线
胚盘

胚盘

切线处囊胚断面

囊胚腔   卵黄

图 22-1 禽类的卵裂和囊胚模式图

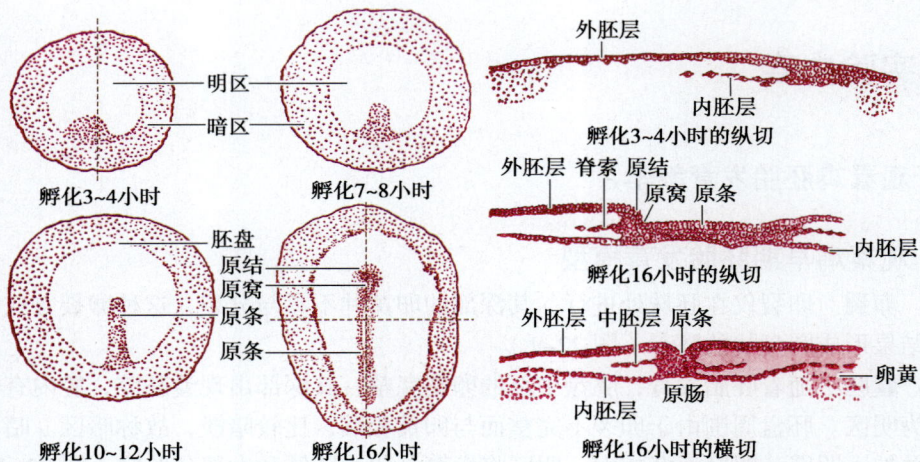

图 22-2　鸡胚的原条形成和原肠形成

2.3　观察鸡早期胚胎发育切片

经过受精、卵裂、囊胚、原肠胚、胚层分化及中轴器官形成等主要阶段的发育，与哺乳动物早期胚胎发育相比，因禽类是端黄卵，卵裂的部位、方式、囊胚和原肠胚形成等均有差异。本实验重点观察家禽早期胚胎发育的进程和各期的形态特点。

低倍镜观察：

（1）孵化 16～18 小时的鸡胚整装片：标本上呈椭圆形的红色区为胚盘，其中央色浅的是明区，边缘色深的是暗区。在明区中央呈深红色的细长条状结构即原条，其中央的浅沟为原沟，沟两侧深红色的隆起为原褶，原条前端膨大处即原结和原窝（图 22-3）。

高倍镜观察：原条位于胚盘中央，呈紫红色，细胞密集成长条状，中央稍凹陷处为原沟。沟的两侧与外胚层连接。原沟深面呈细线状的薄细胞层即内胚层。原条的前段是脊索。

（2）孵化 20 小时鸡胚整装片：随着胚胎的不断发育，标本中可清晰地看到羊膜、头褶、前神经孔、神经管和 3 对体节（图 22-4）。

（3）孵化 24 小时鸡胚整装片：羊膜位于胚胎最前方，呈透明的半月形。头褶位于羊膜的后方，前端可看到前神经孔。胚体前端的神经沟已愈合为神经管，中、后部仍可见到中央淡染的神经沟和两侧深红色的神经褶。前肠位于头褶后方。前肠门为前肠和中肠的分界处，呈半月形。随着胚体发育，前肠门不断向后方推进，前肠随之延长。5～6 对体节清晰可见，左、右对称地排列在神经沟和脊索两侧，呈深红色密集的细胞团（图 22-5）。

在孵化 24 小时鸡胚的横切标本中，可清晰地看到环形的神经管、圆形的脊索和成对的体节。中胚层迅速发育并向周围扩展（图 22-6）。

切片中还可看到明区已分化出胚内区和胚外区，暗区则分化为血管区（血岛）和卵黄区。从同期鸡胚通过体节的横切面图，可以清晰地看到三胚层分化为中轴器官的情况。

（4）孵化 48 小时鸡胚整装片：胚胎的体节已经发育到 22 对，胚体长度达到 9～12 mm，已产生颈曲和背曲。脑已分化出端脑、间脑、中脑、后脑 4 部分；视、听囊逐渐出现，心开始搏动；胚盘血管已经形成并与体内建立联系（图 22-7）。

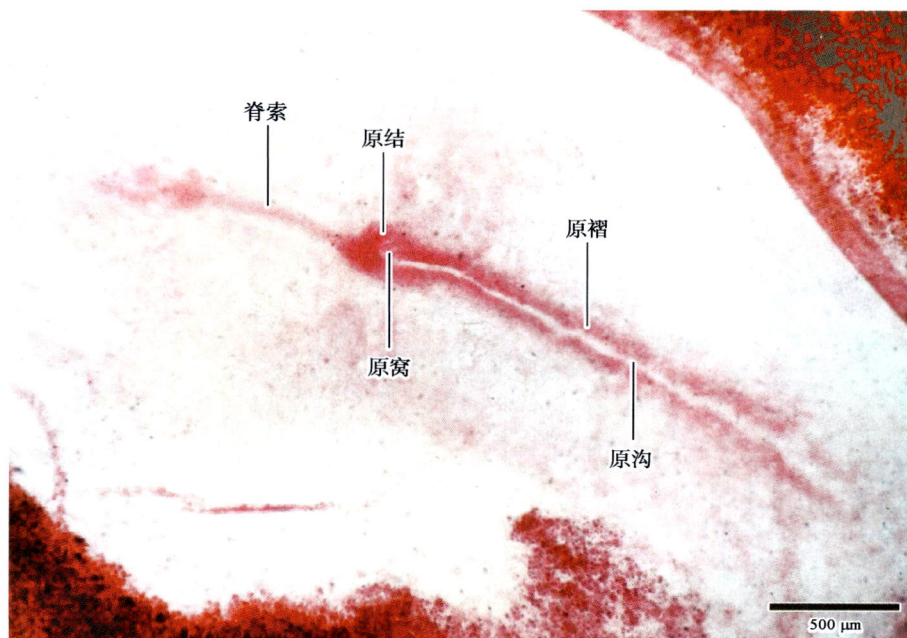

图 22-3 原条期鸡胚整装片（HE 染色）

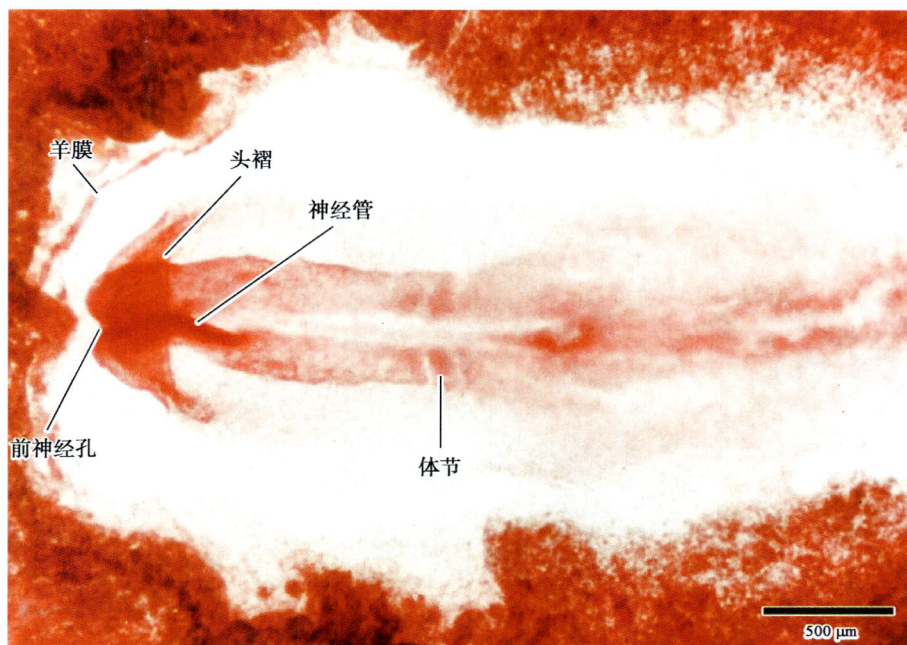

图 22-4 3 对体节期鸡胚整装片（HE 染色）

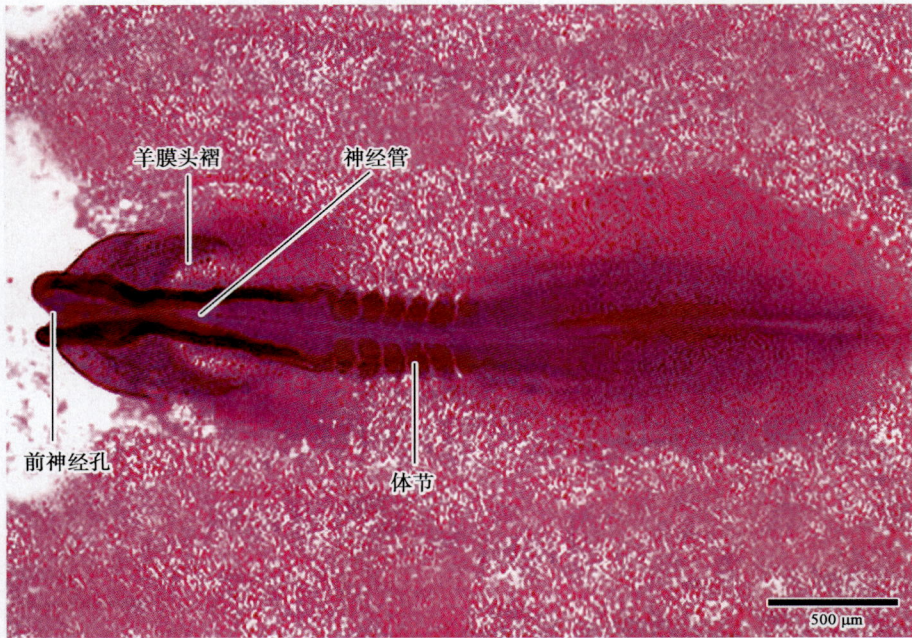

图 22-5　6 对体节期鸡胚整装片（HE 染色）

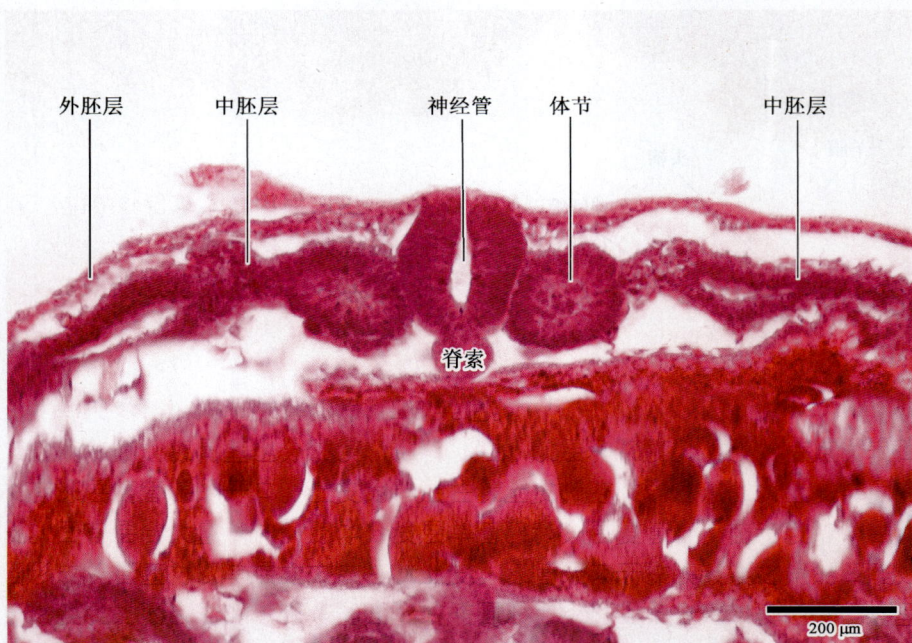

图 22-6　孵化 24 小时鸡胚的横切（HE 染色）

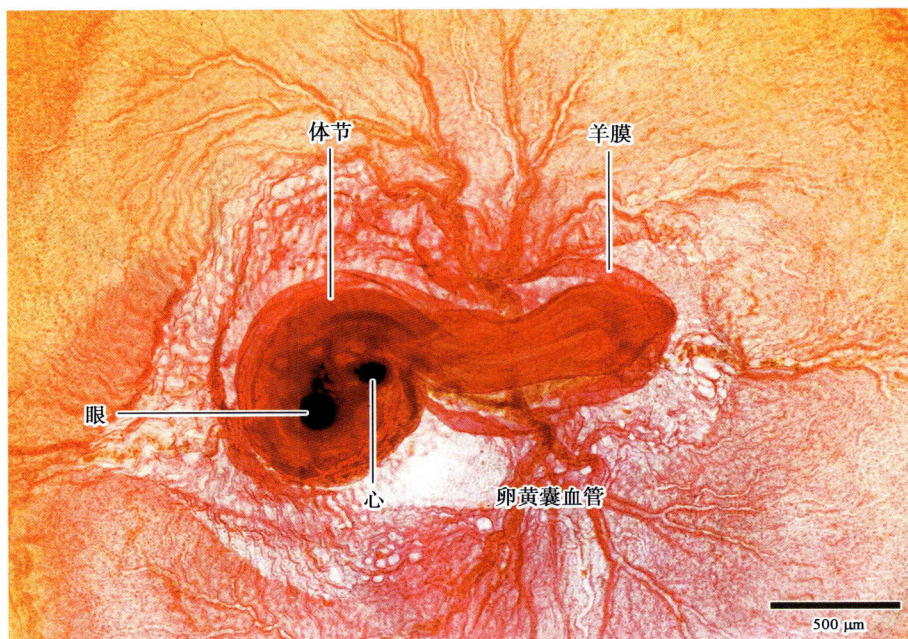

图 22-7　孵化 48 小时的鸡胚（HE 染色）

（5）孵化 72 小时鸡胚整装片：胚胎的体节已经发育到 33 对，脑已经清楚地分为 5 个部分，前后肢芽出现，鳃弓 5 对，尿囊清晰（图 22-8）。

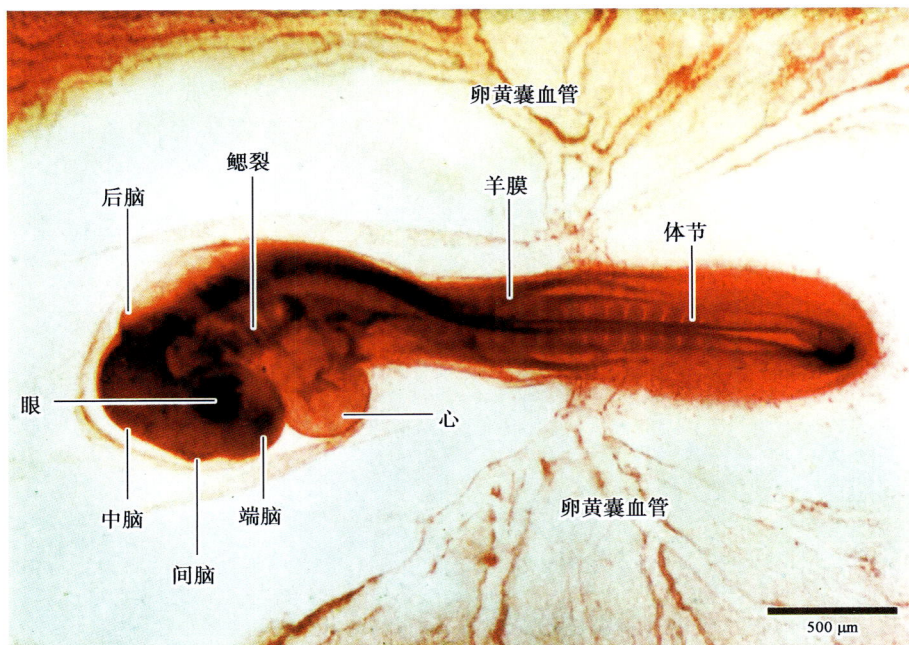

图 22-8　孵化 72 小时的鸡胚（HE 染色）

（6）孵化第 19 天至出壳：鸡胚孵化至 19～20 天，卵黄囊连同剩余的卵黄，经脐部收进腹内。20～21 天，鸡胚发育成熟出壳（图 22-9 至图 22-11）。

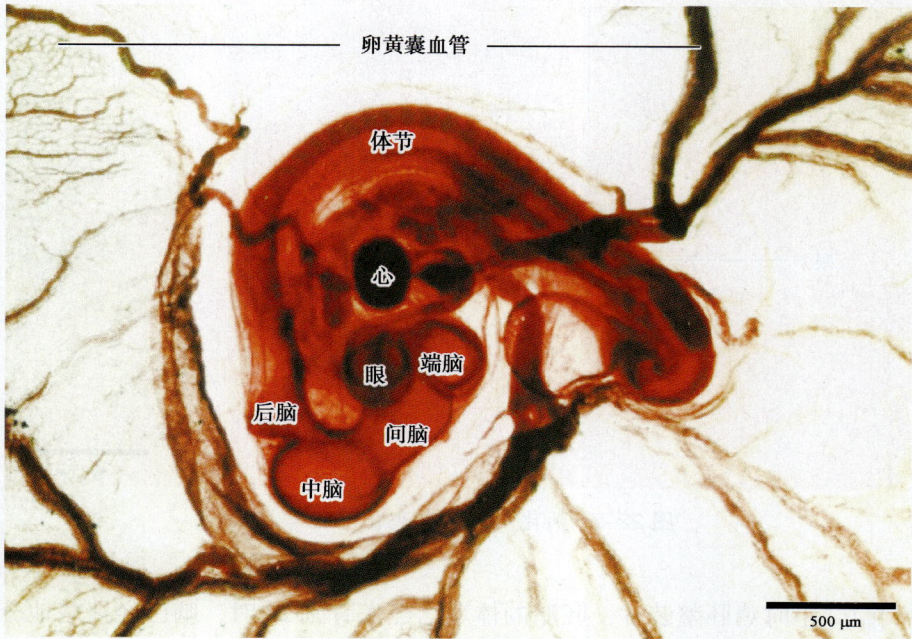

图 22-9　19 日龄鸡胚全貌

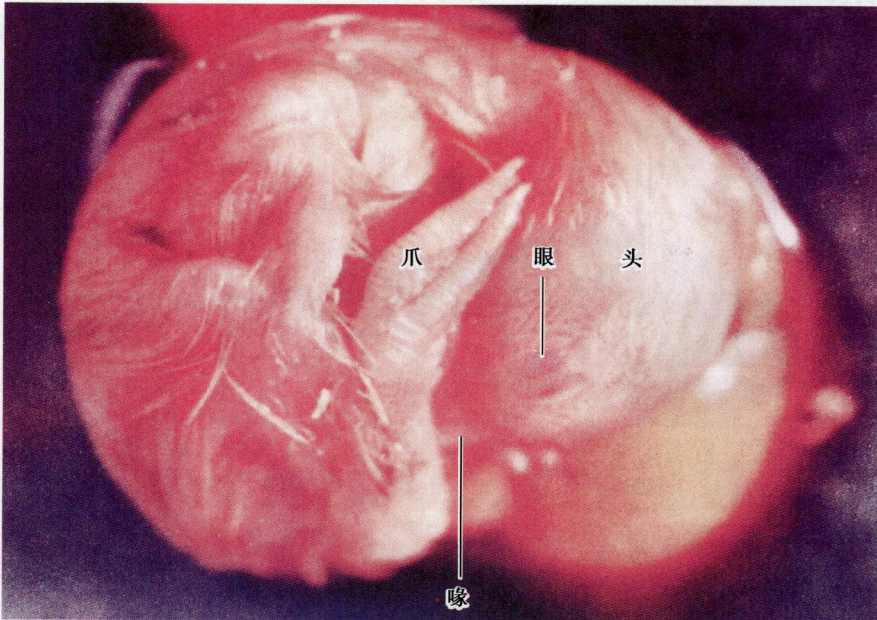

图 22-10　20 日龄鸡胚全貌

图 22-11　鸡胚发育成熟出壳

2.4　观察鸡胚发育中的胎膜

取孵化一周的鸡胚，用平口小镊子在钝端轻轻敲破蛋壳，小心去除蛋壳碎片，并将创口逐渐扩大到直径 1.0 cm。剪破卵壳膜，将鸡胚轻轻倒入玻璃平皿中，观察各种胎膜（图 22-12）。

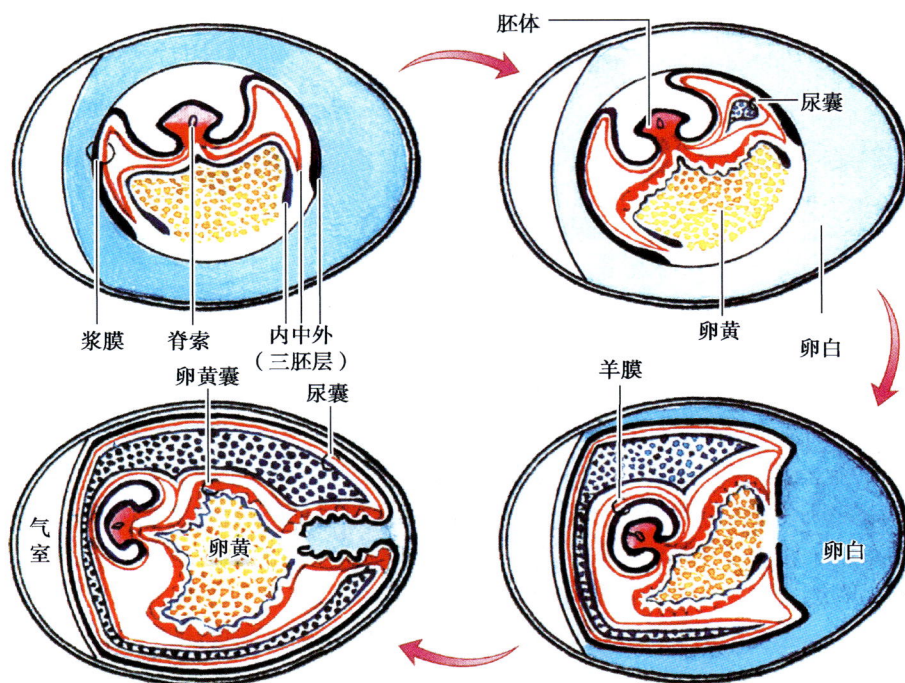

图 22-12　鸡胚胎膜形成模式图

2.4.1 **羊膜**　直接包围在胚体的外面，呈透明的囊状，内有羊水，胎儿悬浮在羊水中。

2.4.2 **尿囊**　位于胚胎后端的腹侧，呈透明梨状囊，尿囊膜上见有大量血管，尿囊收集了大量的胚体代谢产物——尿囊液。

2.4.3 **卵黄囊**　包裹在卵黄周围，体积较大，内表面有许多皱褶和血管，它随尿囊的发育而逐渐退化萎缩成卵黄蒂，以后遗留在空肠上。

2.4.4 **浆膜**　在卵壳膜的深面，包裹于整个胎膜的外表面。在将胚胎倒入玻璃平皿时，浆膜往往遗留在蛋壳内。

3　绘图作业

3.1　绘制孵化 24 小时的鸡胚图。

3.2　绘制孵化 48 小时的鸡胚图。

3.3　软件采集早期鸡胚发育各阶段的电子图像。

实验 23　家畜早期胚胎发育及胎膜、胎盘

1　实验目的

1.1　掌握哺乳动物早期胚胎发育的基本过程及其形态变化。

1.2　掌握哺乳动物 4 种胎膜和胎盘的形态及构造。

2　实验内容

2.1　观看哺乳动物胚胎早期发育教学片

2.2　观察猪胚胎发育模型

2.2.1 **合子**　卵细胞从受精到合子开始分裂为合子时期。合子除本身的第一卵膜，即卵黄膜外，还有第二卵膜，即透明带包裹。

2.2.2 **卵裂**　合子在透明带内进行分裂称卵裂。哺乳动物的卵裂是不等、异时、全裂。卵裂球细胞数目增多，仍在透明带内分裂。第一次卵裂产生的两个细胞，在大小、颜色、分裂速度和发育方向等方面均有不同。一般认为，色暗的大细胞分裂慢，形成内细胞团，而色浅的小细胞分裂快，形成滋养层。卵裂结束时形成实心的细胞团，称为桑葚胚（图 23-1，a-d）。

2.2.3 **囊胚与胚泡**　桑葚胚进入子宫腔，卵裂球之间出现腔隙，即为囊胚，其中央的腔隙称囊胚腔，位于顶部的细胞团称内细胞团或胚结，周边的扁平细胞称滋养层。随后透明带消失，胚胎迅速长大成胚泡，囊胚腔即改称胚泡腔。滋养层细胞伸出绒毛嵌入子宫内膜，与母体

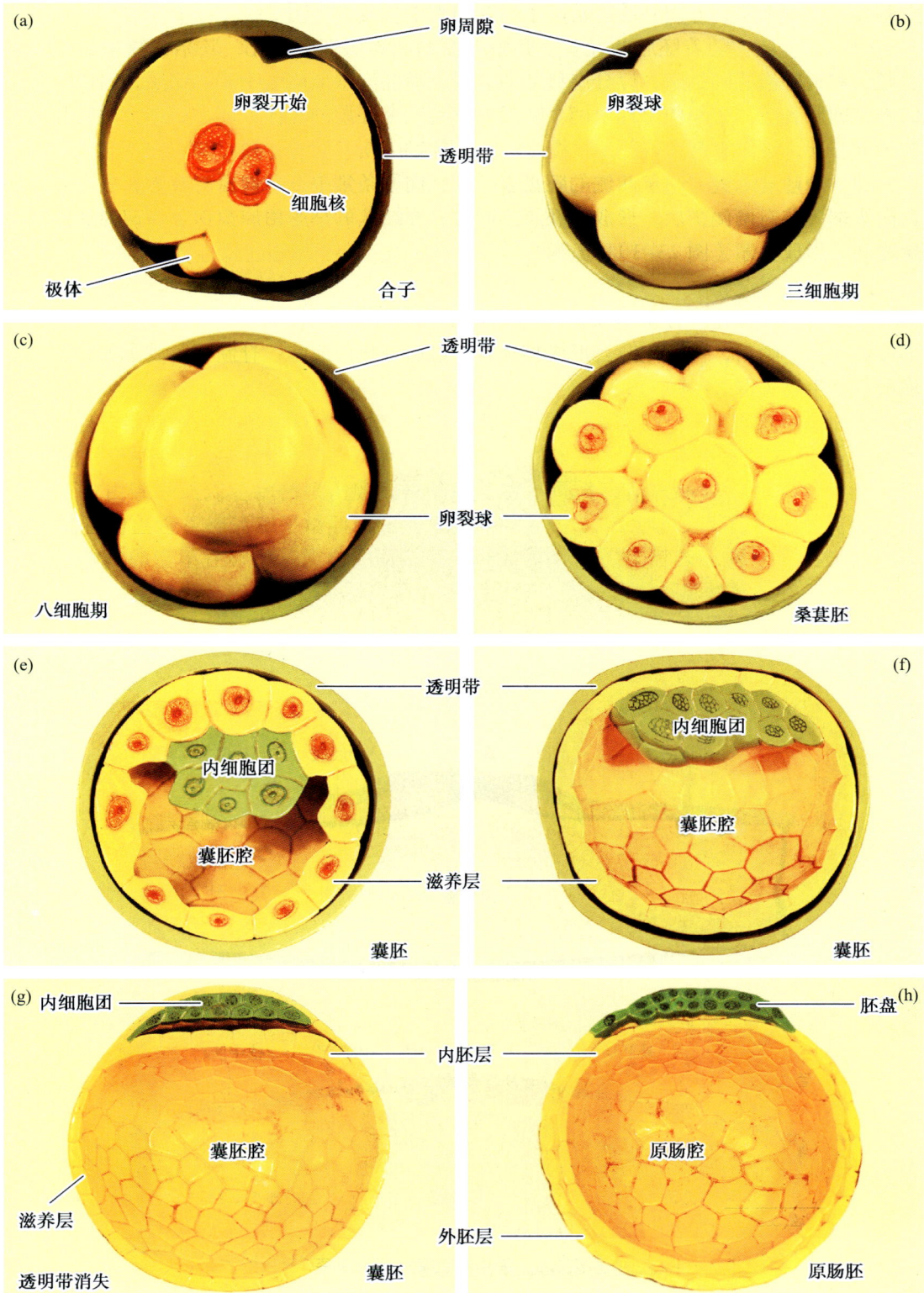

(a) 卵周隙　卵裂开始　透明带　细胞核　极体　合子

(b) 卵裂球　三细胞期

(c) 透明带　卵裂球　八细胞期

(d) 透明带　卵裂球　桑葚胚

(e) 透明带　内细胞团　囊胚腔　滋养层　囊胚

(f) 内细胞团　囊胚腔　囊胚

(g) 内细胞团　内胚层　囊胚腔　滋养层　透明带消失　囊胚

(h) 胚盘　原肠腔　外胚层　原肠胚

图 23-1　原肠胚的形成

建立营养、代谢关系，并使胚胎附植于子宫腔内而生长发育（图 23-1，e-g）。

2.2.4　**原肠胚**　随着胚胎的发育，胚胎上面的滋养层细胞退化，胚结裸露呈盘状，即胚盘。胚结靠近胚泡腔的细胞，以分层移动的方式，沿胚泡壁形成一个新细胞层，由该细胞层围成的腔，即原肠腔。于是便出现由两个胚层发育到三个胚层的胚体，即原肠胚。原肠腔的表层细胞为外胚层，里层细胞为内胚层（图 23-1h，图 23-2）。

2.2.5　**中胚层形成**　原条两侧的胚盘表层细胞向原条集中，并向原沟卷入，在内外胚层之间，向头端、左右两侧扩展，形成中胚层。同时，原结处的细胞由原窝向下、向前迁入到内外胚层之间，形成脊索（图 23-3）。

2.2.6　**三胚层分化**

（1）外胚层的分化：脊索形成后，其上部的外胚层细胞增多加厚，形成神经板，其中央凹陷形成神经沟。随后，沟两侧愈合形成神经管。最后分化形成脑、脊髓等，其余外胚层分化为表皮及其衍生物（图 23-4）。

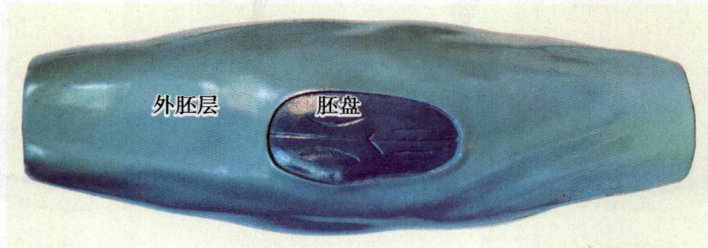

图 23-2　原肠胚

(a)

(b)

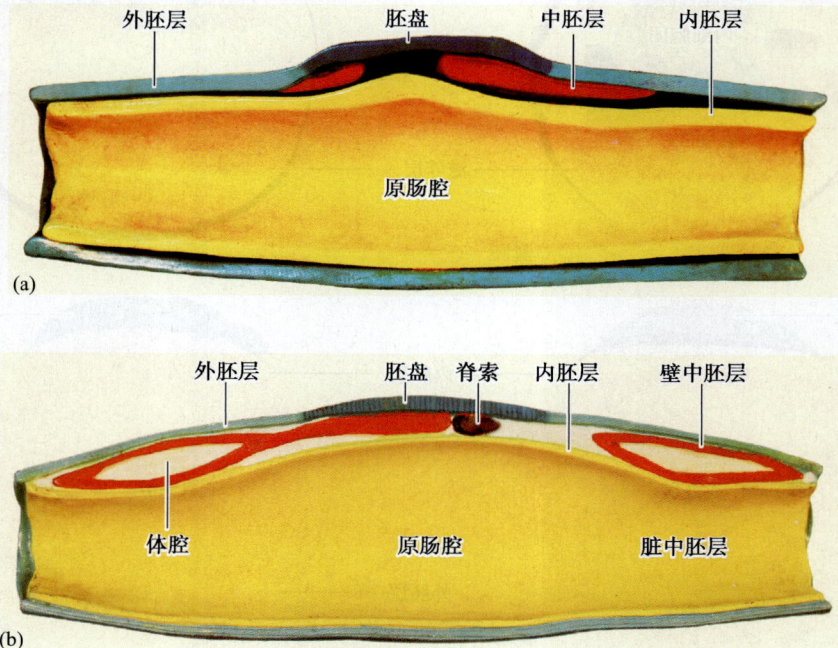

图 23-3　原肠胚纵切

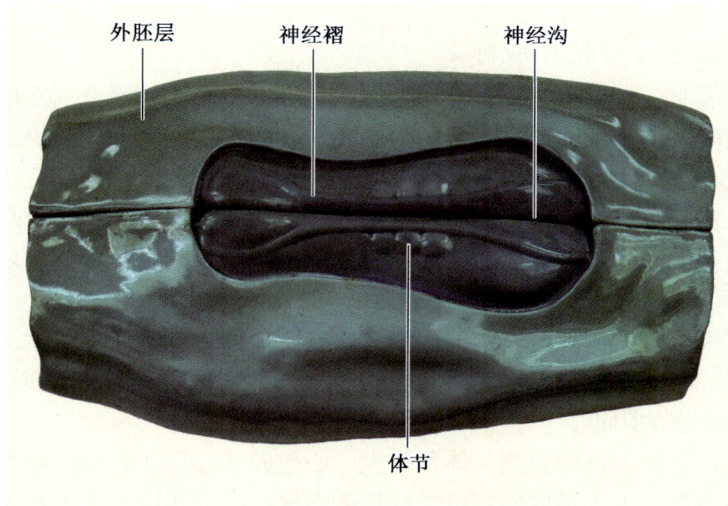

图 23-4　3 对体节期

（2）内胚层的分化：胚盘内的内胚层分化为前、中、后肠，胚盘外的内胚层则形成卵黄囊。

（3）中胚层的分化：中胚层分化为上、中、下三段。上段中胚层位于脊索两侧，在其诱导下形成体节，由它分化为脊柱骨骼、肌肉和皮肤的真皮等。中段中胚层分化为泌尿、生殖系统。下段中胚层分为靠近外胚层的壁中胚层和靠近内胚层的脏中胚层，其间的腔为体腔，胚盘内的为胚内体腔，分化为胸腔、腹腔和心包腔。胚盘外的为胚外体腔，为尿囊所占。一部分离散的中胚层细胞，分布于内、中、外胚层之间形成间充质，为结缔组织原基。随着胚盘内的三胚层分别形成神经管、体节、消化管等中轴器官，因为各胚层分化、发育不平衡以及细胞内移等原因，平板状的胚胎即逐渐卷曲成圆筒状的胚体（图 23-5）。

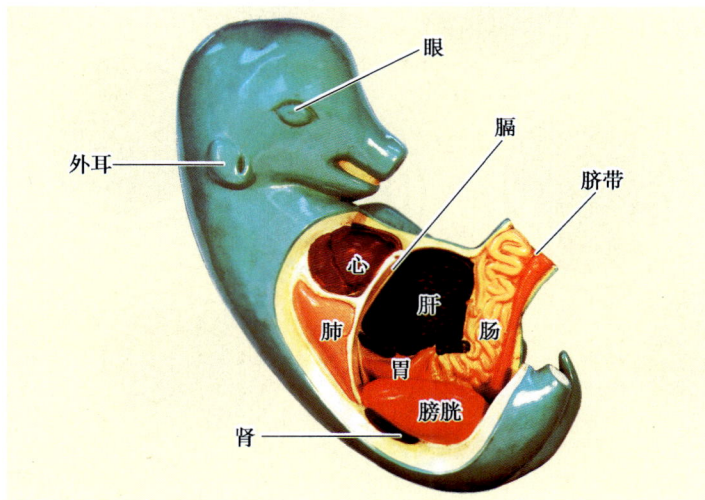

图 23-5　器官形成

2.3 观察猪胚胎发育切片或标本

观察卵裂、桑葚胚、囊胚、原肠胚切片或标本（HE 染色或原色），随着透明带的逐渐消失，滋养层细胞裸露。由于失去了透明带的限制，囊胚的生长速度大大加快，形成胚泡。

观察 10 mm 猪胚矢状切面（HE 染色）。

低倍镜观察： 猪胚矢状切面，头部有膨大的前、中、后脑泡，胚胎背面凸，腹面凹。

（1）神经系统观察：胚胎的背侧，由前向后依次为端脑、间脑、中脑、后脑和末脑，末脑后部为脊髓。

（2）消化和呼吸器官：口腔位于脑的腹侧，内有明显的舌，其后方是咽，咽后接细长的食管、胃和部分肠袢。咽的腹侧分出喉和一条细长的气管。气管的末端发出肺芽。气管与食管相伴行。肝较大，胰在胃的附近。

（3）循环器官：心位于舌的腹侧，体积很大，心包腔和心房、心室都较明显。

（4）泌尿生殖器官：由于泌尿器官位于胚体的两侧，所以正中矢状面看不到。此时的泌尿器官是中肾，体积大。生殖嵴位于中肾内侧。

（5）卵黄囊和尿囊柄：位于胚胎的腹面，体积较小。

2.4 观察哺乳动物胎膜和脐带

2.4.1 胎膜模型 哺乳动物胎膜包括绒毛膜、羊膜、尿囊和卵黄囊。当胚体向卵黄囊下沉时，胚盘或胚体周围的外胚层和壁中胚层，一起向背侧折叠形成羊膜褶。羊膜褶从前端开始，先形成头褶，接着出现尾褶，在胚体两侧形成侧褶。最后头褶、尾褶和侧褶在胚体后部背侧会

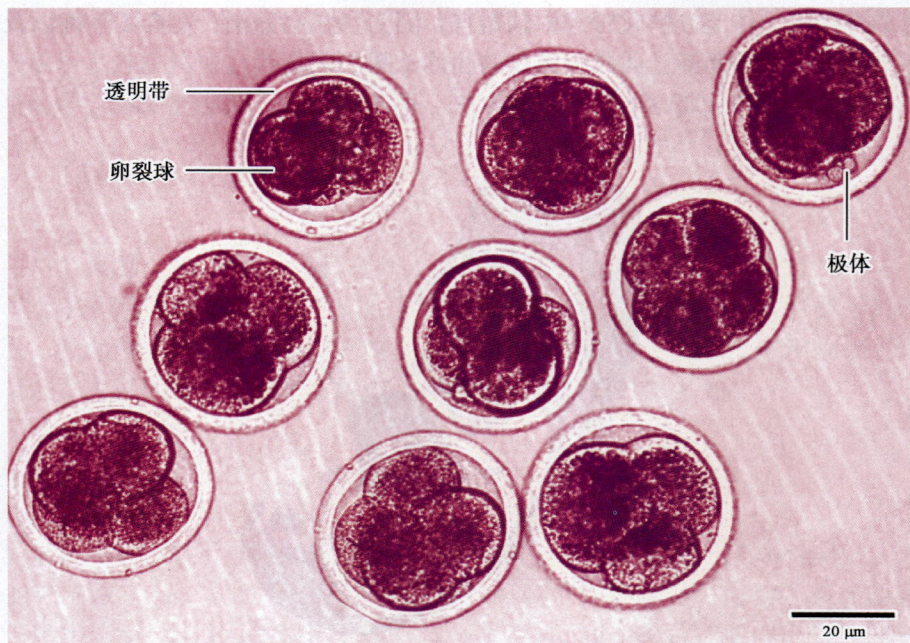

图 23-6　四细胞期的猪胚整装片（HE 染色）

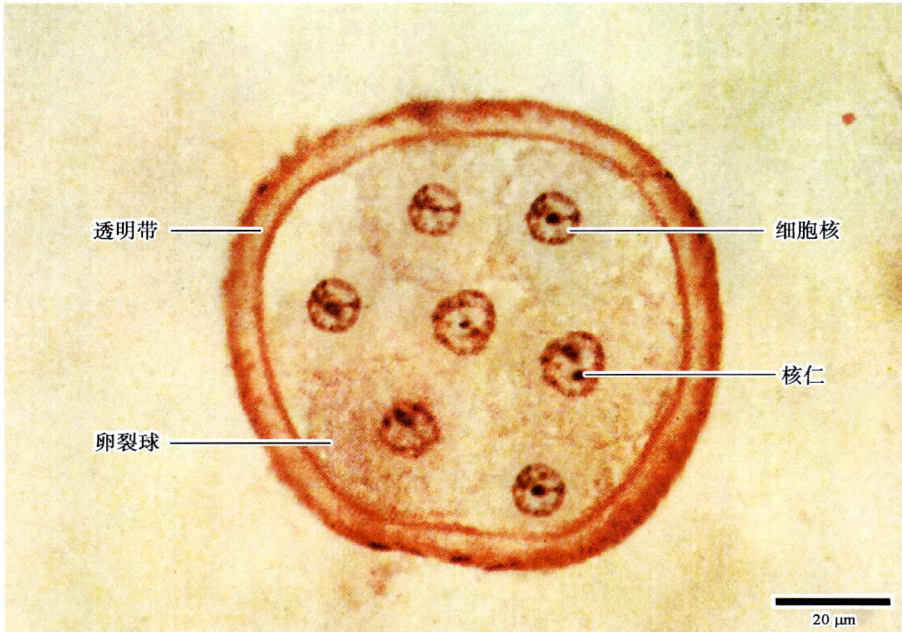

透明带　细胞核　核仁　卵裂球

图 23-7　桑葚胚期的猪胚切片（HE 染色）

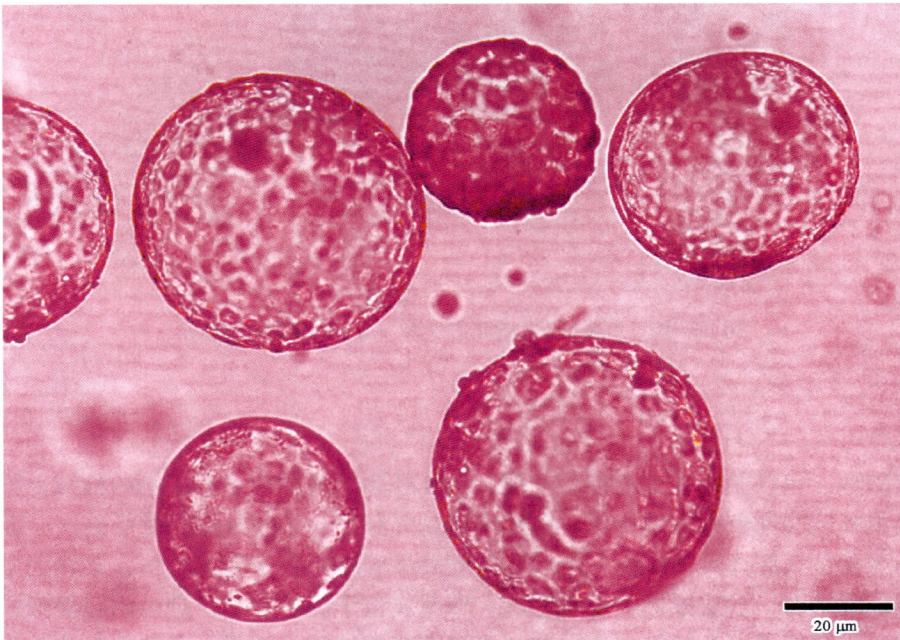

图 23-8　囊胚期的猪胚整装片（HE 染色）

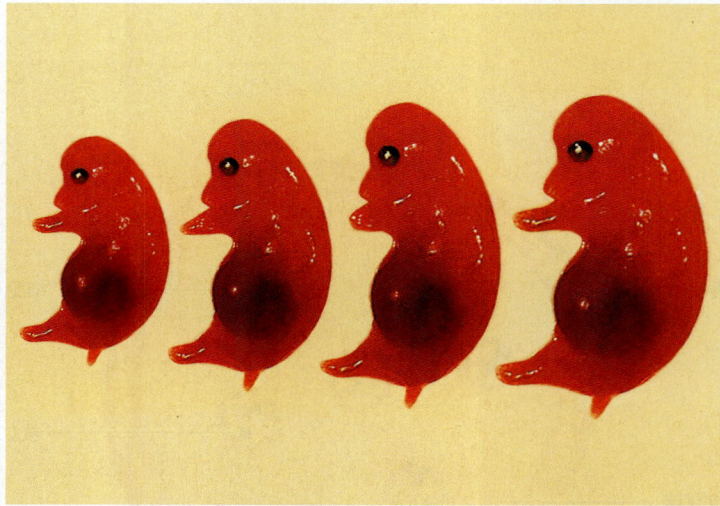

图 23-9 发育中的猪胚（伊红染色）

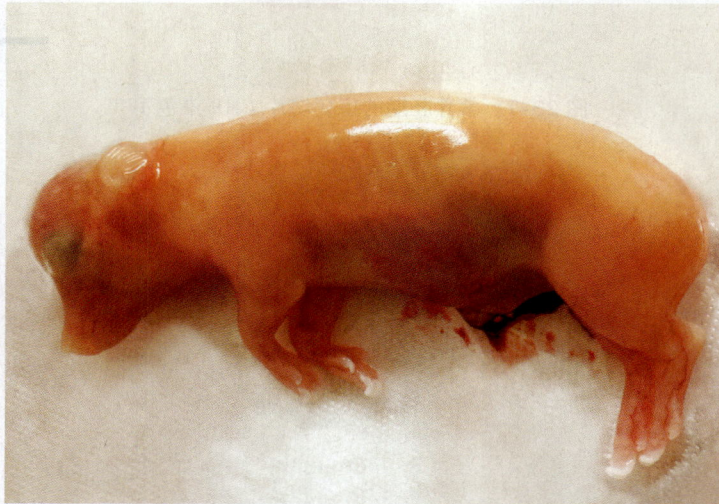

图 23-10 妊娠 35 天的猪胚胎像（原色，脐带已剪断）

合形成两种胎膜。包在胎儿周围的称为羊膜，包在胚胎外面并与子宫接触的称绒毛膜。羊膜和绒毛膜都是由外胚层和壁中胚层构成。羊膜内层是外胚层，羊膜外层是壁中胚层，而绒毛膜则完全相反。尿囊位于胚体后端腹侧，由后肠向胚外体腔伸出一个囊状结构，动物的尿囊都很发达，并与绒毛膜结合，形成尿囊绒毛膜胎盘。卵黄囊位于胚胎腹侧，是由内胚层形成的囊状结构，即卵黄囊与胚体内原始肠管相通。它与尿囊有互相消长的关系。卵黄囊壁和尿囊壁都是由内胚层（在内）和脏中胚层（在外）构成（图 23-11，图 23-12）。

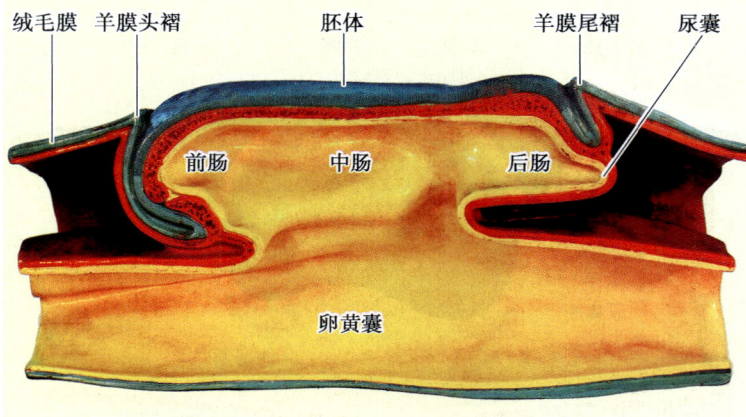

图 23-11　胎膜的形成

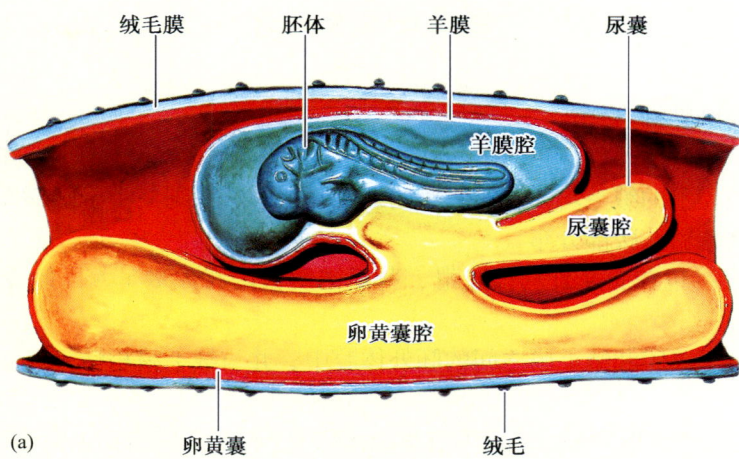

(a)

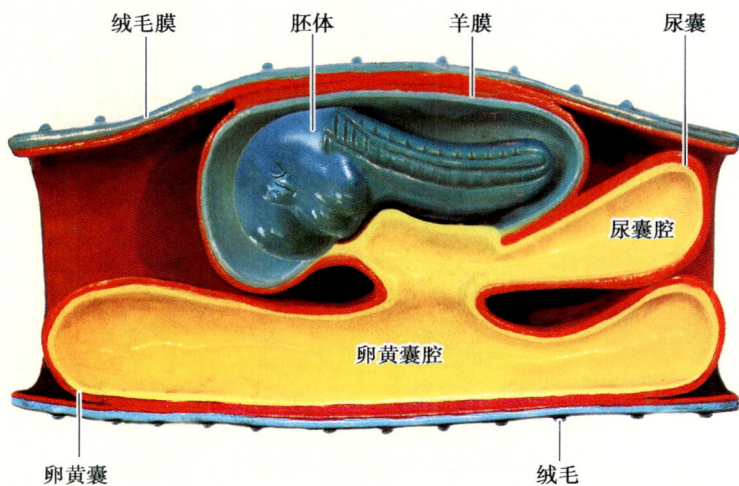

(b)

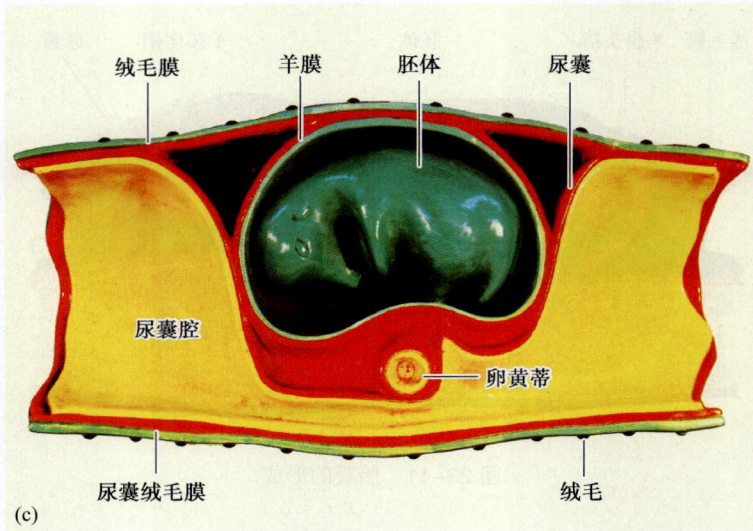

图 23-12　胎膜的变化

2.4.2　胎膜和脐带标本

（1）绒毛膜：胎膜最外层，牛、羊的绒毛膜上的绒毛群集成小叶，小叶间的绒毛膜是光滑的。猪和马的绒毛膜上的绒毛均匀分布。兔的绒毛膜上的绒毛则集中于脐部周围。犬和猫的绒毛膜上的绒毛环绕着胎儿腰部分布。

（2）羊膜：直接包在胎儿外周，光滑、薄而透明，内有大量羊水，胎儿浮在羊水中（图23-14，图23-15）。

（3）尿囊：位于羊膜和绒毛膜之间的胚外体腔中，并与绒毛膜相贴，表面有许多血管，囊内有尿囊液。

（4）卵黄囊：位于胚胎腹侧，胚胎发育早期体积大，随尿囊发育而退化萎缩，形成卵黄蒂。

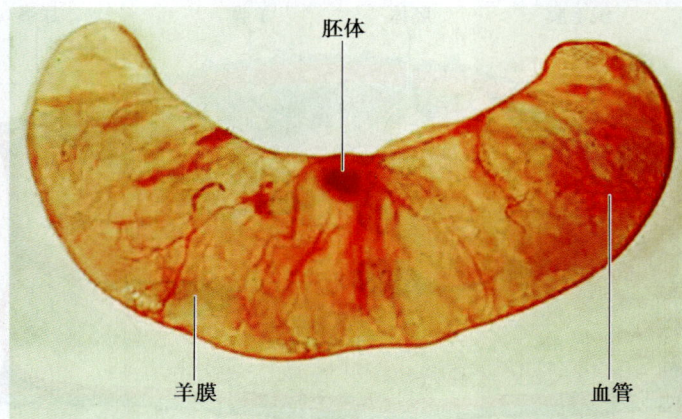

图 23-13　胎膜的发育（原色）

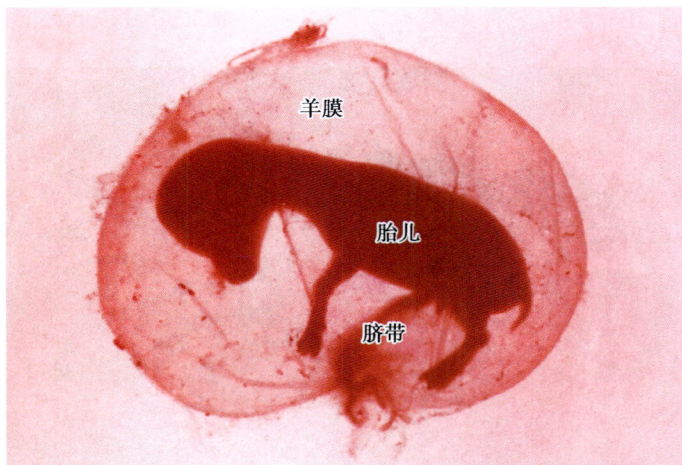

图 23-14 羊膜的变化

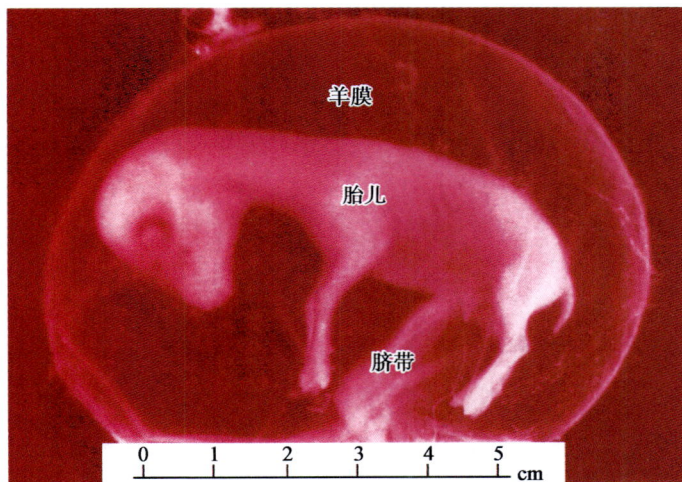

| 0 | 1 | 2 | 3 | 4 | 5 cm |

图 23-15 羊膜囊内的羊胎

（5）脐带：观察胚胎浸泡标本，脐带是位于胎儿腹部的一条长 40 ~ 50 cm 的索状结构。它连接在胎膜和胎儿脐部之间。从脐带的纵剖面观察，脐带外包羊膜和胶冻样的黏液结缔组织，内有两条较细的脐动脉和一条粗大的脐静脉（图 23-16）。

2.5　观察哺乳动物胎盘（图 23-17）

2.5.1　上皮绒毛膜胎盘（散布型胎盘）　猪和马的标本中，可见绒毛膜上的绒毛多而均匀分布，绒毛与子宫内膜的子宫腺等嵌合。母、子胎盘之间关系不密切（图 23-18）。

2.5.2　结缔绒毛膜胎盘（子叶型胎盘）　牛、羊胎盘可见绒毛膜上有许多丛状的绒毛小叶，与对应的子宫内膜上的子宫肉阜相嵌合。嵌合处部分子宫内膜上皮被溶解，使绒毛直接与子宫内膜的结缔组织接触。因此母、子胎盘关系较上皮绒毛膜胎盘密切（图 23-19）。

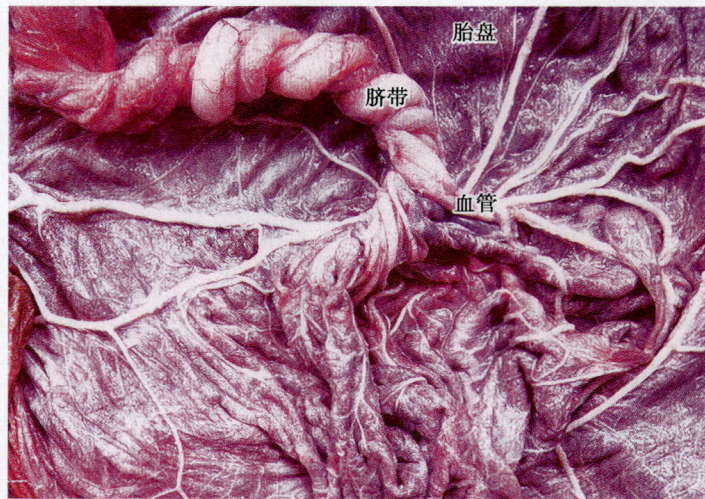

图 23-16　哺乳动物的脐带（原色）

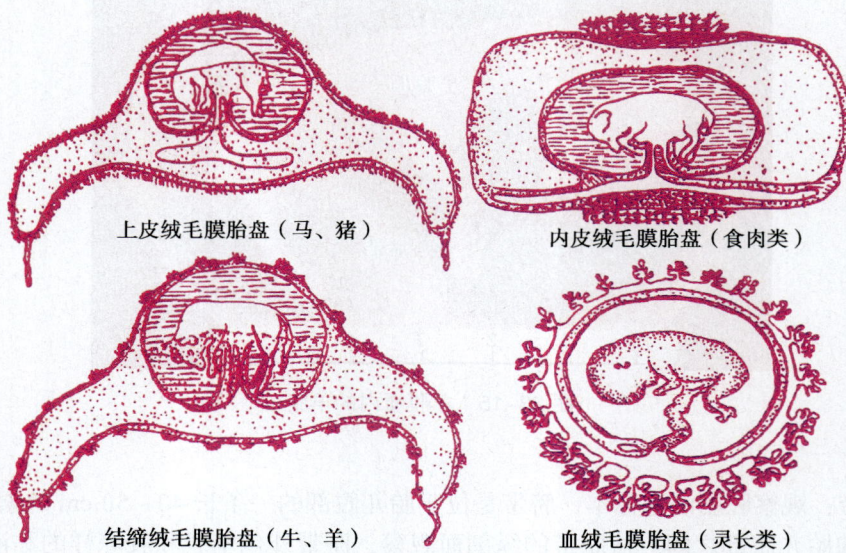

上皮绒毛膜胎盘（马、猪）

内皮绒毛膜胎盘（食肉类）

结缔绒毛膜胎盘（牛、羊）

血绒毛膜胎盘（灵长类）

图 23-17　哺乳动物胎盘分类模式图

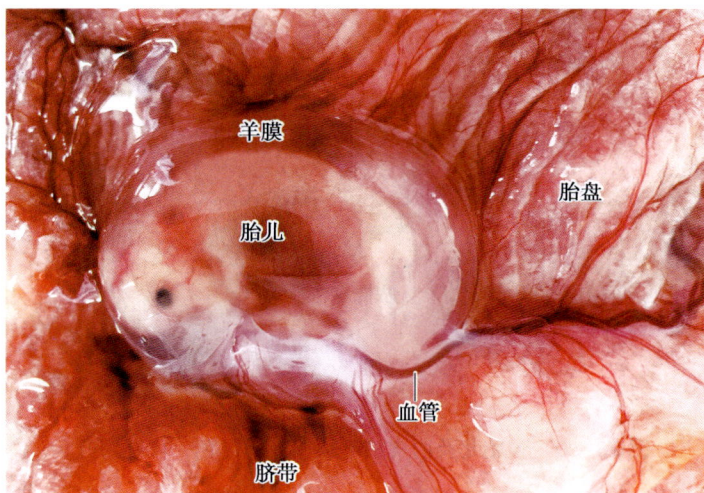

图 23-18 猪胎儿及上皮绒毛膜胎盘（原色）

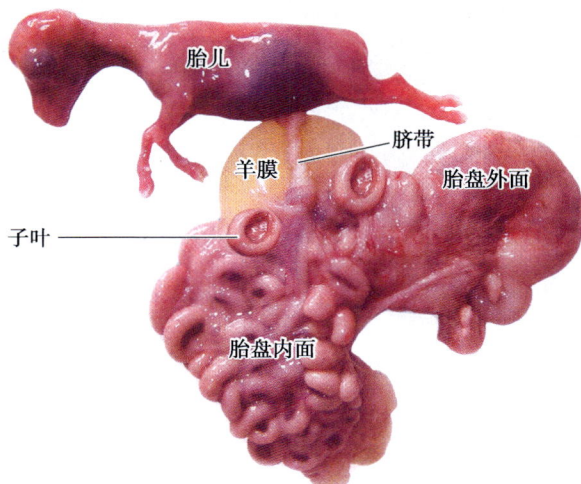

图 23-19 羊胎儿及结缔绒毛膜胎盘（原色）

2.5.3 **内皮绒毛膜胎盘（环状胎盘）** 猫、犬的胎盘呈环状，包绕胎儿腰部。绒毛膜上的绒毛仅分布于胎儿腰部的绒毛膜上。绒毛膜上的绒毛破坏子宫内膜上皮，与固有层结缔组织血管的内皮接触。母、子胎盘关系密切（图 23-20）。

2.5.4 **血液绒毛膜胎盘（盘状胎盘）** 灵长类和兔的胎盘呈圆盘状，绒毛膜上的绒毛集中于该盘状区。绒毛膜上的绒毛破坏了子宫内膜上皮及血管内皮，而浸于血窦中。母、子胎盘关系最密切（图 23-21）。

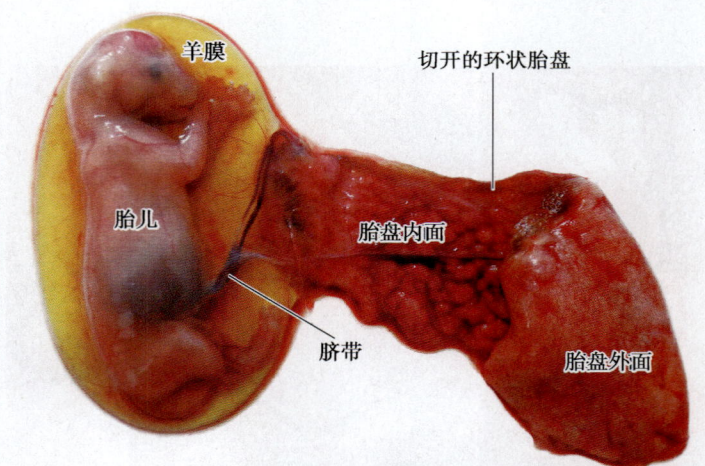

图 23-20 猫胎儿及内皮绒毛膜胎盘（原色，环已切开）

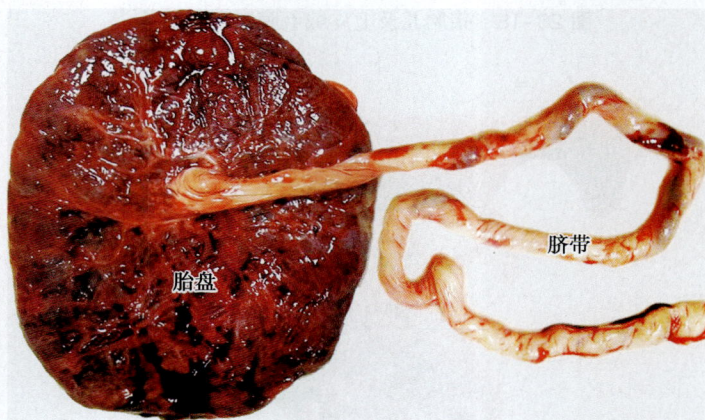

图 23-21 血绒毛膜胎盘和脐带（原色）

3 绘图作业

3.1 观察胚胎标本和模型，绘制具有羊膜、卵黄囊、尿囊和绒毛膜的胚胎模式图。

3.2 认真观察胎盘标本，绘制结缔绒毛膜胎盘的局部图。

3.3 软件采集胎膜、胎盘和脐带的低倍电子图像。

附　　录

1 显微摄影

显微摄影是通过显微镜来摄取镜下观察到的显微图像。虽然各种型号的显微镜形态结构不同，功能多种多样，但只要掌握其基本原理，拍摄的方法大致相似。常用的显微镜有 Olympus 研究型显微镜 BH2、Olympus 荧光显微镜、Olympus BX51/61、Olympus 体视荧光显微镜、Olympus SZX16。

1.1　材料准备

已经制备好的各种组织切片或整体装片标本。

1.2　实验仪器

Olympus BH2 研究型显微镜，Olympus BX61 荧光显微镜，Olympus SZX16 体视荧光显微镜，Pixera CCD 专用数码相机。

1.3　操作步骤

1.3.1　开机　开启显微镜电源开关、计算机电源开关和数码相机电源开关。荧光显微镜为获得良好的拍摄效果常使用冷 CCD 数码相机拍照。

1.3.2　调试显微镜　显微摄影时，显微镜的聚光镜、视场光澜和物镜的光轴必须同步，保证整个视野的亮度均匀一致。

1.3.3　观察标本　将组织切片实物标本放在显微镜载物台的适当位置，调节光源强度，选择拍摄组织切片标本的典型部位，调节焦距直至观察到满意、清晰的图像。实体显微镜因为实物较大（例如胚胎整装片），可以在拍摄位置的边缘放一标尺以便记录实物的大小。

1.3.4　调整数码相机拍摄显微图片

（1）在显微镜取景器中调好视野和焦距。

（2）开启计算机中装载的软件程序，如 Pixera Pro150 显微数码相机随机所附的软件程序。

（3）调出实时拍摄界面。启动程序后，进入软件界面，点击相机控制窗口按钮，调出拍摄界面窗口，激活预览拍摄按钮，进入实时拍摄界面。

（4）选择拍摄参数。显微摄影前，可供选择的拍摄参数有很多。这些拍摄参数是控制图像质量的重要保证，是体现拍摄者意图的唯一途径。所拍摄的显微图片虽然后期还可通过图像处理软件加以调整，但远远不如事先设定拍摄参数重要，有时甚至后期调整达不到满意的效果，因此拍摄前必须根据需要而设置拍摄参数。但需要注意，软件的参数设置并不像小型数码相机那样具有"傻瓜"功能，即自动控制功能，如果不设置参数，软件往往执行开机时的默认参数或上一个拍摄者所设定的参数，这就造成不一定能满足拍摄要求。当发现图片不合格时，应及时重新设置参数拍照。

显微摄影常用的参数：

① 拍摄模式设置。可以选择 RGB 彩色或黑白显微摄影模式。

② 拍摄用途设置。有明场拍摄、荧光拍摄等。

③ 焦距设置。点击开启焦距指示模式，会有合焦指示出现，一般为两条颜色醒目的指示标志线，两条线越靠近，说明焦距越重合，即对焦越清晰。但焦距指示标志线只是表示现在的焦距重合状态，并不能自动调焦，如果焦距不重合，则需要重新调节显微镜的焦距。这时的焦距指示标志线会有变化。

④ 图像分辨率选择。为了提高图片的质量，在存储便捷的前提下，应尽量选择高分辨率，以便后期的图

像处理有更大的余地，保证图片的效果。

⑤ 白平衡选择。通常选择自动白平衡。软件处理时，有白平衡选项，可以选择自动白平衡和手动白平衡，设定所拍摄图像的光色温情况，获得最佳而真实的色彩还原。而在荧光显微镜拍摄荧光图像时，应该选择黑平衡校正，这是因为显微镜中的荧光通常比较微弱，黑平衡使荧光图像的背景更黑而荧光就更清晰。调整黑白平衡时只需轻轻点击工具栏上的按钮，然后点击图像上的白／黑色部分，即完成了校正。

⑥ 选择曝光模式。设置曝光模式、曝光时间、曝光补偿、感光度等。需要说明的是，现在的数码摄影软件具有许多功能，可以调节的参数也很多，而有些参数，如亮度／对比度，锐化、Gamma 值、色彩饱和度等，都可以在后期图像处理时调整，甚至可能更优化。所以，一般情况下不提倡前期调整。

（5）摄取图像。点击拍摄按钮完成拍摄，大约等待数秒钟后图像数据传输到达计算机并在相关软件窗口显示预览。荧光显微摄影时要注意选择激发块。

（6）存储图像数据或继续拍摄下一张图片。

（7）当拍摄图像超过十幅后，应当及时保存图片。保存图片时要选择储存信息量较大的 TIFF 格式，不要选择 JPEG 格式，以便后期数码图像的加工处理。

（8）显微摄影全部完成后，保存所有拍摄的图片。需要时最好将图片通过网络上传到服务器上，或者将图片文件刻录光盘备份保存，不要使用 U 盘或移动硬盘拷贝文件以防感染病毒。

（9）显微摄影结束后，关闭数码相机开关按钮、计算机和显微镜，并保存拍摄条件到默认值。有的显微镜通过特殊接口连接普通数码照相机，利用数码相机的微距功能来进行数码摄影，这时数码相机的使用与普通摄影相同。

2 微距摄影

微距摄影主要是指那些物体的尺寸超出体视显微镜的有效范围，但又小到无法在普通照相机的常规焦距范围内拍摄获得有效画面的拍摄方法。通常情况下，这类生物标本的尺寸为 3~8 mm，如牛、猪、羊、犬、猫的脊髓横切片，动物胚胎整装片，动物胚胎透明标本，寄生虫或昆虫标本等，而体视显微镜则可以拍摄更小的物体。

微距摄影的常用设备有数码单反相机配专用微距镜头或利用普通变焦镜头上的微距档，三脚架，普通数码相机。

2.1 拍摄前的准备

2.1.1 布置环境 拍摄小型活体动物的难度较大。因为活物体会移动，所以拍摄前应该人为地装饰一下拍摄环境，以求使图片获得满意的背景和对比度。色彩深的物体就搭配色彩浅的背景，而色彩浅的物体则搭配色彩深的背景。为了突出主题，画面应该尽可能简洁明快。

2.1.2 架设三脚架 因为微距摄影时的拍摄距离太近，放大倍率大，相机的丝毫抖动都会导致图像模糊。所以微距摄影时必须使用稳固的三脚架，必要时还应该使用快门线或延时装置开启快门，即从技术上尽可能地减少拍摄时被摄物体和拍摄器材的位移。

2.1.3 选择器材 微距镜头是拍摄微距图像的最佳选择，各种品牌的微距镜头都拥有非常高的成像质量。但要注意，采用数码单反相机配普通变焦镜头上的微距功能档，比普通数码相机配微距镜头的拍摄效果有比较明显的差距。

2.1.4 选择光线 灵活机动地控制自然光源与人工辅助光源的光比。单纯使用自然光源对于前景／背景的光比控制，有很大的局限性，为了获得比较暗的背景来突出主体，就必须因地制宜地控制拍摄角度或采用人造背景。必要时可以采用人工辅助光源，以便增加柔光效果。

2.2 拍摄

2.2.1 开机

2.2.2 调整感光度

单反数码相机和普通数码相机都可以调节感光度，以适应现场光线。感光度不宜调得过高，以防给微距摄影图片带来过多噪点，影响拍摄的效果。

2.2.3 调节焦点

在大多数情况下，最佳聚焦点应该选择在画面中最吸引人的地方，也就是摄影者最想表现的重要部分。调节焦点时，首先要确定的是采用手动调焦还是自动聚焦。普通数码相机一般只能自动聚焦（AF），单反数码相机除了自动调焦外，还可以选择手动调焦（MF）。自动聚焦由于拍摄者无法控制，焦点经常并非希望聚焦的部位。例如拍摄胚胎标本时，想要聚焦在头部各个器官，相机的自动聚焦功能常常聚焦在躯干上。所以，微距摄影中最好采用手动调焦，即便采用自动聚焦镜头，仍然可以调节到手动挡来拍摄。

需要注意，还应该正确选择焦平面。微距摄影的景深范围非常小，在拍摄时应该仔细选择焦平面的位置，把需要表现的细节尽量放在一个平面内，并尽可能保持这个平面与数码相机背面的 LED 显示屏幕平行，这样焦平面的有效面积才可能比较大。

2.2.4 测光和构图

利用数码相机的自动测光功能进行测光。制造商为单反相机设计了点测光、矩阵测光等不同的测光模式，可供在构图时存在单一浅色或主体与背景反差过大时选择使用。突出主体，尽量使画面美观。

2.2.5 控制景深

景深的控制是微距摄影中最难掌握的技术之一。在微距摄影中景深范围很小，尤其是放大倍率大于 1∶2 时，在自然摄影中应当尽可能采用小光圈，才能获得相对较大的景深。微距摄影中常用的光圈一般为 11 甚至更小。

2.2.6 控制闪光

通常数码相机都随机带有曝光指数较小的闪光灯，在自动模式下可以自动感应光线强度而自动开闭。由于不是专为微距摄影准备的，在微距摄影时一般会因闪光过强而造成曝光过度，所以在使用普通数码相机进行微距摄影时，应当关闭闪光灯，即选择"强制不闪光"这一挡。专业单反数码相机没有随机配备闪光灯，而业余级单反数码相机通常配有随机小型闪光灯，这种情况下就需要人为干预才能控制开 / 关。活体动物微距摄影不提倡使用闪光灯，应尽可能利用自然柔和的光线拍摄。光线条件不佳时可以适当等待时机，而必须拍摄时还可以选择其他方法控制，如光圈、快门、感光度、曝光补偿等。

2.2.7 设置机身自拍时间

大多数情况下，通常设置为 2~3 s，启动自拍完成拍摄。

微距摄影是一项极为细致的摄影艺术。绝不可能轻而易举就获得满意的结果，唯有下的功夫越多，收到的效果才会越好。

3 显微数码图片的处理和分析

3.1 显微数码图片的处理

常用的图像处理软件有 Photoshop、CorelDraw、Freehand 和 PhotoImpact 等，用于科研的图像分析处理软件有 Meta-Morph、Image-Pro Plus、Simple PCI、Image J、JeDa 等。以 Photoshop 为例，介绍数码图片处理基本方法。Photoshop 是流行的图像处理软件之一，具有多种图像处理功能，无论对摄影师还是对专业的图像工作者来说，都能借助 Photoshop 来满足自己的需求。因此 Photoshop 在世界各地都被广泛应用于出版、印刷以及广告设计等领域，它已成为一个通用的图像处理软件。以往在暗室中需要耗费大量的精力、财力，需做多次试验才能取得一些效果，而通过 Photoshop，拉几下菜单或点击几次鼠标就能立刻完成。可以说 Photoshop 已经将摄影者从繁重复杂的暗房工作中彻底解放出来。

现以 Photoshop 9.0 处理扫描的显微数码图像为例，按照图像处理的基本过程，介绍数码图像处理的基本方法。Photoshop 的图像处理功能很强，扫描图像时若能恰当运用会使扫描的图像达到令人满意的效果。

3.1.1　扫描图片　将要扫描的纸质显微图片资料或物体画面向下放在扫描仪的玻璃平板上，打开 Photoshop，选择菜单中的"文件"—"输入"—"Epson Twain"，这时扫描仪对图片进行一次预扫描，然后从中选定需要扫描的区域，并设定分辨率等扫描参数，单击"扫描"，等待大约 1 分钟后，扫描的电子图片就会在 Photoshop 窗口出现。

3.1.2　调正画布　在扫描图像时，常常由于原稿图像资料没有摆放得当，就会导致扫描后的图像倾斜或倒转，这时需要对图像加以调整，使之符合要求。单击菜单中的"图像"—"旋转画布"—"任意角度"，打开"旋转画布"对话框，在对话框中进行旋转角度设置。单击"确定"，画布即可调正。

3.1.3　剪裁图片　如果调正后的画面四周不规范，就要选择工具栏中的剪裁工具，对画面进行剪切。需要注意的是，裁切工具主要用来将图像中多余的部分剪切掉，只保留需要的部分。使用裁切工具时，将鼠标移至裁切框边上的小矩形上，当鼠标图标显示为双箭头时，可通过拖曳鼠标调整裁切框的大小。将鼠标移至裁切框内部，当鼠标图标显示为双十字箭头状态时，拖曳可移动裁切框的位置，直至满意的画面。

3.1.4　清理图片污迹　扫描图像时由于原稿纸张质量问题或其他原因，扫描后的图像背景往往有污渍或痕迹。例如，图片原稿中纸张上有污渍痕迹，就会影响图像画面的美观。这时打开 Pbotoshop 的菜单中"图像"—"调整"—"亮度/对比度"进行调整，移动"亮度"或"对比度"滑杆下的小三角形滑块到适当位置。单击"确定"，即可得到改善的画面，图片中的背景污迹即被清除。

3.1.5　调整图片对比度　为了使图像更加清晰，单击菜单中的"滤镜"、"锐化"、"进一步锐化"，即可对图像调整对比度（反差），这时的图像就会更加清晰。

3.1.6　调整文件的大小　有时候扫描获得的数码图片文件数据很大，这种情况下，可根据实际需要对电子图像文件的大小进行适当的调整。单击菜单中的"图像"—"图像大小"，打开图像大小文件对话框，选中对话框中的"重定图像像素"及"约束比例"复选框，在"像素大小"设置区的"宽度"文本框中输入所需文件大小的数值，即可改变电子图像文件的大小。

3.1.7　存储电子图片　点击"文件"—"保存"，将处理后的电子图像文件保存到 D 盘或 E 盘的"数码图像"文件夹中，将文件命名为"用 Photoshop 处理扫描的数码图片"，根据实际需要，将保存的图片文件格式存储为 PSD 或 TIFF 等。

Photoshop 的图像处理功能很多，还可对图像的色彩、质感等进行适当的调整。通过采用 Photoshop 软件坚持不懈地操作实践与应用，一定能真正领会图像处理的乐趣。

3.2　显微图像的分析和测量

3.2.1　使用显微测微尺测量　用显微测微尺测量的方法只需要借助显微镜及显微测微尺便可以完成图像的测量。在没有图像处理软件和计算机的情况下，也是应急的好办法。

3.2.2　采用专业图像分析软件做精确测量　显微图像测量部分包括图像测量标尺的设定、文字和标尺的注释、快速测量直线距离、手动分割测量、通过灰度阈值分割进行图像分析、面积比例的测定、厚度的计算、密度的测量等。在对显微图像进行测量之前，一定要先设定图像测量的标尺。如果已经有设定的标尺，那么在测量之前只需要记得将标尺加载就可以了。

4 常用的固定液

4.1 乙醇（alcohol）

C_2H_5OH，是常用的固定液之一，俗称酒精。市售乙醇有无水乙醇及95%乙醇两种，都是无色透明液体，可与水以任何比例混合。在配制各级乙醇时，一般用95%乙醇配制。乙醇不能与铬酸、锇酸、重铬酸钾等氧化剂混合，可与甲醛、乙酸等配合用。乙醇可沉淀白蛋白、球蛋白、核蛋白，前二者产生的沉淀不溶于水，核蛋白产生的沉淀能溶于水。乙醇的渗透力强，与其他固定剂混合使用还可增加渗透作用。动物组织经过固定冲洗后可转移至70%乙醇中长期保存。浓度大于50%的乙醇能溶解脂肪、色素、磷脂，所以不宜用于此类样品的固定。

4.2 甲醛（formaldehyde）

HCHO，甲醛为无色气体，溶于水成为甲醛水溶液，市售的是质量分数为36%~40%的饱和甲醛溶液；它易挥发，有强烈刺激气味，为强还原剂，故不与铬酸、重铬酸钾、锇酸等氧化剂混合，以免氧化为乙酸，在配制固定液时，如需要混合，必须临用前加入，并立即使用。福尔马林为很好的硬化剂，但单独使用易使材料收缩，故最好与其他试剂配合使用。作为单纯固定液使用时，饱和甲醛的体积分数一般为10%~15%。福尔马林还可固定高尔基复合体及线粒体，经固定后的细胞核，一般染料均可染色，碱性染料效果更好。福尔马林对黏膜刺激性大，使用时需注意。

4.3 乙酸（acetic acid）

$C_2H_4O_2$，纯乙酸在严寒季节结成冰状，所以又称冰醋酸。它是带刺激味的无色液体，在室温达17℃以上时可以自行融化，可与水及乙醇以任何比例混合，常用体积分数为1%~5%，而不单独使用。乙酸的渗透力很强，可溶解脂肪。乙酸的保存作用大于固定作用。乙酸可使细胞膨胀，当与乙醇混合使用时，又可防止因乙醇引起的收缩、硬化，起着平衡缓解作用。它也是染色体的保存剂。

4.4 戊二醛（glutaraldehyde）

戊二醛常作为电镜样品的固定液被广泛使用。它能和蛋白质分子的氨基和肽键很快交联而起到稳定蛋白质的作用，对组织的渗透力强。戊二醛对锇酸不能固定的糖原和某些蛋白结构（如微管）有很好的保存作用，对核蛋白的固定比锇酸好。但是戊二醛对脂类的保存能力很差，也不能使细胞产生足够的反差，所以一般采用两次固定法，先用戊二醛固定，样品经彻底冲洗后，再用锇酸做后固定。这种先固定和后固定的方式可以相补，使细胞的细微结构得到很好的保存。商品戊二醛为水溶液，其体积分数有8%、25%、50%和70%。高浓度的戊二醛溶液易自行聚合。所以通常用25%的溶液，在2~4℃的黑暗条件下贮存。如贮存时间太长，溶液变黄，酸度增高，当pH由原来的4.0~5.0降到3.5以下时，**固定效果大为降低**。用来固定的戊二醛体积分数一般用2.5%~5%。溶液除了巴比妥乙酸之外，可以和其他任何缓冲液配合使用。pH最好保持在6.8左右。在室温条件下固定动物组织材料，固定时间可以由30 min至12 h，因组织材料与目的要求而异。在低温下戊二醛会使微管消失，所以观察微管的组织材料切忌在低温下固定。

4.5 锇酸（osmic acid）

OsO_4，锇酸是一种很好的非凝固性固定液，是制作切片中最好的固定液，广泛应用于超薄切片中，它能使蛋白质凝胶化而不沉淀，所以固定得均匀，并且是脂肪及凝脂类唯一的固定液，还可用于线粒体及高尔基复合体的固定。经锇酸固定后的脂肪呈黑色，这是由于脂肪中的油精被还原成黑色氢氧化锇，从而将脂肪保存下来而不为脂溶剂所溶解。因此，锇酸能将戊二醛未能固定的成分加以固定。另外，锇是重金属，用锇酸固定的细胞可以增加电子反差。锇酸还有不引起细胞收缩、膨胀、变脆、变硬等优点，用它固定的材料切割性能好。但锇酸因分子量大，渗透缓慢，穿透力很弱，对整个组织块来说常有固定不均匀的缺点，容易产生表面固定过度而内部固定不够的结果，所以取材时组织块应尽量小些。固定后的组织保持柔软，即使经乙醇处理也不硬化。但组织经固定后，脱水前必须用流水冲洗一昼夜，染色前可用过氧化氢漂白以利染色，漂白液用 1 份过氧化氢加 10 份乙醇（70%~80%）配成。锇酸对核酸和糖原的保存作用差，这种不足在用戊二醛前固定时已经得到弥补。

锇酸大都封装在安瓿中，为淡黄色晶体，能溶于水，呈中性。锇酸是一种强氧化剂，不能与乙醇、甲醛液混合。通常配成 2% 的基本液（母液）备用。新鲜的锇酸溶液呈中性反应，颜色为浅黄。如果贮存时间太长或容器不干净，溶液很快便会还原成黑色而失效。因此，为了防止锇酸变黑，有时可以在溶液内加几滴氯化镁。如果溶液已经开始变黑，可以加几滴过氧化氢，使它恢复原色。

锇酸为剧毒药品，挥发性很强，挥发的气体散发出一种特殊的刺激味，并能损伤眼睛及黏膜。配制溶液和使用时应避免使其与皮肤接触，也不要吸入其蒸气，一切操作最好在通风橱中进行。贮存时要用棕色瓶密封，外加黑纸，藏于黑暗及低温处，以防其还原。

4.6　铬酸（chromic acid）

H_2CrO_4，铬酸为三氧化铬的水溶液，三氧化铬为红色结晶，极易潮解，其容器必须严密封紧。不能与乙醇混合，因其易与乙醇作用而还原为氧化铬（Cr_2O_3）。还原后的铬酸固定液已经没有使用价值，故不可预先与乙醇或甲醛液等还原剂配制。在混合后须立即使用，否则会失效。通常将铬酸配成 2%~10% 的水溶液作为母液，使用时再稀释，一般用 0.5%~1% 的水溶液。组织材料固定后，必须用流水将铬酸冲洗干净。

铬酸是较好的固定液和保存剂，可以沉淀蛋白质、核蛋白、核酸等，产生的沉淀不再溶解，能增强细胞核的染色能力，还能固定高尔基复合体及线粒体。经铬酸固定后的组织，不能直接暴露在阳光下，以防蛋白质的降解。

铬酸对于脂肪及磷脂等没有作用。铬酸的缺点是容易使组织收缩，且使组织显著硬化，因此常与乙酸混合使用，经固定 24 小时后用流水将铬酸冲洗干净；铬酸固定过度时，组织材料会出现黄棕色，影响染色，可将组织经过 1% 高锰酸钾水溶液漂白，再转入染色即可。

5　常用的脱水剂与脱水方法

5.1　乙醇

乙醇是常用的脱水剂，在配制脱水剂时，需要配制成 60%、70%、80%、85%、90%、95% 和 100% 的梯度乙醇溶液。由低浓度到高浓度逐级脱水。一般组织材料从 60% 乙醇开始，有的要从与固定液同浓度的乙醇开始脱水。低浓度的脱水过程不能停留时间太久，否则组织易吸水膨胀，高浓度的 95% 乙醇和无水乙醇内也不能停留时间过长，否则组织收缩和变脆。为彻底脱水，在无水乙醇脱水时应设置 2 次。如果组织块转入二甲苯中，有乳白悬浮液出现时，说明脱水不彻底，应退回无水乙醇中继续脱水。

5.2　丙酮（acetone）

可代替乙醇作脱水剂，丙酮的脱水能力强于乙醇，但对组织收缩较大，能使蛋白质沉淀、组织硬化。与水、醚、乙醇、氯仿、苯等能以任何比例混合，但不能溶解树脂、石蜡，所以仍需经过透明剂处理后才能进入包埋过程。

其他脱水剂还有：二氧乙环（dioxan）、正丁醇（normal butyl alcohol）、叔丁醇（tertiary butyl alcohol）等。不同脱水剂各有其优缺点。长期以来，最常用的为乙醇。

6 常用的透明剂及透明方法

透明剂都是石蜡的溶剂，不能与水混合。几种常用的透明剂如下。

6.1 二甲苯（xylene）

二甲苯是普遍使用的一种无色透明液体，价格便宜，能与乙醇以任何比例混合，也可溶解石蜡，并能与树胶混合配制封片剂，但不溶于水，透明力强、速度快。其缺点是：使组织收缩变脆，故在二甲苯中不宜停留时间过长，同时必须在组织完全脱水后才能使用二甲苯透明，若组织内有极少量水分残存，也会出现乳白色云雾状现象。通常在无水乙醇与二甲苯之间，设置无水乙醇和二甲苯的 1∶1 混合液，以便脱水彻底又可使组织材料减少收缩。操作过程中，二甲苯的容器要随手盖严，以免挥发污染空气。

6.2 氯仿（chloroform）

为常用的透明剂，能与乙醇以任何比例混合，溶解石蜡，在石蜡制片过程中，浸蜡前的透明常采用氯仿。

其优点是：组织在氯仿中长时间浸泡虽有收缩，但不强烈；易挥发，即浸蜡时渗入组织中的氯仿易清除。

其缺点是：渗透力如比二甲苯稍弱，比苯透明缓慢。正因为这些特点，可延长透明时间便于实验和工作安排。另外，氯仿能退色，一般染色后的切片，不以氯仿处理。

6.3 水杨酸甲酯（methyl salicylate）

又称冬青油（wintergreen oil）。可作整体制片的透明剂，效果较好，对微管系统的透明也很理想，但其渗透力较弱，且具毒性，使用时应注意。

其他透明剂还有：丁香油（clove oil）、香柏油（cedar oil）等。

7 常用的粘片剂、封片剂与包埋剂

7.1 粘片剂

7.1.1 明胶粘片剂 此粘片剂除粘贴蜡带外，也可作为单细胞藻类的粘片剂，配制方法：

甲液：明胶 1 g；蒸馏水 100 mL；甘油 15 mL；苯酚结晶 2 g。

乙液：甲醛 4 mL；蒸馏水 100 mL。

配制时将明胶溶于蒸馏水中，并转入保温器具内使明胶溶解（温度控制在 35~36℃），然后再加入甘油与苯酚，边加边搅拌促进其溶解混合，再过滤于细口瓶中备用。

7.1.2 火棉胶粘片剂 适用于较厚的组织材料，先用明胶粘片剂粘贴稍干后，再滴上浓度为 1%~2% 的火棉胶溶液，即将火棉胶溶于无水乙醇与乙醚各半的混合液中，然后把贴好的切片完全烘干，以免染色时组织脱落。染色时可用苯酚 1 份、二甲苯 4 份的混合液脱去石蜡，然后转入无水乙醇中脱水、染色等步骤。

7.2 封片剂

7.2.1 无水封片剂 中性树胶，为柳桉分泌的树脂，能溶于二甲苯、苯、氯仿和乙醇中。配制方法：25 g 中性树胶溶解于 250 mL 氯仿和 250 mL 二甲苯中，过滤，蒸发到 100 mL 时即可使用。或溶于二甲苯中，过滤成二甲苯中性树脂。

7.2.2 含水封片剂 用含水封片剂封藏的标本，其保存的时间不如无水封片剂时间长。

（1）乳酚甘油：此封片剂适用于整体标本封藏，如早期胚胎和其他小材料的封藏。配方为苯酚 1 份、乳酸 1 份、甘油 1 份或 2 份、蒸馏水 1 份。

（2）甘油胶冻（glycerin jelly）：取明胶 10 g、蒸馏水 30 mL、甘油 30 mL、酚 1 g，将 4 种药剂混合后加

热至 70~80℃，装入大口瓶中密闭，后置 50℃温箱中 48 h，再加热到 80℃并用消毒过的纱布连续过滤两次即可。此剂在室温下为固态。使用时，先转置 60℃水浴锅中液化，取 1 滴于载玻片上，加入组织或标本，迅速加盖玻片，以利封固长期保存。

7.3 包埋剂

7.3.1 石蜡 是石油中提炼出来的多种碳氢化合物的混合物。生物制片所用的石蜡为专用石蜡。石蜡产品按熔点分为不同的规格。熔点高的比较硬，熔点低的则比较软。较硬的石蜡在切片时不易形成蜡带；太软的石蜡则易使组织材料蜡带皱缩，造成展片困难。选用石蜡的原则是：夏天室温高，应选用高熔点的石蜡（58~60℃），冬天室温低，应选用低熔点的；如组织材料较硬或欲切厚度较薄的切片，应选用高熔点石蜡，厚的切片则采用低熔点石蜡。用后回收的石蜡常常比新蜡更好用，但必须过滤后再用。为了使石蜡具有一定的韧性，以便切成较长的蜡带，防止碎裂，可在石蜡中加入 10% 的蜂蜡，效果很好。

7.3.2 火棉胶 为一种易燃的硝化纤维。组织材料质地较坚硬、易断裂或过软的组织块，用火棉胶包埋效果良好。不足之处是不能制作连续切片。常用浓度为 2%、4%、6%、8%、10% 等。购买火棉胶常见有透明固体和液体 2 种规格。火棉胶能溶于丁香油、无水乙醇、丙酮及乙醚中，可根据需要配制不同浓度。

8 常用染料及其性质

8.1 染料

8.1.1 苏木精（hematoxylin） 又称苏木素，是从热带豆科植物苏木中用乙醚浸制出来的一种色素，是最常用的染料之一。苏木精是淡黄色到紫色的结晶体，易溶于乙醇，微溶于水和甘油。苏木精不能直接染色，必须暴露在通气的地方，变成氧化苏木精后才能使用，这个过程称为"成熟"。被染组织材料必须经金属盐作媒染剂后才有着色力。因此，在配制苏木精染色剂时都要用媒染剂。常用的媒染剂有硫酸铝钾和铁明矾等。配制时，将苏木精溶于无水乙醇，硫酸铝钾溶于蒸馏水中，然后将所有的试剂都加在一起，搅拌均匀后，放在光线充足的地方，让其充分自然氧化成熟，经过大约 4 周后才可使用。配制后成熟时间越久，染色力就越强，效果也就越好。苏木精是染细胞核的优质染料，能将细胞中不同的结构染成各种不同的颜色。对组织的染色分化效果因处理的情况而异，用酸性溶液，如盐酸–乙醇分化后呈红色，水洗后仍恢复青蓝色；而用碱性溶液，如氨水，分化后呈蓝色，水洗后呈蓝黑色。这种自然氧化成熟的苏木素，可长期使用，不会变质。

8.1.2 洋红（carmine） 又称胭脂红、卡红。取自雌胭脂虫，干燥提炼获得胭脂红，再经明矾处理，除去杂质即成洋红。因在中性溶液里难溶解，对组织无亲和力，不易着色，所以要在酸性或碱性溶液中才能很好地溶解，并对组织产生亲和力。洋红的配方很多，常用的为乙酸洋红，配方为：洋红 1 g，乙酸 90 mL，蒸馏水 110 mL，45% 乙酸铁溶液 1~2 滴。配制步骤：

（1）将 90 mL 乙酸加入 110 mL 蒸馏水中煮沸。

（2）将火焰移去立刻加入洋红 1 g。

（3）冷却过滤，并加乙酸铁或氢氧化铁水溶液 1~2 滴。

此液常用于细胞压片法，染色体可染成深红色，细胞质呈浅红色，长期保存不褪色。

8.1.3 橘红 G（orange G） 为酸性染料，能溶于水、乙醇、丁香油，为细胞质染料，常作二重或多重染色用，常用配方有以下几种。

（1）橘红 G 乙醇溶液：橘红 G 1g，95% 乙醇 100 mL。

（2）橘红 G 丁香油溶液：橘红 G 1g，无水乙醇 50 mL，丁香油 100 mL。配制时先将橘红 G 溶于乙醇，再加入丁香油，然后开启瓶口，放在30℃温箱中使乙醇挥发即可使用。

8.1.4　**伊红（曙红，eosin）**　为酸性染料，具黄绿色荧光，是广泛使用的细胞质染色剂，可与苏木精作二重染色，简称HE染色，可溶于水及乙醇。

（1）伊红水溶液：伊红0.1～1 g，蒸馏水100 mL。

（2）伊红乙醇溶液：伊红0.1～1 g，蒸馏水100 mL。使用95%乙醇脱水时，常加入少量伊红，其目的是使包埋、切片、展片时便于识别。

8.1.5　**甲苯胺蓝（toluidine blue）**　是一种普遍使用的碱性染料，它与不同的组织作用会呈现几种颜色反应：染色质呈蓝色，细胞质呈紫红色，RNA呈紫色。配方如下：

（1）甲苯胺蓝O染色液：

A液：0.2 mol/L柠檬酸液（柠檬酸4.2 g，蒸馏水100 mL）。

B液：0.2 mol/L柠檬酸钠液（柠檬酸钠5.9 g，蒸馏水100 mL）。

C液：柠檬酸钠缓冲液（pH 4.5）（A液55 mL，B液45 mL）。

D液：甲苯胺蓝O 0.5 g，C液100 mL。

（2）甲苯胺蓝O水溶液：甲苯胺蓝O 0.5 g，蒸馏水100 mL。本配方在苏木精染整块组织再切片后，于展片同时进行蜡带染色，效果很好。

8.1.6　**苯胺蓝（aniline blue）**　为酸性染料，将1 g苯胺蓝溶于100 mL 85%或95%乙醇即成。

8.1.7　**间苯三酚（phloroglucin）**　将1 g间苯三酚溶于100 mL蒸馏水中即成。

8.1.8　**萘酚黄S（naphthol yellow S）**　系硝基类酸性染料，为浅黄色或带橙黄色粉末，易溶于水，溶液呈黄色，常用于对植物花粉管染色，效果很好。

8.2　常用染料的染色对象

细胞核：选用碱性染料，如苏木精、结晶紫、甲基紫、甲基绿、碱性品红、洋红、番红O、碘绿、甲基蓝。

细胞质：选用酸性染料，如酸性品红、橘红G、刚果红、波尔多红、贾纳斯绿、固绿、苯胺蓝、孔雀绿、甲基橙、曙红Y。

脂肪：选用苏丹Ⅲ、苏丹Ⅳ、油红、苏丹黑B。

主要参考文献

1. 彭克美. 动物组织学及胚胎学彩色图谱 [M]. 北京：中国农业出版社，2021.

2. 李继承，曾园山. 组织学与胚胎学 [M]. 9 版. 北京：人民卫生出版社，2018.

3. 彭克美. 动物组织学及胚胎学 [M]. 2 版. 北京：高等教育出版社，2016.

4. 李和，李继承. 组织学与胚胎学 [M]. 3 版. 北京：人民卫生出版社，2015.

5. 杜德克，罗娜. 医学组织学图谱：中英对照 [M]. 北京：人民卫生出版社，2013.

6. 宋卉，刘华珍，彭克美. 显微镜室升级改造后的数码互动系统在形态学实验教学中的应用 [J]. 教育教学论坛，2013（52）：243-244.

7. 柴继侠，齐琦，李徽徽，等. 多媒体互动实验室在组织学实验教学改革中的作用 [J]. 现代教育技术，2011，13（3）：289-290.

8. 滕可导. 彩图家畜组织学与胚胎学实验指导 [M]. 北京：中国农业大学出版社，2006.

9. 董常生. 家畜组织学与胚胎学实验指导 [M]. 北京：中国农业出版社，2006.

10. 杨倩. 动物组织学与胚胎学实验教程 [M]. 北京：中国农业大学出版社，2006.

11. 成令忠，钟翠平，蔡文琴. 现代组织学 [M]. 上海：上海科学技术文献出版社，2003.

12. 彭安，郭冬生，张维. 生命科学创新教育模式——显微数码互动系统. 现代教育技术 [J]. 2003，13（4）：56-57.

13. 唐军民. 组织学与胚胎学彩色图谱 [M]. 北京：北京大学医学出版社，2003.

14. 李德雪. 动物组织学彩色图谱 [M]. 长春：吉林科学技术出版社，1995.

15. Mescher A. Junqueira's Basic Histology: Text and Atlas [M]. 14th ed. New York: McGraw-Hill Education，2015.

16. Sadler TW. Langman's Medical Embryology [M]. 13th ed. Philadelphia: Lippincott Williams and Wilkins，2014.

17. Schoenwolf G，Bley IS，Brauer P，et al. Larsen's Human Embryology[M]. 5th ed. New York: Churchill-Livingstone，2014.

18. Young B，O'Dowd G，Woodford P. Wheater's Functional Histology: A Text and Colour Atlas[M]. 6th ed. New York: Churchill Livingstone，2013.

19. Bacha W，Bacha L. Color Atlas of Veterinary Histology [M]. 3rd ed. Chichester: Wiley Blackwell，2012.

20. Gartner L P，Hiant G L. Color Textbook of Histology [M]. 3rd ed. Philadelphia: Saunders Elsevier，2007.

21. Banks W J. Applied Veterinary Histology [M]. 3rd ed. Boca Raton: CRC Press，1993.

学习网站

1. https://www.icourses.cn/sCourse/course_2520.html（华中农业大学国家级精品资源共享课"动物解剖学及组织胚胎学"）

2. https://www.icourses.cn/sCourse/course_4428.html（中国医科大学国家级精品资源共享课"组织学与胚胎学"）

3. https://www.icourse163.org/course/HZAU-1002249007（华中农业大学 MOOC"动物组织胚胎学"）

4. http://www.pmphmooc.com/mooc_student/#/moocDetails?course ID=17859（人卫慕课南华大学"组织学与胚胎学"）